·建筑工程施工监理人员岗位丛书·

建筑水暖与通风空调工程监理

（第二版）

卢本兴　主编

中国建筑工业出版社

图书在版编目（CIP）数据

建筑水暖与通风空调工程监理／卢本兴主编．—2版．—北京：
中国建筑工业出版社，2013.6
（建筑工程施工监理人员岗位丛书）
ISBN 978-7-112-15437-1

Ⅰ．①建… Ⅱ．①卢… Ⅲ．①房屋建筑设备—采暖设备—建筑安装—施工监理②房屋建筑设备—通风设备—建筑安装—施工监理③房屋建筑设备—空气调节设备—建筑安装—施工监理 Ⅳ．①TU83

中国版本图书馆CIP数据核字（2013）第104648号

责任编辑：郦锁林　赵晓菲
责任设计：李志立
责任校对：王雪竹　刘梦然

建筑工程施工监理人员岗位丛书
建筑水暖与通风空调工程监理
（第二版）
卢本兴　主编
*
中国建筑工业出版社出版、发行（北京西郊百万庄）
各地新华书店、建筑书店经销
北京永峥有限责任公司制版
北京富生印刷厂印刷
*
开本：787×1092毫米　1/16　印张：23　字数：571千字
2013年11月第二版　2013年11月第三次印刷
定价：**50.00**元
ISBN 978-7-112-15437-1
（24029）

建筑工程施工监理人员岗位丛书编委会

主　　编　杨效中

副主编　徐　钊　徐　霞

编　　委　蒋惠明　杨卫东　谭跃虎　何蛟蛟

　　　　　梅　钰　桑林华　段建立　郑章清

　　　　　卢本兴　卢希红　关洪军　杨庆恒

丛书第二版前言

随着我国城镇化进程的加快推进，固定资产投资继续较快增长，工程建设任务将呈现出量大、面广、点多、线长的特征，工程监理任务更加繁重。与此同时，工程项目的技术难度越来越大，标准规范越来越严，施工工艺越来越精，质量要求越来越高，对工程监理企业能力和工程监理人员素质提出了更高要求。

本丛书自2003年出版以来，我国的建设监理工作也有了很大的发展，在2005年和2010年国家两次召开了全国建设监理工作会议。2004年国务院颁布了《建设工程安全生产管理条例》，住房和城乡建设部也修订出台了《注册监理工程师管理规定》和《工程监理企业资质管理规定》，住房和城乡建设部与国家发改委共同出台了《建设工程监理与相关服务收费标准》，住房和城乡建设部与国家工商行政管理总局联合发布《建设工程监理合同（示范文本）》GF—2012—0202，《建设工程监理规范》GB/T 50319—2013修订完成，促进了工程监理制度的不断完善，对规范工程监理行为，提高工程监理水平，起到了重要的促进作用。

2003年以来，建筑工程的技术也有了很大的发展，国家先后出台了与建筑工程相关的材料、设计、施工、试验、验收等各类标准有数百项之多，与建筑工程监理直接相关的标准有近两百项，广大监理人员也必须适应建筑技术的发展和工程建设的需要。

2004年以来国务院多次发布了节能方面的政策与文件，全国人大于2007年新修订的《节约能源法》进一步突出了节能在我国经济社会发展中的战略地位，明确了节能管理和监督主体，增强了法律的针对性和可操作性，为节能工作提供了法律保障。工程监理单位也应承担相应的节能监理工作。

上述三大方面的发展与变化使得本套丛书第一版的内容已不能满足当前监理工作的需要。因此，我们对本套丛书进行了全面的修订。

本套丛书基本框架维持不变，增加了建筑节能工程监理一书。本丛书修订工作主要突出三方面的工作：一是以现行国家与行业的法规政策为依据对丛书的内容进行全面的修订；二是以2003年以来国家行业修订或新颁布的材料标准、技术规范或验收规定为依据，修改相关内容和充实相关内容。三是根据建筑工程近年来的新发展，增加了新技术方面的内容，同时删去了一些不太常见的内容以减少篇幅。

本书的修订由解放军理工大学、上海同济工程项目管理咨询有限公司、江苏建科监理有限公司、江苏安厦项目管理有限公司和苏州工业园区监理公司等具有丰富监理工作经验的人员共同完成。

随着我国监理事业的不断向纵深发展，对监理工作手段与方法的探讨也在不断深入。尽管我们具有一定的监理工作经验，编写过程中也尽了最大的努力，但是由于学识水平有限、编写时间仓促，书中难免有不当之处，敬请读者给予批评指正。

丛书主编　杨效中

2013 年 6 月

第二版前言

本书是根据我国现行建设工程监理规范，结合工程监理的实际经验和实践体会更进一步丰富和完整，以及为本专业领域新科学、新技术发展变化而进一步充实提高编写而成，注重理论与实践结合，突出建筑设备工程监理特点，更具有可操作性和实用性。

本书第一版于2003年6月出版。本次再版是根据本套丛书编写组的要求进行编写的。第二版全书共分三篇十七章。第一篇为建筑给水排水和采暖工程，第二篇为通风和空调工程，第三篇为采暖空调节能竣工验收和LEED认证。

随着经济建设飞速发展，我国建筑给水排水、采暖通风和空气调节使用功能和工程质量及技术水平要求越来越高，这对专业工程监理人员提出了更高的要求和工作责任。为此我们对本书进行了修订，供从事于本专业范围现场施工监理工作的工程技术人员之用，也可作为建筑给排水、暖通空调施工技术人员和管理人员对现场施工质量管理的有效工具和参考书籍。

本书由上海同济工程项目管理咨询有限公司组织编写，卢本兴主编，卢希红副主编，倪思岳主审。其中第九章、第十章、第十七章由卢本兴编写，第一章、第十五章由卢希红编写，第五章由倪思岳编写，第二章由冷继翔编写，第三章、第十四章由董擎阳编写，第四章、第七章由吕坤编写，第六章、第十六章由唐宏章编写，第八章由王慧敏编写，第十一章、第十二章由朱旻编写，第十三章由魏志伟编写。

由于编者的水平有限，书中尚存缺点和错误，恳请读者批评指正。

目　录

第一篇　建筑给水排水和采暖工程

第一章　建筑水暖与通风空调工程监理概述

现代建筑特别是高层建筑的迅猛发展，使现代建筑中水、电、空调、消防和楼宇智能化的设备日趋复杂，建筑设备的科技含量也越来越高，建筑设备投资在建筑总投资中的比重越来越大，其中给水排水、采暖、空调、消防、防排烟系统简称为建筑水暖与通风空调设备系统，是整个建筑设备投资比重的主要部分。因此，从事建筑类各专业工作的工程技术人员，尤其是从事建筑设备监理的工程技术人员，对现代建筑中的给排水、供暖、空调、消防和防排烟系统的工作原理、功能和施工安装技术监理要点的掌握和了解十分必要。

第一节　建筑水暖与通风空调工程质量控制主要手段

一、建筑给水排水及采暖工程质量控制主要手段

建筑给水排水及采暖工程可分为室内给水系统、室内排水系统、室内采暖系统、室内热水供应系统、卫生器具安装、室外给水管网、室外排水管网、室外供热管网、建筑中水系统及游泳池系统、供热锅炉及辅助设备安装10个子分部工程，每个子分部再按主要工种、材料、施工工艺、设备类别等划分为若干个分项工程。对其进行现场施工安装工程质量监理的主要手段是“三控制”，即事前预控、事中监控和事后控制。

（一）事前预控

（1）监理工程师对建筑给水、排水及采暖工程项目在现场施工安装之前，首先应熟悉和审核各专业设计图纸，在此基础上，组织召开施工图技术交底会，由设计人员介绍和说明，施工人员和专业监理工程师可对图纸中存在的问题提出意见，并经设计人员认可后才能实施。

（2）审查承包商资质，审查管理人员、技术人员资格，对特殊工种人员（如焊工、起重工、锅炉安装工）要持有操作上岗证，由监理工程师认可后才能参加施工。

（3）组织讨论和审查施工组织设计和施工技术方案，必须经过监理工程师审核确认后方可进行施工，承包单位不得擅自改动。对工程中技术难度大或有特殊技术要求的部分，需要求承包单位做出专题技术施工方案及相应技术措施，由专业监理工程师组织专门审核，通过后予以实施。

（4）在土建主体结构施工时，安装施工人员必须密切配合土建施工人员做好预留洞、预埋件、预埋管的工作，专业监理工程师应及时检查并签认隐蔽工程验收单。在安装开始

前，土建施工时做的预留洞、预埋件、预埋管以及设备基础的尺寸、大小、位置、标高、坡度等必须符合设计要求，监理工程师应配合安装施工单位进行现场复测复量，不符合要求的应提出整改要求，直至合格。

（5）监理工程师对进场的材料和设备必须严格检查。检查合格并履行手续后方可使用。

1）进场的铸铁管及附件的尺寸、规格必须符合设计要求。管壁厚薄应均匀，内外光滑整洁、无浮砂、粘砂，不得有砂眼、裂纹、毛刺和疙瘩。管材和附件应有出厂合格证。

2）镀锌管及供热用的无缝钢管均有出厂合格证，管材和管配件的管壁内外厚薄一致，无锈蚀，内壁无毛刺，镀锌层还应内外镀锌均匀，管件不得有偏扣、方扣、待扣不全等现象。

3）对进场的PVC、PP-R、PEX给水管，监理工程师应检查它的出厂合格证和消防部门、卫生检验部门开出的厂家生产许可证。管材和管件颜色要一致，无色泽不均，内外壁应光滑、平整，无气泡、裂口、裂纹、脱皮和凹陷等。

4）建筑排水用硬质聚氯乙烯（UPVC）管材和管件应有质量检验部门的产品合格证，并有明显标志标明生产厂家的名称和产品规格。所用胶粘剂应是同一厂家配套产品，并标有厂名、生产日期和有效期。管材内外表层应颜色一致、光滑、无气泡、裂纹，管壁厚度均匀。

5）对工程中各专业系统使用的阀门进场时，监理工程师要同施工单位技术人员共同检查，合格后方可使用。阀门必须要有出厂合格证，规格、型号、材质符合设计要求。阀门铸造规矩、表面光洁、无裂缝、开关灵活，关闭严密，填料密封完好无渗漏。阀门进场后应按批量每批抽查10%做强度和严密性试验，且不少于1个。如有漏、裂不合格者应再抽查20%，仍有不合格，则逐个试验。对安装在主干管上，尤其是安装在锅炉管线上起切断作用的阀门，则应逐个做强度和严密性试验。

6）自动喷水灭火系统中的喷头、报警阀、压力开关、水流指示器等进场时，应严格检查，应有消防部门批准的生产许可证。设备及组件进场时，除一般生产合格证外，还必须有国家消防产品质量监督检验中心检测合格的书面证明。闭式喷头应进行密封性试验，并以无渗漏、无损伤为合格。报警阀应逐个进行渗漏试验。

7）卫生洁具的规格、型号必须符合设计要求，并有出厂合格证，卫生洁具外观应规矩、造型周正、表面光滑、美观、无裂纹、色调一致。

8）室内采暖用的散热器安装前必须做好水压试验，并必须符合设计要求和施工规范规定。

9）对进场的设备，例如采暖用锅炉、压力容器、给水排水的水泵及贮水设备等，应组织业主、施工单位、监理单位共同验收。

①检查设备的产品合格证、说明书、技术参数是否符合要求。

②检查设备的型号、规格、数量是否符合设计要求。

③按产品明细表，检查附件、配件的规格、数量是否符合要求。

④组织各方人员签字办理书面手续。

（二）事中监控

本控制实际上是对给水、排水、供热、采暖、消防等各专业系统在现场按图施工时的整个过程控制、安装工艺过程的技术监督，看其施工安装过程中是否严格按照工程设计图纸施工，是否严格按照我国有关施工安装规范标准进行施工，所以是非常具体、非常原则、监理工作量最大的一个组成部分，具体怎样监控和质量控制要点等将在以后各章节中详尽叙述。以下简述事中监控的主要内容提纲及有必要加以说明的要点：

（1）室内给水管道安装质量监控；

（2）室内排水管道安装质量监控；

（3）室外给水管道安装质量监控；

（4）室外排水管道安装质量监控；

（5）室内热水供应系统安装质量监控；

（6）室内采暖系统安装质量监控；

（7）室外供热管网系统安装质量监控；

（8）供热锅炉及辅助设备安装质量监控；

（9）管道支、吊、托架制作、安装质量监控；

（10）室内给水附属设备安装质量监控；

（11）室内给水和排水配件、卫生洁具及配件安装质量监控；

（12）成品保护监控；

（13）说明要点：

1）目前和过去在全国范围内室内外给水系统中常采用铸铁管、镀锌钢管、塑料管、铜管、钢塑复合管等。这些管材作为给水输送管道，其特性、价格、卫生条件、防腐能力等均有优缺点。但在上海地区，根据上海市有关建设文件，在多层住宅、多层公共建筑和高层建筑分区管道以及供水管道中推广使用塑料管，禁止设计、使用镀锌给水管。多层建筑选用不低于1.0MPa等级的塑料管，高层小区户外埋地给水管道必须使用塑料给水管，禁止使用镀锌钢管和铸铁管，但室内消防供水管道不得采用塑料管。目的是提高给水水质，在自来水输送过程中，减少和降低管道对给水水质的污染。消防水是静止和非饮用水，又由于工作压力高，塑料管不适用于消防系统中。

2）目前国内室内外排水管常采用：（室外）钢筋混凝土管、混凝土管、石棉水泥管、缸瓦管、铸铁管、硬聚氯乙烯塑料管，（室内）铸铁管、硬聚氯乙烯塑料管等。但在上海地区新建、改建、扩建的建设工程，必须使用硬聚氯乙烯排水管、雨水管，并必须取得“上海市建筑材料和建设机械准用证”，禁止使用承插式铸铁排水管。

（三）事后控制

1. 给水、排水、供热、采暖工程按分项、分部工程进行竣工验收

（1）由现场工程监理项目组牵头，成立验收小组，确定验收小组人员名单，由承包方制定验收方案，经验收小组审核通过后，方可执行。

（2）检查各给水、排水、供热、采暖系统的管道和配件、水箱、水池等是否渗漏；各仪表、仪器及附件必须完好；运行设备经试运行都正常，管道和配件、附件无渗漏；卫生器具完好无损坏，阀门及附件启闭灵活，无损坏渗漏。

（3）在检查过程中，如有问题需整改，可写出纪要，列出需整改内容，承包商限期整改，然后再检查合格后逐个消项，直至完全通过，进行签认手续，由监理工程师写出质量评估报告报质监站备案。

2. 审核竣工图及其他文件资料

(1) 审核竣工图的正确性、完整性以及设计变更图纸和有关文件是否齐全。

(2) 审核进场主要设备开箱检查验收记录及设备基础复核记录。

(3) 审核进场设备以及主要材料的产品合格证、质保证以及塑料给水管及配件的准用证。

(4) 审核给水、排水、供热、采暖系统各种隐蔽工程验收原始记录及会签手续是否齐全，必要处有示意图。

(5) 埋地排水管灌水试验，排水、污水管道通水试验，给水水箱、水池的满水试验记录，给水管道、消防管道、供热管道、采暖管道及锅炉装置的压力试验记录，各种机电试运转记录等；资料适时，数据正确，会签手续齐全。

3. 组织对工程项目质量等级评定

(1) 在竣工验收过程中，由承包方提出质量等级。

(2) 监理单位在质监站参加的正式验收前，根据工程质量及整改情况，对工程做出质量评估报告，根据当地地方政府规定评定质量等级。

二、通风与空调工程质量控制主要手段

通风与空调工程可分为送排风系统、防排烟系统、除尘系统、空调风系统、净化空调系统、制冷设备系统、空调水系统 7 个子分部工程，每个子分部再按主要工种、材料、施工工艺及设备类别等划分为若干个分项工程。在通风与空调工程施工过程中，通过对其风管、水管和设备的安装质量进行事前预控、事中监控和事后控制的“三控制”手段来确保工程的安全性、可靠性、可操作性、维修性以及使用功能和效果符合设计要求。

(一) 事前预控

(1) 熟悉设计图纸、组织施工图纸和设计交底，领会设计意图，了解工程特点和工程质量要求。可对图纸中存在问题提出意见，经设计人员确认后，予以实施。

(2) 审核承包单位提交的施工方案，监理工程师着重审核通风与空调工程的施工方法和技术组织措施，如：新技术应用、保证质量措施、各工种工序协调措施、安全施工措施等，经监理工程师认可后方可进行施工。

(3) 对施工单位的资质，施工管理人员、技术人员的资质，特殊技术工种的上岗证进行审核；必要时应进行施工业绩考察。

(4) 在通风与空调工程安装开始之前，应对主体工程基面外形尺寸、标高、坐标、坡度以及预留洞、预埋件对照图纸核验，防止遗漏。

(5) 工程使用的各种材料、配件及设备，承包单位自检后，应报监理工程师认定。使用的各种管材、设备必须符合设计要求。

1) 制作风管及部件所使用的各种板材、型钢应具有产品合格证；所有镀锌薄钢板表面不得有裂纹、结疤及水印等缺陷，应有镀锌层结晶花纹；不锈钢板、铝板板面不得有划痕、刮伤、锈斑及磨损凹穴等缺陷；所用硬聚氯乙烯塑料板应符合相关标准，板材厚薄均匀，板面应平整、不含有气泡裂缝。各种板材的规格及物理机械性能符合技术规定。

2) 制作风管及部件的板材厚度，如果设计图纸没有明确要求则应符合表 1-1 规定。

风管及部件板材厚度 表1-1

材料	圆形风管		矩形风管	
	风管直径（mm）	板材厚度（mm）	风管大边（mm）	板材厚度（mm）
钢板	80~320	0.5	80~320	0.5
	340~450	0.6	340~450	0.6
	480~630	0.75	480~630	0.6
	670~1000	0.75	670~1000	0.75
	1120~1250	1.0	1120~1250	1.0
	1320~2000	1.2	1320~2000	1.0
不锈钢板	100~500	0.5	100~500	0.5
	530~1120	0.75	530~1120	0.75
	1180~2000	1.0	1180~2000	1.0
铝板	100~320	1.0	100~320	1.0
	340~630	1.5	340~630	1.5
	670~2000	2.0	670~2000	2.0
硬聚氯乙烯板	100~320	3.0	100~320	3.0
	340~630	4.0	340~500	4.0
	670~1000	5.0	630~800	5.0
	1020~2000	6.0	850~1250	6.0
	—	—	1320~2000	8.0

3）专业成套设备，例如制冷机组、空调设备、除尘设备等进场应有建设单位、承包单位和监理单位共同开箱验收，按设计要求和装箱单核查设备型号、规格及有关设备性能技术参数；进口设备除按上述规定外，还应有国家商检机构开具的商检证明和中文安装使用说明书，确认无误后，监理工程师签字认可，方可用于工程。

（6）严格按设计、规范、规程、标准和施工方案进行施工，做好施工工序的搭接工作，工序交接时组织检查，上道工序不合格，下道工序不得施工。

（7）要求施工单位工程技术人员向施工人员作技术交底，对影响工程质量的部位和工序进行详细说明，并制定防治质量通病的相应措施。

（8）认真研究和安排好风、水、电工种交叉作业，应遵循先上后下、先大后小、先内后外、先风后水再电的交叉作业原则，做到交叉有序，忙而不乱。

（9）凡采用新材料、新产品，应先检查技术鉴定文件，必要时应到生产厂家和已用单位进行实地考察。

（二）事中监控

本控制主要是对风管制作、风管部件与消声器制作、风管系统安装、通风与空调设备安装、空调制冷系统安装、空调水系统管道与设备安装、防腐与绝热、系统调试等方面的现场施工过程监控，是十分具体、技术性要求很高的监理过程，也是监理工作量最大的工作阶段。具体如何监控和质量控制要点等详细技术细节将在后续章节中详尽表述。以下为事中监控的主要内容提纲：

（1）风管、风管部件与消声器制作质量监控；

（2）风管系统安装质量监控；

（3）通风与空调设备安装监控；

（4）空调制冷系统安装质量监控；

（5）空调水系统管道与设备安装质量监控；

（6）防腐与绝热工程安装质量监控；

（7）管道支、吊、托架制作、安装质量监控；

（8）通风与空调系统调试质量监控。

（三）事后控制

1. 通风与空调工程应按分项、分部工程进行竣工验收

（1）由现场监理工程师组织成立验收小组，施工安装单位提供验收方案，经验收小组审核通过后实施。

（2）在预验收过程中发现安装质量问题，要求及时逐条整改，如：

1）不能达到保温效果的冷水管、凝结水管和风管保温层应拆掉重做；

2）排烟阀、防火阀动作试验失灵要修复，无法修复应更换；

3）支、吊架油漆产生锈蚀斑点、漆膜起泡，应打磨平整或铲除干净后，重新涂刷；

4）风机盘管凝结水不畅通或不通、水管有倒坡要调整，遇到阻塞应疏通；

5）参与系统调试和系统综合效能试验的测定，实测的风量、风速、温度、室内清洁度、噪声等参数达不到设计指标，必须分析原因，提出纠正的具体措施。

（3）经过复检无问题，工程质量均达到合格，进行签认手续，由专业监理工程师写出质量评估报告，报质监站备案。

2. 审核竣工图及其他技术文件资料

（1）审核竣工图正确性和完整性，检查设计变更和有关资料是否齐全。

（2）审核进场设备，如：制冷机组、冷却塔、空调机组等主要设备开箱检查验收记录及其相关设备复测记录。

（3）审核进场主要设备和材料的产品合格证、质保书。

（4）审核通风与空调系统各种隐蔽工程验收原始记录及会签手续。

（5）风管的漏光试验、漏风试验、系统调试报告、冷水管和冷却管试压报告等各种试验报告，资料齐全，数据正确。

3. 组织对工程项目质量等级评定

（1）在竣工验收过程中，由承包方提出质量等级。

（2）监理单位在质监站参加正式验收前，根据工程质量及整改情况，对工程做出质量评估报告，根据当地地方政府规定确定质量等级。

第二节 建筑水暖与通风空调工程监理基本要求

一、建筑给水排水及采暖工程监理基本要求

（一）质量管理与材料、设备基本要求

（1）建筑给水排水及采暖工程施工现场应具有必要的施工技术标准、健全的质量管理体系和工程质量检测制度，实现施工全过程控制。

（2）建筑给水排水及采暖工程的施工应按照批准的工程设计文件和施工技术标准进行施工。修改设计应有设计单位出具的设计变更通知单。

（3）建筑给水排水及采暖工程的施工应编制施工组织设计或施工方案，经批准后方可实施。

（4）建筑给水排水及采暖工程的分部、分项工程划分见《建筑给水排水及采暖工程施工质量验收规范》GB 50242—2002 附录 A。

（5）建筑给水排水及采暖工程的分项工程，应按系统、区域、施工段或楼层等划分。分项工程应划分成若干个检验批进行验收。

（6）建筑给水排水及采暖工程的施工单位应当具有相应的资质。工程质量验收人员应具备相应的专业技术资格。

（7）建筑给水排水及采暖工程所使用的主要材料、成品、半成品、配件、器具和设备必须具有中文质量合格证明文件，规格、型号及性能检测报告应符合国家技术标准或设计要求。进场时应做检查验收，并经监理工程师核查确认。

（8）所有材料进场时应对品种、规格、外观等进行验收。包装应完好，表面无划痕及外力冲击破坏。

（9）主要器具和设备必须有完整的安装使用书。在运输、保管和施工过程中，应采取有效措施防止损坏或腐蚀。

（10）阀门安装前，应作强度和严密性试验。试验应在每批（同牌号、同型号、同规格）数量中抽查10%，且不少于1个。对于安装在主干管上起切断作用的闭路阀门，应逐个作强度和严密性试验。

（11）阀门的强度和严密性试验，应符合以下规定：阀口的强度试验压力为公称压力的1.5倍；严密性试验压力为公称压力的1.1倍；试验压力在试验持续时间内应保持不变，且壳体填料及阀瓣密封面无渗漏。阀门试压的试验持续时间应不少于表1-2的规定。

阀门试验持续时间 **表1-2**

公称直径 *DN*（mm）	最短试验持续时间（s）		
	严密性试验		强度试验
	金属密封	非金属密封	
≤50	15	15	15
65～200	30	15	60
250～450	60	30	180

（12）管道上使用冲压弯头时，所使用的冲压弯头外径应与管道外径相同。

（二）施工过程质量控制

（1）建筑给水排水及采暖工程与相关各专业之间，应进行交接质量检验，并形成记录。

（2）隐蔽工程应在隐蔽前经各方检验合格后，才能隐蔽，并形成记录。

（3）地下室或地下构筑物外墙有管道穿过的，应采取防水措施。对有严格要求的建筑物，必须采用柔性防水套管。

（4）管道穿过结构伸缩缝、抗震缝及沉降缝敷设时，应根据情况采取下列保护措施：

1）在墙体两侧采取柔性连接；

2）在管道或保温层外皮上、下部留有不小于150mm的净空；

3）在穿墙处做成方形补偿器，水平安装。

（5）在同一房间内，同类型的采暖设备、卫生器具及管道配件，除有特殊要求外，应安装在同一高度上。

（6）明装管道成排安装时，直线部分应互相平行。曲线部分：当管道水平或垂直并行时，应与直线部分保持等距；管道水平上下并行时，弯管部分的曲率半径应一致。

（7）管道支、吊、托架的安装，应符合下列规定：

1）位置正确，埋设应平整牢固；

2）固定支架与管道接触应紧密，固定应牢靠；

3）滑动支架应灵活，滑托与滑槽两侧间应留有3～5mm的间隙，纵向移动量应符合设计要求；

4）无热伸长管道的吊架、吊杆应垂直安装；

5）有热伸长管道的吊架、吊杆应向热膨胀的方向偏移；

6）固定在建筑结构上的管道支、吊架不得影响结构的安全。

（8）钢管水平安装的支、吊架间距不应大于表1-3的规定。

钢管管道支架的最大间距 表1-3

公称直径（mm）		15	20	25	32	40	50	70	80	100	125	150	200	250	300
支架的最大间距（m）	保温管	2	2.5	2.5	2.5	3	3	4	4	4.5	6	7	7	8	8.5
	不保温管	2.5	3	3.5	4	4.5	5	6	6	6.5	7	8	9.5	11	12

（9）采暖、给水及热水供应系统的塑料管及复合管垂直或水平安装的支架间距应符合表1-4的规定。采用金属制作的管道支架，应在管道与支架间加衬非金属垫或套管。

塑料管及复合管管道支架的最大间距 表1-4

管径（mm）			12	14	16	18	20	25	32	40	50	63	75	90	110
最大间距（m）	立管		0.5	0.6	0.7	0.8	0.9	1.0	1.1	1.3	1.6	1.8	2.0	2.2	2.4
	水平管	冷水管	0.4	0.4	0.5	0.5	0.6	0.7	0.8	0.9	1.0	1.1	1.2	1.35	1.55
		热水管	0.2	0.2	0.25	0.3	0.3	0.35	0.4	0.5	0.6	0.7	0.8	—	—

（10）铜管垂直或水平安装的支架间距应符合表1-5的规定。

铜管管道支架的最大间距　　表1-5

公称直径（mm）		15	20	25	32	40	50	65	80	100	125	150	200
支架的最大间距（m）	垂直管	1.8	2.4	2.4	3.0	3.0	3.0	3.5	3.5	3.5	3.5	4.0	4.0
	水平管	1.2	1.8	1.8	2.4	2.4	2.4	3.0	3.0	3.0	3.0	3.5	3.5

（11）采暖、给水及热水供应系统的金属管道立管管卡安装应符合下列规定：

1）楼层高度小于或等于5m，每层必须安装1个；

2）楼层高度大于5m，每层不得少于2个；

3）管卡安装高度，距地面应为1.5～1.8m，2个以上管卡应匀称安装，同一房间管卡应安装在同一高度上。

（12）管道及管道支墩（座），严禁铺设在冻土和未经处理的松土上。

（13）管道穿过墙壁和楼板，应设置金属或塑料套管。安装在楼板内的套管，其顶部应高出装饰地面20mm；安装在卫生间及厨房内的套管，其顶部应高出装饰地面50mm，底部应与楼板底面相平；安装在墙壁内的套管其两端与饰面相平。穿过楼板的套管与管道之间缝隙应用阻燃密实材料和防水油膏填实，端面光滑。穿墙套管与管道之间缝隙宜用阻燃密实材料填实，且端面应光滑。管道的接口不得设在套管内。

（14）弯制钢管，弯曲半径应符合下列规定：

1）热弯：应不小于管道外径的3.5倍；

2）冷弯：应不小于管道外径的4倍；

3）焊接弯头：应不小于管道外径的1.5倍；

4）冲压弯头：应不小于管道外径。

（15）管道接口应符合下列规定：

1）管道采用粘接接口，管端插入承口的深度不得小于表1-6的规定；

管端插入承口的深度　　表1-6

公称直径（mm）	20	25	32	40	50	75	100	125	150
插入深度（mm）	16	19	22	26	31	44	61	69	80

2）熔接连接管道的结合面应有一均匀的熔接圈，不得出现局部熔瘤或熔接圈凸凹不匀现象；

3）采用橡胶圈接口的管道，允许沿曲线敷设，每个接口的最大偏转角不得超过2°；

4）法兰连接时衬垫不得凸入管内，其外边缘接近螺栓孔为宜，不得安放双垫或偏垫；

5）连接法兰的螺栓，直径和长度应符合标准，拧紧后，突出螺母的长度不应大于螺杆直径的1/2；

6）螺纹连接管道安装后的管螺纹根部应有2～3扣的外露螺纹，多余的麻丝应清理干净并做防腐处理；

7）承插口采用水泥捻口时，油麻必须清洁、填塞密实，水泥应捻入并密实饱满，其接口面凹入承口边缘的深度不得大于2mm；

8）卡箍（套）式连接两管口端应平整、无缝隙、沟槽应均匀，卡紧螺栓后管道应平直，卡箍（套）安装方向应一致。

（16）各种承压管道系统和设备应做水压试验，非承压管道系统和设备应做灌水试验。

二、通风与空调工程监理基本要求

（1）通风与空调工程施工质量的验收，除应符合规范的规定外，还应按照被批准的设计图纸、合同约定的内容和相关技术标准的规定进行。施工图纸修改必须有设计单位的设计变更通知书或技术核定签证。

（2）承担通风与空调工程项目的施工企业，应具有相应的工程施工承包的资质等级及相应质量管理体系。

（3）施工企业承担通风与空调工程施工图纸深化设计及施工时，还必须具有相应的设计资质及其质量管理体系，并应取得原设计单位的书面同意或签字认可。

（4）通风与空调工程施工现场的质量管理应符合《建筑工程施工质量验收统一标准》GB 50300—2001第3.0.1条的规定。

（5）通风与空调工程所使用的主要原材料、成品、半成品和设备进场，必须对其进行验收。验收应经监理工程师认可，并应形成相应的质量记录。

（6）通风与空调工程的施工，应把每一个分项施工工序作为工序交接检验点，并形成相应的质量记录。

（7）通风与空调工程施工过程中发现设计文件有差错的，应及时提出修改意见或更正建议，并形成书面文件及归档。

（8）当通风与空调工程作为建筑工程的分部工程施工时，其子分部与分项工程的划分应按表1-7的规定执行。当通风与空调工程为单位工程独立验收时，子分部上升为分部，分项工程的划分同上。

通风与空调分部工程的子分部划分　　表1-7

<table>
<tr><th>子分部工程</th><th colspan="2">分项工程</th></tr>
<tr><td>送、排风系统</td><td rowspan="5">风管与配件制作
部件制作
风管系统安装
风管与设备防腐
风机安装
系统调试</td><td>通风设备安装，消声设备制作与安装</td></tr>
<tr><td>防、排烟系统</td><td>排烟风口、常闭正压风口与设备安装</td></tr>
<tr><td>除尘系统</td><td>除尘器与排污设备安装</td></tr>
<tr><td>空调系统</td><td>空调设备安装，消声设备制作与安装，风管与设备绝热</td></tr>
<tr><td>净化空调系统</td><td>空调设备安装，消声设备制作与安装，风管与设备绝热，高效过滤器安装，净化设备安装</td></tr>
<tr><td>制冷系统</td><td colspan="2">制冷机组安装，制冷剂管道及配件安装，制冷附属设备安装，管道及设备的防腐与绝热，系统调试</td></tr>
<tr><td>空调水系统</td><td colspan="2">冷热水管道系统安装，冷却水管道系统安装，冷凝水管道系统安装，阀门及部件安装，冷却塔安装，水泵及附属设备安装，管道与设备的防腐与绝热，系统调试</td></tr>
</table>

(9) 通风与空调工程的施工应按规定的程序进行，并与土建及其他专业工种互相配合；与通风空调系统有关的土建工程施工完毕后，应由建设或总承包、监理、设计及施工单位共同会检。会检的组织宜由建设、监理或总承包单位负责。

(10) 通风与空调工程分项工程施工质量的验收，应按规范对应分项的具体条文规定执行。子分部中的各个分项，可根据施工工程的实际情况一次验收或数次验收。

(11) 通风与空调工程中的隐蔽工程，在隐蔽前必须经监理工程师验收及认可签证。

(12) 通风与空调工程中从事管道焊接施工的焊工，必须具备操作资格证书和相应类别管道焊接的考核合格证书。

(13) 通风与空调工程竣工的系统调试，应在建设和监理单位的共同参与下进行，施工企业应具有专业检测人员和符合有关标准规定的测试仪器。

(14) 通风与空调工程施工质量的保修期限，自竣工验收合格日起计算为二个采暖期、供冷期。在保修期内发生施工质量问题的，施工企业应履行保修职责，责任方承担相应的经济责任。

(15) 净化空调系统洁净室（区域）的洁净度等级应符合设计的要求。洁净度等级的检测应按《通风与空调工程施工质量验收规范》GB 50243—2002 附录 B 第 B. 4 条的规定，洁净度等级与空气中悬浮粒子的最大浓度限值（C_n）的规定见《通风与空调工程施工质量验收规范》GB 50243—2002 附录 B 表 B. 4. 6-1。

(16) 分项工程检验批验收合格质量应符合下列规定：

1) 具有施工单位相应分项合格质量的验收记录；

2) 主控项目的质量抽样检验应全数合格；

3) 一般项目的质量抽样检验，除有特殊要求外，计数合格率不应小于 80%，且不得有严重缺陷。

第二章　室内给排水工程施工安装质量监控

第一节　室内给水系统工程

一、工程内容

室内给水系统的任务是经济合理地将水从室外给水管网输送到装设在室内的各种配水龙头、生产和生活用水设备或消防设备处，满足用户对水质、水量和水压等方面的要求，保证用水安全可靠。

（一）室内给水系统分类

根据室内给水系统供水的对象不同，可分为如下三类：

1. 生活给水系统

生活给水系统主要供家庭、机关、学校、部队、旅馆等居住建筑、公共建筑以及工业建筑内部的饮用、烹调、盥洗、洗涤、沐浴等用水。生活给水的水质必须严格符合国家规定的《生活饮用水卫生标准》GB 5749—2006。

近年来，随着我国城市化的快速发展，人们对于城镇生活水平要求不断提高，迫切希望能饮用到更为清洁健康的生活水。例 2010 年上海世博会期间，园内设置了供人们直接饮用的管道直饮水。管道直饮水系统就是以自来水或符合生活饮用水水源水质标准的水为原水，经深度净化后，通过独立的循环式管网输送、供给用户直接饮用的净水给水系统。

2. 生产给水系统

因各种生产工艺不同，生产给水系统种类繁多，主要用于以下几个方面：生产设备的冷却、原料和产品的洗涤、锅炉用水和某些工业的原料用水等。生产用水对水质、水量、水压以及安全方面的要求由于工艺的不同，差异较大，应根据生产性质和要求而确定。

3. 消防给水系统

消防给水系统主要供扑救火灾的消防用水。根据国家防火规范的规定，对于层数较多的民用建筑、大型公共建筑及容易发生火灾的工厂生产车间、仓库等必须设置室内消防给水系统。消防给水对水质没有特殊要求，但必须保证足够的水量和水压。

（二）室内给水系统基本组成

（1）引入管：穿过建筑物承重墙或基础，自室外给水管网将水引入室内给水管网的管段，又称“进户管”。

（2）水表节点：指引入管上装设有水表及其前后设置的阀门、泄水装置所构成的总称。

（3）室内给水管网：是由室内给水水平或垂直干管、立管、配水支管等组成的管道系统。

（4）给水附件：为了检修和调节方便而装设在给水管道上的各类配水龙头和各类阀门。

（5）升压与贮水设备：在室外给水管网压力不足或室内对安全供水、水压稳定有要求时，需要设置各种附属设施，如水箱、水泵、气压装置、水池等。

（6）用水设备。

（7）室内消防设备：设置在室内的消防给水设备，如消火栓或自动喷水消防设备、水幕消防设备。

（8）水净化处理设备：通过各种物化和生化技术，对原水做过滤净化处理，从而达到改变水质的设备。常见的有软水机、纯水机、净水器三大类。

（三）室内给水方式种类

室内给水方式的选择，根据建筑物的性质、层数及生活、生产和消防所需的水质、水压和水量等情况决定。常用的主要给水方式有：直接供水方式、设有水箱和水泵的供水方式、气压给水设备供水方式、高层建筑分区供水方式、管道直饮水供水方式等。

1. 直接供水方式

这种供水方式是与外部管网直接相连，利用外管网的水压供水，如图2-1所示。适用于外部管网的水压、水量能经常满足用水要求，室内给水无特殊要求的单层或多层建筑。其优点：系统简单，投资省，安装和维修简单，可充分利用外部给水管网的水压，节省能源。缺点是：内部无贮备水量，当外部给水管网一旦停水时，内部立即断水。

2. 设有水箱和水泵的供水方式

当室外给水管网的水压低于或周期性低于建筑物内部给水管网所需水压，而且建筑物内部用水量又很不均匀时，宜采用水泵水箱联合给水方式，如图2-2所示。其优点：水箱能储备一定的水量，停水停电时尚可延时供水，能利用外部管网水压，节约能源；水箱如采用自动液位控制，可实现水泵启闭自动化。缺点是安装、维修较麻烦，投资较大。

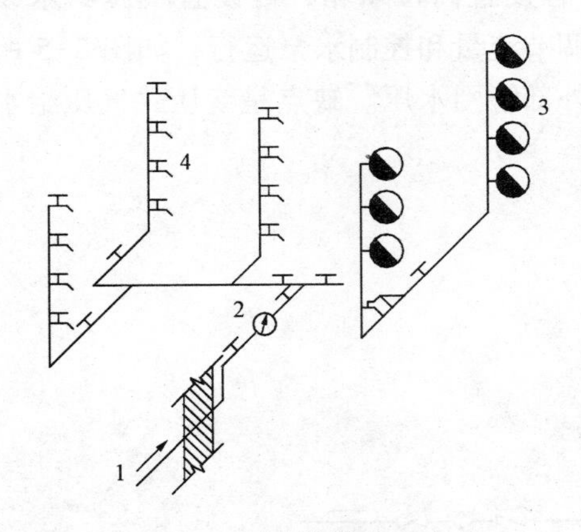

图2-1 直接供水方式

1—引入管；2—水表；3—消火栓；4—配水支管

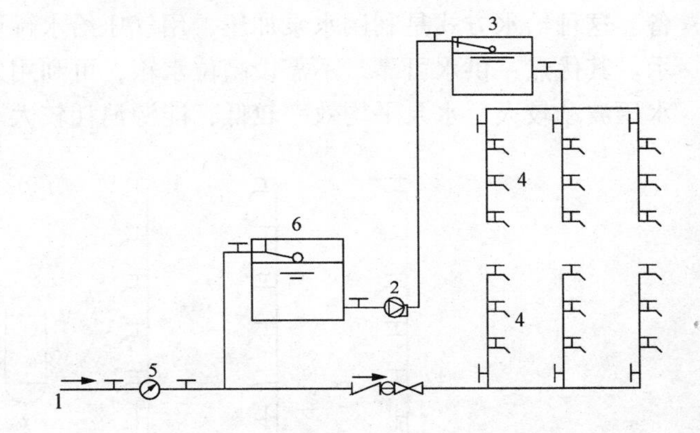

图2-2 设水池、水泵和水箱供水方式

1—引入管；2—水泵；3—高位水箱；4—配水支管；5—水表；6—贮水池

当一天内室外管网压力大部分时间能满足要求，仅在用水高峰时刻，由于用水量的增加，室外管网中水压降低而不能保证建筑物上层用水时，则可设水箱解决，如图2-3所示。

若一天内室外管网压力大部分时间不能满足要求，且室内用水量较大又较均匀时，则可单设水泵升压，如图2-4所示。

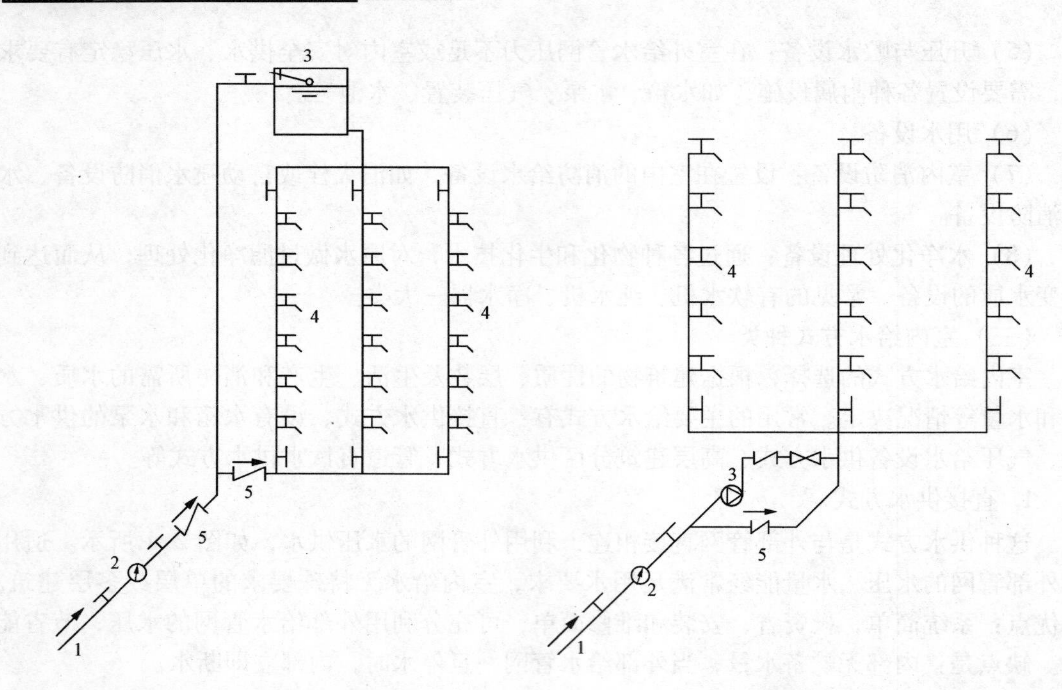

图2-3 设水箱的给水方式

1—引入管；2—水表；3—高位水箱；4—配水支管；5—止回阀

图2-4 设水泵的给水方式

1—引入管；2—水表；3—水泵；4—配水支管；5—止回阀

3. 气压给水设备供水方式

当室外给水管网水压经常不足，建筑物内又不宜设置高位水箱，可设置气压给水设备。这种给水方式是利用水泵加压，用气压给水罐调节流量和控制水泵运行，如图2-5所示。其优点：供水可靠，不需设高位水箱，可利用外部管网水压。缺点是变压式气压给水水压波动较大，水泵平均效率较低，能源消耗较大。

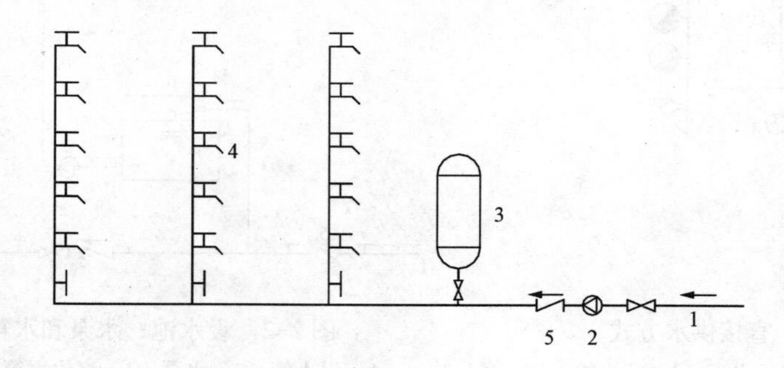

图2-5 气压罐给水方式

1—引入管；2—水泵；3—气压水罐；4—配水支管；5—止回阀

4. 高层建筑分区供水方式

高层建筑分区供水方式又可分为高位水箱供水方式、气压水箱供水方式及无水箱供水方式，分别见图2-6（*a*）、（*b*）、（*c*）、（*d*），图2-7（*a*）、（*b*），图2-8（*a*）、（*b*）：

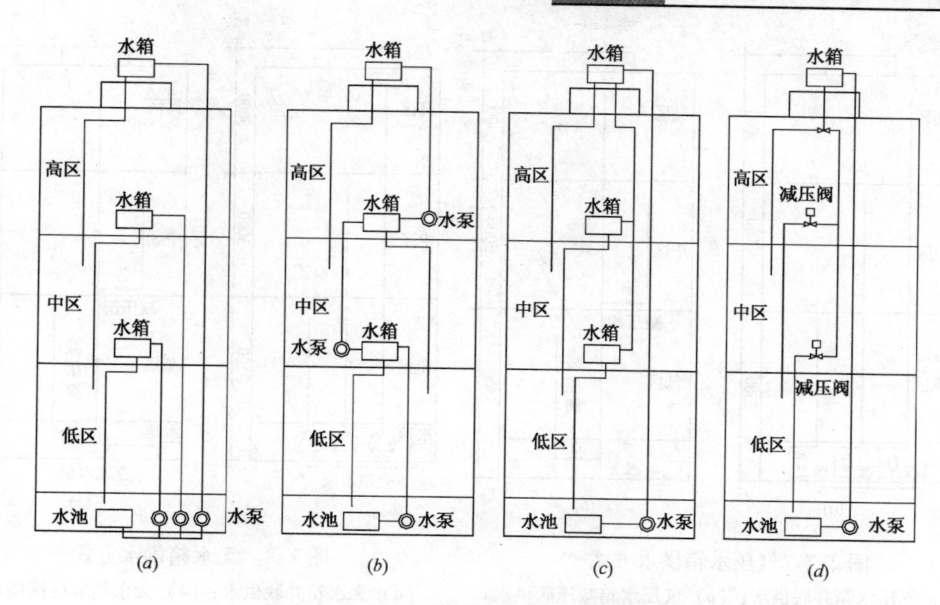

图 2-6　高位水箱供水方式

(*a*) 并联供水方式；(*b*) 串联供水方式；(*c*)、(*d*) 分区减压供水方式

（1）高位水箱供水方式

1）并联供水方式：在各分区独立设置水泵和水箱，水泵集中设置在建筑底层或地下室，分别向各区供水，见图 2-6（*a*）。其优点：各区为独立给水系统，互不影响，安全供水可靠；水泵集中，管理维护方便。缺点是水泵台数多，水泵出水高压管线长，设备费用增加，分区水箱所占楼层面积较大。

2）串联供水方式:分区设置水箱和水泵,水泵分散布置,自下区水箱抽水供上区用水(图 2-6（*b*))。其优点:无高压水泵和高压管线,运行费用较经济。缺点是水泵分散设置,防震隔音要求高,占用楼层面积较大,管理维护不便;若下区发生事故,上区供水受到影响。

3)分区减压供水方式:整个高层建筑的用水全部由设置在底层的水泵提升至屋顶水箱,由分区水箱或减压阀起减压作用,见图 2-6（*c*）、(*d*)，这种减压供水方式的最大优点是水泵机组台数少，设备费用低，管理维护简单。缺点是屋顶水箱容积大，下区供水受上区的限制，能源消耗较大。

（2）气压水箱供水方式

气压水箱供水方式有两种：气压水箱并联供水方式，见图 2-7（*a*）；以及气压水箱减压阀供水方式，见图 2-7（*b*）。

其优点为不需要高位水箱，不占高位建筑上层面积。其缺点是运行费用较高，气压储水量小，水泵启闭频繁，水压变化幅度大。

（3）无水箱供水方式，见图 2-8（*a*）、(*b*)

许多大型高层建筑采用无水箱的变速水泵供水方式，根据给水系统中用水量情况自动改变水泵转速，使水泵处于较高效率下工作。最大优点：省去高位水箱，提高建筑面积的利用率，减少水泵运行能耗。其缺点：需要一套价格较贵的变速水泵及其控制设备，且维修较复杂。

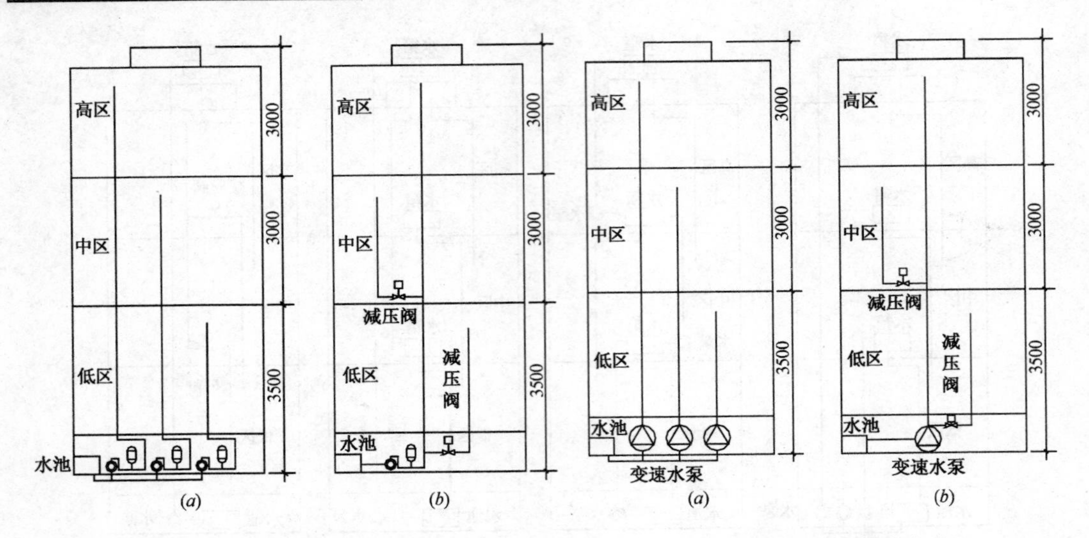

图 2-7 气压水箱供水方式

（*a*）气压水箱并联供水；（*b*）气压水箱减压阀供水

图 2-8 无水箱供水方式

（*a*）无水箱并联供水；（*b*）无水箱减压阀供水

5. 管道直饮（净化）水供水方式

为保证管道直饮水管网系统内水质，管道直饮水系统设置循环管，供回水管网为同程式，下供上回式和上供下回式是管道直饮水系统的基本供水方式。

(1) 下供上回式管道直饮水系统

1) 下供上回式管道直饮水系统（一），见图 2-9（*a*）。适用条件：供水横干管有条件布置在底层或地下室、回水横干管布置在顶层的建筑和供水立管较多的建筑。其优点是供水管路短、管材用量少，工程投资省，供水立管为单立管，布置安装比较容易；缺点是供水横干管和回水横干管上下分散布置，增加建筑对管道装修要求，系统中需设排气阀。

2) 下供上回式管道直饮水系统（二），见图 2-9（*b*）。适用条件：供回水横干管只能布置在地下室的建筑，如高档的单元式住宅。其优点是供水横干管和回水横干管集中铺设；缺点是回水管路长，管材用量多，系统中也需设排气阀。

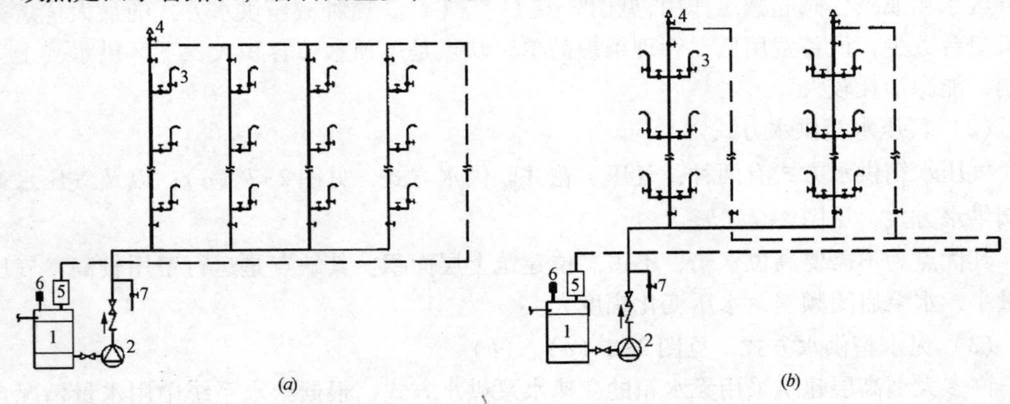

图 2-9 下供上回式管道直饮水供水方式

（*a*）下供上回式管道直饮水系统（一）；（*b*）下供上回式管道直饮水系统（二）

1—净水箱；2—供水泵；3—专用水嘴；4—自动排气阀；5—消毒装置；6—呼吸器；7—泄水阀

（2）上供下回式管道直饮水系统

1）上供下回式管道直饮水系统（一），见图2-10（*a*）。适用条件：供水横干管有条件布置在顶层、回水横干管布置在底层或地下室的建筑和供水立管较多的建筑。其优点是供水立管为单立管，布置安装比较容易；缺点是供水管路长，管材用量多，供水横干管和回水横干管上下分散布置，增加建筑对管道装饰要求，系统中需设排气阀。

2）上供下回式管道直饮水系统（二），见图2-10（*b*）。适用条件：屋顶有条件设置净水机房的建筑，供水横干管有条件布置在顶层、回水横干管布置在底层或地下室的建筑。其优点是重力供水，压力稳定，节省加压设备投资，供水立管为单立管，布置安装比较容易；缺点是供水横干管和回水横干管上下分散布置，增加建筑对管道装饰要求，系统中需设置循环水泵。

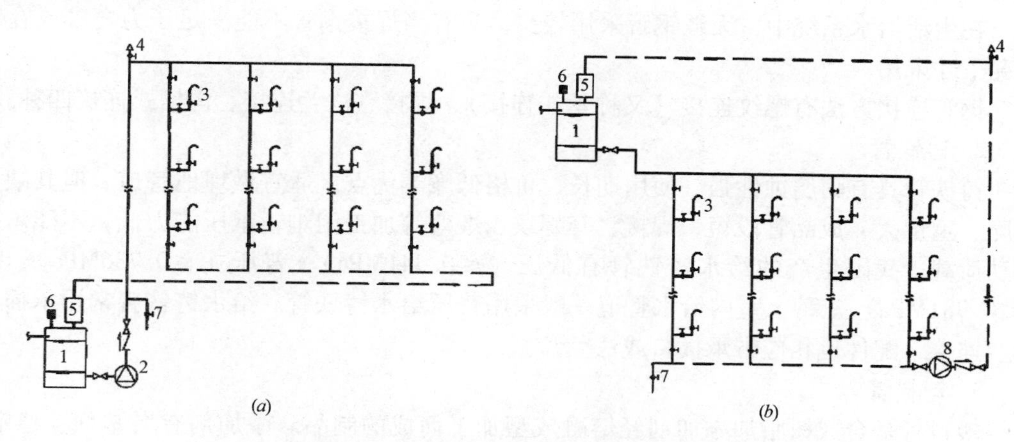

图2-10　上供下回式管道直饮水供水方式

（*a*）上供下回式管道直饮水系统（一）；（*b*）上供下回式管道直饮水系统（二）

1—净水箱；2—供水泵；3—专用水嘴；4—自动排气阀；

5—消毒装置；6—呼吸器；7—泄水阀；8—循环水泵

（四）室内给水系统安装主要内容

包括室内地下给水管道、室内给水支管和横支管、室内水表和阀门、配件及管道支架、消防设施的安装，以及管道系统冲洗和试压等工作。

二、材料和配件质量要求

室内给水系统供应的管材和配件最常用的有钢管、铸铁管、铜管、塑料管、钢塑复合管、铝塑复合管等，各种镀锌接头管件、铸铁承插及法兰连接管件、沟槽式连接的接头管件、各种阀门等。这些材料和配件的质量对室内给水系统工程质量优劣起主要决定作用。因此，对于所有进场材料和配件，监理工程师必须严格检查，应对其材料和配件的品种、规格、外观等进行验收。包装应完好，表面无划痕及外力冲击破损。对于给水系统所使用的主要材料、成品、半成品、配件、器具必须具有中文质量合格证明文件，规格、型号及性能检测报告应符合国家技术标准和设计要求。对于生活饮用水系统所涉及的材料必须达到国家《生活饮用水卫生标准》GB 5749—2006，详见《建筑给水排水及采暖工程施工质量验收规范》GB 50242—2002 第4.2.3强制性条款。管材和配件不符合要求，监理工程师有权不予确认。对有疑义或需要做材料和配件试验的，可由监理工程师提出复验要求，复验达不到质量标准不得使用，严禁使用不合格的管材和配件产品。

（一）管道材料

1. 钢管

钢管有焊接钢管、无缝钢管两种。焊接钢管有普通钢管和加厚钢管两种，又可分镀锌钢管（白铁管）和不镀锌钢管（黑铁管）。钢管镀锌的目的是防锈、防腐、不使水质变坏，延长使用年限。

钢管强度高、承受流体的压力大、抗震性能好、成品管段长、重量比铸铁管轻、接头少、加工安装方便，但造价较高，抗腐蚀性差。一般埋地管道管径在70mm以上时采用铸铁管。

在生活给水系统中，无缝钢管采用较少，只有当焊接钢管不能满足压力要求或在特殊情况下才采用。

钢管连接方法有螺纹连接（又称丝扣连接）、焊接、法兰连接、沟槽式连接四种。

2. 铸铁管

铸铁管具有耐腐蚀性强、使用期长、价格低廉等优点，适宜做埋地管道。但其缺点是性脆、重量大、成品管段短，焊接、套螺纹、煨弯等加工困难，承压能力低，不能承受较大动荷载。我国生产的给水铸铁管有低压（≤0.441MPa）、普压（≤0.736MPa）、高压（≤0.981MPa）三种，室内给水管道一般采用普压给水铸铁管。给水铸铁管常用承插式和法兰连接，配件也相应带承插口或法兰盘。

3. 塑料管

塑料管是合成树脂加添加剂经熔融成型加工而成的制品。添加剂有增塑剂、稳定剂、填充剂、润滑剂、着色剂、紫外线吸收剂、改性剂等。塑料管的原料组成决定了塑料管的特性。

塑料管的主要优点：化学稳定性好，不受环境因素和管道内介质组分的影响，耐腐蚀性好；导热系数小，热传导率低，绝热保温，节能效果好；水力性能好，管道内壁光滑，阻力系数小，不易积垢，管内流通面积不随时间发生变化，管道阻塞概率小；相对于金属管材，密度小，材质轻，运输、安装方便，灵活，简捷，维修容易；可自然弯曲或具有冷弯性能，可采用盘管供货方式，减少管接头数量。

塑料管主要缺点：力学性能差，抗冲击性不佳，刚性差，平直性也差，因而管卡及吊架设置密度高；阻燃性差，大多数塑料制品可燃，且燃烧时热分解，会释放出有毒气体和烟雾；热膨胀系数大，伸缩补偿必须十分重视。

常用塑料管有：硬聚氯乙烯管（PVC-U）、高密度聚乙烯管（HDPE）、交联聚乙烯管（PE-X）、无规共聚聚丙烯管（PP-R）、聚丁烯管（PB）、工程塑料丙烯腈-丁二烯-苯乙烯共聚物（ABS）、氯化聚氯乙烯管（PVC-C）等。

给水用硬聚氯乙烯塑料管（PVC-U），适用于输送温度在45℃以下的建筑物内外给水。优良的化学稳定性，耐腐蚀，不受酸、碱、盐、油类等介质的侵蚀；物理机械性能亦好，不燃烧、无不良气味、质轻而坚，比重仅为钢的五分之一；管壁光滑，容易切割，并可制成各种颜色，其连接方式分为弹性密封圈连接和溶剂连接。

高密度聚乙烯管（HDPE），适用于输送温度在45℃以下的水或无害、无腐蚀的介质。

重量轻、柔韧性好、管材长、管道接口少、系统完整性好；材质无毒、无结垢层、不易滋生细菌，抗腐蚀能力强，使用寿命长。

交联聚乙烯管（PE-X），适用温度范围广，可在 -75 ~ 95℃下长期使用。质地坚实、有韧性，抗压强度高；耐腐蚀、无毒，不霉变、不生锈、管壁光滑、无结垢层；导热系数小，用于供热系统时无需保温，适当弯曲无脆裂。

无规共聚聚丙烯管（PP-R），适用于建筑冷、热水，空调系统，低温采暖系统等场合。具有重量轻、强度好、耐腐蚀、抗结垢、防冻裂、耐热保温、使用寿命长等优点，缺点是抗冲击性能差、线性膨胀系数大。

聚丁烯管（PB），与 PP-R 管性能相似，在导热系数与热膨胀系数等方面优于 PP-R 管。同样耐温耐压情况下，比 PP-R 管寿命要长很多。质地柔软，适用于地暖、高温采暖铺设，因此多用于暖气、热水系统。

ABS 管是由丙烯腈-丁二烯-苯乙烯三元共聚经注射加工而形成的管材，适用于工作介质温度 -40 ~ 80℃，工作压力小于 1.0MPa 的生活给水管。主要优点是耐腐蚀性极强，抗冲击性好，韧性强。ABS 管连接方式主要为冷胶溶接法。

氯化聚氯乙烯管（PVC-C），适用于各种冷热水系统，由含氯量高达 66% 的过氯乙烯树脂加工而成的一种耐热管材，具有良好的强度和韧性，耐化学腐蚀，抗老化，自熄性阻燃，热阻大等特点。

4. 铜管

铜管可分为拉制铜管和挤制铜管，或者分为拉制黄铜管和挤制黄铜管。一般用于输送酸类、盐类等具有腐蚀性流体，也可用于建筑物中的冷、热水配水管，具有经久耐用、节能节流、水质卫生等优点。在现代建筑中，特别是中高档建筑中，给水系统中冷、热水管常使用薄壁紫铜管。铜管常采用焊接或螺纹连接。

5. 铝塑复合管和钢塑复合管

铝塑复合管（或钢塑复合管）及其管件是由塑料管外包以铝（或钢）制外壳，采用特殊工艺复合而成，使其兼有两种材质性能，既有良好的耐腐蚀性能，又有较好的机械强度。适用于工作压力为 0.6 ~ 2.5MPa 有腐蚀介质的化工、食品、医药、冶金、环保等行业的给水管道。近年来也常用于民用建筑的生活给水管道。

铝塑复合管的优点是质轻耐用，化学稳定性和机械强度相对较好，而且施工方便，韧性好；缺点是膨胀系数大。钢塑复合管的优点是具有良好的防腐性能，安全卫生，且耐酸、耐碱、耐高温，强度高，使用寿命长，有优越的耐冲击性能。

6. 薄壁不锈钢管

不锈钢是为了增强耐腐蚀性，在碳素钢中加入铬、镍、锰、硅、钛等元素形成的一种合金钢。由特殊焊接工艺处理的薄壁不锈钢管，因其强度高、管壁较薄，造价降低。其主要特点包括：经久耐用，卫生可靠，防腐蚀性好，环保性好；抗冲击强；具有较好连接形式（如插接压封式连接技术）的管路强度是镀锌管和普通钢管的 2 ~ 3 倍；比一般金属韧性好，易弯曲、易扭转，不易裂缝，不易折断；现场加工困难，需要采用专用的连接技术。

常用室内给水管材见表 2-1。

建筑给排水管材(室内给水)　　表 2-1

序号	管材名称	管材规格	连接方式	适用规范、标准	标准图号	备注
1	硬聚氯乙烯(PVC-U)给水管	公称外径：De20，De25，De32，De40，De50，De63，De75，De90，De110，De125，De160，De200，De225，De250，De280，De315； 公称压力等级：PN1.00　PN1.25　PN1.60； 建筑物内应采用 PN1.6MPa 管材； 管材线膨胀系数：0.07mm/（m·℃）；同材质管件；自熄	①胶粘承插接口（De≤110）； ②橡胶圈承插柔性连接（De≥63）	《建筑给水硬聚氯乙烯管管道工程技术规程》CECS 41:2004	《硬聚氯乙烯（PVC-U）给水管安装》02SS405—1	①与水箱及给水设备的连接应采用金属管段过渡； ②室内埋地管道的埋深不宜小于 300mm
2	无规共聚聚丙烯(PP-R)给水管	公称外径：De20，De25，De32，De40，De50，De63，De75，De90，De110，De125，De140，De160； 系统设计工作压力：$Ps \leq 0.8$MPa 宜采用 S5 系列； $0.8 < Ps \leq 1.0$MPa 宜采用 S4 系列； 管材线膨胀系数:0.14～0.16mm/(m·℃)；同材质管件；易燃	热熔连接（安装部位狭窄处可采用电熔连接）	《冷热水用聚丙烯管道系统》GB/T 18742—2002； 《建筑给水聚丙烯管道工程技术规范》GB/T 50349—2005	《无规共聚聚丙烯（PP-R）给水管安装》02SS405—2	①与水箱及给水设备的连接应采用金属管段过渡； ②试验压力为系统设计工作压力的 1.5 倍，但不得小于 0.9MPa； ③管道系统设计工作压力不应大于 1.0MPa
3	铝塑复合给水管	公称外径:De20，De25，De32，De40，De50； 种类有： ①搭接焊或铝塑复合管聚乙烯/铝合金/聚乙烯(PAP)； 交联聚乙烯/铝合金/交联聚乙烯(XPAP)； ②对接焊式铝塑复合管聚乙烯/铝合金/交联聚乙烯(XPAP)； 交联聚乙烯/铝合金/交联聚乙烯(XPAP)； 聚乙烯/铝/聚乙烯(PAP)； 聚乙烯/铝合金/聚乙烯(PAP4)管材线膨胀系数:0.025mm/(m·℃)；金属管件；自熄	①卡压式连接（不锈钢接头）； ②卡套式连接（铸铜接头 De≤32）； ③螺旋挤压式连接（铸铜接头 De≤32）	《建筑给水铝塑复合管管道工程技术规程》CECS 105:2000	《铝塑复合给水管安装》02SS405—3	与水箱及给水设备的连接应采用金属管段过渡

续表

序号	管材名称	管材规格	连接方式	适用规范、标准	标准图号	备注
4	交联聚乙烯（PE-X）给水管	公称外径：De20，De25，De32，De40，De50，De63，De75，De90，De110，De125，De140，De160； 系统工作压力：Ps≤0.6MPa，宜采用S6.3或S5系列； 管材线膨胀系数：0.20mm/（m·℃）；金属管件； 低温抗冲性能优良；易燃	①卡箍式连接（卡套式）（铜锻压管件或不锈钢铸管件、紫铜环卡箍）； ②卡压式连接（不锈钢管件）	《建筑给水聚乙烯类管道工程技术规程》CJJ/T 98—2003	《交联聚乙烯（PE-X）给水管安装》02SS405—4	与水箱及给水设备的连接应采用金属管段过渡
5	铜管（无缝紫铜管）	公称直径：DN15，DN20，DN25，DN32，DN40，DN50，DN65，DN80，DN100，DN125，DN150，DN200，DN250，DN300； 管材线膨胀系数：0.0176mm/（m·℃）	1. 薄壁铜管 ①承插式钎焊接口DN15～DN300； ②卡套式接口DN15～DN50； ③压接（卡压）式接口DN15～DN50； 2. 厚壁铜管 ①螺纹连接DN20～DN150； ②沟槽式连接DN50～DN300； ③活套法兰连接DN50～DN300	《建筑给水铜管管道工程技术规程》CECS 171：2004	《建筑给水金属管道安装—铜管》03S407—1	①系统工作压力1.0MPa、1.6MPa； ②铜管嵌墙或埋地敷设时宜塑覆（铜管外壁塑覆材料为聚乙烯）

续表

序号	管材名称	管材规格	连接方式	适用规范、标准	标准图号	备注
6	薄壁不锈钢管	公称直径：DN15，DN20，DN25，DN32，DN40，DN50，DN65，DN80，DN100（Ⅰ系列）； 公称直径：DN15，DN20，DN25，DN32，DN40，DN50（Ⅱ系列）	卡压式接口	《建筑给水薄壁不锈钢管管道工程技术规程》CECS 153：2003	《建筑给水薄壁不锈钢管道安装》10S407—2	①卡压式接口≤DN50可按Ⅱ系列选用，>DN50选用Ⅰ系列； ②工作压力不应大于1.6MPa； ③不宜与其他材质管材、管件、附件相接，若相接应采取设置转换接头等防止电化学腐蚀的措施； ④嵌墙敷设时宜采用覆塑薄壁不锈钢管
		公称直径：DN15，DN20，DN25，DN32，DN40，DN50，DN65，DN80，DN100	环压式接口			
		公称直径：DN15，DN20，DN25，DN32，DN40，DN50，DN65，DN80，DN100，DN125，DN150，DN200	①承插氩弧焊接口； ②压缩式接口≤DN50； ③对接氩弧焊接口； ④卡箍法兰式连接≥DN100			
		公称直径：DN100，DN125，DN150，DN200	沟槽式卡箍连接			
7	热浸镀锌钢管	公称直径：DN15，DN20，DN25，DN32，DN40，DN50，DN65，DN80，DN100，DN150，DN200，DN250，DN300	DN≤80mm螺纹连接； DN≥100mm沟槽式卡箍连接	《低压流体输送用焊接钢管》GB/T 3091—2008； 《输送流体用无缝钢管》GB/T 8163—2008		
8	焊接钢管	公称直径：DN15，DN20，DN25，DN32，DN40，DN50，DN65，DN80，DN100，DN150，DN200，DN250，DN300，DN350，DN400，DN500，DN600，DN700，DN800，DN900，DN1000，DN1200	DN≤80mm螺纹连接； DN≥100mm焊接或法兰连接	《低压流体输送用焊接钢管》GB/T 3091—2008		一般用于循环冷却水管道、压力排水管道及厂房、高层建筑雨水管道

续表

序号	管材名称	管材规格	连接方式	适用规范、标准	标准图号	备注
9	氯化聚氯乙烯（PVC-C）给水管	公称外径：*De*20，*De*25，*De*32，*De*40，*De*50，*De*63，*De*75，*De*90，*De*110，*De*125，*De*140，*De*160； 多层建筑可采用S6.3系列，高层建筑应采用S5系列（给水主干管及泵房配管不宜采用）室外埋地管道工作压力≤1.0MPa可采用S6.3系列，＞1.0MPa应采用S5系列管材线膨胀系数：0.06mm/（m·℃）；同材质管件；自熄	胶粘承插接口	《冷热水用氯化聚氯乙烯（PVC-C）管道系统》GB/T 18993—2003； 《建筑给水氯化聚氯乙烯（PVC-C）管管道工程技术规程》CECS 136:2002		
10	聚乙烯（PE）给水管（PE80、PE100）	公称外径：*De*20，*De*25，*De*32，*De*40，*De*50，*De*63，*De*75，*De*90，*De*110，*De*125，*De*140，*De*160； 系统工作压力：*P*s≤0.6MPa宜采用S6.3或S5系列管材线膨胀系数：0.20mm/（m·℃）；同材质管件；低温抗冲性能优良；易燃	①*De*≤63承插热熔连接； ②*De*＞63对接热熔连接； ③*De*≤160电熔连接	《给水用聚乙烯（PE）管材》GB/T 13663—2000； 《建筑给水聚乙烯类管道工程技术规程》CJJ/T 98—2003		20℃、50年、概率预测97.5%的静液压强度σ_{LPL} PE80为8.00～9.99MPa，PE100为10.0～11.19MPa
11	耐热聚乙烯（PE-RT）给水管	公称外径：*De*20，*De*25，*De*32，*De*40，*De*50，*De*63，*De*75，*De*90，*De*110，*De*125，*De*140，*De*160； 系统工作压力：*P*s≤0.6MPa宜采用S6.3或S5系列管材线膨胀系数：0.20mm/（m·℃）；同材质管件；低温抗冲性能优良；易燃	电熔连接，热熔连接	《冷热水用耐热聚乙烯（PE-RT）管道系统》GB/T 28799—2012； 《建筑给水聚乙烯类管道工程技术规程》CJJ/T 98—2003		乔治·费歇尔品牌产品

续表

序号	管材名称	管材规格	连接方式	适用规范、标准	标准图号	备注
12	丙烯腈-丁二烯-苯乙烯（ABS）工程塑料给水管	公称外径：*De*20，*De*25，*De*32，*De*40，*De*50，*De*63，*De*75，*De*90，*De*110，*De*125，*De*140，*De*160，*De*180，*De*200，*De*225，*De*250，*De*280，*De*315，*De*355，*De*400； 管材线膨胀系数：0.11mm/（m·℃）；同材质管件；易燃	胶粘承插接口法兰连接	《丙烯腈-丁二烯-苯乙烯（ABS）压力管道系统　第1部分：管材》GB/T 20207.1—2006； 《丙烯腈-丁二烯-苯乙烯（ABS）压力管道系统　第2部分：管件》GB/T 20207.2—2006		主要用于污、废水处理及游泳池水处理系统配管
13	钢衬（涂）塑复合给水管	公称直径：*DN*15，*DN*20，*DN*25，*DN*32，*DN*40，*DN*50，*DN*65，*DN*80，*DN*100，*DN*125，*DN*150； 外层镀锌钢管，内衬聚乙烯（PE）、聚丙烯（PP-R）、交联聚乙烯（PE-X）、耐热聚乙烯（PE-RT）、硬聚氯乙烯（PVC-U）塑料管或内涂聚乙烯、环氧树脂衬（涂）塑可锻铸铁管件； 系统工作压力≤1.0MPa	①系统工作压力 $P_s \leq$ 1.0MPa，≤*DN*65时采用螺纹连接，≥*DN*80采用法兰或沟槽式卡箍连接； ②系统工作压力 $P_s >$ 1.0MPa且 $P_s \leq$ 1.6MPa，应采用衬塑无缝钢管，法兰或沟槽式卡箍连接	《建筑给水钢塑复合管管道工程技术规程》CECS 125:2001		①与阀门、给水栓及其他管材连接时，应采用专用过渡件； ②埋地敷设时，在管外壁刷冷底子油一道，石油沥青两道，外加保护层
14	内衬不锈钢复合钢管	公称直径：*DN*15，*DN*20，*DN*25，*DN*32，*DN*40，*DN*50，*DN*65，*DN*80，*DN*100，*DN*150，*DN*200； 外层镀锌钢管； 内衬薄壁不锈钢管	系统工作压力 $P_s \leq$ 1.0MPa，≤*DN*65时采用螺纹连接，≥*DN*80采用法兰或沟槽式卡箍连接	《内衬不锈钢复合钢管》CJ/T 192—2004		系统工作压力≤2.0MPa

（二）管道连接

1. 钢管连接方法

钢管的连接方法有螺纹连接、焊接连接、法兰连接、沟槽式连接。

（1）螺纹连接

利用配件连接，配件用可锻铸铁制成，抗腐蚀性及机械强度均较大，也分镀锌、不镀锌两种，钢制配件较少。室内生活给水管道应用镀锌配件，镀锌钢管必须用螺纹连接。多用于明装管道。

（2）焊接

焊接的优点是接头紧密，不漏水，施工迅速，不需配件。缺点是不能拆卸。焊接只能用于非镀锌钢管，因为镀锌钢管焊接时锌层被破坏，反而加速锈蚀。多用于暗装管道。

（3）法兰连接

在较大管径的管道上（50mm 以上），常将法兰盘焊接或用螺纹连接在管端，再以螺栓连接之。法兰连接一般用在连接闸门、止回阀、水泵、水表等处，以及需要经常拆卸、检修的管段上。

（4）沟槽式连接

使用开槽机械在管道外侧开槽，利用沟槽式配件将管道连接，抗腐蚀性好，施工方便。

2. 铸铁管连接方法

室内给水管道一般采用普压给水铸铁管，常用承插和法兰连接，配件也相应带承插口或法兰盘。

承插连接方法与室外大口径管道相同，主要接口有以下几种：铅接口、石棉水泥接口、沥青水泥砂浆接口、膨胀性填料接口、水泥砂浆接口等。

3. 塑料管连接方法

塑料管可采用螺纹连接（配件为注塑制品）、焊接（热空气焊）、法兰连接、粘接、承插连接、电熔连接、挤压头连接等方法。

4. 铝塑复合管和钢塑复合管连接方法

铝塑复合管和钢塑复合管可采用法兰连接、螺纹连接和压盖连接。一般来说，*DN*50 以下的管道采用螺纹连接或压盖连接，而 *DN*20 ~ *DN*150 的管道可采用法兰连接。不同的连接方法，应采用相应的管件。

（三）给水系统的附件与设备

给水管道附件是安装在管道及设备上的启闭和调节装置的总称。一般分为配水附件、控制附件两类。配水附件诸如装在卫生器具及用水点的各式水龙头，用以调节和分配水流。控制附件用来调节水量、水压、关断水流、改变水流方向，如球形阀、闸阀、止回阀、浮球阀及安全阀等。

1. 配水附件

（1）配水龙头

1）球形阀式配水龙头，装在洗涤盆、污水盆、盥洗槽上的均属此类。水流经过此种龙头因改变流向，故阻力很大。

2）旋塞式配水龙头，设在压力不大（101.325kPa 左右）的给水系统上。这种龙头旋转 90°即完全开启，可短时获得较大流量，又因水流呈直线经过龙头，阻力较小。缺点是启闭迅速，容易产生水击。适于用在浴池、洗衣房、开水间等处。

（2）盥洗龙头

设在洗脸盆上专供冷水或热水用。有莲蓬头式、鸭嘴式、角式、长脖式等多种形式。

（3）混合龙头

用以调节冷、热水的龙头，供盥洗、洗涤、沐浴等，式样很多。

此外，还有小便斗龙头、皮带龙头、消防龙头、电子自动龙头等。

2. 控制附件

（1）截止阀

截止阀关闭严密，但水流阻力较大，适用在管径小于或等于 50mm 的管道上，截止阀可以采用法兰连接或螺纹连接，安装时要注意流体“低进高出”。

（2）闸阀

一般管道直径在 70mm 以上时采用闸阀，此阀全开时水流呈直线通过，阻力小；但水口有杂质落入阀座后，使阀不能关闭到底，因而产生磨损和漏水。

（3）旋塞阀

又称“转心门”，装在需要迅速开启或关闭的地方，为了防止因迅速关断水流而引起水击，适用于压力较低和管径较小的管道。

（4）止回阀

又称“逆止阀”或“单向阀”，用于阻止水流的反向流动。类型有两种：

1）升降式止回阀，水头损失较大，只适用于小管径。

2）旋启式止回阀，一般直径较大，水平、垂直管道上均可装设。

（5）浮球阀

一种可以自动进水自动关闭的阀门，多装在水箱或水池内。当水箱充水到设计最高水位时，浮球随着水位浮起，关闭进水口；当水位下降时，浮球下落进水口开启，于是自动向水箱充水。浮球阀口径为 15～100mm，与各种管径规格相同。

（6）安全阀

一种自动泄水装置，为了避免管网和其他设备中压力超过规定的范围而使管网、用具或密闭水箱受到破坏，需装此阀。当密闭容器内的压力超过了工作压力时，安全阀自动开启，排放容器内的介质（水、蒸汽、压缩空气等），降低容器或管道内的压力。安全阀安装前应调整定压，调整后加铅封。常用的安全阀有弹簧式、杠杆式两种。

（7）减压阀

一种通过节流（通过收缩的过流断面）使介质压力减低的装置，一般有弹簧式、活塞式和波纹管式。

（8）蝶阀

一种体积小、构造简单的阀门，常用于给水管道上，分为手柄式和蜗轮传动式。使用时阀体不易漏水，但密闭性较差，不易关闭紧密。

3. 水表

一种计量建筑物用水量的仪表。目前室内给水系统中广泛采用流速式水表。流速式水表是根据管径一定时，通过水表的水流速度与流量成正比的原理来测量的，水流通过水表时推动翼轮旋转，翼片轮轴传动一系列联动齿轮（减速装置），再传递到记录装置。管径小于 50mm 时用旋翼式，大于 50mm 时用螺翼式。

三、施工安装过程质量控制内容

监理工程师对室内给水系统实施监理，首先要掌握其给水管道敷设原则，给水管道施工安装质量控制要点，水泵和贮水池等设备安装要求，管道吊、支架安装方法，给水管道穿越建筑物措施及防冻防结露措施等。熟悉和督促这些给水工程质量要点的实施，为确保给水系统工程质量创造了基本条件。

（一）室内给水管道敷设原则

（1）给水管道应尽量沿墙、梁、柱明设，如有特殊要求时可暗设，但应便于安装和检修。暗设时，给水横干管宜敷设在地下室、技术层、吊顶和管沟内；立管可敷设在管道井内。

（2）给水管道不得敷设在烟道、风道内，生活给水管道不得敷设在排水沟内。管道不宜穿过橱窗、壁柜、木装修等，并不得穿过大便槽和小便槽。给水管道不得穿过配电间。塑料给水管道不得布置在灶台上边缘，明设的塑料给水立管距灶边不小于 0.4m，距燃气热水器边缘不小于 0.2m。

（3）给水管道的位置，不得妨碍生产、交通运输和建筑物的使用。管道不得布置在遇水能引起燃烧、爆炸或损坏的原料、产品和设备上面，并应尽量避免在生产设备上通过。

（4）给水埋地管道应避免布置在可能受重物压坏处。埋地敷设的直饮水管道埋深不宜小于 300mm。管道不得穿越生产设备基础；在特殊情况下如必须穿越时，应与有关专业协商处理。

（5）给水管道宜敷设在不结冻的房间内，如敷设在有可能结冻的地方，应采取防冻措施。

（6）给水管道与其他管道同沟或共架敷设时，宜敷设在排水管、冷冻管的上面或热水管、蒸汽管的下面。给水管不宜与输送易燃、可燃或有害液体或气体的管道同沟敷设。

（7）给水管不宜穿过伸缩缝、沉降缝，如必须穿过时，应采取相应的技术措施。

（8）为便于安装和检修，管沟内管道应尽量单层布置。当为双层或多层布置时，一般宜将管径较小、阀门较多的管子放在上层，并考虑维修方便。

（9）生活给水引入管与污水排出管管外壁的水平净距不宜小于 1.0m。室内给水管与排水管之间的最小净距，平行埋设时应为 0.5m；交叉埋设时应为 0.15m，且给水管应在排水管的上面，若给水管必须铺在排水管的下面时，给水管应加套管，套管长度不小于排水管管径的 3 倍。煤气管道引入管与给水管道的水平距离不应小于 1.0m。

（10）给水引入管应有不小于 0.003 的坡度坡向室外阀门井，室内给水横管宜有 0.002～0.005 的坡度坡向泄水装置。

（二）室内给水管道施工安装质量控制要点

1. 施工安装准备

（1）管道施工安装前，监理工程师应督促施工技术人员备齐有关设计文件和技术资料，了解建筑物结构，熟悉设计图纸、施工方案和其他工种的配合措施等。

（2）按设计要求核验管道及配件的型号、规格和材质；检查其是否具有制造厂家的合格证书，否则应补做所缺项目试验，其指标应符合现行国家或行业技术标准。

（3）管材、管件、阀门等在使用前应进行外观检查，并按有关要求作抽样检查试验，外观应符合下列要求：

1）无裂缝、缩孔、夹渣、折叠、重皮等缺陷；

2）不得有超过壁厚负偏差的锈蚀或凹陷；

3）螺纹、密封面良好，精度及光洁度应达到设计要求或制造标准；

4）合金钢应有材质标记。

（4）管道及配件安装前，管内外和接头处应清洁，受污染的管材和管件应清理干净；安装过程中严禁杂物及施工碎屑落入管内；施工后应及时对敞口管道采取临时封堵措施。

（5）不同的管材、管件或阀门连接时，应使用专用的转换连接件。不得在塑料管上套丝。

（6）安装完的管道，不得有塌腰、拱起的波浪现象及左右扭曲的蛇弯现象。管道安装应横平竖直。

（7）直饮水管道采用钢塑复合管套丝时应采用水溶性润滑油，且直饮水与钢管不得直接接触。丝扣连接时，宜采用聚四氟乙烯生料带等材料，不得使用厚白漆、麻丝等对水质可能产生污染的材料。

2. 地下给水管道安装

室内地下给水管道安装所用管材、管件和接口材料、施工条件和施工工艺，必须符合施工质量要求。

（1）材料

1）管材、管件及配件：包括镀锌钢管、给水铸铁管、各种镀锌接头管件、铸铁承插及法兰连接的接头管件和阀门等。其材质、规格应根据设计要求选用，质量符合要求，有出厂合格证。

2）接口材料：青铅、水泥、石棉、膨胀水泥、石膏、氯化钙、油麻、碳钢焊条、铅油、线麻、聚四氟乙烯生料带、橡胶板等，应具有出厂合格证、复试单等资料。应按设计要求，选用管材及相应的接口材料。

（2）施工条件

室内地下给水管道安装时，具备下列施工条件，方准进行施工。

1）土建基础工程已基本完成，埋地铺设的管沟已按设计坐标、标高、坡度完成施工，沟基作过相应处理并已达到施工要求的强度。

2）管道穿基础或墙的孔洞，或穿过地下室、地下构筑物外墙处的刚性或柔性防水套管，已按设计要求的坐标、标高和尺寸预留好，经检查准确无误，符合规范规定。

3）施工应在干作业条件下进行，在施工中如遇特殊情况时，应做相应处理。

4）室内装饰工程的种类及地面、墙面的厚度已确定。

（3）施工工艺及成品保护

1）安装前应进一步核对管材、管件的规格、型号并且检查质量，合格后清除管内污物。

2）依据施工图和土建给定的轴线及标高线并结合立管坐标，确定地下给水管道的位置。按已确定的管道坐标与标高，从引入管开始沿管道走向，量出引入管至干管及各立管

（立管甩至地面上500mm左右至阀门处止）间的管段尺寸，并做好标记。

3）在地沟内铺设管道时，应按事前选定的支、托架种类、固定方法等要求，制作支、托架。

4）根据预制好的各管段长度和排列顺序，复核支、托架间距、标高，坡度和填塞用砂浆强度均满足要求时，可将管子放入沟内或地沟内的支架上，并核对管径、管件及其朝向、坐标、标高、坡度等正确后，由引入管开始至各分岔立管阀门止，按接口工艺要求连接各接口。

5）立管甩头时，应注意立管外皮距墙装饰面的间距，无特殊要求时，立管外皮到墙面的最小净距应符合表2-2的要求。

立管外皮距墙面（抹灰面）的最小净距 **表2-2**

立管公称直径（mm）	32及以下	40～50	70～100	125～150
立管外皮到墙面间距（mm）	25	35	50	60

注：居住工程、装有分户水表的给水立管距墙面，应保证水表外壳距墙10～30mm。

6）埋入地下或地沟内的给水管道，应符合下列要求：

①引入管直接埋入地下时，应保证埋深，其室外部分埋深由土壤的冰冻深度及地面荷载情况决定，一般埋深应在冰冻线以下200mm。

②引入管穿越基础孔洞时，应按规定预留好基础沉降量（不少于100mm），并用黏土将孔洞空隙填实，外抹M5水泥砂浆封严。

③在地下埋设或地沟内敷设的给水管道应有0.002～0.005的坡度坡向引入管入口处。引入管应装有泄水阀门，一般泄水阀门设置在阀门井或水表井内。

④地沟内敷设的给水管道，应布置在热管道的下面，且管道与地沟侧壁及地沟侧壁与沟底净距不小于150mm为宜。

7）试压、防腐和检查：

①已安装完的地下给水管道，应按试压标准做水压试验，水压试验合格后做好水压试验记录，并排空管内试压用水。

②设计有防腐要求时，应按设计或规范要求对埋地管道进行防腐处理。

③地下给水管道安装完成后，监理工程师会同施工单位的质量检查员及有关人员，对地下管道的材质、管径、坐标、标高、坡高及坡向、试压、防腐和管沟基础等，做全面验核，确认符合设计要求及规范规定后，填写隐蔽工程验收记录并按标准要求，对管沟回填。

8）室内地下给水管道安装完成后，应按以下要求做好成品保护工作：

①水压试验合格后，应从引入管上安装的泄水阀，排除管道内的试压用水，防止冬期施工时冻裂管道。

②地下管道施工间断时，应用木塞或其他材料对各甩头管口做临时封闭，防止管道堵塞。

③甩至地面上的立管阀门，最好临时拧上相同口径的丝堵或用其他材料封堵，防止装饰时掉入砂浆，损坏阀门，造成渗漏。

④地下管道隐蔽后，应与单位工程负责人办理工序交接手续，制定防护措施，防止地下、地面施工时损坏管道。

3. 给水立管和横支管安装

室内给水立管、横支管的安装程序，是在地下给水管道安装后进行。安装施工技术、质量监控的内容，与室内地下给水管安装相同。

（1）室内给水立管安装

1）材料：室内给水立管安装所用管材、管件和配件及接口材料的品种、规格要求和质量标准、监控要求与室内地下给水管道相同。

2）施工条件：室内给水立管安装，必须满足下列条件后，方准进行安装。

①土建主体施工已基本完成，现浇混凝土楼板、墙面的预留孔洞，已按施工图要求的位置、尺寸预留。

②管道穿过房间内的位置线、地面水平线已检测完毕；室内装饰工程的种类、地墙面的面层厚度尺寸已明确。

③地下管道已铺设完，各立管甩头已按图纸和有关规定正确就位。

④各种给水附属设备、卫生器具和其他用水器具已进场，进场的施工材料和机具设备能保证连续施工的要求。

3）施工工艺：室内给水立管安装，应按下列标准工艺要求进行。

①根据地下铺设的给水管道上各立管甩头位置，在顶层楼地板上找出立管中心线位置，在预留孔位用线坠向下层楼板吊线，找出中心位置做好标记，依次放长线坠向下层吊线，直至地下给水管道立管甩头处或立管阀门处，核对修整各层楼板孔洞位置。

②用手锤、錾子开扩修整楼板孔洞时应使各层楼板孔洞的中心位置在一条垂线上。如发生孔位偏移或遇上层墙变薄，使立管距墙过远时，可调整上层板孔中心位置，再扩孔修整，使立管中心距墙的尺寸一致。当偏差尺寸过大或避于圈梁时，可采用弯管或不同角度弯头调整。

③在修凿板孔遇有钢筋妨碍立管穿越楼板时，不得随意割断，应通知土建技术人员，经处理后，方准施工。

④根据施工图和有关规定，按土建给定的各层标高线来确定各横支管位置与中心线，并将中心线、标高，标在靠近立管的墙面上。量准各层立管所有各横支管中心线和标高尺寸，然后记录在预制图上，直至一层甩头阀门处，以作为下一步横支管安装的依据。

⑤管道、零件的加工、预制和安装，应复验下列施工内容：

a. 将预制管段按立管管道连接顺序由下往上（或由上往下），层层预装连接好。连接时注意各管道间需要确定对应方向和管件方位，直至将立管的所有管段连接完。如弯曲时应调直，调直后在每层各管段连接处与另一管段上的管件做好标记，依次拆开各层预制管段，按立管编号进行安装。

b. 在立管安装前，应根据立管位置及支架结构，制作立管的固定卡。

c. 设计如有穿楼板套管要求时，应按设计要求安装套管。

d. 在立管调直和编号后，可进行立管安装。安装前应先清除立管甩头处或阀门的临时封堵物，并清理阀门丝扣内和预制管腔内的污物、泥沙等。按立管编号，从一层阀门处（一般应在一层阀门上方安装一个可拆件——活接头或法兰）往上，逐层安装给水立管。

安装每层立管时，应注意每段立管端头与另一管段上的管件标记相对应，以保证管件的朝向准确无误。

⑥冷、热给水立管竖直并进行安装时，热水管应安装在面向的左侧。

⑦对暗装的给水立管，应在隐蔽前做水压试验，合格后方可隐蔽。

⑧对有防腐、防露要求的给水立管，应按设计要求进行防腐、防露处理。

⑨室内给水立管安装完成后，应按如下要求加强保护：

a. 给水立管安装过程中及安装后不得在立管上绑扎和用来固定其他构件。

b. 给水立管安装临时间断敞口处，应及时做好封堵，防止砂浆及杂物落入。

c. 立管安装完毕，应与单位工程负责人办理交接手续，制定防护措施，以防装修施工时，污染或损坏给水立管。

（2）室内给水横支管安装

室内给水横支管安装应用的材料和施工条件及工艺等，应符合下列各项要求。

1）材料及施工条件

①室内给水横支管所用镀锌钢管与连接管件、配件等，其材质、规格、型号，均应符合设计要求和相关质量标准的规定。

②镀锌成品管件和加工管件的质量，应符合上述所要求的质量。

③施工条件：室内给水横支管安装时，必须具备下列施工条件后，方准进行安装。

a. 土建主体工程基本完成，间隔墙应砌筑完成。

b. 给水立管必须安装完毕，凡是立管连接的横支管及其管件位置、标高、规格、数量和方向，必须符合设计要求。

c. 设有卫生器具和用水设备的房间地面水平线，必须按施工图要求放好；室内装饰工程的种类和地面、墙面的厚度已明确；管道穿墙的孔洞位置、标高和尺寸的留设，符合设计要求和施工规范的规定。

2）施工工艺及技术要求

室内给水横支管安装时应按如下工艺及技术要求进行施工。

①根据图纸设计的横支管位置与标高，结合卫生器具和各类用水设备进水口的不同情况，按土建给定的地面水平线及抹灰层厚度，测量找准横支管穿墙孔洞的中心位置，并用十字线标记在墙面上。

②按照穿墙孔洞位置标记，应使孔洞中心线与穿墙管道中心线吻合，孔洞直径应大于管外径20～30mm。如发生偏移需修整孔洞时，遇有钢筋不得随意切割，应通知土建技术人员研究，经制定措施后方可处理。

③由每个立管各甩头处管件起，至各横支管所带卫生器具和各类用水设备进水口位置止，量出横支管各管段间的尺寸，并做好记录。

④按图纸要求复查所有横支管所用的材质、规格、型号和与管道连接的管件、配件等，必须符合设计要求。

⑤根据管道预制图，量测管道预制后的实际尺寸；按管道安装排列顺序要求，由底层到最顶层，按程序进行安装。

⑥横支管安装应按下列要求进行：

a. 根据横支管设计的排列顺序，确定管道支（托、吊）架的位置与数量。

b. 按设计要求或施工规范规定的坡度、坡向及管中心距墙面距离施工安装。由立管甩头处管件底皮挂横支管的管底皮位置线，再根据支（托、吊）架的结构形式，按照安装工艺要求，制作固定管架，并找平、找正。

c. 按横支管的排列顺序，找准横支管上各甩头管件的位置与朝向，确保横支管安装后，与连接的卫生器具、给水配件和各类用水设备等上的短支管位置正确一致。

d. 待支（托、吊）架的填塞砂浆达到强度后，可将管段依次放在支（托、吊）架上，按接口连接工艺要求，安装固定管道。

e. 用水泥砂浆封堵穿墙管道周围的孔洞时，应注意不要将砂浆突出抹灰面。

f. 冷、热水管道上下平行安装时，热水管道应在冷水管道的上面，冷水管应在下面；垂直安装时，热水管应在左侧，给水管、冷水管应在右侧。

⑦卫生器具、给水配件和各类用水设备的短支管安装，应按下列要求进行：

a. 安装卫生器具、给水配件及各类用水设备的短支管时，应从给水横支管甩头管件口中心吊线，再根据卫生器具、给水配件和各类用水设备进水口的标高量取给水短管的尺寸，并记录在预制图上。

b. 根据测量记录接管到卫生器具、给水配件和各类用水设备进水口处。安装时要严格控制短管的坐标，以满足安装卫生器具、给水配件和各类用水设备的位置正确。

c. 工业、民用建筑工程中卫生器具给水配件的安装高度，应按设计要求执行。

d. 在卫生器具上安装冷、热水支管时，应注意水龙头的方向，要求冷水龙头应面向右侧，热水龙头应面向左侧（注意出厂卫生器具中洗面（手）盆、浴盆等水龙头的色标特征：热水龙头标红色，冷水龙头标蓝或绿色）。

⑧防腐与防露：对明、暗管道或隐蔽管道，如有防腐、防露要求时，在隐蔽前应先做水压试验，并做好相应记录。根据设计要求和本章的防腐、防露工艺规定，对已安装完的横支管进行防腐、防露处理。

3）成品保护：室内给水横支管安装经检查合格后，应按以下要求予以保护。

①不得在管道上绑吊其他物件，防止损坏管道。

②室内装修粉饰时，应制定相应措施对管道加以保护防止污染。

③管道安装完工后，应与单位工程负责人办理工序交接手续，制定可靠的防护措施。

4. 水表和消防设施安装

室内水表和消防设施是工业、民用建筑中的重要装置，安装的质量决定使用功能。因此，安装时的施工技术和质量监控，必须符合设计要求、《建筑给水排水及采暖工程施工质量验收规范》GB 50242—2002 及国家消防规程的相关规定。

（1）水表安装

水表是耗用水量的计量装置，为保证正常运行、检查和维修，在安装时除设计明确规定外，还应要求安装位置在便于观测、检修、不受曝晒、污染和冻结处。

水表安装的施工条件、施工工艺和质量监控应符合下列要求。

1）施工条件：

①水表安装应在室内墙体砌筑和抹灰完成后进行。

②室内给水干管、立管已安装完成，将水表安装位置的管接头按要求预留。

2）水表安装时应按下列施工工艺要求，在施工过程中进行质量监控。

①先检查水表的型号、规格与设计要求是否相符，要有产品质量检验合格证。

②核对预留水表分支的接头、口径、标高和水表位置，应满足施工安装的技术要求。

③安装时应在墙上标出水表和阀门、活节等配件安装位置及水表前后所需直线管段长度，再由前往后逐段测量，进行配管连接。

④水表安装时要注意水表箭头方向应与流水方向相一致；对螺翼式水表，表前与阀门应有8～10倍水表直径的直线管段；对其他水表，表前后应有不小于300mm的直线管段。

⑤水表支管除表前后需有直线管段外，其超出部分管段应煨弯沿墙敷设，支管长度大于1.2m时，应设管卡固定。

（2）消防设施安装

室内消防设施安装是指工业和民用建筑工程的室内消防管道、消火栓或自动喷洒（淋）设施的安装。安装质量必须保证火灾消防的使用功能。具体要求如下：

1）材料和施工条件：

①消防设施用管材有镀锌钢管或非镀锌钢管及管件、消火栓、水枪、水龙带、控制阀、信号阀和支吊架用型钢、连接用材料等，均应符合设计要求的品种、型号、规格，其质量、性能必须符合国家规定的产品标准，并有产品质量出厂合格证及说明资料。

②消防设施安装应在建筑物墙体砌筑和屋盖施工完毕后进行。暗装消防管道及设施的管沟、墙槽及预留孔洞，均按设计要求预先留设后，方准进行施工。

2）施工工艺：

室内消防管道及设施安装的施工技术、质量监控，应按下列工艺要求进行。

①消防管道安装：消防主干管的安装方法及要求与本节给水管道安装相同。其供水主干管除符合本节给水管道安装要求外，还可按下述方法进行：

a. 供水的主干管如设在地下时，应首先检查挖好的地沟或砌好的管沟，应满足施工安装要求。

b. 按不同管径的规定，设置好需用的支座或支架，依设计埋深和坡度要求，确定各点支座（架）的安装标高。

c. 由供水管入口处起，由前向后逐段安装管段，并留出各立管的接头。

d. 管道在隐蔽前应先做好管道的试压，而后再进行防腐与隔热施工。

②分支立管安装：各分支立管安装是由下而上或由上而下逐层进行，并按设计要求的位置与标高，留出各层水平支管的连接。

③各层防设施由各层水平支管连接。

④各环系统消防管道施工安装完成后，应按设计要求或施工验收规范的规定，进行全系统的水压试验，并填写水压试验记录。

3）消火栓安装：消火栓有明装、暗装和半暗装之分。明装消火栓是将消火栓箱设在墙面上。暗装或半暗装的消火栓是将消火栓箱置于事先留好的墙洞内。其安装的方法及要求如下：

①先将消火栓箱按设计要求的标高，固定在墙面上或墙洞内，要求横平竖直固定牢靠。对暗装的消火栓箱门，预留在装饰墙面的外部。

②对单出口消火栓的水平支管，应从箱的端部经箱底由下而上引入，安装位置尺寸见图2-11（*a*）、（*b*）。消火栓中心距地面为1.1m，栓口朝外。

③对双出口的消火栓，其水平支管可从箱的中部，经箱底由下而上引入，其双栓出口方向与墙面成45°角，见图2-11（c）、（d）。

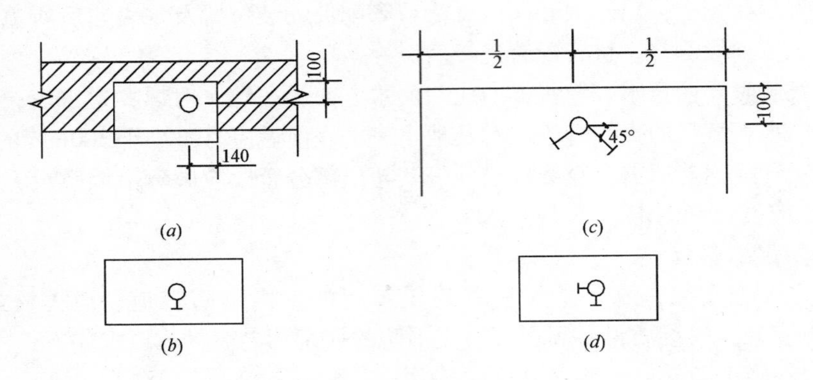

图2-11 单双出口消火栓安装位置与方向

（a）、（b）单口消火栓安装；（c）、（d）双口消火栓安装

④设计长度的水龙带与水枪的快速接头相互连接牢固，整齐地折挂或盘卷在消火栓箱内的支架上。

4）自动喷淋消防设施安装：自动喷淋消防设施，是当火灾发生时，能自动喷水进行灭火或洒水形成水幕，对火势隔断，防止火灾的扩大与蔓延。安装时按下列要求进行：

①按设计喷淋管道的平面布置，先安装喷淋水管的吊架。吊架应设在相邻两喷头的管段上，吊架间距视喷头的间距而定。为不妨碍喷头的喷水效果，吊架与喷头的最近距离应不小于300mm，距末端喷头不大于750mm。当相邻喷头间距不大于3.6m时，可设一个吊架；当间距小于1.8m时，吊架可隔段设置。

②安装管道坡度：对充水系统的坡度不小于0.002，对充气系统坡度要求不小于0.004。

③自动喷淋管道系统，位于信号管前应安装控制阀门，在信号管后，不得安设用水装置。

④对充水管路可采用螺纹连接或焊接；但对充气系统管道只准焊接，不得采用其他连接方法。

⑤喷淋管道的安装程序依次是供水主管→洒水支管→喷水支管→喷头。

⑥主控阀门及消火栓在安装前，必须按施工规范的规定进行水压试压检验，以确保使用功能。

5. 给水管道水压试验及冲洗

室内给水系统管道安装完成后，为了保证管道及零件的结构连接强度、生产运行和生活饮水的清洁，必须进行水压试验和冲洗。

（1）水压试验

适用范围：室内生活用水、消防用水和生活（产）与消防合用的管道系统。

1）试压用材料和设备机具

①管道试压所用盲板、钢管、高压橡胶管和垫片等，必须保证试压的强度和安全要求。

②试压泵（电动水泵、手压泵）、阀门和压力表及工具等，其品种、性能和技术指标，必须符合标准要求。使用前应经试验，满足要求后方准用于水压试验。

2）试压条件

①室内给水管道系统全部安装完成，支架、管卡已固定牢靠。

②用水设备和支管末端已安装阀门；需集中排气的系统，应在顶部临时安装设有排气阀的排气管。

③各环路中间控制阀门，全部开启，并有专人巡视检查。

④试压环境温度在5℃以上，若低于此温度时，应采取升温措施。

⑤水压试验加压装置及仪表、阀门动作灵活、工作可靠，测试要求与精度符合规定；选用压力表时，测试压力范围应大于试验压力的1.5～2倍。应用精度等级为1.5级的压力表，一般试压应装设两只，在试压泵出口和管道系统终端各装一只压力表。

⑥暗装管道的水压试验，应在隐蔽前进行。保温管道的水压试验应在保温前进行。

3）水压试验可按系统或区段进行，试压操作要求如下：

①试压用介质及注水：水压试验是以水为介质，可用自来水，也可用未被污染、无杂质和无腐蚀性的清水。向管道系统注水时，应由下而上向系统注水。当注水压力不足时，可采取增压措施。注水时需将给水管道系统最高处的阀门打开，待管道系统内的空气全部排净见水流出后，再将阀门关闭。

②系统加压：管道系统注满水后，启动加压泵使系统内水压逐渐升高，先升至工作压力，停泵观察管道各部位无破裂、无渗漏时，将压力升至试验压力（当设计未注明时，各种材质的给水管道系统试验压力均为工作压力的1.5倍，且不小于0.6MPa）。管道试压标准，金属及复合管道是在试验压力下观测10min，压力降不大于0.02MPa，然后降到工作压力进行检查，应不渗不漏；塑料给水管道是在试验压力下稳压1h，压力降不大于0.05MPa，然后在工作压力的1.15倍状态下稳压2h，压力降不大于0.03MPa，此时全系统的连接部位仍无渗漏，则管道系统的严密性为合格。然后再将工作压力逐渐减至零。至此，管道系统试压全过程才算结束。

③排水：给水管道系统试压合格后，应及时将系统内的存水排尽，防止积水冬季冻结而破坏管道。

（2）给水管道系统通水试验与冲洗

给水管道系统在施工完毕后与交付使用之前，必须进行通水试验并做好记录，管道直饮水水箱应做满水试验。给水管道系统在交付使用前还需进行消毒和以饮用水增压冲洗，以确保给水管道的使用功能。这是清除滞留或进入管道内的灰尘、杂质、污物，避免供水后造成管道堵塞或水质污染所采取的必要措施。

饮用水管道在使用前应以含20～30mg/L（每升含量）游离氯的水灌满管道进行消毒，含氯水在管中应留置24h以上。消毒完成后，再用饮用水冲洗，并经有关部门取样检验，符合国家标准《生活饮用水卫生标准》GB 5749—2006，方可使用。

因此，室内给水管道冲洗应按下列各项要求进行。

1）管道冲洗用材料、设备、机具要求

①材料：冲洗用钢管及高压橡胶管等材料和冲洗用水贮备充足，水质应清净无杂质、无污染、无腐蚀性。

②冲洗用增压水泵、压力表、阀门、机具等，必须保证冲洗施工的要求。

2）冲洗条件

①室内给水管道系统水压试验已做完。

②各环路控制阀门，关闭灵活可靠。

③临时供水装置运转正常，增压水泵工作性能符合要求。

④冲洗水放出时有排出条件。

⑤水表尚未安装，如已安装应暂卸下，可用直管代替水表，冲洗后再复位。

3）冲洗工艺及质量要求

①先冲洗给水管道系统底部干管，后冲洗各环路支管，由给水入户管控制阀前接临时入口向系统供水。关闭其他支管的控制阀门，并开启干管端末支管的最底层阀门，由底层放水并引至排水系统内，观察出水口处的水质变化。底层干管冲洗后，再依次冲洗各分支环路，直至全系统管路冲洗完毕为止。

②冲洗应符合下述技术要求：

a. 冲洗时水压应大于系统供水的工作压力。

b. 出水口处的管径截面不得小于被冲洗管径截面的3/5。否则，出口管径截面过大，出水流速低则无冲洗力；出口管径截面小，出水流速大不易操作和观察，以致影响冲洗的质量。

c. 出水口处的排水流速不小于1.5m/s（直饮水管道不小于2m/s）。

③管道冲洗过程，应注意以下事项：

a. 给水管道系统冲洗时，应注意环境温度，当气温低于0℃时不得进行冲洗。

b. 当发现冲洗水排出的流速缓慢，或送水压力急剧上升时，应立即停泵降压，检查冲洗管道是否有堵塞物或阀门尚未全开。

④冲洗后对管路中的存水应及时排尽，避免积水发生冻结而破坏管道。

（三）水泵、贮水池、净水设备等施工安装质量监控要点

1. 水泵机组布置及安装要求

（1）在建筑物内布置水泵，应设置在远离要求安静的房间（如病房、卧室、教室、客房等），在水泵基础、吸水管和出水管上应设有隔振减噪装置（消防水泵除外）。

（2）水泵机组的布置应符合下列要求：

1）电机容量小于及等于20kW或水泵吸入口直径小于及等于100mm时，机组的一侧与墙面之间可不留通道；两台相同机组可设在同一基础上，彼此不留通道；机组基础侧边之间和距墙面应有不小于0.7m的通道。

2）不留通道的机组突出部分与墙壁之间的净距及相邻两个机组的突出部分间的净距不得小于0.2m，以便安装维修。

3）水泵机组的基础端边之间至墙面的距离不得小于1.0m。电机端边至墙的距离还应保证能抽出电机转子。

4）水泵基础高出地面不得小于0.1m。

5）电机容量在20～55kW时，水泵机组基础间净距不得小于0.8m；电机容量大于55kW时，净距不得小于1.2m。

6）水泵机组的布置间距见图2-12。

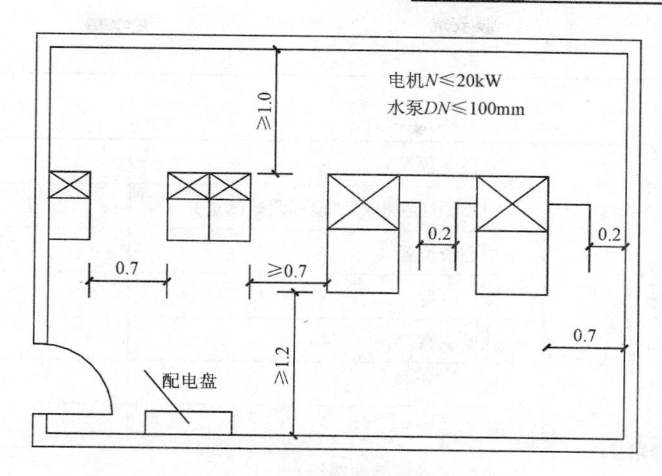

图2-12 水泵机组的布置间距

（3）水泵主要人行通道宽度不得小于1.2m；配电盘前通道宽度，低压不得小于1.5m，高压不得小于2.0m。

（4）水泵基础尺寸，若水泵详图上未给定时，可根据水泵重量及其震动等因素计算确定，一般亦可采用下列数据：

1）基础平面尺寸应较水泵机座每边宽出10～15cm；

2）基础深度根据机座地脚螺栓直径的25～30倍采取，但一般不得小于0.5m。

2. 水泵机组安装前设备质量检验

（1）设备开箱应按下列项目检查，并作出记录：

1）箱号和箱数，以及包装情况；

2）设备名称、型号和规格；

3）设备有无缺件、损坏和锈蚀等情况，进出管口保护物和封盖应完好。

（2）水泵就位前应进行下列复查：

1）基础尺寸、平面位置和标高应符合设计要求和表2-3的质量要求；

设备基础尺寸和位置质量要求 **表2-3**

项目			允许偏差（mm）
基础	坐标位置（纵横轴线）		20
	各不同平面的标高		0，－20
	基础上平面外形尺寸		±20
	凸台上平面外形尺寸		0，－20
	凹穴尺寸		+20，0
	水平度	每米	5
		全长	10
	竖向偏差	每米	5
		全高	10

续表

项目		允许偏差（mm）
预埋地脚螺栓	标高（顶端）	+20，0
	中心距（在根部和顶部两处测量）	±2
预埋地脚螺栓孔	中心线位置	10
	深　度	+20，0
	孔壁垂直度	10
预埋活动地脚螺栓锚板	标　高	+20，0
	中心位置	5
	水平度（带槽的锚板）	5
	水平度（带螺纹孔的锚板）	2

2）设备不应有缺件、损坏和锈蚀等情况，水泵进出管口保护物和封盖如失去保护作用，水泵应解体检查；

3）盘车应灵活、无阻滞、卡住现象，无异常声音。

3. 离心泵机组安装质量要点

（1）安装底座

1）当基础的尺寸、位置、标高符合设计要求后，将底座置于基础上，套上地脚螺栓，调整底座的纵横中心位置与设计位置相一致。

2）测定底座水平度：用水平仪（或水平尺）在底座的加工面上进行水平度的测量。其允许误差纵、横向均不大于0.1/1 000。底座安装时应用平垫铁片使其调成水平，并将地脚螺栓拧紧。

3）地脚螺栓安装要求：地脚螺栓的不垂直度不大于10/1 000；地脚螺栓距孔壁的距离不应小于15mm，其底端不应碰预留孔底；安装前应将地脚螺栓上的油脂和污垢消除干净；螺栓与垫圈、垫圈与水泵底座接触面应平整，不得有毛刺、杂屑；地脚螺栓的紧固，应在混凝土达到规定强度的75%后进行，拧紧螺母后，螺栓必须露出螺母的1.5～5个螺距。

4）地脚螺栓拧紧后，用水泥砂浆将底座与基础之间的缝隙嵌填充实，再用混凝土将底座下的空间填满填实，以保证底座的稳定。

5）每一组垫铁应放置平稳，接触良好。设备找平后，每一垫铁组应被压紧，并可用0.5kg手锤轻击听音检查。

6）设备找平后，垫铁应露出设备底座面外缘，平垫铁应露出10～30mm，斜垫铁应露出10～50mm；垫铁组伸入设备底座底面的长度应超过设备地脚螺栓孔。

（2）水泵和电动机吊装

吊装工具可用三脚架和倒链滑车。起吊时，钢丝绳应系在泵体和电机吊环上，不允许系在轴承座或轴上，以免损坏轴承座或使轴弯曲。

（3）水泵找平

1）卧式、立式泵的纵、横向不水平度不应超过 0.1/1 000；测量时应以加工面为基准；

2）小型整体安装的泵，不应有明显的偏斜。

（4）水泵找正

1）主动轴与从动轴以联轴节连接时，两轴的不同轴度、两半联轴节端面间的间隙应符合设备技术文件的规定；

2）水泵轴不得有弯曲，电动机应与水泵轴向相符；

3）电动机与泵连接前，应先单独试验电动机的转向，确认无误后再连接；

4）主动轴与从动轴找正、连接后，应盘车检查是否灵活；

5）泵与管路连接后，应复校找正情况，若由于与管路连接而不正常时，应调整管路。

（5）水泵安装

1）泵体必须放平找正，直接传动的水泵与电动机连接部位的中心必须对正，其允许偏差为 0.1mm，两个联轴器之间的间隙，以 2～3mm 为宜。

2）用手转动联轴器，应轻便灵活，不得有卡紧或摩擦现象。

3）与泵连接的管道，不得用泵体作为支承，并应考虑维修时便于拆装。

4）润滑部位加注油脂的规格和数量，应符合说明书的规定。

4. 深井泵安装质量要点

（1）安装准备

1）检查管井内的井孔内径是否符合泵入井部分的外形尺寸，井管的垂直度是否符合要求，清除井内杂物并测量井的深度。

2）检查基础表面水平情况、地脚螺栓间距和直径大小。井管管口伸出基础相应平面不小于 25mm。

3）检查叶轮轴是否转动灵活，叶轮实际轴向间隙是否符合要求（JD 型井泵不小于 6～12mm，J、SD 型井泵不小于 9～12mm）；传动轴弯曲度不超过 0.2～0.4mm；泵轴、泵管等零部件上的螺纹，均应清除锈斑、毛刺；电机转动是否灵活，其绝缘值不小于 0.5MΩ。

（2）井下部分安装

1）用管卡夹紧泵体上端将其吊起，缓缓放入井内，使管卡搁在基础之上的方木上。如有条件，应将滤水网与泵体预先装配好，同时安装。

2）用另一管卡夹紧短泵管的一端，旋下保险束节，并将传动轴（短轴）插入支架轴承内。联轴器向下，用绳将联轴器扣住，将它吊起。将传动轴的联轴器旋入泵体的叶轮轴伸出端，用管钳上紧。

3）将短输水管慢慢下降，使之与泵体螺纹对齐（如采用法兰连接，则将螺栓孔对准），旋紧后再将短泵管吊起。松下泵体上的管卡，让其慢慢下降，使泵体下入井内。将泵管上的管卡搁在基础的方木上。然后用安装短输水管的方法安装所有长输水管和泵轴。

4）将泵座下端的进水法兰拆下，并将其旋入最上面的一根输水管的一端，然后按上述方法进行安装。

5）每装好几节长输水管和泵轴后，应旋出轴承支架，观察泵轴是否在输水管中心，如有问题应予校正。

（3）井上部分安装

1）取下泵座内的填料压盖、填料，并将涂有黄油的纸垫放在进水法兰的端面上。将泵底座吊起，移至中央对准电机轴慢慢放下。电机轴穿过泵座填料箱孔与法兰对齐，用螺栓紧固。

2）稍稍吊起泵座，取掉管卡和基础上的方木，将泵座放在基础上校正水平。完成后将地脚螺栓进行二次灌浆。待砂浆达到设计强度后，固定泵座。

3）装上填料、填料压盖。卸下电机上端的传动盘，起吊电机，使电机轴穿过电机空心转子，将电机安放在泵座上并紧固。检查电机轴是否在电机转子孔中央。然后进行电机试运转，检查电机旋转方向无误后，装上传动盘，插入定位键。最后将调整螺母旋入电机轴上，调整轴向间隙，安上电机防水罩。

5. 水泵机组进水（吸水）管道安装注意事项

（1）离心水泵吸水管的安装必须注意，要保证在任何情况下不能产生气囊。因此，吸上式水泵的吸水管应有向水泵不断上升且大于0.005的坡度。如吸水管水平管段变径时，偏心异径管的安装应管顶平接，将斜面向下，以免存气，并应防止由于施工误差或泵房与管道产生不均匀沉降而引起的吸水管路倒坡。

（2）水泵吸水管路的接口必须严密，不能出现任何漏气现象。

（3）采用吸水井（室）的吸水喇叭管的安装，应注意吸水喇叭口必须有足够的淹没深度，以避免出现漩涡吸入空气；还应保持适当的悬空高度，可使进水口流速均匀，减少吸水阻力。当吸水井（室）内设有多台水泵吸水时，各吸水管之间的间距应不小于吸水管径的1.3~1.5倍；吸水管与井（室）壁的间距应不小于吸水管管径的0.75~1.0倍，避免互相干扰。

（4）水泵泵体与进出口法兰的安装，其中心线允许偏差为5mm。

（5）水泵引水装置安装注意事项

1）底阀应垂直安装，不能倾斜。安装水上式底阀尚应注意：从水泵中心至底阀中心的距离必须为水泵吸上高度的3~4倍，否则不能使用。

2）真空系统的管道要求平直、严密，不得漏气，不得出现上下方向的S型存水弯。

3）真空系统的循环水箱出流管标高应与水环式真空泵中心标高一致。

6. 附属设备安装

水泵进出口管道的附属设备包括真空表、压力表和各种阀等，其安装应符合下列要求。

（1）管道上真空表、压力表等仪表接点的开孔和焊接应在管道安装前进行。

（2）就地安装的显示仪表应安装在手动操作阀门时便于观察仪表示值的位置；仪表安装前应外观完整、附件齐全，其型号、规格和材质应符合设计要求；仪表安装时不应敲击及振动，安装后应牢固、平整。

（3）各种阀门的位置应安装正确，动作灵活，严密不漏。

7. 水泵隔振措施及安装质量要点

（1）水泵应采取隔振措施的场所

1）设置在播音室、录音室、音乐厅等建筑的水泵必须采取隔振措施。

2）设置在住宅、集体宿舍、旅馆、宾馆、商住楼、教学楼、科研楼、化验楼、综合楼、办公楼等建筑内的水泵应采取隔振措施。

3）在工业建筑内，邻近居住建筑和公共建筑的独立水泵房内，有人操作管理的工业企业集中泵房内的水泵宜采取隔振措施。

4）在有防振和安静要求的房间，其上下和毗邻的房间内，不得设置水泵。

（2）水泵隔振内容

水泵的振动是通过固体和气体两条途径向外传送的。固体传振防治重点在于隔振，气体传振防治重点在于吸声。一般采取隔振为主、吸声为辅的措施。固体传振是通过泵基础、泵进出管道和管支架进行的。因此水泵隔振应包括三项内容：水泵机组隔振，管道隔振，管支架隔振。这三项隔振必须同时配齐，以保证整体隔振效果。在有必要时，对设置水泵的房间，建筑上还可采取隔振吸声措施。

（3）水泵隔振措施

1）水泵机组应设隔振元件：水泵基座下安装橡胶隔振垫、橡胶隔振器、弹簧减振器等。

2）在水泵进出水管上宜安装可曲挠橡胶接头。

3）管道支架宜采用弹性吊架、弹性托架。

4）管道穿墙或楼板处，应有防振措施，其孔口外径与管道间宜填充玻璃纤维。

（4）水泵机组隔振安装要点

1）用于水泵机组隔振元件在安装施工时应按水泵机组的中轴线作对称布置。

2）卧式水泵机组安装橡胶隔振垫或阻尼弹簧隔振器时，一般情况，橡胶隔振垫和阻尼弹簧隔振器与地面及与混凝土惰性块或型钢机座之间均不粘接或固定。

3）立式水泵机组安装使用橡胶隔振器时，在水泵机组底座下宜设置型钢机座并采用锚固式安装，型钢机座与橡胶隔振器之间应用螺栓固定（加设弹簧垫圈）。在地面或楼面中设置地脚螺栓时，橡胶隔振器通过地脚螺栓后固定在地面或楼面上。

4）橡胶隔振垫的边线不得超过惰性块的边线，型钢机座的支承面积应不小于隔振元件顶部的支承面积。

5）橡胶隔振垫单层布置、频率比不能满足要求时，可采用多层串联布置，但隔振垫层数不宜多于5层。串联设置的各层橡胶隔振垫，其型号、块数、面积及橡胶硬度均应完全一致。

6）橡胶隔振垫多层串联设置时，每层隔振垫之间用厚度不小于4mm的镀锌钢板隔开，钢板应平整。隔振垫与钢板应用氯丁-酚醛型或丁腈式粘合剂粘接，粘接后加压固化24h。镀锌钢板的平面尺寸应比橡胶隔振垫每个端部大10mm。镀锌钢板上、下层粘接的橡胶隔振垫应交错设置。

7）同一台水泵机组的各个支承点的隔振元件，其型号、规格和性能应一致。支承点应为偶数，且不小于4个。

8）施工安装前，应及时检查，安装时应使隔振元件的静态压缩变形量不得超过最大允许值。

9）水泵机组隔振元件应避免与酸、碱和有机溶剂等物质相接触。

（5）管道隔振基本要求及可曲挠橡胶管道配件安装质量要点

1）基本要求

①当水泵机组采取隔振措施时，水泵吸水管和出水管上均应采取管道隔振元件。

②管道隔振元件应具有隔振和位移补偿双重功能。一般宜采用以橡胶为原料的可曲挠管道配件。

③当水泵机组采取隔振措施时，在管道穿墙或楼板处，均应有防固体传振措施。主要办法是在管道与墙体或楼板处填充或缠绕弹性材料。

2）可曲挠橡胶管道配件安装要点

①管道安装应在水泵机组元件安装 24h 后进行。

②安装在水泵进出水管上的可曲挠橡胶接头，必须在阀门和止回阀的内侧（靠近水泵一侧），以防止接头被水泵停泵时产生的水锤压力所破坏。

③可曲挠橡胶管道配件宜安装在水平管上。

④可曲挠橡胶管道配件应保持清洁和干燥，避免阳光直射和雨雪浸淋。

⑤可曲挠橡胶管道配件应避免与酸碱、油类或有机溶剂相接触。

⑥可曲挠橡胶管道配件外表严禁刷油漆。

⑦当管道需要保温时，保温做法应不影响可曲挠橡胶管道配件的位移补偿和隔振要求。

（6）管道支架隔振基本要求

1）当水泵机组的基础和管道采取隔振措施时，管道支架应采用弹性支架。

2）弹性支架应具有固定管道与隔振双重功能。

3）管道支架隔振元件应根据管道直径、质量、数量、隔振要求和与楼板或地面的距离进行选择，可选用弹性支架、弹性托架或弹性吊架。

8. 水泵试运转技术要点

（1）水泵试运转前检查

1）电动机的转向应符合泵的转向要求。

2）各紧固连接部位不应松动。

3）润滑油脂的规格、质量、数量应符合设备技术文件的规定，有预润要求的部位应按设备技术文件的规定进行预润。

4）润滑、水封、轴封、密封等附属系统的管路应冲洗干净，保持畅通。

5）安全保护装置应灵活可靠。

6）盘车应灵活、正常。

7）离心泵开动前，应先检查吸水管路及底阀是否严密，传动皮带轮的键和顶丝是否牢固，叶轮内有无东西阻塞。

（2）水泵起动、试运转

1）泵起动前，泵的入口阀门应全开；出口阀门：离心泵全闭，其余泵全开。

2）泵的试运转应在各独立的附属系统运转正常后进行。

3）泵的起动和停止应按设备技术文件的规定进行。

4）泵在设计负荷下连续运转不应少于 2h，并应符合下列要求：

①附属系统运转应正常，压力、流量、温度和其他要求应符合设备技术文件的规定。

②运转中不应有不正常的声音，各静密封部位不应泄漏，各紧固连接部位不应松动。

③滚动轴承的温度不应高于 75℃，滑动轴承的温度不应高于 70℃，特殊轴承的温度应符合设备技术文件的规定。

④填料的温升应正常；在无特殊要求的情况下，普通软填料宜有少量的泄漏（每分钟不超过10~20滴）；机械密封的泄漏量不应大于10mL/h（每分钟约3滴）。

⑤泵的安全保护装置应灵活可靠。

⑥振动应符合设备技术文件的规定，如设备技术文件没有规定而又需测振动时，可参照表2-4执行。

水泵转速与振幅　　表2-4

转速（r/min）	≤375	>375~600	>600~750	>750~1000	>1000~1500	>1500~3000	>3000~6000	>6000~12000	>12000~20000
振幅（mm）	≤0.18	≤0.15	≤0.12	≤0.10	≤0.08	≤0.06	≤0.04	≤0.03	≤0.02

5）按调试方案达到要求，则可停止试运行，并根据运行记录签字验收。

6）深井泵、潜水泵和真空泵的试运转还应符合《机械设备安装工程施工及验收通用规范》GB 50231—2009中的有关规定和要求。

7）试运转结束后，应关闭泵的出入口阀门和附属系统的阀门，放尽泵壳和管内的积水，防止锈蚀和冻裂。

9. 贮水池、水箱设置与施工安装质量要点

市政供水管网的水压一般不能满足高层建筑或用水量大的多层建筑上层卫生器具和用水设备的要求，往往需用水泵升压供水，与之相关联的是常常需要设置贮水池和水箱。

（1）贮水池设置要点

1）生活贮水池位置应远离化粪池、厕所、厨房等卫生环境不良的房间，防止生活饮用水被污染；其溢流口出水应间接排出，保持足够的空气隔断，保证在任何情况下污水不能通过其人孔、溢流管等流入池内。

2）贮水池进水管和出水管宜布置在相对位置，以便池内贮水经常流动，防止滞留有死角，以防池水腐化变质。

3）贮水池一般应分为两格，并能独立工作或分别泄水，以便清洗与检修。

4）消防用水与生活或生产用水合用一个贮水池又无溢墙时，其生活或生产水泵吸水管在消防水位之上应设小孔，以确保消防贮水量不被动用。

（2）贮水池施工及满水试验

1）贮水池结构一般为混凝土、钢筋混凝土或砖石砌筑的水池，其施工方法应按《给水排水构筑物工程施工及验收规范》GB 50141—2008有关规定进行。

2）水池施工完毕必须进行满水试验，在满水试验中应进行外观检查，不得有漏水现象。

3）水池满水试验条件

①池体的混凝土或砖石砌体的砂浆已达到设计强度。

②现浇钢筋混凝土水池的防水层、防腐层施工以及回填土以前。

③装配式预应力混凝土水池施加预应力以后，保护层喷涂以前。

④砖砌水池防水层施工以后，石砌水池勾缝以后。

⑤砖石水池满水试验与填土工序的先后顺序符合规定。

4）水池满水试验方法

①向水池内注水，应分三次进行，每次注水为设计水深的1/3。

②注水时的水位上升速度不宜超过2m/d。相邻两次充水的间隔时间不应小于24h。

③每次注水应读24h的水位下降值，计算渗水量，在注水过程中和注水以后，应对水池作外观和沉降量检测；当发现渗水量或沉降量过大时，应停止注水，待进行妥善处理后方可继续注水。

④注水时的水位可用水位标尺测针测定。

⑤注水至设计水深进行水量测定时，应采用水位测针测定水位。

⑥注水至设计水深后至开始进行水量测定的间隔时间，应不少于24h。

⑦测定水位初读数与未读数之间的间隔时间，应不少于24h。

10. 净水设备设置与施工安装质量要点

（1）净水设备的安装必须按照工艺要求进行。在线仪表安装位置和方向应正确，不得少装、漏装。

（2）筒体、水箱、过滤器及膜的安装方向应正确、位置应合理，并应满足正常运行、换料、清洗和维修要求。

（3）设备与管道的连接及可能需要拆换的部位应采用活接头连接方式。

（4）设备排水应采取间接排水方式，不应与下水道直接连接，出口处应设防护网罩。

（5）设备、水泵等应采取可靠的减振装置，其噪声应符合现行国家标准《民用建筑隔声设计规范》GB 50118—2010的有关规定。

（6）设备中的阀门、取样口等应排列整齐，间隔均匀，不得渗漏。

（四）管道吊、支架安装质量控制要点

1. 安装前准备工作

（1）管道支架安装前，首先应按设计要求定出支架的位置，再按管道的标高，根据同一水平直管段两点间的距离和坡度的大小，算出两点间的高差。然后在两点间拉直线，按照支架的间距，在墙上或柱子上画出每个支架的位置。

（2）如果土建施工时已在墙上预留埋设支架的孔洞，或在钢筋混凝土构件上预埋了焊接支架的钢板，应检查预留孔洞或预埋钢板的标高及位置是否符合要求。

2. 常用支、吊架安装方法

（1）墙上有预留孔洞的，可将支架横梁埋入墙内。埋设前应清除洞内的碎砖及灰尘，并用水将洞浇湿。填塞孔隙用M5水泥砂浆，要填得密实饱满。

（2）钢筋混凝土构件上的支架，可在浇筑时，在各支架的位置上预埋钢板，然后将支架横梁焊接在预埋钢板上。

（3）在没有预留孔洞和预埋钢板的砖墙或混凝土构件上，可以用射钉或膨胀螺栓安装支架。

（4）沿柱敷设的管道，可采用抱柱式支架。

3. 管道支、吊架安装规定

（1）位置应正确，埋设应平整牢固。

（2）支架与管道接触应紧密，固定应牢靠。

（3）滑动支架应灵活，滑托与滑槽两侧间应留有3～5mm的间隙，并有一定的偏移量。

(4) 无热伸长管道的吊架、吊杆应垂直安装。

(5) 有热伸长管道的吊杆，应向热膨胀的反方向偏移。

(6) 支、吊架不得有漏焊、欠焊或焊接裂纹等缺陷。

(7) 固定在建筑结构上的管道支、吊架，不得影响结构安全。

(五) 给水管道穿越建筑物措施及防冻防结露防腐措施监控要点

1. 给水管道穿越建筑物措施监控要点

(1) 管道穿越楼板、承重墙或基础、地下室和顶板时的要求：

1) 给水管道穿过楼板时宜预留孔洞，避免在施工安装时凿打楼板面。孔洞尺寸一般宜比通过的管径大 50～100mm。

2) 管道穿过墙壁和楼板，应设置金属或塑料套管。安装在楼板内的套管，其顶部应高出装饰地面 20mm；安装在卫生间及厨房内的套管，其顶部应高出装饰地面 50mm，底部应与楼板底面相平；安装在墙壁内的套管其两端与饰面相平。穿过楼板的套管与管道之间缝隙应用阻燃密实材料和防水油膏填实，端面光滑。穿墙套管与管道之间缝隙宜用阻燃密实材料填实，且端面应光滑。管道的接口不得设在套管内。

(2) 给水管道穿过承重墙或基础时，管顶上部净空高度不得小于建筑物的沉缝量，一般不小于 0.1m，套管两端与墙面相平。

(3) 给水管道穿过地下室或地下构筑物的墙壁、顶板处应作防水套管，采用刚性或柔性防水套管由设计人员选定。

2. 给水管道防冻防结露措施监控要点

(1) 敷设在冬季不采暖建筑物的给水管道，以及敷设在受室外空气影响的门厅、过道等处的管道，在冬季可能结冰时应采取防冻保温措施。保温材料的选用及保温做法符合设计要求。

(2) 在采暖的卫生间及工作温度较室外气温高的房间，如厨房、洗涤间等，当空气湿度较高的季节或管道内水温较室温低的时候，管道及设备外壁可能产生凝结水，影响使用和室内卫生，必须采取防潮隔热措施；给水管道在吊顶内、楼板下或管井内等不允许管表面结露而滴水的部位，也应作防潮隔热措施。

(3) 防潮隔热层的做法同保温做法，有涂抹式、装配式、缠包式和填充式。保温材料及防潮隔热层具体做法符合设计和国家（或地区）通用标准图集要求。

(4) 管道及设备保温、防潮隔热施工质量监控要点

1) 管道、设备、容器的保温、防潮施工，应在防腐施工完毕、水压试验合格后进行。如需先保温或预先做保温层，应将管道连接处和环形缝留出，待水压试验合格后，再将连接处保温。

2) 保温防潮层施工前，必须对所用材料检查其合格证或化验、试验记录，以保证保温材料品种、规格、性能均符合设计要求和有关规定。

3) 检查口、人孔、观察孔、阀门、法兰及其他可拆卸部件的周围，在施工保温层时应留孔隙，其大小以能拆卸螺栓为准。保温层断面应做成 45°，并封闭严密。支、托架两侧应留空隙，以保证正常滑动。

4) 保温结构各层间粘贴应紧密、平整、压缝，圆弧均匀，伸缩缝布置合理，不应有

环形断裂现象。采用成型预制块或缠裹材料时，接缝应错开，嵌缝要饱满。

5）防潮层应紧贴于保温层上，不允许有局部脱落和鼓包现象。

3. 给水管道防腐措施监控要点

给水管道的防腐，应按设计要求进行，如设计无要求，应符合下列规定：

（1）埋地或暗设的管道均刷沥青漆两道（给水铸铁管已作防腐的可不再涂刷）。

（2）埋设在焦渣层内的管道，宜将管道铺设在小沟内与焦渣层隔离，沟内管道涂刷沥青漆两道。

（3）明设镀锌钢管、镀锌无缝钢管涂刷银粉漆一道（镀锌层被破坏部分及管道螺纹露出部分涂刷红丹防锈漆一道，银粉漆两道）。

（4）明设给水铸铁管和不镀锌焊接钢管涂刷红丹防锈漆两道，银粉面漆两道。

（5）有保温层和防潮隔热层的管道，应先作防腐后作保温。给水铸铁管、不镀锌焊接钢管涂刷红丹防锈漆两道；镀锌钢管、镀锌无缝钢管镀锌层破坏部位应补刷红丹防锈漆一道。

（6）管道刷漆前，应严格按照施工规程清除管道表面的灰尘、污垢、锈斑等杂物。

（7）管道涂刷油漆应厚度均匀，不得有脱皮、起泡、流淌和漏刷等现象。

四、监理过程中巡视与旁站

通过前文工程施工安装监理实践表明，为确保工程质量，减少工程施工安装过程中因工程质量问题而进行的返工工作，对一些常见的容易发生的施工质量通病环节和施工安装工艺过程，需要进行必要的巡视检查。而对于国家现行施工质量验收规范《建筑给水排水及采暖工程施工质量验收规范》GB 50242—2002 中所涉及的安全、卫生和使用功能的强制性条文的一些施工安装关键部位及测试调试过程，以及一些隐蔽工程验收过程，则需进行旁站检查。

（一）巡视

根据本章节室内给水系统的工程特点，施工安装过程中监理活动以采用巡视检查为主。

1. 巡视检查重点部位及内容

（1）管道制作、安装、焊接、除锈、刷漆过程。

（2）管道支架制作、安装、焊接、除锈、刷漆过程。

（3）管道安装的放线定位过程。

（4）管道预埋套管及预埋件设置过程。

（5）管道安装完毕，系统用水（或空气）冲洗过程。

（6）所有阀门、阀件安装过程。

2. 巡视过程中重点检查和关注的问题

巡视过程中着重关注以下一些容易发生的施工质量问题：

（1）由于地面标高超过偏差标准，使得管道预留口卫生器具和设备等标高超值。

（2）管道施工过程中，预留管口没有临时封堵，造成土建施工时的灰浆、垃圾掉入管道内，使管道堵塞。

（3）由于管道接口丝扣有断丝、缺丝或烂牙现象，造成管道渗漏。

（4）由于管道接口法兰不平行、强行对口，或法兰密封面未清理干净，或螺丝未拧紧，造成法兰渗水。

（5）由于石棉水泥拌和后超过初凝期再捻口，捻口不紧密或养护不良，造成管道接口渗漏。

（6）管道支架固定不牢，位置不正确，与管道接触时不严密，做法不符合要求。金属支架未经除锈防腐，或支架上有水泥砂浆等污物未去除。

（7）支架安装未拉线检查，造成管道与支架间不紧密，各支架受力不均匀，或管道支架规格与管半径不匹配。

（8）管道支架孔眼用气割开孔，不美观、不准确，应该用机械开孔。

（9）阀门进场时，未按要求进行压力试验和检查，造成不符合要求的阀门安装在管道上，不能正常使用。

（10）阀门安装位置不恰当，操作不方便，填料面漏水，阀杆操作不灵活。

（11）卫生器具固定不牢、易松动，或固定在空心砖墙和轻质材料墙体上。

（12）消防喷头标高不一致，喷洒支管规格不符合要求：喷头安装时，未划出平顶标高线，基准线不正确，使喷头出现高低不一致；喷洒系统配水支管直径不应小于 ϕ25mm，因此三通应开直径为 ϕ25mm 的孔，应用 ϕ25mm 短管加异径管接头连接消防喷淋头，不应用 ϕ15mm 短管连接。

（13）消火栓口朝向不对，标高不准，水龙带不按规定摆放，水龙带绑扎不符合要求。

（14）地漏埋设未考虑厕所、浴室与走廊的地面高差，未考虑地面坡度，未考虑面层厚度，造成排水不入地漏以及地面流水倒坡现象，影响地面及墙面防水性能。

（15）管道穿越楼板处，没有用与楼板同强度等级的混凝土按正式工序进行堵洞，或垃圾清理不干净，或混凝土没有密实，或防水处理不好，造成渗漏。

（16）由于图纸尺寸与设备底座尺寸不一致，或留孔时留孔用模板未固定住，造成安放地脚螺栓时，螺栓不垂直甚至不能和泵底座连接。

（17）由于泵吸水管未装偏心大小头，使吸水管内积存空气，引起吸水量不足。

（18）管道和支架除锈不彻底、不干净就进行刷漆。

（19）管道系统安装结束后，进行水压试验、耐压强度试验、严密性试验的程序和方法不符合要求，结论不确切，签证不完全。试验过程中存在试验部位不全或漏试区段或系统。

3. 巡视检查

检验方法：观察及测量。

检验数量：抽查。

4. 判断

巡视检查中应对照图纸及现行《建筑给水排水及采暖工程施工质量验收规范》GB 50242—2002 中的相应条款，观察检查各安装制作工艺过程，发现问题及时指出、及时整改，减少返工。

（二）旁站

国家现行《建筑给水排水及采暖工程施工质量验收规范》GB 50242—2002 涉及室内给水系统安全及卫生内容的有：试压、试验和隐蔽、冲洗和消毒。取样检验共有四条，为保证其工程质量基本要求，要求涉及这些条款的安装过程和试验调试过程均需进行旁站。

旁站过程中对其各条款的认识贯彻执行，并作如下要求。

1. 地下室或地下构筑物外墙有管道穿过的，应采取防水措施。对有严格防水要求的建筑物，必须采用柔性防水套管。

此条款强调了地下室的外墙有管道穿过时，应有防水措施，其目的是防止室外地下水位高或雨季地表水顺墙面通过管孔渗入室内。防水措施常见的有两种，一种是柔性防水套管，另一种为刚性防水套管。

（1）措施

在制作和安装防水套管时，应进行旁站。按设计要求选择防水套管，制作套管时要按标准图集选择材料。制作和安装时，焊接是质量控制要点，焊缝高度不得低于母材表面，焊缝与母材应圆滑过渡。焊缝及热影响区表面应无裂纹，不许存在未熔合、未焊透、有弧坑和气孔等缺陷。密封材料填塞应密实，接头均匀，螺栓紧固松紧适度并做好防腐。

（2）旁站检查

检验方法：观察检查。

检验数量：全数检查。

（3）判定

检查中应对照图纸，然后观察检查。观察是不是符合图纸标出的位置，是否符合设计要求采用的防水措施，即柔性或刚性防水套管。然后检查制作、安装方法是否正确，焊缝是否符合要求。

2. 各种承压管道系统和设备应做水压试验，非承压管道系统和设备应做灌水试验。

承压管道系统和设备的水压试验是为了检查其系统和设备组合安装后的严密性及承压能力，确保运行安全，达到使用功能。避免在保温和隐蔽之后，再发现渗漏，造成不必要的损失。减少投入使用后维修难度和维修工作量。

非承压管道系统和设备的灌水试验是为了检查其管道系统和设备组合安装后的严密性、通水能力和静置设备满水防渗漏能力。

该条综合了建筑室内给水、排水、热水、采暖，室外给水、排水、供热管网，建筑中水及游泳池，供热锅炉及辅助设备各章节。为了统一标准，规范检验方法，便于使用者掌握，所以提出当设计未注明时，试验压力均为工作压力的 1.5 倍，但不能小于 0.6MPa，其他特殊试验压力值执行具体条款的要求。灌水（满水）试验确定了满水观察时间。

（1）措施

给水系统水压试验过程监理工程师必须旁站，与现场施工人员一起完成试压过程。水压试验和灌水（满水）试验要有批准的试验方案，对高层建筑要分区、分段试验，合格后再按系统整体试验，监理工程师督促参加试验的安装人员应按岗分工，各负其责，熟悉工作范围，掌握试验标准。

1）试验管道系统和设备的中间控制阀门应全部开启。

2）向试验管道系统和设备注水时应先开启高处排气阀门排气，并由下向上，或由回水向供水进行管道系统注水，待水注满后，关闭进水阀门，稳定半小时后继续向系统注水，以排气阀门出水无气泡为准，关闭排气阀。

3）向管道系统和设备加压，启动加压泵加压，先缓慢升压至工作压力，停泵检查，观察各部位无渗漏、压力不降后，再升压至试验压力，停泵稳压，按批准的试验方案进行全面检查，在确认管道系统和设备试验合格后，降至工作压力，再做较长时间的检查，确认全系统部位仍无渗、漏，无裂纹，则管道系统的严密性和承压能力试验为合格。经现场参加试验验收的各方同意后，将工作压力逐渐降至为零，填写试验记录。

4）灌水（满水）试验应注意管道和设备试验的位差、管道的封堵、阀门的启闭。

（2）旁站检查

检验方法：各种管道系统水压试验，都是在试验压力下观测 10min，压力降不应大于 0.02～0.05MPa；然后降到工作压力进行检查，压力应保持不变，不渗不漏。设备试验则是在试验压力下 10min 内压力不降，不渗不漏。静置设备灌水（满水）试验应在灌水（满水）后，静置 24h，观察四周及底部是否渗、漏，水位应不降且无渗、漏为合格。

（3）判定

管道系统和设备水压试验及灌水满水试验，达不到验收标准时，应查找原因及时返修、整改，继续按程序进行试验直至合格。

3. 给水管道必须采用与管材相适应的管件。生活给水系统所涉及的材料必须达到饮用水卫生标准。

目前市场上可供选择的给水系统管材种类繁多，而每种管材均有自己的专用管道配件及连接方法。为保证工程质量，确保使用安全，强调给水管道必须采用与管材相适应的管件。生活给水系统所涉及的材料，如生活蓄水池（箱）的内壁防水涂层，箱体材料及组装水箱的密封垫料，接管及密封填料，法兰垫料，接管用的密封橡胶圈，麻丝、铅油、生料带等，为防止生活饮用水在储存和输送过程中受到二次污染，确保使用安全，也强调了生活给水系统所涉及的材料必须达到饮用水卫生标准。

（1）措施

监理工程师重点检查进场的给水系统管材、管件是否按设计要求选用，应具有企业标准和产品合格证。进场验收记录，应记录有关技术指标：企业标准代号、企业名称或商标、生产批号、出厂日期及检验代号。生活给水系统所涉及的材料应有卫生检测报告并符合饮用水卫生标准。

（2）旁站检查

管材、管件和生活给水系统所涉及的材料都应检查、登记，责任人应签字，不合格的管材、管件和材料不能入库，更不能安装。若有疑义可以进行见证取样检测。

（3）判定

对照标准检查管材和管件，不符合要求不得使用。生活给水系统所涉及的材料若见证取样检测不合格不得使用。

4. 生活给水系统管道在交付使用前必须冲洗和消毒，并经有关部门取样检验，符合国家《生活饮用水卫生标准》GB 5749—2006 方可使用。

为保证生活给水使用安全，水质不受污染，给水管道系统在交付使用之前，需要用洁净的水加压冲洗，并需消毒处理。这是使给水管道畅通，清除滞留或掉入管道内的杂质与污物，避免供水后造成管道堵塞和对水质产生污染所采取的必要措施。

(1) 措施

整个冲洗和消毒过程，监理工程师需旁站，监督施工安装人员认真完成冲洗和消毒过程。

1) 冲洗和消毒前准备：给水管道系统水压试验已合格；给水管道系统各环路阀门启闭灵活、可靠，且不允许冲洗设备与冲洗系统隔开；临时供水装置运转应正常；增压水泵性能符合要求，扬程不超过工作压力，流速不低于工作流速；冲洗水排出时应有排放条件；按分区、分段等每一系统的冲洗顺序，在冲洗前将系统内孔板、喷嘴、滤网、节流阀、水表等全部卸下，待冲洗后复位。

2) 首先冲洗底部干管，然后冲洗水平干管、立管、支管。在给水入口装置控制阀的前面接上临时水源，向系统供水；关闭其他立支管控制阀门，只开启干管末端最底层的阀门，由底层放水并引至排水系统。启动增压水泵向系统加压，由专人观察出水口水质、水量情况，且应符合下列规定：

①出水口处管径截面不得小于被冲洗管径截面的3/5，即出水口管径只能比冲洗管的管径小一号，如果出水口管径截面大，出水流速低，则冲洗无力；如果出水口的管径截面过小，出水流速过大，则不便于观察和排出杂质、污物。

②出水口流速，如设计无要求，则应不小于1.5m/s。底层主干管冲洗合格后，按顺序冲洗其他各干、立、支管，直至全系统管道冲洗合格为止。冲洗后，如实填写记录，然后将拆下的仪表及器具、阀门、配件复位。检查验收人员签字。

3) 质量标准：观察各冲洗环路出水口的水质，无杂质、无沉积物，与入口处水质相比无异样为合格。

4) 安全注意事项：察看管道是否堵塞，阀门是否开全。冲洗后应将管道中的水泄空，避免积水而冻坏管道。

(2) 旁站检查

检验方法：检查卫生监督部门提供的检测报告。

在系统水压试验合格后交付使用前进行管道系统的冲洗试验，监理工程师需进行旁站，并认真填写管道系统冲洗试验记录，责任人签字、存档备查，防止以水压试验后的泄水代替管道系统的冲洗试验，防止不填或不认真填写冲洗试验记录表，不签字，不存档，出现问题不易查找。

(3) 判定

启闭阀门察看水质，查验检测报告并对照《生活饮用水卫生标准》GB 5749—2006，不合格不得使用，返工重新冲洗、消毒直至合格。

5. 室内消火栓系统安装完成后应取屋顶层（或水箱间内）试验消火栓和首层取2处消火栓做试射试验，达到设计要求为合格。

室内消火栓给水系统在竣工后均应做消火栓试射试验，以检验其使用效果，但又不能逐个试射，故取有代表性的三处：屋顶（北方一般在屋顶水箱间等室内）试验消火栓和首层取两处消火栓。屋顶试验消火栓试射可测消火栓出水流量和压力（充实水柱）；首层取两处消火栓试高压，可检验两股充实水柱同时到达本消火栓应到达的最远点的能力。

(1) 措施

该试验为室内消防的消火栓系统功能性试验，涉及建筑物的长期安全，要求监理工程师必须进行整个试射过程的旁站工作。

1）试射工艺流程：选定消火栓→开启消防泵加压→控制指定部位试射→认定试射结果→试射结束，恢复原样。

2）在消防竣工平面图上确定首层试射消火栓（任意两个相邻的消火栓），找到其规定应达到最远点的房间或部位，确认道路畅通；屋顶试验消火栓确定后，通向屋顶的门或窗口均已打开，确认压力表工作正常。

3）将屋顶试验消火栓箱打开，按下消防泵启动按钮，取下消防水龙带迅速接好栓口和水枪，打开消火栓阀门，拉到平屋顶上，水平向上倾角30°~45°试射，同时观察压力表读数是否满足设计要求，观察射出的密实水柱长度（按规定有7m、10m、13m三种）是否满足要求并做好记录；在首层（按同样步骤）将两支水枪拉到要测试的房间或部位，按水平向上30°或45°倾角试射，观察其两股水柱（密实、不散花）能否同时到达，并做好记录。

4）关闭消防水泵，将消火栓水枪、水龙带等恢复原状。及时排水，清理现场。

（2）旁站检查

检验方法：实地试射检查。

1）试射现场一定要有人值班，屋顶应向院内、无人停留处试高压；首层要选定未装修，无任何设备、物资的部位试射，找好排水出路（附近有无地漏、向外出口等）。

2）屋顶消火栓压力表应经校检，指针转动灵活，正确；首层消火栓栓口压力不超过0.5MPa。

3）把握水枪人员要经过培训，能正确使用水枪；能正确判断充实水柱长度，认真记录。

（3）判定

试射消火栓选择必须正确，充实水柱必须达到设计要求。

五、常见质量问题

（1）管道连接质量通病：

1）管道接口质量不过关，试压不认真，通水后管道接口处有返潮、滴水、渗漏等现象。

2）管卡设置不当，卡具的标高和水平管卡的间距及转角、水龙头、角阀等处的管卡未按要求设置或固定不牢。

3）给水立管和装有3个或3个以上配水点的支管始端未设置可拆卸的连接件或阀门。

4）支、吊架选型不合理，有防晃要求的未设置防晃支架，有热伸长的管道未设置滑动支架。制作支、吊架的型材过小，与所固定的管道不匹配，制作粗糙，切口有毛刺，防腐处理不到位。塑料管与金属支、吊架间未设置非金属垫或套管，铜管与金属支、吊架间未设置橡胶垫。

（2）室内消火栓栓口不朝外，箱内配件不齐全，阀门选型及安装不合理，铁质门加装锁具，消火栓试射时压力不正常。

（3）水泵接合器位置不合理，与室外消火栓间距过大，标志不清，安装高度不符合规范；水泵底阀漏水或堵塞，水泵吸水管上未安装偏心异径管或斜边未向下，吸水管连接不紧密。

(4) 水泵基础不牢固或地脚螺栓松动，水泵叶轮不平衡，泵轴与电机轴不同心，水泵底座和支架未采取防振措施，造成振动与噪声过大。

六、水压试验、冲洗和调试

室内给水系统管道安装完成后，为了保证管道及零件的结构连接强度、生产运行和生活饮水的清洁，必须进行强度、严密性水压试验和冲洗及调试。

(一) 水压试验

使用范围：室内生活用水、消防用水和生活与消防合用的管道系统。

1. 试压前应具备的条件

(1) 管道系统施工安装完毕，并符合设计要求和施工及验收的有关规定。

(2) 支、吊架安装完毕。

(3) 管道的焊接等工作结束，并经检验合格。焊缝及其他应检查的部位未经涂漆和保温。

(4) 管道的标高、坡度等经复查合格。试验用的临时加固措施经检查确认，安全可靠。

(5) 试验用压力表已经校验，精度不低于1.5级，表的满刻度值为最大被测压力的1.5~2倍。

(6) 具有完善的、并经批准的试验方案。

2. 水压试验

(1) 管道系统水压试验前，应将不能参与试验的设备、仪表及管道附件等加以隔离。安全阀应拆卸。加盲板的部位应有明显标记和记录。

(2) 试压过程中如遇泄漏，不得带压修理。缺陷消除后，应重新试验。

(3) 水压试验应用清洁水进行。系统注水时应将空气排净。

(4) 水压试验宜在环境温度为5℃以上进行，否则须有防冻措施。

(5) 对水位差较大的管道系统，应考虑静水压力的影响。试验时以最高点的压力为准，但最低点的压力不得超过管道附件及阀门的承受能力。

(6) 暗装管道的水压试验，应在隐蔽前进行。保温管道的水压试验应在保温前进行。

(7) 系统水压试验合格后，应将管内试验用水在室外合适地点排放干净，并注意安全。

(8) 试验压力

1) 强度试验：当系统工作压力不大于0.6MPa时，钢管、给水铸铁管试验压力为工作压力的1.5倍，但不应小于0.6MPa，也不应大于1.0MPa；强度试验，升压应缓慢，达到试验压力后，在10min内压力下降不大于0.02MPa为合格。

2) 严密性试验应在强度试验合格后进行。将强度试验压力降至工作压力做外观检查，以不渗漏为合格。

3) 塑料管给水系统应在试验压力下稳压1h，压力下降不得超过0.05MPa，然后在工作压力的1.15倍状态下稳压2h，压力下降不得超过0.03MPa，同时检查各连接处，不得渗漏。

（9）系统试压完后，应及时拆除所有临时盲板，核对记录，并填写管道系统试压记录表，记录表见表2-5。

管道系统试压记录表 **表2-5**

工程名称										
管线系统名称										
试压日期	年 月 日									
管线编号	材质	设计参数			强度试验			严密性试验		
		介质	压力	温度	介质	压力	鉴定	介质	压力	鉴定
试压情况说明和结论										
试压人员或班组长：										
施工单位：＿＿＿＿部门负责人：＿＿＿＿技术负责人：＿＿＿＿质量检查员：＿＿＿＿										

（二）通水试验

给水系统交付使用前必须进行通水试验，并做好记录。

检验方法：观察和开启阀门、水嘴等放水。

（三）系统冲洗

给水管道系统在施工完毕后、交付使用之前，需进行系统冲洗以及消毒处理，以确保给水管道的使用功能，清除滞留或进入管道内的灰尘、杂质、污物，避免供水后造成管道堵塞或给水质造成污染。冲洗管道要求如下：

1. 给水管道系统试压合格后，应分段用水对管道进行清洗。冲洗用水应为清洁水。
2. 冲洗时，以系统内最大设计流量不小于1.5m/s的流速进行。
3. 冲洗应连续进行。当设计无规定时，则以出口水色和透明度与入口目测一致为合格。
4. 管道冲洗合格后，应填写系统冲洗记录表（见表2-6）。冲洗完毕后应将水放净。

管道系统冲洗记录表 **表 2-6**

工程名称						
管线系统名称						
冲洗日期	年　月　日					
管线编号	材质	冲　洗				
		介质	压力	流速	吹洗次数	鉴　定
冲洗情况说明和结论						
施工人员或班组长：						
施工单位：＿＿＿＿部门负责人：＿＿＿＿技术负责人：＿＿＿＿质量检查员：＿＿＿＿						
建设单位：＿＿＿＿部门负责人：＿＿＿＿质量检查员：＿＿＿＿						

5. 生活饮用水管道在使用前应用每升水中含 20 ~ 30mg 游离氯的水灌满管道进行消毒。含氯水在管中应留置 24h 以上。消毒完后，再用饮用水冲洗，并经卫生部门取样检验符合国家《生活饮用水卫生标准》GB 5749—2006 后，方可使用。

检验方法：检查有关部门提供的检测报告。

（四）调试

对于消防系统，在系统施工完毕后，除系统压力试验、冲洗之外，还要进行系统调试。

1. 系统调试前准备工作

（1）首先要组织一个由业主、设计单位、施工单位、监理单位、消防部门等人员组成的调试小组，确定调试方案，检查准备情况。

（2）消防水池、消防水箱已储备设计要求的水量。

（3）消防气压给水设备的水位、气压符合设计要求。

（4）湿式喷水灭火系统管网内已充满水，干式预作用喷水灭火系统管网内的气压符合设计要求；阀门均无泄漏。

（5）系统供电正常。

2. 系统调试

(1) 水源测试

1) 检查消防水箱容积是否满足设计要求,设置高度是否正确,消防水箱有无不被挪作他用的技术措施。

2) 按设计要求核实消防水泵接合器的数量和供水能力,并通过移动式消防水泵做供水试验进行验证。

(2) 消防泵调试

1) 以自动或手动方式启动消防水泵,泵应在5min内投入正常运行。

2) 用备用电源切换时,消防水泵应在1.5min内投入正常运行。

(3) 稳压泵调试

模拟设计启动条件,稳压泵应立即启动,当达到系统设计压力时,稳压泵应自动停止运行。

(4) 湿式报警阀调试

调试时,在其试水装置处放水,看报警阀能否即时动作,水力警铃报警信号、水流指示器输出信号、压力开关应接通报警阀,并自动启动消防泵。

(5) 排水装置调试

1) 开启排水装置的主排水阀,应按系统最大设计灭火水量做排水试验,并使压力达到稳定。

2) 系统排出的水应全部从室内排水系统排出。

(6) 联动试验要求

1) 采用专用测试仪表,对火灾自动报警系统的各种探测器输入模拟火灾信号,火灾自动报警器发出声光警信号并自动喷水灭火。

2) 启动一只喷头或以0.94~1.5L/s的流量从末端试水装置放水,看水流指示器、压力开关、水力警铃和消防泵能否即时动作并发出信号。

七、监理验收

室内给水系统分部、分项及检验批的工程质量,均应符合设计要求和国家现行标准《建筑给水排水及采暖工程施工质量验收规范》GB 50242—2002的有关规定。

(一) 室内给水工程质量标准

1. 一般规定

(1) 以下内容适用于工作压力不大于1.0MPa的室内给水和消火栓系统管道安装工程的质量检验与验收。

(2) 给水管道必须采用与管材相适应的管件。生活给水系统所涉及的材料必须达到饮用水卫生标准。

(3) 管径小于或等于100mm的镀锌钢管应采用螺纹连接,套丝扣时破坏的镀锌层表面及外露螺纹部分应做防腐处理;管径大于100mm的镀锌钢管应采用法兰或卡套式专用管件连接,镀锌钢管与法兰的焊接处应二次镀锌。

(4) 给水塑料管和复合管可以采用橡胶圈接口、粘接接口、热熔连接、专用管件连接及法兰连接等形式。塑料管和复合管与金属管件、阀门等的连接应使用专用管件连接,不得在塑料管上套丝。

（5）给水铸铁管管道应采用水泥捻口或橡胶圈接口方式进行连接。

（6）铜管连接可采用专用接头或焊接，当管径小于22mm时宜采用承插或套管焊接，承口应迎介质流向安装；当管径大于或等于22mm时宜采用对口焊接。

（7）给水立管和装有3个或3个以上配水点的支管始端，均应安装可拆卸的连接件。

（8）冷、热水管道同时安装应符合下列规定：

1）上、下平行安装时热水管应在冷水管上方。

2）垂直平行安装时热水管应在冷水管左侧。

2. 给水管道及配件安装

（1）主控项目

1）室内给水管道的水压试验必须符合设计要求。当设计未注明时，各种材质的给水管道系统试验压力均为工作压力的1.5倍，但不得小于0.6MPa。

检验方法：金属及复合管给水管道系统在试验压力下观测10min，压力降不应大于0.02MPa，然后降到工作压力进行检查，应不渗不漏；塑料管给水系统应在试验压力下稳压1h，压力降不得超过0.05MPa，然后在工作压力的1.15倍状态下稳压2h，压力降不得超过0.03MPa，同时检查各连接处不得渗漏。

2）给水系统交付使用前必须进行通水试验并做好记录。

检验方法：观察和开启阀门、水嘴等放水。

3）生活给水系统管道在交付使用前必须冲洗和消毒，并经有关部门取样检验，符合国家《生活饮用水卫生标准》GB 5749—2006方可使用。

检验方法：检查有关部门提供的检测报告。

4）室内直埋给水管道（塑料管道和复合管道除外）应做防腐处理。埋地管道防腐层材质和结构应符合设计要求。

检验方法：观察或局部解剖检查。

（2）一般项目

1）给水引入管与排水排出管的水平净距不得小于1m。室内给水与排水管道平行敷设时，两管间的最小水平净距不得小于0.5m；交叉铺设时，垂直净距不得小于0.15m。给水管应铺在排水管上面，若给水管必须铺在排水管的下面时，给水管应加套管，其长度不得小于排水管管径的3倍。

检验方法：尺量检查。

2）管道及管件焊接的焊缝表面质量应符合下列要求：

①焊缝外形尺寸应符合图纸和工艺文件的规定，焊缝高度不得低于母材表面，焊缝与母材应圆滑过渡。

②焊缝及热影响区表面无裂纹、未熔合、未渗透、夹渣、弧坑和气孔等缺陷。

检验方法：观察检查。

3）给水水平管道应有2‰~5‰的坡度坡向泄水装置。

检验方法：水平尺和尺量检查。

4）给水管道和阀门安装的允许偏差应符合表2-7的规定。

5）管道的支、吊架安装应平整牢固，其间距应符合现行国家标准《建筑给水排水及采暖工程施工质量验收规范》GB 50242—2002第3.3.8条、第3.3.9条或第3.3.10条的规定。

管道和阀门安装的允许偏差和检验方法 表 2-7

<table>
<tr><th>项次</th><th colspan="3">项目</th><th>允许偏差（mm）</th><th>检验方法</th></tr>
<tr><td rowspan="3">1</td><td rowspan="3">水平管道纵横方向弯曲</td><td>钢 管</td><td>每米
全长25m以上</td><td>1
≤25</td><td rowspan="3">用水平尺、直尺、拉线和尺量检查</td></tr>
<tr><td>塑料管
复合管</td><td>每米
全长25m以上</td><td>1.5
≤25</td></tr>
<tr><td>铸铁管</td><td>每米
全长25m以上</td><td>2
≤25</td></tr>
<tr><td rowspan="3">2</td><td rowspan="3">立管垂直度</td><td>钢 管</td><td>每米
5m以上</td><td>3
≤8</td><td rowspan="3">吊线和尺量检查</td></tr>
<tr><td>塑料管
复合管</td><td>每米
5m以上</td><td>2
≤8</td></tr>
<tr><td>铸铁管</td><td>每米
5m以上</td><td>3
≤10</td></tr>
<tr><td>3</td><td colspan="2">成排管段和成排阀门</td><td>在同一平面上间距</td><td>3</td><td>尺量检查</td></tr>
</table>

检验方法：观察、尺量及手扳检查。

6）水表应安装在便于检修、不受曝晒、污染和冻结的地方。安装螺翼式水表，表前与阀门应有不小于8倍水表接口直径的直线管段。表外壳距墙表面净距为10～30mm；水表进水口中心标高按设计要求，允许偏差为±10mm。

检验方法：观察和尺量检查。

3. 室内消火栓系统安装

（1）主控项目

室内消火栓系统安装完成后应取屋顶层（或水箱间内）试验消火栓和首层取二处消火栓做试射试验，达到设计要求为合格。

检验方法：实地试射检查。

（2）一般项目

1）安装消火栓水龙带，水龙带与水枪和快速接头绑扎好后，应根据箱内构造将水龙带挂放在箱内的挂钉、托盘或支架上。

检验方法：观察检查。

2）箱式消火栓的安装应符合下列规定：

①栓口应朝外，并不应安装在门轴侧。

②栓口中心距地面为1.1m，允许偏差±20mm。

③阀门中心距箱侧面为140mm，距箱后内表面为100mm，允许偏差±5mm。

④消火栓箱体安装的垂直度允许偏差为3mm。

检验方法：观察和尺量检查。

4. 给水设备安装

（1）主控项目

1）水泵就位前的基础混凝土强度、坐标、标高、尺寸和螺栓孔位置必须符合设计规定。

检验方法：对照图纸用仪器和尺量检查。

2）水泵试运转的轴承温升必须符合设备说明书的规定。

检验方法：温度计实测检查。

3）敞口水箱的满水试验和密闭水箱（罐）的水压试验必须符合设计与现行国家标准《建筑给水排水及采暖工程施工质量验收规范》GB 50242—2002 的规定。

检验方法：满水试验静置 24h 观察，不渗不漏；水压试验在试验压力下 10min 压力不降，不渗不漏。

（2）一般项目

1）水箱支架或底座安装，其尺寸及位置应符合设计规定，埋设平整牢固。

检验方法：对照图纸，尺量检查。

2）水箱溢流管和泄放管应设置在排水地点附近但不得与排水管直接连接。

检验方法：观察检查。

3）立式水泵的减振装置不应采用弹簧减振器。

检验方法：观察检查。

4）室内给水设备安装的允许偏差应符合表 2-8 的规定。

室内给水设备安装的允许偏差和检验方法 **表 2-8**

项次	项	目		允许偏差（mm）	检验方法
1	静置设备	坐标		15	经纬仪或拉线、尺量
		标高		±5	用水准仪，拉线和尺量检查
		垂直度（每米）		5	吊线和尺量检查
2	离心式水泵	立式泵体垂直度（每米）		0.1	水平尺和塞尺检查
		卧式泵体水平度（每米）		0.1	水平尺和塞尺检查
		联轴器同心度	轴向倾斜（每米）	0.8	在联轴器互相垂直的四个位置上用水准仪、百分表或测微螺钉和塞尺检查
			径向位移	0.1	

5）管道及设备保温层的厚度和平整度的允许偏差应符合表 2-9 规定。

管道及设备保温的允许偏差和检验方法 **表 2-9**

项次	项	目	允许偏差（mm）	检验方法
1	厚度		$+0.1\delta$ -0.05δ	用钢针刺入
2	表面平整度	卷材	5	用 2m 靠尺和楔形塞尺检查
		涂抹	10	

注：δ 为保温层厚度。

5. 直饮水管道系统验收内容

（1）系统的通水能力检验。按设计要求同时开放的最大数量的配水点应全部达到额定流量。

（2）循环系统的循环水应顺利回至机房水箱内，并达到设计循环流量。

（3）系统各类阀门的启闭灵活性和仪表指示的灵敏性。

（4）系统工作压力的正确性。

（5）管道支、吊架安装位置和牢固性。

（6）连接点或接口的整洁、牢固和密封性。

（7）控制设备中各按钮的灵活性，显示屏显示字符清晰度。

（8）净水设备的产水量应达到设计要求。

（9）如采用臭氧消毒，净水机房内空气的臭氧浓度应符合现行国家标准《室内空气质量标准》GB/T 18883—2002 的规定。

（10）水质验收应经卫生监督管理部门检验，水质应符合国家现行标准《饮用净水水质标准》CJ 94—2005 的规定。

（二）验收资料

（1）施工图、竣工图及设计变更文件。

（2）主要材料和设备的出厂合格证和试验记录。管道直饮水的管材、管件及设备的省、直辖市级及以上卫生许可批件。

（3）隐蔽工程验收记录和中间试验记录。

（4）管道水压试验记录。

（5）管道清洗和消毒记录。

（6）敞口水箱满水记录和密闭水箱水压试验记录。

（7）室内给水管道安装分项工程质量检验评定表。

（8）室内给水管道附件及卫生器具、给水配件安装分项工程质量检验评定表。

（9）工程质量事故处理记录。

（10）技术核定单。

第二节　室内排水系统工程

一、工程内容

本节内容适用于室内排水、雨水和卫生器具排水的安装工程。室内排水管（网）系统的作用，是将建筑物内的生活污水、工业废水和屋面雨、雪水收集起来，有组织地及时畅通地排至室外排水管网，以保证人们生活及生产具有良好的卫生的洁净的环境。排水工程与人们生活、生产有密切的关系，因此，室内排水系统工程的施工技术和质量监控，必须严格执行设计要求和现行施工规范的有关规定。

（一）室内排水系统分类

根据排水的性质不同，室内排水系统可分为三类：

（1）生活污水系统：排除人们日常生活中所产生的洗涤污水和粪便污水等。

（2）生产污（废）水系统：排除工矿企业在生产过程中所产生的污（废）水，包括被化学物质污染和机械杂质污染的废水。

(3) 雨水系统：排除屋面上的雨水和融化的雪水。

(二) 室内排水系统组成

室内排水系统组成见图2-13。

(1) 污（废）水收集器——主要指各种卫生器具、排放工业废水的设备及雨水斗。

(2) 室内排水管网——它是由立管和水平管、支管等组成的管道系统。污水管道系统泄水管道设置检查口或清扫口，并设置通气管接至室外与大气连通。

(3) 排出管——污水自室内排水管导入室外排水管网的管道。

(4) 通气管——为使排水系统内空气流通，压力稳定，防止水封破坏而设置的与空气相通的管道。

(5) 清通设施——为疏通室内排水管道而在管道适当部位设置的检查口、清扫口和检查井。

(6) 污水泵——地下室、人防建筑物等地下建筑物的污（废）水不能自流排至室外时所需使用的抽水设备。

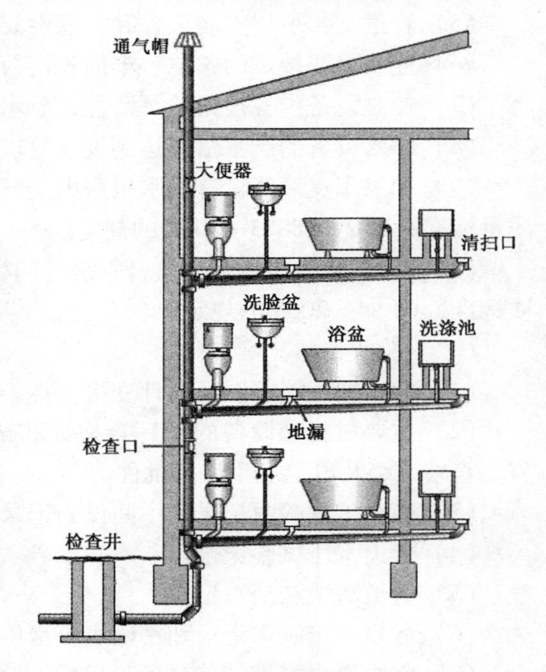

图2-13　室内排水系统示意图

二、排水系统材料质量要求

室内排水工程中地下排水管道和室内排水立管及横支管在安装前，所用材料的质量和施工条件，必须符合设计和施工条件的要求。

室内地下、地上管道排水工程所用的管材包括铸铁管、碳素钢管、预应力钢筋混凝土管、钢筋混凝土管、混凝土管、陶土管、缸瓦管和硬聚氯乙烯塑料管。

雨水管道，宜使用排水铸铁管、钢管、钢筋混凝土管、混凝土管、缸瓦管和排水塑料管。

排水工程用的管材材质、规格必须按设计要求选用，要求质量符合要求，有出厂合格证。

铸铁排水管及管件的规格品种应符合设计要求。灰口铸铁管的管壁薄厚均匀，内外光滑整洁，无浮砂、包砂、粘砂，更不允许有砂眼、裂纹、飞刺和疙瘩。承插口的内外径及管件造型规格，法兰接口平整、光洁、严密，地漏和返水弯的扣距必须一致，不得有偏扣、乱扣、方扣、丝扣不全等现象。镀锌碳素钢管及管件管壁内外镀锌均匀，无锈蚀，内壁无飞刺，管件无偏扣、乱扣、方扣、丝扣不全、角度不准等现象。塑料管材和管件的颜色应一致，无色泽不均及分解变色线；管材的内外壁应光滑、平整、无气泡、无裂口、无明显的痕纹和凹陷等缺陷；管材的端面必须平整，并垂直于轴线。

常用室内排水管材见表2-10。

建筑给排水管材(室内排水)

表 2-10

序号	管材名称	管材规格	连接方式	适用规范、标准	标准图号	备注
1	硬聚氯乙烯(PVC-U)排水管	公称外径：De40，De50，De75，De90，De110，De160，De200，De250，De315	①承插胶粘剂粘接； ②承插弹性密封圈连接	《建筑排水塑料管道工程技术规程》CJJ/T 29—2010	《建筑排水塑料管道安装》10S406	高层建筑塑料排水管应注意伸缩节、阻火圈或防火套管的设置
2	硬聚氯乙烯(PVC-U)内螺旋排水管及旋转进水型管件	硬聚氯乙烯（PVC-U）内螺旋排水立管公称外径：De75，De110，De160； 用于接入立管的PVC-U旋转进水型三通及四通： 三通：De75×De50，De75×De75，De110×De50，De110×De75，De110×De110，De160×De110； 四通：De110×De110，De160×De110	承插胶粘剂粘接	《建筑排水用硬聚氯乙烯内螺旋管管道工程技术规程》CECS 94:2002	《建筑排水塑料管道安装》10S406	排水横干管、横支管仍采用PVC-U塑料排水管
3	柔性接口机制排水铸铁管	公称直径：DN50，DN75，DN100，DN125，DN150，DN200，DN250，DN300	①承插法兰胶圈连接； ②不锈钢卡箍胶圈连接	《建筑排水柔性接口铸铁管管道工程技术规程》CECS 168:2004	《建筑排水用柔性接口铸铁管安装》04S409	
4	高密度聚乙烯(HDPE)排水管	公称外径：De40，De50，De56，De63，De75，De90，De110，De125，De160，De200，De250，De315	①对焊连接； ②电焊管箍连接； ③承插胶圈连接	《建筑排水用高密度聚乙烯（HDPE）管材及管件》CJ/T 250—2007		适用于同层排水系统及虹吸式屋面雨水排水系统
5	聚丙烯超级静音排水管	公称外径：De50，De75，De110，De160	承插胶圈柔性连接			原材料为可回收利用的环保型改性聚丙烯树脂；管材隔声性能好

接口材料：水泥、石棉、膨胀水泥、石膏、氯化钙、油麻、耐酸水泥、青铅、塑料胶接剂、胶圈、塑料焊条、碳钢焊条等，接口材料有相应的出厂合格证、材质单和复验单等资料。

防腐材料：沥青、汽油、防锈漆、沥青漆等，应按设计要求选用。

对于上述所有进场材料和管配件，监理工程师必须严格检查，检查各种材料的产品合格证，质保书和试验审核单，审核实物与书面资料的一致性。室内排水管材及配件若质量不符合要求，监理工程师有权不予签认。

三、施工安装过程质量监控内容

室内地下、地上排水工程安装技术和质量要求，应达到正常运行，保证安装结构的牢固稳定和排水功能的顺利畅通。因此，排水工程应按以下要求进行施工和质量监控。

（一）室内排水管道敷设原则

1. 排水管应满足最佳水力条件

（1）卫生器具排水管与排水横支管可用90°斜三通连接。

（2）横管与横管（或立管）的连接，宜采用45°或90°斜三（四）通，不得采用正三（四）通。

（3）排水立管不得不偏置时，宜采用乙字弯管或两个45°弯头连接。

（4）立管与排出管的连接，宜采用两个45°弯头或弯曲半径不小于4倍管径的90°弯头。

（5）排出管与室外排水管道连接时，前者管顶标高应大于后者；连接处的水流转角不小于90°，若有大于0.3m的落差可不受角度的限制。

（6）最低排水横支管直接连接在排水横干管或排出管上时，连接点距排水横干管弯头位置不得小于3m。

（7）排水横管应尽量做直线连接，减少弯头。

（8）排水立管宜设在杂质、污水排放量最大处。

2. 排水管应满足维修便利和美观要求

（1）排水管道一般应在地下埋设，或在楼板上沿墙、柱明设，或吊设于楼板下；当建筑或工艺有特殊要求时，排水管道可在管槽、管井、管沟及吊顶内暗设。

（2）为便于检修，必须在立管检查口设检修门，管井应每层设检修门与平台。

（3）架空管道应尽量避免通过民用建筑的大厅等建筑艺术和美观要求较高的地方。

3. 排水管应保证生产及使用安全

（1）排水管道的位置不得妨碍生产操作、交通运输和建筑物的使用。

（2）排水管道不得布置在遇水能引起燃烧、爆炸或损坏的原料、产品与设备的上面。

（3）架空管道不得吊设在生产工艺或对卫生有特殊要求的厂房内。

（4）架空管道不得吊设在食品仓库、贵重物品仓库、通风小室以及配电间内。

（5）排水管应避免布置在饮食业厨房的主副食操作、烹调的上方，不能避免时应采取防护措施。

（6）生活污水立管应尽量避免穿越卧室、病房等对卫生、安静要求较高的房间，并避免靠近与卧室相邻的内墙。

（7）排水管穿过地下室外墙或地下构筑物的墙壁处，应采取防水措施。

（二）施工条件

室内地下排水管道和室内排水管道在施工时，必须保证下列施工条件。

（1）图纸已经会审且技术资料齐全，已进行技术、质量和安全交底。

（2）土建基础工程基本完成，管沟已按图纸要求挖好，其位置、标高、坡度经检查符合工艺要求，沟基做了相应的处理并已达到施工要求强度。

（3）基础及过墙穿管的孔洞已按图纸位置、标高和尺寸预留好。

（4）地下管道铺设完，各立管甩头已按施工图和有关规定正确就位。

（5）各层卫生器具的样品已进场，进场的材料、机具能保证连续施工。

（6）工作应在干作业条件下进行，如遇特殊情况下施工时，应按设计要求，制定出施工措施。

（三）一般技术和质量要求

1. 管道基础和管座（墩）

排水管道埋设在地下部分，管道基础土严禁松散，应进行夯实，保证土的密实性。管座（墩）设置的位置正确、稳定性好，防止因加载之后受力不均，造成断口漏水，影响使用功能。

2. 生活污水管管径

管道直径必须与设计图相符合，如设计没明确时，可参照下列的应用场所和要求予以选用。

（1）除个别洗脸盆、浴盆和妇女卫生盆等排泄较洁净污水的卫生器具排出管，可采用管径小于50mm的管材外，其余室内排水管管径均不得小于50mm。

（2）对于排泄含大量油脂、泥沙、杂质的公共食堂排水管，干管管径不得小于100mm，支管管径不得小于75mm。

（3）对于含有棉花球、纱布杂物的医院（住院处）卫生间内洗涤盆或污水池的排水管，以及易结污垢的小便槽排水管等，管径不得小于75mm。

（4）对于连接有大便器的管道，即使仅有一个大便器，其管径仍不小于100mm。

（5）对于大便槽的排出管，管径应不小于150mm。

3. 通气管的设置

（1）通气管不得与风道或烟道连接，通气管高出屋面不得小于300mm，但必须大于最大积雪厚度。

（2）在通气管出口4m以内有门、窗时，通气管应高出门、窗顶600mm或引向无门、窗一侧。

（3）在上人停留的平屋面上，通气管应高出屋面2m，如采用金属管时，一般应根据防雷要求设防雷装置。

（4）通气管出口不宜设在建筑物挑出部分（檐口、阳台和雨篷等）的下面。

4. 排水管材的连接方法

排水管材的选用和接头连接方法，应按设计要求进行，当设计无明确规定时，应按照下述要求进行。

（1）铸铁管：排水铸铁管比给水铸铁管的管壁薄，管径50～200mm，不能承受高压，常用于生活污水管和雨水管等。其优点是耐腐蚀、耐久性好，缺点是性脆、自重大、长度短。

接口为承插式，一般采用石棉水泥、膨胀水泥、水泥等材料接口连接。

（2）焊接钢管：用在卫生器具排水支管及生产设备的非腐蚀性排水支管，管径小于或等于50mm时，可采用焊接或配件螺纹、法兰等连接。

（3）陶土管：陶土管具有良好的耐腐蚀性能，适用于排除弱酸性生产污水。一般采用水泥承插接口，水温不高时，可采用沥青玛㻞脂接口。缺点是管材机械强度较低，不宜设置在荷载大或振动大的地方。

（4）耐酸陶瓷管：适用于排除强酸性污水，一般用承插式耐酸砂浆接口。

（5）无缝钢管：用于检修困难、机器设备振动大的地方以及管道内压力较高的非腐蚀性排水管，接口一般为焊接或法兰连接。

5. 排水管件

排水工程常用的主要管件的应用范围和连接要求如下。

（1）弯头：用于管道转弯处，使管道改变方向，弯头的角度有90°和45°两种，一般排水工程宜用45°弯头，不宜用90°弯头，因后者易产生排水阻力堵塞排水管道。

（2）乙字弯管：排水立管在室内距墙比较近，但下面的基础比墙要宽，为了绕过基础或其他障碍物而转向时，常用乙字弯管连接。

（3）存水弯：存水弯也叫水封，设在卫生器具下面的排水支管上。使用时，由于存水弯中经常存有水，可防止排水管道中的气体进入室内。存水弯有S形和P形两种。

（4）三通：用于两条管道汇合处，有正三通、顺流三通和斜三通三种。

（5）四通：用在三条管道汇合处，有正四通和斜四通两种。

（6）管箍：管箍也叫套袖或接轮，用于将两段排水直管连在一起。

（四）硬聚氯乙烯塑料管及管件的连接和质量监控

建筑排水用硬聚氯乙烯（PVC-U）管材、管件是以PVC树脂为主要原料，加入专用助剂，在制管机内经挤出和注射成型而成。其物理性能优良，耐腐蚀，抗冲击强度高，流体阻力小，不结垢，内壁光滑，不易堵塞，并达到建筑材料难燃性能要求，耐老化，使用寿命长。室内及埋地使用寿命可达50年以上，户外使用达50年。此外PVC-U管材还具有质量轻，便于运输、储存和安装，造价低，且便于维修等优点，广泛适用于建筑物内排水系统；在考虑管材的耐化学性和耐热性的条件下，也可用于工业排水系统。

室内排水用硬聚氯乙烯塑料管和管件的材质、性能和施工技术要求，应符合以下规定。

（1）管材、管件：室内排水工程用硬聚氯乙烯管道的管材、管件质量，应符合现行国家标准《建筑排水用硬聚氯乙烯（PVC-U）管材》GB/T 5836.1—2006和《建筑排水用硬聚氯乙烯（PVC-U）管件》GB/T 5836.2—2006的规定。

（2）室内排水工程采用硬聚氯乙烯塑料管的施工技术，应符合设计要求或《建筑排水塑料管道工程技术规程》CJJ/T 29—2010、《建筑给水排水及采暖工程施工质量验收规范》GB 50242—2002等标准的相关规定。

（3）硬聚氯乙烯管道连接方法：室内排水工程硬聚氯乙烯管道常用的连接方法有粘合剂承接接口、焊接连接接口和法兰配件连接等。各种连接的技术要求如下。

1）粘合剂承插连接

①排水用硬聚氯乙烯塑料管承插接口，采用粘接剂时，粘接剂的理化性能，必须符合产品说明书和设计要求。

②伸缩节：安装排水用硬聚氯乙烯塑料管的伸缩节，供热胀冷缩补偿，以防止塑料管因温度变化引起伸缩，造成管道的变形和损坏。因此，安装排水用硬聚氯乙烯塑料管道时，必须按设计要求的位置和数量装设膨胀伸缩节。

③硬聚氯乙烯塑料排水横管固定件的间距，不得大于表2-11规定。

塑料排水横管固定件间距

表2-11

管径/mm	50	75	110
间距/m	0.5	0.75	1.10

2）焊接连接

①焊接管端必须具有25°~45°的坡口；管道焊接表面应清洁、平整，如采用搭接焊时，应将焊接处表面刮出麻面。

②焊接时，焊条与焊缝两侧应均匀受热，外观不得有弯曲、断裂、烧焦和宽窄不一等缺陷。

③要求焊条与焊件熔化良好，不允许有浮盖、重积等缺陷。

④塑料焊条应符合下列规定：

a. 焊条的直径，应根据管道的壁厚选择，管壁厚度小于4mm时，焊条直径为2mm；管壁厚度为4~16mm时，焊条直径为3mm；厚度大于16mm时，焊条直径为4mm；

b. 焊条材质与母材的材质相同；

c. 焊条弯曲（试验）180°时不应断裂，但在弯曲处允许有发白现象；

d. 焊条表面光滑无凸瘤，切断面必须紧密均匀，无气孔与夹杂物。

3）法兰连接

硬聚氯乙烯塑料排水管采用法兰连接时，是在管端截面边缘用焊接连接法兰；或将管端加热到140~145°C，采用手工翻边或是用模具压制成法兰，再将钢法兰套在管道法兰处用螺栓连接；或在塑料管翻边法兰上钻孔，将翻边法兰间用螺栓直接连接。

（五）排水工程施工质量监控内容

1. 一般规定

室内排水工程施工质量监控的主要内容是控制坐标、标高、坡度、坡向和检查口、清扫口的位置是否正确。

（1）坐标、标高：坐标和标高是排水管道安装控制的重点，它是确保排水性能和使用功能的主要要求。

1）排水管网的坐标和标高是指管道的起点、终点、井位点和分支点以及各点之间的直线管段所要求的正确位置。

2）排水管道安装过程中，应严格控制管网的坐标和标高。

（2）坡度：排水管道安装坡度必须符合设计要求，保证泄水通畅。铸铁排水管道的标准坡度和最小坡度，应符合表2-12的规定。

（3）坡向：排水管道横支管在预制和安装时的坡向，必须符合泄水的流向。

（4）检查口和清扫口：检查口、清扫口的作用是管道内的沉淀物造成堵塞时检查与清扫之用。

铸铁排水管道标准坡度和最小坡度 表 2-12

项次	管径（mm）	工业废水（最小坡度）		生活污水	
		生产废水	生产污水	标准坡度	最小坡度
1	50	0.020	0.030	0.035	0.025
2	75	0.015	0.020	0.025	0.015
3	100	0.008	0.012	0.020	0.012
4	125	0.006	0.010	0.015	0.010
5	150	0.005	0.006	0.010	0.007
6	200	0.004	0.004	0.008	0.005
7	250	0.0035	0.0035	—	—
8	300	0.003	0.003	—	—

2. 室内排水工程施工质量监控要点

（1）管道施工作业条件和控制要点

1）埋地管道施工控制要点

埋地管道必须铺设在未经扰动的坚实土层上，或铺设在按设计要求需经夯实的松散土层上；管道及管道支墩或管道支撑不得铺设在冻土层和未经处理的扰动的松土上；沟槽内遇有块石要清除；沟槽要平直，沟底要夯实平整，坡度符合要求；穿过建筑基础时要预先留好管洞。

2）暗装管道（包括设备层、管道竖井、吊顶内的管道）首先应该核对各种管道的标高、坐标，其次管道排列有序，符合设计图纸要求。

3）室内明装管道要在与土建结构进度相隔 1 ~2 层的条件下进行安装，室内地坪线、标高和房间尺寸线应弹好，在粗装修工序已完、无其他障碍下进行安装。

（六）排水管道安装

室内排水管道安装主要包括：室内地下埋设管道、排水立管、排水支管、排水短管、出户管、雨水管道和通气管的安装。

1. 室内地下埋设管道安装

室内地下管道的安装是指在底层埋设。安装时应根据设计图纸要求和器具、立管、清扫口等位置的实际情况，测量其尺寸，按要求的规格进行预制连接，同时将管沟挖好夯实。将管放入管沟内，找好坡度、位置、尺寸，稳固找正，并将需要的接管口工作坑挖好，而后将接往器具、清扫口、立管等处的管道分别按位置尺寸接至所需高度，再将所有接口连接，然后将管两侧填土踩实，留出管口以便试水检查。安装后，将甩头和排出口均应堵盖好，防止污物流入管内。地下埋设管道安装后，水泥强度达到80%，进行灌水试验检查。

2. 排水立管安装

排水立管是用以排泄建筑物上层的污水，把横支管排出的污水经立管送到出户管。一般排水立管不小于50mm。为了便于管道承口填塞操作，立管承口与墙净距为不小于30mm。安装时，预先在现场用线锤找出立管中心线，用粉笔标在墙上。对于本楼层，则从上层楼板往上量出安装支管高度；再由此处用尺往下量出本层立管接横管的三通口，求出立管尺寸，配出立管；将管临时立起，再用线锤吊直与三通口找正，把立管临时固定，然后用粉笔把部件的接触点和连接点在现场标出，把整个部件编号。对个别部件可先行预制，再与直管部分连接。整个立管从底层装配到屋顶间为止，并用铁钩加以固定。装立管时承口向上，在离地面1m处设检查口，以清扫立管。

排水立管是聚集来自各个器具污水的排水管道，要求立管的垂直度不能偏差太大，否则会产生阻力或改变流体形状，造成上层管道内出现负压，下层产生正压，这将导致上下各层的水封全部失效，形成气塞或水塞，发生管锤振动现象，破坏管道及接口，使管道渗漏。

管道的接口一律用素灰打口，灰面不得超出承口平面。排水立管穿过楼板时，不得随意打洞和破坏楼板钢筋，以免影响结构强度从而造成严重的事故。

立管安装必须考虑与支管连接的可能性和排水是否畅通、连接是否牢固，用于立管连接的零件都必须是45°斜三通，弯头一律采用45°的，所有立管与排出管连接时，要用两个45°弯头，底部应做混凝土支座。为了防止在多工种交叉施工中将碎砖、木块、灰浆等杂物掉入管道内，在安装立管时，不应从±0.00开始，应是±0.00~+1.00m处的管段暂不连接，待抹灰工程完成后，再将该段连接好。这样，就基本杜绝了在施工中造成堵塞的现象。

立管最上面的一段伸出屋顶，其作用是连通大气，使室内排水管网中的有害气体排到大气中，此外还有防止水封被破坏。其管径应比立管管径大50mm；伸出屋面距离为0.7m，并在上端加设通气帽。

3. 排水支管安装

支管安装是一项很重要的工序，它直接与各个排水点相连接。安装支管时，必须符合排水设备的位置、标高的具体要求。支管安装需要有一定的坡度，为了使污水能够畅通地流入立管。支管的连接件，不得使用直角三通、四通和弯头，承口应逆水安装。对地下埋设和楼板下部明装支管，要事先按照图纸要求多做预制，尽量减少死口。接管前，应将承口清扫干净，并打掉表面上的毛刺，插口向承口内安装时，要观察周边的间隙是否均匀，在一般情况下，其间隙不能小于8~10mm。打完口后再用塞刀将其表面压平压光。支管安装的吊钩，可安在墙上或楼板上，其间距不能大于1.5m。

4. 排水短管安装

短管安装首先应准确定出长度，短管与横支管连接时均有坡度要求，因此，即使卫生器具相同，其短管长度也各不相同，它的尺寸都需要实际量出。大便器的短管要求承口露出楼板30~50mm，测量时应以伸出长度加上楼板厚度及到横管三通承口内总长度计算；对拖布槽、小便斗及洗脸盆等短管长度，也应采用这个方法量出。短管在地面上切断后便可安装卫生器具。

5. 出户管安装

出户管的作用是接受一根或几根立管的污水排到室外检查井。出户管的长度应按管径比例确定：当管径100mm以下时，不应超过10m；当管径100mm及以上时，长度不得超过15m。要直线敷设，不能拐弯和突变管径。

安装时应将第一根管的插口插入检查井壁孔中，按要求的坡度，使管口边与检查井内表面相平，所连接排水管的下壁应比检查井的流水面高出一个管径，然后依次将管道排至屋的外墙与内部排水管相连接。经检查标高、坡度符合要求后，填塞好接头，并按规定认真做好养护。

6. 室内雨水管道安装

雨水管道的作用与排水管道大体相同，这种管道用于民用建筑很少，一般适用于工业厂房和公共建筑。其安装的方法及要求如下。

（1）室内雨水管道的组成部分是：雨水漏斗、水平分支管、出户管、检查井等。雨水漏斗安装在屋面上，收集屋面上的雨水、雪水。它的功能是能够迅速地排出屋面上的积水，其安装位置是在天沟内最低处。雨水漏斗的安装，必须与其他有关工种密切合作，才能保证质量；否则会造成屋面漏水而影响生活和生产功能的使用。

（2）雨水排水立管安装位置，一般取柱子中心，在公共建筑中沿间墙敷设。在空中悬吊的水平横向管道的长度，最长不超过15m，其坡度不小于0.005；当大于15m时需安设检查口。在平屋顶安装雨水漏斗时，一般漏斗之间的距离不能超过12m。横向管道不得跨越房屋的伸缩缝。

（3）雨水管道不能与生活污水管道相连接，但生产废水允许与雨水管道相连接。

（4）雨水立管距地面1m处应装设检查口。密闭雨水管道系统的埋地管，应在靠立管处设水平检查口。高层建筑的雨水立管在地下室或底层向水平方向转弯的弯头下面，应设支墩或支架，并在转弯处设检查口。

7. 通气管安装

通气管安装质量的优劣，是和使用功能的好坏有着直接关系。通气管的主要作用，是将管道内产生和散发的有害气体畅通无阻地排到大气中去，并且保护室内卫生器具的水封不被破坏。

因此，做好通气管的安装，对整个排水系统十分重要。

对于只有一个卫生器具或几个卫生器具并联起来集中共用一个水封时，这样的系统可以不安装通气立管。但在下列情况下，必须安装辅助式通气立管或专用通气立管以及环形通气管。

（1）对于横管的长度大于12m，且沿横管的方向上装有4个以上的卫生器具时，应安装辅助通气立管。

（2）大便器安装超过6个以上，而且安装在同一管线上，应安装辅助通气管或环形通气管。

（3）虽然数量未超过上述要求，但因为要求较高，如高层建筑、高级公共建筑，也可安装辅助通气立管。

8. 成品保护工作

室内排水管道在灌水和通球试验合格后，应按下列要求做好成品保护工作。

（1）灌水和通球试验合格后，从室外排水口放净管内存水。

（2）将灌水试验临时接出的短管全部拆除，各管口恢复到原位，拆管时严防污物落入管内。

（3）用木塞、盲板等临时堵塞封闭管口，确保堵塞物不能落入管内。

（4）管口临时封闭后，应立即对管道进行防腐、防露等处理，并对管道进行隐蔽。凡不当时隐蔽者，应采取有效防护措施，否则应重做灌水和通球试验。

（5）地下管道灌水合格后进行回填土前，对低于回填土面高度的管口，应作出明显标志，在分项工程交工前按回填尺寸要求进行全部回填。

四、监理过程中巡视与旁站

根据本节室内排水系统的工程特点，施工现场监理工作以巡视检查为主，对于本节涉及的施工质量验收规范强制性条文中一些施工安装关键部位和测试调试工作内容，隐蔽工程验收过程等则需进行旁站检查。

（一）巡视

1. 排水工程巡视检查主要内容

（1）埋地管道支墩施工和管道铺设过程。

（2）管道预埋套管和预埋件设置过程。

（3）地上排水管道的定位、放线过程及施工安装过程。

（4）UPVC 塑料管、非金属管、金属铸铁管的承插接口或粘接接口施工过程。

（5）所有阀门、阀件安装过程。

（6）管道支架安装过程。

2. 巡视检查中重点检查和关注的问题

室内排水工程常见的施工质量问题就是我们的监理工程师在巡视过程中重点检查和关注的要点，常见施工质量通病如下。

（1）由于地面标高超过偏差标准，造成管道预留口、卫生器具和设备等标高超过偏差标准。

（2）由于水、电专业配合不当，施工审图不细，造成管道、设备与电气开关插座、线路等发生矛盾，甚至影响安全和使用。

（3）管道穿越楼板的孔洞，在补洞时不按规程做，造成地面渗漏。

（4）防水层做好后又剔槽打洞、埋设管道，容易造成渗漏。

（5）地漏埋设未考虑厕所间与走廊的地面高差，未考虑地面坡度，未考虑面层厚度，造成水流不入地漏或地面倒流现象。

（6）固定支架的位置、构造和固定做法不符合要求。

（7）支、托、吊架规格、间距、标高不符合要求，固定不牢，不平不正，与管道接触不好，制作粗糙。

（8）管道及支架、托架、吊架、金属设备等未经除锈、防腐就进行安装，或除锈、防腐、清理灰浆不彻底，防腐、面漆遍数不够，局部漏刷。

（9）管道坡度超偏差标准，甚至倒坡或坡度小于最小设计坡度要求，预留口不准，局部塌落或压弯。高层建筑辅助通气管、连通管倒坡。

（10）管道承插口连接因捻口不良，造成管道渗漏。

（11）水平管段采用直角三通或直角四通，立管与横管连接采用90°弯头，使污水排放不畅通。

（12）管道安装过程中，预留管口没有封堵或有水泥污水流入，造成管道和地漏堵塞或流水不畅。

（13）塑料排水管不按要求装伸缩节。

（14）通球试验、通水试验和灌水试验的程序和方法不符合要求，结论不确切，签证不全，试验部位不全，有漏试系统。

（15）卫生器具未做好产品保护，排水管存水弯内存有水泥砂浆或建筑垃圾，造成卫生器具排水不畅。

（16）由于没有核对好图纸，毛坯排水管未按建筑隔间中心安装，造成卫生器具与建筑隔间偏心。

（17）由于所选卫生器具配件质量低劣，使启闭不灵活、不严密，造成渗漏。

（18）因补洞不仔细不严密，地面水从管壁外漏至下层。

3. 巡视检查

检验方法：观察及测量。

检验数量：抽查。

4. 判断

巡视检查中应对照图纸及现行国家标准《建筑给水排水及采暖工程施工质量验收规范》GB 50242—2002 中相应条款，观察检查各施工安装制作工艺过程，发现问题及时纠正、及时整改，减少返工。

（二）旁站

《建筑给水排水及采暖工程施工质量验收规范》GB 50242—2002 中涉及室内排水系统安全、使用功能的隐蔽工程、通球试验、灌水试验、通水试验等过程需进行旁站。

旁站过程中对其各条款的认识贯彻执行，并作如下要求。

1. 隐蔽或埋地的排水管道在隐蔽前必须做灌水试验，其灌水高度应不低于底层卫生器具的上边缘或底层地面高度

隐蔽或埋地的排水管道在隐蔽前做灌水试验，主要是防止管道本身及管道接口渗漏。灌水高度不低于底层卫生器具的上边缘或底层地面高度，主要是由施工程序确定的：安装室内排水管道一般均采取先地下后地上的施工方法。按工艺要求，铺完排水管后，经试验、检查无质量问题，为保护管道不被砸碰和不影响土建及其他工序，必须将土回填。隐蔽或埋地的排水管道在隐蔽前做的灌水试验前后整个过程均需进行旁站。

（1）措施

1）灌水试验前施工准备

①暗装或埋地的排水管道已分段或全部施工完毕，接口已达到要求强度。管道标高、坐标经复核已全部达到质量标准。

②管道及接口均未隐蔽，有防露或保温要求的管道尚未做绝热施工，管外壁及接口处均保持干燥。

③工作环境为 ±5℃以上。

④对高层建筑及系统复杂的工程已经制定分区、分段、分层试验的技术组织措施。

2）施工工艺流程

封闭排出管口→向管道内灌水→检查管道接口→认定试验结果

①封闭排出管口

a. 标高低于各层地面的所有排水管管口均用短管接至地面标高以上。

b. 通向室外的排出管管口，用大于或等于管径的橡胶囊放入管内充气堵严。底层立管和地下管道灌水试验时，用橡胶囊从底层立管检查口放入，将上部管道堵严，向上逐层灌水，依次类推。

c. 高层建筑需分区、分段、分层试验。

d. 向胶囊充气，观察压力表，当气压值上升到 0.07MPa 时停止，最高层不超过0.12MPa。

②向管道内灌水

a. 用胶管从便于检查的管口向管内灌水，一般选择出户管离地面近的管口灌水。高层排水系统做灌水试验，可以从检查口向管道内灌水。边灌水边观察卫生设备水位，直到符合规定水位为止。

b. 灌水高度及水面位置控制：大小便冲洗槽，水泥洗涤池（槽）、水泥盥洗池等灌水量不少于槽（池）深的1/2；水泥洗涤池（槽）不少于池深的2/3；地漏灌水时水面高于地表面 5mm 以上，观察地面水排除情况，地漏边缘不得渗水。

c. 从灌水开始应设专人检查监视出户排水管口、地下清扫口等易漏水部位。若堵盖不严或高层建筑灌水时胶囊封堵不严，则管道漏水，应立即停止向管内灌水，进行整修。待管口堵严、胶囊封闭严密，管道修复达到标准后再重新进行灌水试验。

d. 达到灌水标准，停止灌水后，应详细记录水面位置和停灌时间。

③检查并做灌水试验记录

a. 停止灌水 15min 后，如未发现管道及接口有渗漏的情况，再次向管道灌水，使管内水面恢复到停止灌水时的水面位置，第二次记录好时间。

b. 施工人员、施工技术质量管理人员、建设单位、监理单位在第二次灌水 5min 以后，对管内水面共同检查，水面位置没有下降为合格，并应立即填好排水管道灌水试验记录，有关检查人员签字盖章。

c. 若检查中发现水面下降则为不合格，应对管道及各接口、堵口全面复检、修复，排除渗漏因素后重新按上述方法进行灌水试验，直至合格为止。

d. 高层建筑排水管道灌水试验应分区、分段、分层进行，试验过程中依次做好各个部分的灌水试验记录。

e. 灌水试验合格后，从室外排水口放净管道内积水，把灌水试验临时接出的短管全部拆除，各管口恢复原标高。拆管时严禁将污物落入管中。

④成品保护

a. 灌水合格后应立即对管道进行防腐、防漏处理，及时进行管道隐蔽。暂不能隐蔽的，应采取有效防护措施，防止管道损坏而重做灌水试验。

b. 地下埋设管道灌水试验合格、进行回填土前，对低于回填土面高度的管口，应做出明显标志，而且要由人工回填不小于 300mm 厚土层，压实后再进行大面积回填作业。

c. 用木塞、草绳、牛皮纸、塑料等临时封堵管口时，应确保封堵物不能深入管内，应既要牢固严密，又要在起封时简单方便且不得损坏管口。

（2）检查

检验方法：满水 15min 水面下降后，再灌满观察 5min，液面不下降，管道及接口无渗漏为合格。

灌水试验必须及时，若在管道全部暴露时进行，应对埋地管道采取临时固定措施。

（3）判定

必须坚持不灌水或灌水试验不合格时，不得隐蔽管道，并严禁进行下道工序。

2. 排水主立管及水平干管管道均应做通球试验，通球球径不小于排水管道管径的2/3，通球率必须达到 100%

排水主立管及水平干管管道通球试验，主要是防止管道本身及管道接口在施工安装过程中被异物或丝口粘接材料堵塞，确保管道畅通和达到使用功能。

（1）措施

通球试验前施工准备：监理工程师在现场旁站通球试验前，首先检查排水主立管和水平干管材料及安装是否符合设计要求，管道接口是否已达到强度。对高层建筑及系统复杂的工程已制定分区、分段、分层试验的技术组织措施。

（2）旁站检查

检查方法：通球检查。

检验数量：全数检查。

（3）判定

必须坚持不通球或通球不全面不验收签证，通球率必须达到 100%。

五、常见质量问题

（一）排水管道连接质量通病

（1）排水横管无坡度、倒坡或坡度较小，干管垂直相交使用 T 型三通连接，立管与排出管使用弯曲半径较小的 90°弯头，最低横支管与立管管底垂直距离不够。

（2）地下埋设管道接口不规范，闭水试验不认真，回填土施工不当，造成管道渗漏水。

（3）未按规范设置检查口和清扫口，连接 2 个及 2 个以上大便器或 3 个及 3 个以上卫生器具的污水横管上无清扫口，超过一定距离的污水横干管上无清扫口。

（4）塑料排水管未按规范要求设置伸缩节或伸缩节间距超过 4m，导致管道变形、接口脱漏。

（5）排水立管垂直度不符合要求，穿越楼板时未加套管，未与墙面结构固定。

（二）雨水管道连接质量通病

室内雨水管未按要求进行灌水试验或灌水试验时水面下降超过规定值，雨水斗设置不符合要求，非金属管用于易受振动的悬吊式雨水管。

六、工程试验项目

室内排水管道安装全部完成，接口经检查达到强度，管道的标高、坐标和坡度等经复验达到设计要求或规范规定的合格标准，则进行灌水、通水和通球试验，及卫生器具的盛水试验。

（一）灌水试验

隐蔽的排水和雨水管道，隐蔽前应进行灌水试验，试验结果必须满足设计和施工规范要求。

（1）雨水管道灌水试验高度，应从上部雨水漏斗至立管底部排出口计，灌满水15min后，水位下降，再灌满持续5min，液面不下降，不渗不漏为合格。

（2）排水铸铁管灌水试验高度，以一层楼的高度为标准（控制不超过8m），满水后液面将下降，在灌满持续5min，液面不再下降，管道无渗漏为合格。

（3）灌水试验检查时，要求有关人员必须参加，灌水合格后要及时填写灌水试验记录，有关检查人员签字盖章。

（二）通水试验

建筑物内排水系统的通水试验，应在给水（冷水）系统的1/3配水点同时用水时进行。试验结果应满足排水通畅、系统及排水点无渗漏现象。

（三）通球试验

为确保室内排水管道正常畅通和达到使用功能要求，防止管道堵塞，排水管道经灌水试验合格后，还需做通球试验。

通球试验的方法和要求如下：

（1）通球前必须做灌水和通水试验，试验程序由上至下进行，以不漏、不堵为合格。

（2）试验用球一般采用硬质空心塑料球，球体直径为排水管径的3/4。

（3）通球试验时，球体应从排水立管顶端投入，并注入一定量水于管内，使球顺利流出为合格。

（4）通球试验时如遇堵塞应查明位置进行疏通，无效时应返工重做。

（5）通球试验完毕后应做好试验记录，并归入质量保证资料，通球试验畅通无阻为合格，试验记录应有参加试验的各方代表签字。通球试验不合格者，安装单位不得报竣工验收，建设单位不得验收。

（四）盛水试验

室内卫生器具及地漏排水系统全部安装完毕后，使用前先做通水试验，通水试验合格后还需按下列要求做盛水试验。

（1）需做盛水试验的卫生器具与盛水量标准

1）大、小便冲洗槽盛水量不少于槽深1/2。

2）水泥池盛水量不少于池深2/3。

3）水泥盥洗池盛水量不少于池深1/2。

4）坐、蹲式大便器的水箱盛水至控制水位。

5）瓷洗涤盆、洗面盆、浴盆盛水至溢水处。

（2）盛水试验时间不少于24h，以不渗漏为合格。

（3）盛水试验完毕后应做好记录，请参加盛水试验的各方代表签字，并归入质量保证资料，以备核查。

七、监理验收

室内排水工程应按分项、分部工程进行验收。分项、分部工程由施工单位会同监理单位和建设单位共同验收。可根据UPVC管道工程特点，进行中间验收和竣工验收。

（一）室内排水工程质量标准

1. 一般规定

（1）以下内容适用于室内排水管道、雨水管道安装工程的质量检验与验收。

（2）生活污水管道应使用塑料管、铸铁管或混凝土管（由成组洗脸盆或饮用喷水器到共用水封之间的排水管和连接卫生器具的排水短管，可使用钢管）。

（3）雨水管道宜使用塑料管、铸铁管、镀锌和非镀锌钢管或混凝土管等。悬吊式雨水管道应选用钢管、铸铁管或塑料管。易受振动的雨水管道（如锻造车间等）应使用钢管。

2. 排水管道及配件安装

（1）主控项目

1）隐蔽或埋地的排水管道在隐蔽前必须做灌水试验，其灌水高度应不低于底层卫生器具的上边缘或底层地面高度。

检验方法：满水15min水面下降后，再灌满观察5min，液面不降，管道及接口无渗漏为合格。

2）生活污水铸铁管道的坡度必须符合设计要求或表2-13的规定。

生活污水铸铁管道的坡度 **表2-13**

项　次	管径（mm）	标准坡度（‰）	最小坡度（‰）
1	50	35	25
2	75	25	15
3	100	20	12
4	125	15	10
5	150	10	7
6	200	8	5

检验方法：水平尺、拉线尺量检查。

3）生活污水塑料管道的坡度必须符合设计要求或表2-14的规定。

生活污水塑料管道的坡度 **表2-14**

项　次	管径（mm）	标准坡度（‰）	最小坡度（‰）
1	50	25	12
2	75	15	8
3	110	12	6
4	125	10	5
5	160	7	4

检验方法：水平尺、拉线尺量检查。

4）排水塑料管必须按设计要求及位置装设伸缩节。如设计无要求时，伸缩节间距不得大于4m。

高层建筑中明设排水塑料管道应按设计要求设置阻火圈或防火套管。

检验方法：观察检查。

5）排水主立管及水平干管管道均应做通球试验，通球球径不小于排水管道管径的2/3，通球率必须达到100%。

检验方法：通球检查。

（2）一般项目

1）在生活污水管道上设置的检查口或清扫口，当设计无要求时应符合下列规定：

①在立管上应每隔一层设置一个检查口，但在最底层和有卫生器具的最高层必须设置。如为两层建筑时，可仅在底层设置立管检查口；如有乙字弯管时，则在该层乙字弯管的上部设置检查口。检查口中心高度距操作地面一般为1m，允许偏差±20mm；检查口的朝向应便于检修。暗装立管，在检查口处应安装检修门。

②在连接2个及2个以上大便器或3个及3个以上卫生器具的污水横管上应设置清扫口。当污水管在楼板下悬吊敷设时，可将清扫口设在上一层楼地面上，污水管起点的清扫口与管道相垂直的墙面距离不得小于200mm；若污水管起点设置堵头代替清扫口时，与墙面距离不得小于400mm。

③在转角小于135°的污水横管上，应设置检查口或清扫口。

④污水横管的直线管段，应按设计要求的距离设置检查口或清扫口。

检验方法：观察或尺量检查。

2）埋在地下或地板下的排水管道的检查口，应设在检查井内。井底表面标高与检查口的法兰相平，井底表面应有5%坡度，坡向检查口。

检验方法：尺量检查。

3）金属排水管道上的吊钩或卡箍应固定在承重结构上。固定件间距：横管不大于2m；立管不大于3m。楼层高度小于或等于4m，立管可安装1个固定件。立管底部的弯管处应设支墩或采取固定措施。

检验方法：观察和尺量检查。

4）排水塑料管道支、吊架间距应符合表2-15的规定。

排水塑料管道支、吊架最大间距 表2-15

管径（mm）	50	75	110	125	160
立管（m）	1.20	1.50	2.00	2.00	2.00
横管（m）	0.50	0.75	1.10	1.30	1.60

检验方法：尺量检查。

5）排水通气管不得与风道或烟道连接，且应符合下列规定：

①通气管应高出屋面300mm，但必须大于最大积雪厚度。

②在通气管出口4m以内有门、窗时，通气管应高出门、窗顶600mm或引向无门、窗

一侧。

③在经常有人停留的平屋顶上，通气管应高出屋面2m，并应根据防雷要求设置防雷装置。

④屋顶有隔热层应从隔热层板面算起。

检验方法：观察和尺量检查。

6）安装未经消毒处理的医院含菌污水管道，不得与其他排水管道直接连接。

检验方法：观察检查。

7）饮食业工艺设备引出的排水管及饮用水箱的溢流管，不得与污水管道直接连接，并应留出不小于100mm的隔断空间。

检验方法：观察和尺量检查。

8）通向室外的排水管，穿过墙壁或基础必须下返时，应采用45°三通和45°弯头连接，并应在垂直管段顶部设置清扫口。

检验方法：观察和尺量检查。

9）由室内通向室外排水检查井的排水管，井内引入管应高于排出管或两管顶相平，并有不小于90°的水流转角，如跌落差大于300mm可不受角度限制。

检验方法：观察和尺量检查。

10）用于室内排水的水平管道与水平管道、水平管道与立管的连接，应采用45°三通或45°四通和90°斜三通或90°斜四通。立管与排出管端部的连接，应采用两个45°弯头或曲率半径不小于4倍管径的90°弯头。

检验方法：观察和尺量检查。

11）室内排水管道安装的允许偏差应符合表2-16的相关规定。

室内排水和雨水管道安装的允许偏差和检验方法　　表2-16

<table>
<tr><th>项次</th><th colspan="4">项　　目</th><th>允许偏差（mm）</th><th>检验方法</th></tr>
<tr><td>1</td><td colspan="4">坐　　标</td><td>15</td><td rowspan="14">用水准仪（水平尺）、直尺、拉线和尺量检查</td></tr>
<tr><td>2</td><td colspan="4">标　　高</td><td>±15</td></tr>
<tr><td rowspan="12">3</td><td rowspan="12">横管纵横方向弯曲</td><td rowspan="2">铸铁管</td><td colspan="2">每1m</td><td>≤1</td></tr>
<tr><td colspan="2">全长（25m以上）</td><td>≤25</td></tr>
<tr><td rowspan="4">钢管</td><td rowspan="2">每1m</td><td>管径小于或等于100mm</td><td>1</td></tr>
<tr><td>管径大于100mm</td><td>1.5</td></tr>
<tr><td rowspan="2">全长（25m以上）</td><td>管径小于或等于100mm</td><td>≤25</td></tr>
<tr><td>管径大于100mm</td><td>≤38</td></tr>
<tr><td rowspan="2">塑料管</td><td colspan="2">每1m</td><td>1.5</td></tr>
<tr><td colspan="2">全长（25m以上）</td><td>≤38</td></tr>
<tr><td rowspan="2">钢筋混凝土管、混凝土管</td><td colspan="2">每1m</td><td>3</td></tr>
<tr><td colspan="2">全长（25m以上）</td><td>≤75</td></tr>
</table>

续表

<table>
<tr><th>项次</th><th colspan="3">项目</th><th>允许偏差（mm）</th><th>检验方法</th></tr>
<tr><td rowspan="6">4</td><td rowspan="6">立管垂直度</td><td rowspan="2">铸铁管</td><td>每1m</td><td>3</td><td rowspan="6">吊线和尺量检查</td></tr>
<tr><td>全长（25m以上）</td><td>≤15</td></tr>
<tr><td rowspan="2">钢管</td><td>每1m</td><td>3</td></tr>
<tr><td>全长（25m以上）</td><td>≤10</td></tr>
<tr><td rowspan="2">塑料管</td><td>每1m</td><td>3</td></tr>
<tr><td>全长（25m以上）</td><td>≤15</td></tr>
</table>

3. 雨水管道及配件安装

（1）主控项目

1）安装在室内的雨水管道安装后应做灌水试验，灌水高度必须到每根立管上部的雨水斗。

检验方法：灌水试验持续1h，不渗不漏。

2）雨水管道如采用塑料管，其伸缩节安装应符合设计要求。

检验方法：对照图纸检查。

3）悬吊式雨水管道的敷设坡度不得小于5‰；埋地雨水管道的最小坡度，应符合表2-17的规定。

地下埋设雨水排水管道的最小坡度 **表2-17**

项次	管径（mm）	最小坡度（‰）	项次	管径（mm）	最小坡度（‰）
1	50	20	4	125	6
2	75	15	5	150	5
3	100	8	6	200～400	4

检验方法：水平尺、拉线尺量检查。

（2）一般项目

1）雨水管道不得与生活污水管道相连接。

检验方法：观察检查。

2）雨水斗管的连接应固定在屋面承重结构上。雨水斗边缘与屋面相连处应严密不漏。连接管管径当设计无要求时，不得小于100mm。

检验方法：观察和尺量检查。

3）悬吊式雨水管道的检查口或带法兰堵口的三通的间距不得大于表2-18的规定。

悬吊管检查口间距 **表2-18**

项　次	悬吊管直径（mm）	检查口间距（m）
1	≤150	≤15
2	≥200	≤20

检验方法：拉线、尺量检查。

4）雨水管道安装的允许偏差应符合前文室内排水和雨水管道安装的允许偏差和检验方法表2-16的规定。

5）雨水钢管管道焊接的焊口允许偏差应符合表2-19的规定。

钢管管道焊口允许偏差和检验方法　　表2-19

<table>
<tr><th>项次</th><th colspan="3">项　目</th><th>允许偏差</th><th>检验方法</th></tr>
<tr><td>1</td><td>焊口平直度</td><td colspan="2">管壁厚10mm以内</td><td>管壁厚1/4</td><td rowspan="3">焊接检验尺和游标卡尺检查</td></tr>
<tr><td rowspan="2">2</td><td rowspan="2">焊缝加强面</td><td colspan="2">高　度</td><td rowspan="2">+1mm</td></tr>
<tr><td colspan="2">宽　度</td></tr>
<tr><td rowspan="3">3</td><td rowspan="3">咬边</td><td colspan="2">深　度</td><td>小于0.5mm</td><td rowspan="3">直尺检查</td></tr>
<tr><td rowspan="2">长度</td><td>连续长度</td><td>25mm</td></tr>
<tr><td>总长度（两侧）</td><td>小于焊缝长度的10%</td></tr>
</table>

（二）验收资料

（1）设备与材料的出厂合格证。

（2）排水管道灌水试验记录。

（3）隐蔽工程和中间工程验收记录。

（4）排水管道通水试验记录。

（5）室内排水管道坡度测量记录。

（6）室内排水管道渗水量试验记录。

（7）卫生器具盛水试验记录。

（8）排水管道通球试验记录表。

（9）楼地面管道四周盛水试验记录。

（10）卫生器具安装工程质量检验评定表。

（11）工程质量事故处理记录。

（12）技术核定单。

第三节　卫生器具安装工程

一、工程内容

卫生器具安装是指对供水或接受、排出污水或污物的容器或装置进行安装施工的过程。

（一）卫生器具固定

（1）卫生器具应采用预埋螺栓或膨胀螺栓安装固定。

（2）卫生器具常用的固定方法：预埋木砖木螺钉固定，钢制膨胀螺栓固定，植钢筋托架固定，预埋钢筋固定。

（二）卫生器具安装

1. 便溺用卫生器具安装

如大便器、小便器、大便槽、小便冲洗槽的安装。

2. 盥洗、沐浴用卫生器具安装

如盥洗槽、浴盆、淋浴器的安装。

3. 洗涤用卫生用具安装

如污水盆、洗涤盆、洗脸（手）盆的安装。

4. 排水栓及地漏安装

5. 专用卫生器具安装

如医疗建筑、科学研究实验室等特殊需要卫生器具的安装。

（三）卫生器具满水通水试验

1. 满水试验

为了检验各卫生器具与连接件接口处的严密性，卫生器具安装完毕必须进行满水试验。目前常见方法是用气囊充气来检查接口，即用球状气囊放在立管检查口下面，用打气筒将球充气，然后再灌水进行检查观察，不渗漏为合格。

2. 通水试验

卫生器具交付使用前应进行通水试验，打开各自的给水龙头进行通水试验，检查给、排水是否畅通（包括卫生器具的溢流口、地漏和地面清扫口等）。

（四）卫生器具给水配件安装

（五）卫生器具排水管道安装

（1）洗脸盆排水管安装；

（2）净身盆排水口安装；

（3）家具盆排水管连接；

（4）浴盆排水管安装；

（5）卫生器具与排水管连接。

二、卫生器具及配件材料质量要求

（一）卫生器具材料质量要求

（1）进入现场的卫生器具必须具有中文质量合格证明文件，规格、型号及性能检测报告应符合国家技术标准或设计要求。进场时做检查验收记录，并经监理工程师核查确认。

（2）所有卫生器具进场时应对品种、规格、外观等进行验收，包装应完好，表面无划痕及外力冲击破损。

（3）主要器具和设备必须有完整的安装使用说明书。

（4）在运输、保管和施工过程中，应采取有效措施防止损坏或腐蚀。

（5）卫生器具的水箱应采用节水环保型。

（二）卫生器具配件材料质量要求

（1）卫生器具给水配件必须具有中文质量合格证明文件，规格、型号及性能检测报告应符合国家技术标准或设计要求。进场时应做检查验收记录，并经监理工程师核查确认。

(2) 应对进场的卫生器具给水配件品种、规格、外观等进行验收，包装应完好，表面无划痕及外力冲击破损。

(3) 卫生器具给水配件必须有完整的安装使用说明书。

(4) 镀锌管、镀锌燕尾螺栓、螺母、橡胶板、密封胶、油漆、型钢、白水泥和白石膏等均应符合规定要求。

三、施工安装过程质量监控内容

(一) 施工条件

(1) 图纸已经会审且技术资料齐全，已进行技术、质量和安全交底。

(2) 所选卫生器具样品已经有关方面认可并封样保存、报验合格。

(3) 根据设计要求和土建确定的基准线，已确定卫生器具的标高。

(4) 所有与卫生器具连接的管道水压、灌水试验已完毕，并已办好隐蔽、预检手续。

(5) 浴盆安装应待土建做完防水层及保护层后配合土建施工进行。

(6) 其他卫生器具安装应待室内装修基本完成后再进行安装。

(7) 蹲式大便器应在其台阶砌筑前安装，坐式大便器应在其台阶砌筑完、做好防水层后再进行安装。

(二) 一般规定和质量要求

1. 卫生器具安装基本要求

卫生器具安装具有共同的要求：平、稳、牢、准、不漏、使用方便、性能良好。

(1) 平：卫生器具的上口边缘要水平，同一房间内成排布置的器具标高应一致。

(2) 稳：卫生器具安装好后应无摇动现象。

(3) 牢：安装应牢固、可靠，防止使用一段时间后产生松动。

(4) 准：卫生器具的坐标位置、标高要准确。

(5) 不漏：卫生器具的给、排水管口连接处必须保证严密、无渗漏。

(6) 使用方便：卫生器具的安装应根据不同使用对象（如住宅、学校、幼儿园、医院等）合理安排，阀门手柄的位置朝向合理。

(7) 性能良好：阀门、水龙头开关灵活，各种感应装置应灵敏、可靠。

2. 卫生器具及给水配件安装要求

普通住宅卫生间内卫生器具布置间距：

(1) 坐便器到墙面最小净距应为460mm。

(2) 便器与洗脸盆并列时，从便器的中心线到洗脸盆的边缘至少应相距350mm，便器中心线离边墙至少为400mm。

(3) 洗脸盆放在浴盆或大便器对面，两者净距至少为760mm。

(4) 洗脸盆边缘至对墙最小应有460mm。另也采用560mm。

(5) 脸盆的上部与镜子的底部间距为200mm。

(三) 卫生器具安装质量要求

1. 便溺用卫生器具安装

(1) 坐便器安装

安测水器出水口、便器进水口、便器排水口中心应在一个平面内，如不符则移动水箱调整；清理下水承口，抹适量麻刀灰，把便器坐于承口上，便器直压地面，缝隙应用纸筋水泥填平、抹光（或先抹后压）；所用预埋螺栓或膨胀螺栓直径不小于60mm，螺栓加软垫后紧固；把锁母套在连接水箱弯头上，将锁品拔销的一面从便桶安入，然后用锁母锁紧。

（2）高水箱坐式大便器安装

高位水箱常用虹吸冲洗水箱。使用时拉动拉链，将弹簧阀提起，水由出水口流出并迅速下流产生吸力，虹吸管中的空气被吸走，造成真空产生虹吸；当松开拉链，弹簧阀复原，而箱内的水仍经虹吸管流入冲洗管，当水位降至小孔以下时，空气进入虹吸管，虹吸被破坏而停止冲洗。这种水箱会因弹簧锈蚀，致使弹簧阀关闭不严而造成水箱漏水，所以应定时检修。

高位水箱安装前，先将配件装好。配件和水箱接触部分都要用橡胶密封。

配件安装应用活扳手，不能用管钳，以免将表面咬出痕迹。

墙面上，根据坐桶的中心弹好粉线，按规定高度及水箱的眼子数量，先埋上木砖或预埋螺栓，然后将水箱用木螺丝或螺母在墙上上紧。螺丝和水箱之间，用铅皮垫圈隔离，防止螺丝上紧用力而损伤瓷面。

出水口要对准中心线，水箱的三角阀安装在上水管上。阀门和水箱浮球阀之间，用铜管或塑料管连接，用锁母压紧、石棉填实密封。

水箱和坐桶之间用冲水管连接。冲水管和水箱配件连接是将冲水管插入出水口，用锁母压紧、石棉绳密封填料，石棉绳不可涂铅油，防止铅油干后拆卸困难。与坐桶连接是用胶皮碗，大头套入坐桶进水口，小口套入冲水管上，分别用铜丝扎紧。

（3）低水箱坐式大便器安装（图2-14）

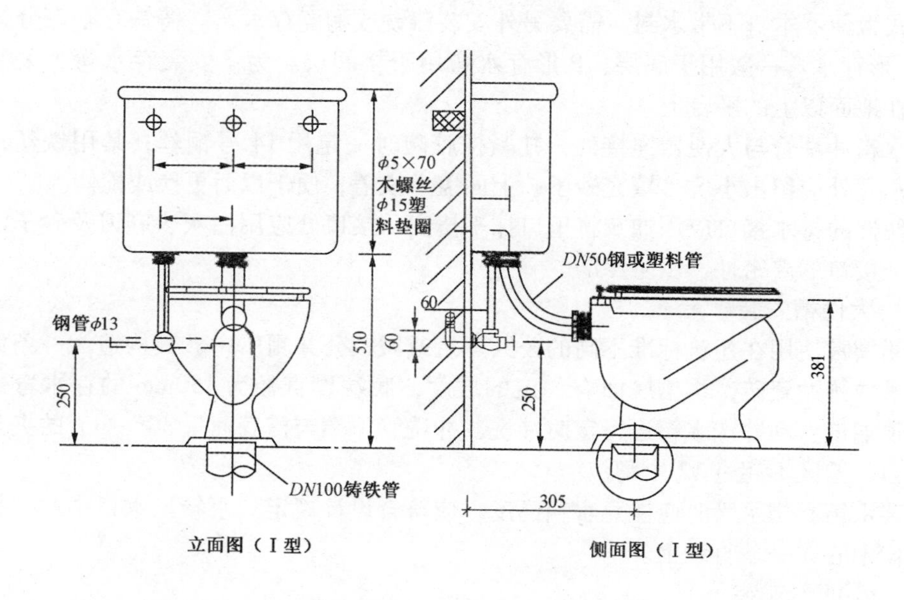

图2-14 低水箱坐式大便器安装

安装坐式大便器前，先清理下水管承口，然后抹适量的麻刀灰，把便器坐于下水管承口上，再用木丝固定住，装好锁口。装锁口时，是将锁母套于弯头上，把锁口拔销的一面塞进坐桶入水口，然后用锁母锁紧锁口，锁口拔销的地方和锁处都应加胶皮圈。最后用砂浆把坐便器周围地面抹平。

安装水箱时，应根据规定的高度在墙面上画出固定水箱位置线，并考虑水箱出水管中心对准坐式大便器进水管中心。

(4) 蹲式大便器安装（图2-15）

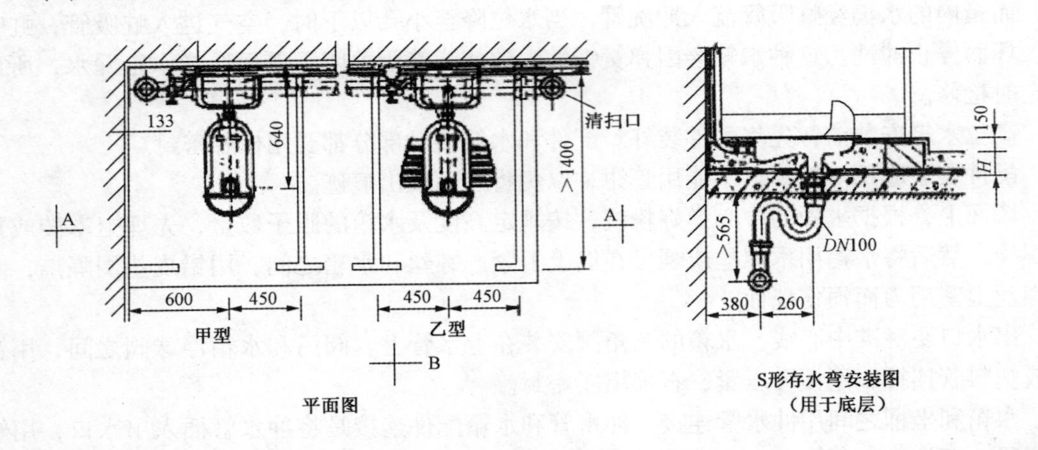

图2-15 蹲式大便器安装

蹲式大便器常用于住宅、公共建筑卫生间及公共厕所内。

蹲式大便器本身不带水封，需要另外安装铸铁或陶瓷存水弯。铸铁存水弯分为S形和P形：S形存水弯一般用于底层，P形存水弯用于楼间层。为了安装存水弯，大便器一般都安装在地面以上的平台上。

高水箱冲洗管与大便器连接处，扎紧橡胶碗时一定用14号铜丝，禁用铁丝，以防生锈渗漏；此处应留出小坑，填充砂子，上面盖上铁盖，便于以后更换或检修。

大便器的排水接口应用油灰将里口抹平挤实，接口处应用白灰、麻刀及砂子混合物填充，保证接口的严密性，以防渗漏。

(5) 大便槽安装

大便槽常使用在建筑标准不高的公共建筑或城镇公共厕所中。其构造为一条混凝土沟槽，沟槽内镶贴瓷砖，沟槽底面有一定的坡度，底端设直径为150mm的存水弯接入排水管道，顶端设自动冲洗水箱进行定时冲洗。冲洗管下端与槽底面呈30°~45°的夹角，以增强冲刷力。槽区不超过12个蹲位。

安装水箱和排水管时应注意水箱高度，应符合设计规定。水箱出水口中心、排水管中心及沟槽中心在一条直线上。

(6) 小便器安装

小便器装在建筑标准较高的公共建筑男厕所中。数量不多可用手动冲洗阀冲洗；数量较多时可成组设置，其中心间距为0.7m，用水箱冲洗。

小便器安装时，应在墙面上弹出小便器安装中心线，根据安装高度确定耳孔的位置画出十字线，并埋入防腐木砖。将小便器的中心对准中心线，用木螺丝通过耳孔拧在木砖上，螺丝与耳孔间垫胶皮。

小便器的进水也是用三角阀控制，阀门通过铜管和小便器的进水口连接，铜管插入进水口，用铜罩将油灰压入进水口密封。

小便器的上水管最好是暗装在墙内，使三角阀的出水口与小便器进水口在同一垂线上，保证铜管和小便器直线连接。如上水管明装，则铜管就必须加工成等差弯。

小便器的存水弯两端分别插入预留的排水管口和小便器的排水口内，用油灰塞填密封。

1）挂式小便器安装（图 2-16）

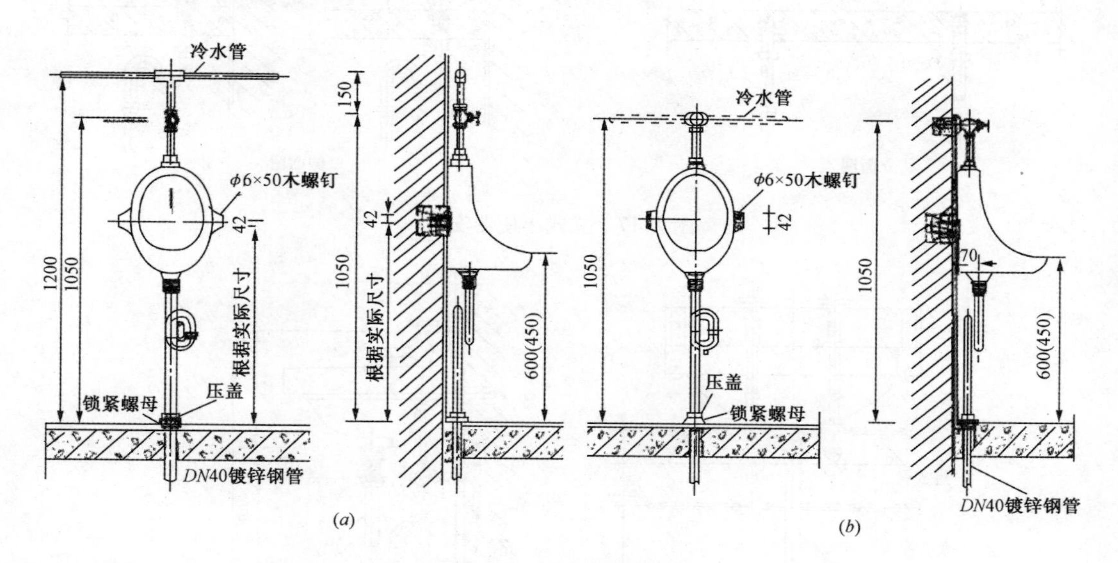

图 2-16　挂式小便器安装
（a）给水管明装；（b）给水管暗装

根据排水口位置划一条垂线，由地面向上量出规定的高度划一水平线，根据小便器尺寸在横线上做好标志，再划出上、下孔眼的位置。

在孔眼位置植入支架，托起小便器挂在螺栓上。把胶垫、垫圈套入螺栓，将螺母拧至松紧适度。将小便器与墙面的缝隙嵌入白水泥膏补齐、抹光。

2）立式小便器安装（图 2-17）

立式小便器的安装一般靠墙竖立在地面上，每个小便器有自己的冲洗水进口，在进水口下方设有扇形布水口，使冲洗水可沿内壁均匀流下。

将下水管周围清理干净，取下临时管堵，抹好油灰，在立式小便器下铺垫水泥、白灰膏的混合物（比例为 1∶5）。

将立式小便器找平、找正后稳装。立式小便器与墙面、地面缝隙嵌入白水泥膏抹平、抹光。

2. 盥洗、淋浴用卫生用具安装

（1）洗脸盆安装（图 2-18）

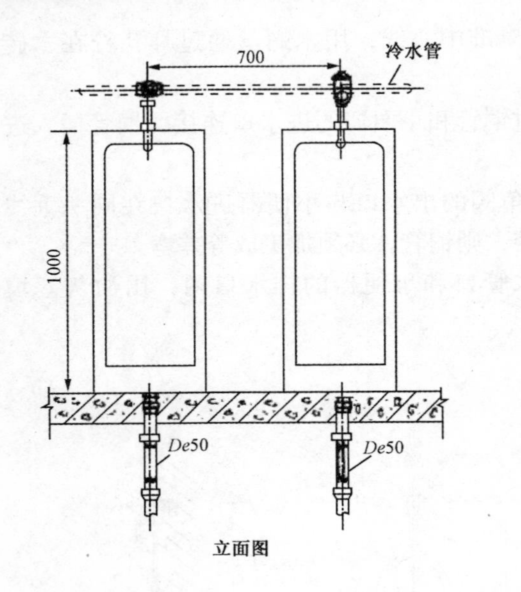

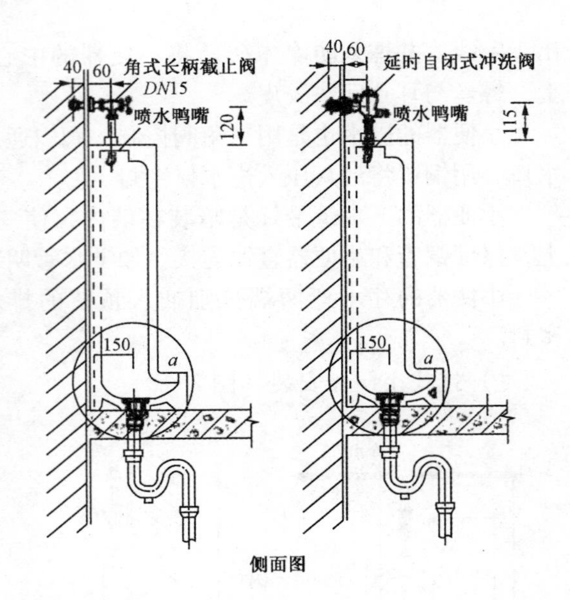

图 2-17 立式小便器安装

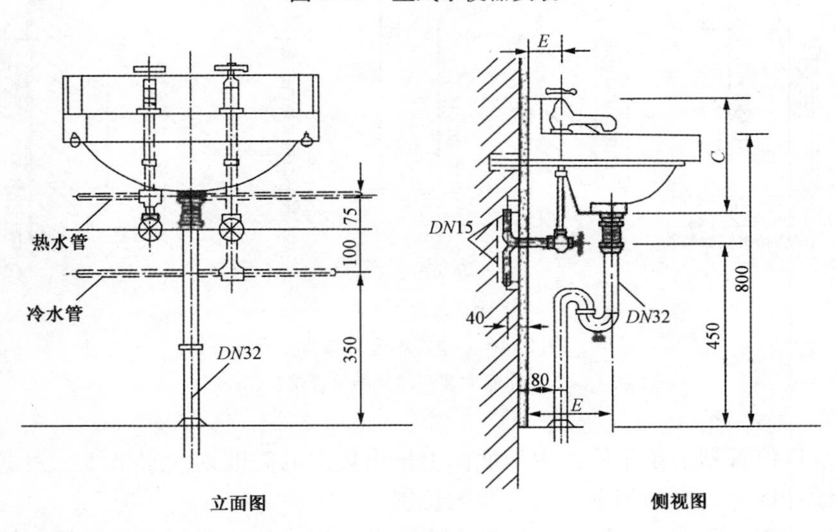

图 2-18 洗脸盆安装

洗脸盆安装在卫生间、盥洗室和浴室中。洗脸盆有长方形、椭圆形和三角形等形式，安装时大多采用墙架式。成组安装的洗脸盆，其间距一般为700mm。洗脸盆的排水支管一般为明装，如果暗装，应采用P形存水弯。

安装洗脸盆，先在墙上弹出脸盆安装位置中心线，以脸盆的宽度分别在中心线的两侧画出脸盆架的垂线，垂线上按规定高度画出盆架孔眼的十字线。在十字线的位置上牢固地埋入木砖，表面与墙面平。木砖的大小为50mm×100mm×510mm，使用浸沥青的方木。将盆架用木螺丝拧紧在木砖上，用水平尺搭在两个架子上面，架子应该水平，脸盆就安置在架上。架子端部的突出部分，要插入脸盆相应的孔内，防止脸盆在架上活动，进水由三角阀通过铜管与脸盆水嘴连接，其方法和蹲桶进水连接一样。排水用的下水口下部连接存水弯，存水弯和下水口用胶皮密封，它和脸盆间的间隙，用根母收紧，使它不能转动。存水弯插入已做好的管道预留口，其间隙用油灰填实密封。

（2）洗脸盆排水管连接

1）S形存水弯连接

应在脸盆排水口丝扣下端涂铅油，缠少许麻丝，将存水弯上节拧在排水口上，再将存水弯下节的下端缠好油盘根绳插在排水管内，将胶垫放在存水弯的连接处，把锁母拧紧后调直找正，再用扳手拧至松紧适度，最后用油灰将下水管口塞严、抹平。

2）P形存水弯连接

脸盆排水口丝扣下端缠少许铅油麻丝；存水弯立节装在排水口上，拧紧；锁母和护口盘背套在横节上，在端头缠好油盘根绳；调整立节高度使洗脸盆适合使用，锁口内垫胶垫拧紧；把护口盘内填满油灰后，向墙面找平、拧实；将外溢油灰除掉，擦净墙面，将下水管处外露麻丝清理干净。盛水至溢水口，检查水平度等合格后，拔掉塞子检查各接口有无滴、渗水。

（3）盥洗槽安装

盥洗槽大多装在公共建筑的盥洗室和工厂生活间内。盥洗槽一般做成单面长条形，也可布置成双面的，常用钢筋水磨石制成，槽宽为500～600mm，槽缘距地面高800mm，槽长4000mm以内可装一个排水栓，超过4000mm可装两排水栓。

盥洗槽制作时，注意槽底排水坡度不小于2%，坡向排水栓。给水管水龙头间距为700mm，离槽缘高200mm。

（4）浴盆安装（图2-19）

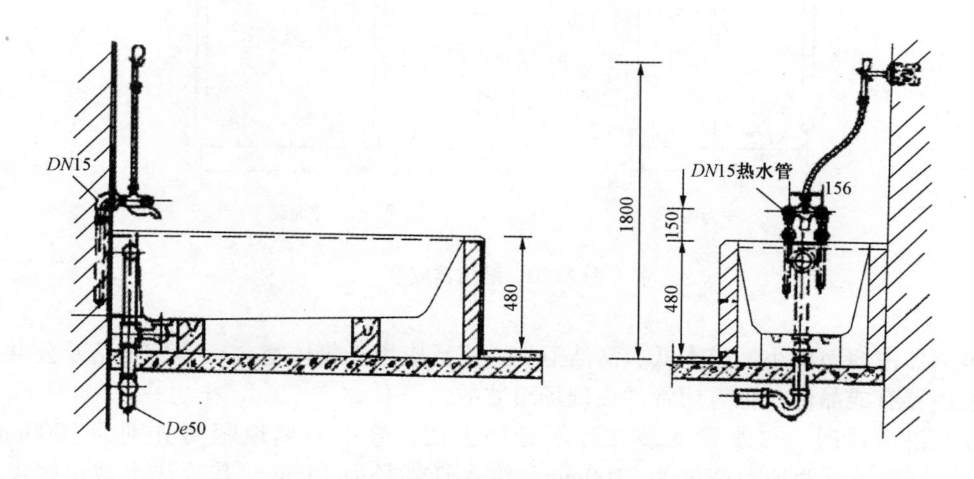

图2-19 浴盆安装（剖面图）

浴盆一般用陶瓷，应留有通向浴盆排水口的检修门。

浴盆安装时，给水管、浴盆排水口、排水管三中心应在一条直线上。混合阀门离浴盆高度为200mm。浴盆排水管接至地面排水管承口时，承口先清理干净，油灰抹均匀、密实，楼（地）面防水处理好，否则安装好后会漏水。

浴盆上配有冷热水管或混合龙头，其混合水经混合开关后流入浴盆，管径为20mm。

浴盆的排水口及溢水口均设置在龙头一端，浴盆底有0.02的坡度坡向排水口。有的浴盆还配有固定式或软管式活动淋浴花洒。

浴盆混合式挠性软管淋浴器挂钩的安装高度，如设计无要求，应距地面1.8m。

（5）淋浴器安装（图2-20）

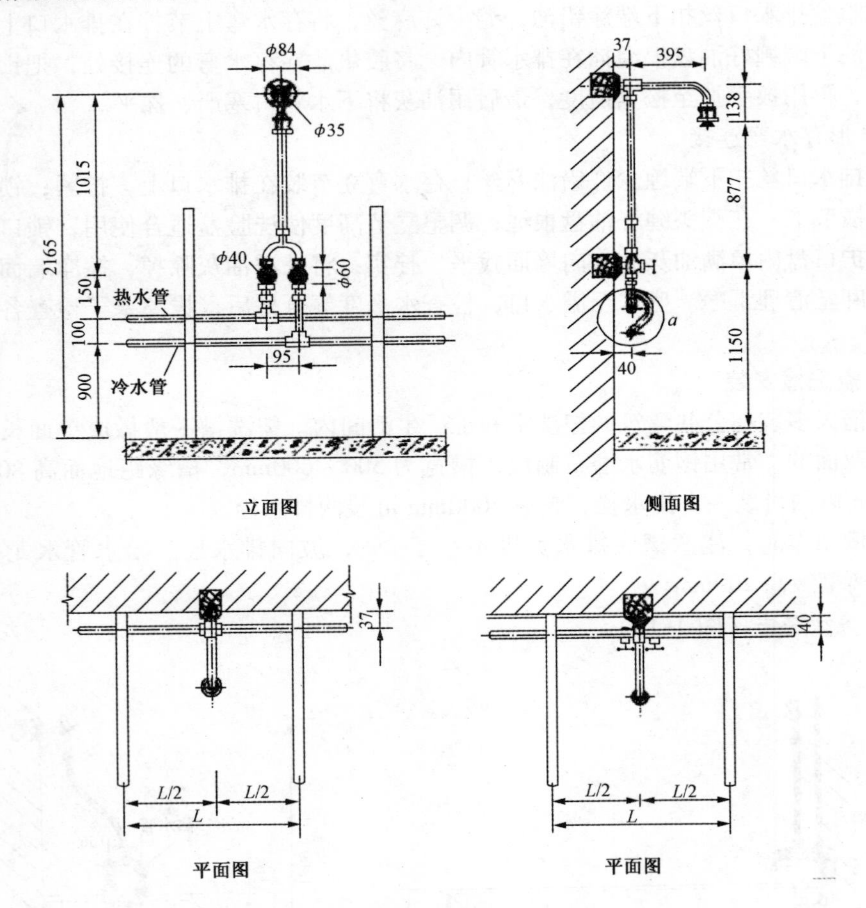

图2-20 淋浴器安装

淋浴器占地面积小、成本低、清洁卫生，广泛应用于集体宿舍、体育场馆及公共浴室中，淋浴器有成品件，也有用管件在现场组装的。

安装淋浴器时，热水管安装在冷水管的上面，管中心离地距离分别为1000mm和900mm。花洒下缘距地面高度为2100mm，给水管管径为15mm，其冷热水截止阀离地面1150mm，相邻两淋浴头间距为900～1000mm。地面上应有0.005～0.01的坡度坡向排水口。

1）镀铬淋浴器安装

暗装管道先将冷、热水预留管口加试管找平、找正，再量好短管尺寸，断管、套丝、涂铅油、缠麻，将弯头上好。明装管道按规定标高揻好"Ω"弯（俗称元宝弯），上好管箍。

淋浴器锁母外丝丝头处抹油、缠麻；用自制扳手卡住内筋，上入弯头或管箍内；再将淋浴器对准锁母外丝，将锁母拧紧。将固定圆盘上的孔眼找平、找正，画出标记，卸下淋浴器，在印记处用冲击电钻钻 ϕ8mm × 40mm 的螺栓孔，植入膨胀螺栓，安装好铅皮卷。再将锁母外丝口加垫抹油，将淋浴器对准锁母外丝口，用扳手拧至松紧适度。将固定圆盘与墙面靠严，孔眼平正，用螺栓固定在墙上。

将淋浴器上部铜管预装在三通口上，使立管垂直，固定圆盘与墙面贴实，孔眼平正，画出孔眼标记，嵌入铅皮卷，锁母外加垫抹油，将锁母拧至松紧适度。上固定圆盘采用螺栓固定在墙面上。

2）铁管淋浴器组装

铁管淋浴器的组装必须采用镀锌管及管件，皮钱阀门、各部分尺寸必须符合规范规定。

由地面向上量出 1150mm，画一条水平线，为阀门中心标高。再将冷、热阀门中心位置画出，测量尺寸，配管，上配件。阀门上应加活接头。

根据组数预制短管，按顺序组装，立管植立管卡固定，将花洒固定。立管应垂直，将花洒找正。

3. 洗涤用卫生器具安装

（1）洗涤盆安装（图 2-21）

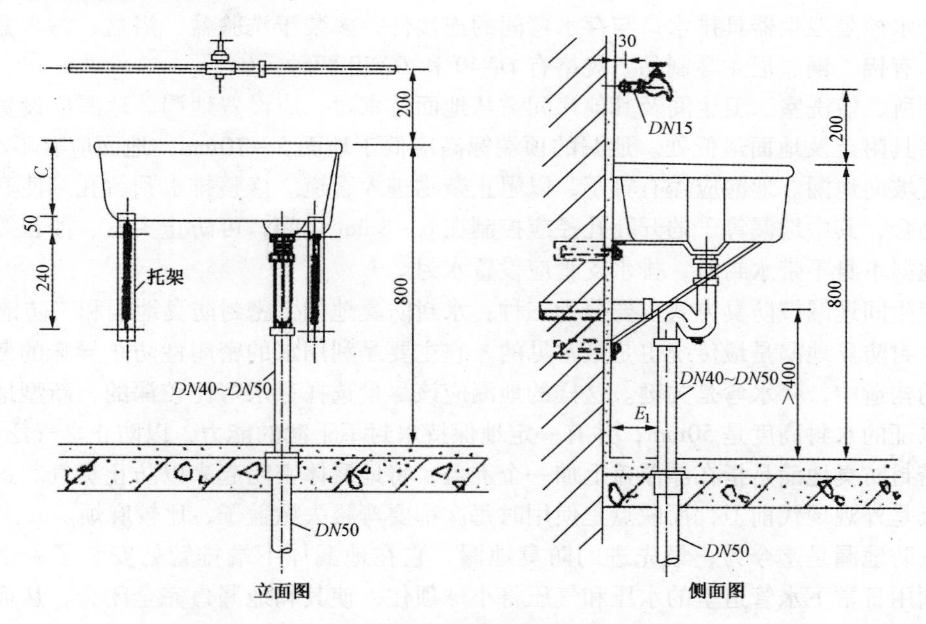

图 2-21　洗涤盆安装

洗涤盆一般安装在厨房或公共食堂内，供洗涤碗碟、蔬菜等食物用。洗涤盆可设置冷、热水龙头或混合水龙头，排水口在盆底的一端，口上有十字栏栅，备有橡胶塞头。安装在医院手术室、化验室等处的洗涤盆因工作需要常设置肘式开关或脚踏开关。

洗涤盆产品应平整无损裂。排水栓应有不小于 8mm 直径的溢流管。

排水栓与洗涤盆安装时，排水栓溢流管应尽量对准洗涤盆溢流孔，以保证溢流部位畅通，安装后排水栓上端面应低于洗涤盆底。

托架固定螺栓可采用直径不小于6mm的镀锌开脚螺栓或镀锌膨胀螺栓（若墙体是多孔砖，则严禁使用膨胀螺栓）。

洗涤盆与排水管连接后应牢固密实，且便于拆卸，连接处不得敞口。洗涤盆与墙面接触部位应用硅膏嵌缝。

若洗涤盆排水存水弯和水龙头是镀铬产品，则在安装时不得损坏镀层。

（2）污水盆安装

污水盆一般安装在厕所或盥洗室内，供打扫卫生及洗涤拖布和倒污水使用。通常用水磨石或水泥砂浆抹面的钢筋混凝土制作，上边装有给水管，底部中心装有排水栓及排水管。

（3）化验盆安装

化验盆装在化验室或实验室中，常用的陶瓷化验盆内已有水封，排水管上不需再装存水弯。化验盆也可用陶瓷洗涤盆代替。根据使用要求，化验盆上可装单联、双联或三联鹅颈龙头。

4. 排水栓及地漏安装

排水栓和地漏的安装应正平、牢固，低于排水表面，周边无渗漏。地漏水封高度不小50mm。

排水栓是卫生器具排水口与存水弯间的连接件，多装于洗脸盆、浴盆、污水盆、洗涤盆上，有铝、铜、尼龙等制品。规格有*DN*40和*DN*50两种。

厕所、盥洗室、卫生间及其他房间需从地面排水时，应设置地漏。地漏应设置在易溅水的器具附近及地面最低处。地漏的顶端标高应低于地面5～10mm，地面应有不小于1%的坡度坡向地漏。地漏应盖有箅子，以阻止杂物进入管道。修整排水预留孔，使其与地漏完全吻合，其中地漏箅子的开孔孔径应控制在6～8mm之间，可防止头发、沙粒等污物进入。地漏本身不带水封时，排水支管应设置水封。

卫生间地漏按防臭方式主要分为三种：水封防臭地漏、密封防臭地漏和三防地漏。

水封防臭地漏是最传统也是最常见的。它主要是利用水的密闭性防止异味的散发，在地漏的构造中，存水弯是关键。这样的地漏应该尽量选择存水弯比较深的，新型地漏的本体应保证的水封高度是50mm，并有一定地保持水封不干涸的能力，以防止臭气泛出。

密封防臭地漏是指在漂浮盖上加一个上盖，将地漏体密闭起来以防止臭气。这款地漏的优点是外观现代前卫，而缺点是使用时每次都要弯腰去掀盖子，比较麻烦。

三防地漏是迄今为止最先进的防臭地漏。它在地漏体下端排管处安装了一个小漂浮球，利用日常下水管道里的水压和气压将小球顶住，使其和地漏口完全闭合，从而起到防臭、防虫、防溢水的作用。

（四）卫生器具给水配件安装

（1）管道和附近与卫生器具的陶瓷件连接处，应垫以橡胶垫、油灰等垫料或填料。

（2）固定洗脸盆、洗手盆、洗涤盆、浴盆等排水口接头等，应通过旋紧螺母来实现，不得强行旋转落水口，落水口与盆底相平或略低于盆底。

（3）需装设冷水和热水龙头的卫生器具，应将冷水龙头装在右侧，热水龙头装在左侧。

（4）安装镀铬的卫生器具给水配件应使用扳手，不得使用管子钳，以保护镀铬表面完好无损。接口应严密、牢固、不漏水。

（5）镶接卫生器具的铜管弯管时，弯曲应均匀，弯管椭圆度应小于8%，并不得有凹凸现象。

（6）给水配件应安装端正，表面洁净并消除外露油麻。

（7）浴盆软管淋浴器挂钩的高度，如设计无要求，应距地面1.8m。

（8）给水配件的启闭部分应灵活，必要时应调整阀杆压盖螺母及填料。

（五）卫生器具排水管道安装

1. 排水管规格及敷设要求

连接卫生器具的排水管管径和最小坡度，如设计无要求时，应符合表2-20的规定。

连接卫生器具的排水管管径和最小坡度 **表2-20**

项次	卫生器具名称		排水管管径（mm）	管道的最小坡度（‰）
1	污水盆（池）		50	25
2	单、双格洗涤盆（池）		50	25
3	洗手盆、洗脸盆		32～50	20
4	浴　盆		50	20
5	淋浴器		50	20
6	大便器	高、低水箱	100	12
		自闭式冲洗阀	100	12
		拉管式冲洗阀	100	12
7	小便器	手动、自闭式冲洗阀	40～50	20
		自动冲洗水箱	40～50	20
8	化验盆（无塞）		40～50	25
9	净身器		40～50	20
10	饮水器		20～50	10～20
11	家用洗衣机		50（软管为30）	—

2. 排水管道连接与安装

（1）洗脸盆排水管安装

1）S形存水弯连接

应在脸盆排水口的螺纹下端涂铅油，缠少许麻丝。将存水弯上节拧在排水口上，松紧适度。再将存水弯下节的下端缠油盘根绳插在排水管口内，将胶垫放在存水弯的连接处，把锁母用手拧紧后调直找正。再用扳手拧至松紧适度。用油灰将下水管口塞严、抹平。

2）P形存水弯连接

应在脸盆排水口的螺纹下端涂铅油，缠少许麻丝。将存水弯立节拧在排水口上，松紧适度。再将存水弯横节按需要长度配好。把锁母和护口盘背靠背套在横节上，在端头缠好油盘根绳，观察试安高度是否合适，如不合适可用立节调整，然后把胶垫放在锁口内，将锁母拧至松紧适度。把护口盘内填满油灰后向墙面找平、按实。将外溢油灰除掉，擦净墙面。将下水口处外露麻丝清理干净。

（2）净身盆排水管安装

将排水管加胶垫，穿入净身盆排水孔眼，拧入排水三通上口。同时检查排水管与净身盆排水孔眼的凹面是否紧密，如有松动及不严密现象，可将排水管锯掉一部分，使其尺寸在一条垂线上，检查间距是否一致，符合要求后按照管口找出中心线。将下水管周围清理干净，取下临时管堵，抹好油灰，在净身盆下铺垫水泥、白灰膏的混合灰（比例为1:5）。将净身盆稳装、找平、找正。净身盆与墙面、地面缝隙嵌入白水泥浆抹平、抹光。

（3）家具盆排水管连接

先将排水栓根母松开卸下，放在家具盆排水孔眼内。测量出排水口距排水预留管口的尺寸。将短管一端套好螺纹，涂油、缠麻，将存水弯拧至外露螺纹2～3扣，按量好的尺寸将短管断好并插入排水管，插入排水管的一端应做翻边处理。将排水栓圆盘下加1mm厚的胶垫，抹油灰，插入家具盆排水孔眼，外面再套上胶垫、眼圈，带上根母。在排水栓的丝扣处抹油、缠麻，用自制扳手卡住排水栓内十字筋，使排水栓溢水眼对准家具盆溢水孔眼，用自制扳手拧紧根母至松紧适度。吊直找正。接口处捻灰，环缝要均匀。

（4）浴盆排水管安装

将浴盆排水三通套在排水横管上，缠好油盘根绳，插入三通中口，拧紧锁母。三通下口装好铜管，插入排水预留管口内（铜管下端扳边）。将排水栓圆盘下加胶垫、油灰，插入浴盆排水孔眼，外面再套胶垫、眼圈，螺纹处涂铅油、缠麻。用自制扳手卡住排水栓十字筋，上入弯头内。

将溢水管下端套上锁母，缠上油盘根绳，插入三通上口对准浴盆溢水孔，带上锁母。溢水管弯头处加1mm厚的胶垫、油灰，将浴盆堵螺栓穿过溢水孔花盘，上入弯头“一”字螺纹上，无松动即可。再将三通上口锁母拧至松紧适度。

浴盆排水三通出口和排水管接口处缠绕油盘根绳捻实，再用油灰封闭。

（5）便器排水管连接

大便器、小便器的排水出口承插接头应用油灰填充，不得用水泥砂浆填充。

3. 排水立管安装

1）排水立管应靠近最脏、杂质最多、排水量最大的排水点，在民用建筑中宜靠近大便器。

2）排水立管一般在楼角明装，有特殊要求时，可用管槽或管井暗装，但在检查口处设检修门。

3）立管应用管卡固定，每层设一个。

4）安装立管时，立管与墙面应相隔一定的操作距离。立管穿过现浇楼板时应预留洞。

四、监理过程中巡视与旁站

根据卫生器具的工程特点，施工现场监理工作以巡视检查为主，对于所涉及施工质量验收规范中强制性条文的一些施工安装关键部位或测试调试工作内容，隐蔽工程验收过程等则需进行旁站检查。

（一）巡视

1. 卫生器具安装工程巡视检查主要内容

（1）卫生器具安装的定位、放线过程及施工安装过程。

（2）卫生器具给水配件安装施工过程。

（3）卫生器具排水管道安装施工过程。

（4）UPVC 塑料管、非金属管、金属铸铁管的承插接口或粘接接口施工过程。

（5）所有阀门、阀件安装过程。

（6）管道支架安装过程。

2. 巡视检查中重点检查和关注的问题

（1）卫生器具安装时，埋设的支、托架应平整、牢固，并与墙紧贴，支、托架与陶器间应加胶片，不得直接接触。植入墙体的深度要符合有关工艺标准的规定。

（2）卫生器具的安装高度如设计无要求，应符合相应要求。

（3）卫生器具安装的允许偏差应符合相应要求。

（4）固定螺栓、螺钉一律采用镀锌产品，并且规格要适宜，与瓷器间接触要加橡胶垫，同时螺母要紧牢。

（5）连接存水弯的排水口缠麻要牢固并应抹上油灰。对于大便器，应注意接口里面一定要用油灰将里口挤实、抹平。洗脸盆排水管与污水预留口插接时，一定要把排水管端头扩成喇叭状，以免接口填料及油灰落入排水支管内。与排水横管连接的各卫生器具排水口和立管均采取妥善可靠的固定措施，管道与楼板的接合部位应采取牢固可靠的防渗、防漏措施。

（6）安装卫生器具时，一定要把排水预留口的临时封堵以及掉进的杂物清理干净。稳固地脚螺栓时地面防水层不得破坏。

（7）洗脸盆、家具盆的排水栓安装时，将排水栓的溢水孔对准器具的溢水孔，无溢水孔的排水栓，应打孔后再进行安装。

（8）带裙边的浴盆安装时，应靠近浴盆排水的地面结构预留 200mm × 300mm 的孔洞，便于浴盆排水管的安装与检修，同时做好防水处理；不带裙边的浴盆安装时，在浴盆侧面预留检修门，并做好止水带。

（9）排水栓和地漏的安装应平正、牢固，低于排水表面，周边无渗漏。地漏水封高度不得小于 50mm。粗装修地面时，地漏高出毛地面 15mm。

（10）小便槽冲洗管应采用镀锌钢管或硬质塑料管。冲洗孔应斜向下安装，冲洗水流同墙成 45°角。镀锌钢管钻孔后应进行二次镀锌。

（11）连接卫生器具的排水管道接口应紧密不漏。固定支架、管卡等支撑位置应正确、牢固，与管道的接触面应平整。

（12）卫生器具排水管道安装的允许偏差应符合相应要求。

（13）连接卫生器具的排水管径和最小坡度，如设计无要求，应符合相应要求。

（14）卫生器具给水配件应完好无损，接口严密，启闭部分灵活。浴盆软管淋浴器挂钩的高度，如设计无要求时，应距地面 1.8m。

（15）卫生器具给水配件的安装高度，如设计无要求，应符合相应要求。

(16) 卫生器具给水配件安装标高的允许偏差应符合相应要求。

(17) 检查卫生器具的合格证及外观型号，排水口是否与预留尺寸相对应，所配套供应的配件是否符合节水要求。

3. 巡视检查

检验方法：观察及测量。

检验数量：抽查。

4. 判断

巡视检查中应对照图纸及现行国家标准《建筑给水排水及采暖工程施工质量验收规范》GB 50242—2002 中相应条款，观察检查各施工安装制作工艺过程，发现问题及时纠正、及时整改，减少返工。

(二) 旁站

《建筑给水排水及采暖工程施工质量验收规范》GB 50242—2002 中涉及卫生器具安装安全、使用功能的隐蔽工程、满水试验、通水试验过程需进行旁站。

旁站过程中对其各条款的认识贯彻执行，并作如下要求。

1. 卫生器具安装工程验收前应做通水试验。

(1) 措施

1) 通水试验前施工准备

卫生器具标高、坐标经复核已全部达到质量标准。

管道及接口均未隐蔽，有防露或保温要求的管道尚未做绝热施工，管外壁及接口处均保持干燥。

工作环境为5℃以上。

对高层建筑及系统复杂的工程已经制定分区、分段、分层试验的技术组织措施。

2) 施工工艺流程

打开卫生器具各自的水龙头，使各卫生器具通水，边通水边观察卫生器具及配件，直到符合规定要求为止。

从通水开始应设专人检查卫生器具的给排水是否畅通，各卫生器具的溢流口、地漏口和地面清扫口等是否畅通。卫生器具及配件漏水时应立即停止卫生器具通水，进行整修，待漏水处堵严，管道修复达到要求后再重新进行通水试验。

停止通水15min后，如未发现卫生器具及配件有渗漏的情况，则再次对卫生器具进行通水。

施工人员、施工技术质量管理人员、建设单位、监理单位有关人员在第二次通水5min后，对卫生器具共同检查，若没有渗漏，应立即填好卫生器具通水试验记录，有关检查人员签字盖章。

检查中发现卫生器具及配件渗漏或堵塞为不合格，应对卫生器具及配件全面复检、修复，排除渗漏、堵塞因素后重新按上述方法进行通水试验，直至合格为止。

高层建筑卫生器具通水试验应分区、分段、分层进行，试验过程中依次做好各个部分的通水记录。

(2) 检查

检验方法：通水后，卫生器具给排水畅通、无渗漏堵塞为合格。

（3）判定

必须坚持不通水或通水试验不合格时，不得进行下道工序。

2. 满水试验

卫生器具及地漏排水系统全部安装完毕后，使用前先做通水试验，通水试验合格后还需按下列要求做满水试验。

（1）需做满水试验的卫生器具与盛水量标准

1）大、小便冲洗槽盛水量不少于槽深的1/2。

2）水泥盥洗池盛水量不少于池深的2/3。

3）水泥盥洗池盛水量不小于池深的1/2。

4）坐、蹲式大便器的水箱盛水至控制水位。

5）瓷洗涤盆、洗面盆、浴盆盛水至溢水处。

（2）检查

检验方法：满水试验时间不少于24h，以不渗漏为合格。

满水试验完毕后应做好记录，请参加满水试验的各方代表签字，并归入质量保证资料，以备核查。

（3）判定

必须坚持满水试验合格后，方可进行下道工序。

五、常见质量问题

下文重点针对安装过程提出常见质量问题，其他常见质量问题已在前文施工安装过程质量监控内容和监理巡视旁站重点检查问题中详细提到。

（1）排水管甩口低，坐便器出口插入排水管的深度不够。

（2）安装蹲便器时没有使用油灰，而直接用水泥稳固；蹲便器出水口与排水口连接处没有认真填抹密实。

（3）卫生间地面防水层没有做好，有渗漏现象；蹲便器上水进口连接胶皮碗或蹲便器上水连接处破裂。

（4）土建墙体施工时没有预埋木砖，导致螺栓连接松动。

（5）稳装卫生器具的螺栓规格不合适，或拧植不牢固；螺栓不是镀锌螺栓；螺栓过深破坏地面防水；螺栓与卫生器具之间没有胶皮垫。

（6）卫生器具与墙面接触不严密。

（7）地漏安装高度偏差较大，地漏周围地面倒坡。

（8）排水支管连接不严密，坡度不对。

（9）给水配件质量不合格，耐压不够或漏水等。

（10）底层卫生器具返水。

六、工程试验项目

卫生器具安装全部完成，经复验达到设计要求或规范规定的合格标准，则进行满水试验、通水试验。

（一）满水试验

为了检验各卫生器具与连接件接口处的严密性，卫生器具安装完毕后应进行满水试验。目前常见的方法是用气囊充气检查接口，即用球状气囊放在立管检查口下面，用打气筒将球充气，然后再灌水进行检查观察，不渗漏为合格。

（二）通水试验

卫生器具交付使用前应进行通水试验，打开各自的给水龙头进行通水试验，检查给、排水是否畅通（包括卫生器具的溢流口、地漏和地面清扫口等）。

（三）满水和通水试验记录

满水试验、通水试验结束后应立即做好记录，各方签字后归入质量保证资料。

七、监理验收

卫生器具安装分项工程由施工单位会同监理单位和建设单位共同验收。

（一）卫生器具安装工程质量标准

1. 一般规定

（1）以下内容适用于室内污水盆、洗涤盆、洗脸（手）盆、盥洗槽、浴盆、淋浴器、大便器、小便器、小便槽、大便冲洗槽、妇女卫生盆、化验盆、排水栓、地漏、加热器、煮沸消毒器和饮水器等卫生器具安装的质量检验与验收。

（2）卫生器具的安装应采用预埋螺栓或膨胀螺栓安装固定。

（3）卫生器具安装高度如设计无要求时，应符合卫生器具的安装高度表2-21的规定。

卫生器具的安装高度　　表2-21

<table>
<tr><th rowspan="2">项 次</th><th rowspan="2" colspan="3">卫生器具名称</th><th colspan="2">卫生器具安装高度（mm）</th><th rowspan="2">备 注</th></tr>
<tr><th>居住和公共建筑</th><th>幼儿园</th></tr>
<tr><td rowspan="2">1</td><td rowspan="2">污水盆（池）</td><td colspan="2">架空式</td><td>800</td><td>800</td><td rowspan="2"></td></tr>
<tr><td colspan="2">落地式</td><td>500</td><td>500</td></tr>
<tr><td>2</td><td colspan="3">洗涤盆（池）</td><td>800</td><td>800</td><td rowspan="4">自地面至器具上边缘</td></tr>
<tr><td>3</td><td colspan="3">洗脸盆、洗手盆（有塞、无塞）</td><td>800</td><td>500</td></tr>
<tr><td>4</td><td colspan="3">盥洗槽</td><td>800</td><td>500</td></tr>
<tr><td>5</td><td colspan="3">浴盆</td><td colspan="2">≤520</td></tr>
<tr><td rowspan="2">6</td><td rowspan="2">蹲式大便器</td><td colspan="2">高水箱</td><td>1800</td><td>1800</td><td>自台阶面至高水箱底</td></tr>
<tr><td colspan="2">低水箱</td><td>900</td><td>900</td><td>自台阶面至低水箱底</td></tr>
<tr><td rowspan="3">7</td><td rowspan="3">坐式大便器</td><td colspan="2">高水箱</td><td>1800</td><td>1800</td><td rowspan="3">自地面至高水箱底
自地面至低水箱底</td></tr>
<tr><td rowspan="2">低水箱</td><td>外露排水管式</td><td>510</td><td rowspan="2">370</td></tr>
<tr><td>虹吸喷射式</td><td>470</td></tr>
<tr><td>8</td><td>小便器</td><td colspan="2">挂式</td><td>600</td><td>450</td><td>自地面至下边缘</td></tr>
</table>

续表

项次	卫生器具名称	卫生器具安装高度（mm）		备注
		居住和公共建筑	幼儿园	
9	小便槽	200	150	自地面至台阶面
10	大便槽冲洗水箱	≥2000		自台阶面至水箱底
11	妇女卫生盆	360		自地面至器具上边缘
12	化验盆	800		自地面至器具上边缘

（4）卫生器具给水配件的安装高度，如设计无要求时，应符合卫生器具给水配件的安装高度表2-22的规定。

卫生器具给水配件的安装高度 **表2-22**

项次	给水配件名称		配件中心距地面高度（mm）	冷热水龙头距离（mm）
1	架空式污水盆（池）水龙头		1000	—
2	落地式污水盆（池）水龙头		800	—
3	洗涤盆（池）水龙头		1000	150
4	住宅集中给水龙头		1000	—
5	洗手盆水龙头		1000	—
6	洗脸盆	水龙头（上配水）	1000	150
		水龙头（下配水）	800	150
		角阀（下配水）	450	—
7	盥洗槽	水龙头	1000	150
		冷热水管上下并行其中热水龙头	1100	150
8	浴盆	水龙头（上配水）	670	150
9	淋浴器	截止阀	1150	95
		混合阀	1150	
		淋浴喷头下沿	2100	—
10	蹲式大便器（台阶面算起）	高水箱角阀及截止阀	2040	
		低水箱角阀	250	—
		手动式自闭冲洗阀	600	—
		脚踏式自闭冲洗阀	150	—
		拉管式冲洗阀（从地面算起）	1600	—
		带防污助冲器阀门（从地面算起）	900	—

续表

项次	给水配件名称		配件中心距地面高度（mm）	冷热水龙头距离（mm）
11	坐式大便器	高水箱角阀及截止阀	2040	—
		低水箱角阀	150	—
12	大便槽冲洗水箱截止阀（从台阶面算起）		≥2400	—
13	立式小便器角阀		1130	—
14	挂式小便器角阀及截止阀		1050	—
15	小便槽多孔冲洗管		1100	—
16	实验室化验水龙头		1000	—
17	妇女卫生盆混合阀		360	—

注：装设在幼儿园内的洗手盆、洗脸盆和盥洗槽水嘴中心离地面安装高度应为700mm，其他卫生器具给水配件的安装高度，应按卫生器具实际尺寸相应减少。

2. 卫生器具安装

（1）主控项目

1）排水栓和地漏的安装应平正、牢固，低于排水表面，周边无渗漏。地漏水封高度不得小于50mm。

检验方法：试水观察检查。

2）卫生器具交工前应做满水和通水试验。

检验方法：满水后各连接件不渗不漏，通水试验给、排水畅通。

（2）一般项目

1）卫生器具安装的允许偏差应符合卫生器具安装的允许偏差和检验方法表2-23的规定。

卫生器具安装的允许偏差和检验方法 **表2-23**

项次	项目		允许偏差（mm）	检验方法
1	坐标	单独器具	10	拉线、吊线和尺量检查
		成排器具	5	
2	标高	单独器具	±15	
		成排器具	±10	
3	器具水平度		2	用水平尺和尺量检查
4	器具垂直度		3	吊线和尺量检查

2）有饰面的浴盆，应留有通向浴盆排水口的检修门。

检验方法：观察检查。

3）小便槽冲洗管，应采用镀锌钢管或硬质塑料管。冲洗孔应斜向下方安装，冲洗水流向同墙面成45°角。镀锌钢管钻孔后应进行二次镀锌。

检验方法：观察检查。

4）卫生器具的支、托架必须防腐良好，安装平整、牢固，与器具接触紧密、平稳。

检验方法：观察和手扳检查。

3. 卫生器具给水配件安装

（1）主控项目

卫生器具给水配件应完好无损伤，接口严密，启闭部分灵活。

检验方法：观察及手扳检查。

（2）一般项目

1）卫生器具给水配件安装标高的允许偏差应符合卫生器具给水配件安装标高的允许偏差和检验方法表2-24的规定。

卫生器具给水配件安装标高的允许偏差和检验方法　　表2-24

项次	项目	允许偏差（mm）	检验方法
1	大便器高、低水箱角阀及截止阀	±10	尺量检查
2	水嘴	±10	
3	淋浴器喷头下沿	±15	
4	浴盆软管淋浴器挂钩	±20	

2）浴盆软管淋浴器挂钩的高度，如设计无要求，应距地面1.8m。

检验方法：尺量检查。

4. 卫生器具排水管道安装

（1）主控项目

1）与排水横管连接的各卫生器具的受水口和立管均应采取妥善可靠的固定措施，管道与楼板的接合部位应采取牢固可靠的防渗、防漏措施。

检验方法：观察和手扳检查。

2）连接卫生器具的排水管道接口应紧密不漏，其固定支架、管卡等支撑位置应正确、牢固，与管道的接触应平整。

检验方法：观察及通水检查。

（2）一般项目

1）卫生器具排水管道安装的允许偏差应符合卫生器具排水管道安装的允许偏差及检验方法表2-25的规定。

卫生器具排水管道安装的允许偏差及检验方法　　表2-25

项次	检查项目		允许偏差（mm）	检验方法
1	横管弯曲度	每1m长	2	用水平尺量检查
		横管长度≤10m，全长	<8	
		横管长度>10m，全长	10	
2	卫生器具的排水管口及横支管的纵横坐标	单独器具	10	用尺量检查
		成排器具	5	
3	卫生器具的接口标高	单独器具	±10	用水平尺和尺量检查
		成排器具	±5	

2）连接卫生器具的排水管管径和最小坡度，如设计无要求时，应符合连接卫生器具的排水管道管径和最小坡度表2-26的规定。

连接卫生器具的排水管管径和最小坡度　　表2-26

项次	卫生器具名称		排水管管径（mm）	管道的最小坡度（‰）
1	污水盆（池）		50	25
2	单、双格洗涤盆（池）		50	25
3	洗手盆、洗脸盆		32～50	20
4	浴　盆		50	20
5	淋浴器		50	20
6	大便器	高、低水箱	100	12
		自闭式冲洗阀	100	12
		拉管式冲洗阀	100	12
7	小便器	手动、自闭式冲洗阀	40～50	20
		自动冲洗水箱	40～50	20
8	化验盆（无塞）		40～50	25
9	净身器		40～50	20
10	饮水器		20～50	10～20
11	家用洗衣机		50（软管为30）	—

检验方法：用水平尺和尺量检查。

（二）验收要求

1. 隐蔽工程验收

（1）专业监理工程师应根据承包单位报送的隐蔽工程报验单、申请表和自检结果进行现场检查，符合要求的予以签认。

（2）对未经监理工程师验收或验收不合格的工序，监理工程师应拒绝签认，并要求承包单位严禁进行下道工序的施工。

2. 分项工程验收

专业监理工程师应对承包单位报送的分项工程质量验评资料进行审核，符合要求的予以签认。

3. 分部工程验收

总监理工程师应组织监理工程师对承包单位报送的分部工程验评资料进行审核和现场检查，符合要求的予以签认。

4. 单位工程竣工验收

总监理工程师应组织专业监理工程师，依据有关法律、法规、工程建设强制性标准、设计文件及施工合同，对施工单位报送的竣工资料进行审查，并对工程质量进行竣工预验收。对存在的问题，应及时要求施工单位整改。整改完毕由总监理工程师签署工程竣工报验单，并应在此基础上提出工程质量评估报告。

项目监理机构应参加由建设单位组织的竣工验收，并提供相关监理资料。对验收中提出的整改问题，项目监理机构应要求施工单位进行整改。工程质量符合要求，由总监理工程师会同参加验收的各方签署竣工验收报告。

（三）验收资料

（1）设备与材料的出厂合格证。

（2）隐蔽工程和中间工程验收记录。

（3）卫生器具通水试验记录。

（4）卫生器具满水试验记录。

（5）卫生器具安装工程质量检验评定表。

（6）工程质量事故处理记录。

（7）技术核定单。

第三章　室外给排水工程施工安装质量监控

本章节室外给水排水工程指民用建筑群（住宅小区）及厂区的室外生活、生产用给水管网工程，室外消防给水管网工程，及室外排水管网工程。室外给水排水工程质量优劣关系到整个居民住宅小区或者工厂区域内生活和生产功能能否正常运作，因此，室外给水排水工程在使用材料质量、施工工艺、技术措施、安装质量等应进行严格监督，并应经过严格的验收方能投入使用，以保证各系统安全和使用功能的充分发挥。

第一节　室外给水管网工程

一、工程内容

（一）室外给水管网系统组成

室外给水管网系统一般包括居住小区室外给水系统和室外消火栓灭火系统。

居住小区室外给水系统，其水量应该满足居住小区全部用水要求，并在居住小区发生火警时，管网上的消火栓能向消防车供水。所以居住小区室外给水管网一般采用生活与消防共用。

室外消火栓系统主要包括消火栓、管网、消防水泵和消防水池四个部分。

（1）消火栓：室外消火栓分为地上式和地下式两种，地下消火栓适用于北方寒冷地区，地上消火栓适用于南方温暖地区。

（2）室外消防给水管网：按水压大小分为高压管网和低压管网。高压管网内经常保持1.0MPa的水压，不需使用消防车中的水泵或其他机动消防泵增压，直接从消火栓接上水带、水枪即可出水灭火；低压管网内，平时水压在0.15～0.2MPa左右，水枪所需的压力，必须由消防车中的水泵或其他消防泵提供。

（3）消防泵和泵房：在高压给水系统中，常设置消防泵和泵房，以满足消防水压和水量的要求。

（4）消防水池：当室外给水管网不能满足消防用水量和水压时，设置消防水池。寒冷地区的消防水池应有可靠的防冰冻措施，消防水池周围有消防车道。

（二）室外给水系统安装的主要内容

民用建筑群（居民区）和厂区的室外给水管网一般采用地沟敷设或直埋式；若有特殊要求需要架空敷设，则在管廊中与其他管道同层或分层敷设。

1. 沟槽开挖

沟槽的断面形式要符合设计要求，施工中常采用的沟槽断面形式有直槽、梯形槽、混合槽等。沟槽的断面形式通常根据土的种类、地下水情况、现场条件及施工方法，并按照设计规定的基础、管道的断面尺寸、长度和埋设深度来选择。

沟槽开挖深度按管道设计纵断面图确定，并应满足最小埋设深度的要求，避免让管道布置在可能受重物压坏处。

沟槽底部工作宽度应根据管径大小、管道连接方式和施工工艺确定。

沟槽开挖总土方量是根据选定的断面及相邻断面间的距离，按其几何体积计算出区段间沟槽土方量，并将各区段计算结果汇总求得。

2. 沟槽支撑

沟槽开挖较深、土质不好或受场地限制开梯形槽有困难而采用直槽时，需加设支撑。支撑是保证施工安全和施工正常进行的必要措施。支撑根据土质、地下水、沟深等条件确定。

施工过程中，更换支撑立柱和撑杠位置的过程称为倒撑。当原支撑妨碍下一道工序进行、原支撑不稳定、一次拆撑有危险或因其他原因必须重新安设支撑时，均应倒撑。

3. 管道安装

（1）下管与排管

下管应以施工安全、操作方便、经济合理为原则，结合管径、管长、沟深等条件选定下管方法。下管应有专人指挥，认真检查下管用的绳、钩、杠、铁环桩等工具是否牢靠。管与管件应采用兜身吊带，钢管、球墨铸铁管的内外防腐层应采取保护措施。

（2）管道接口

管道接口由管材材质和管口形式决定。钢管可焊接、法兰连接和丝扣连接，塑料管可采用焊接、法兰连接、承插连接或粘接等形式，铸铁管可采用石棉水泥接口、膨胀水泥接口、橡胶圈接口等形式。

（3）阀门、室外消火栓及水表安装

阀门种类、型号众多，是调节水量、水压，控制水流方向，以及关断水流，便于管道、仪表和设备检修的设施。常用的阀门有：截止阀、闸阀、蝶阀、球阀和安全阀等。

水表用以计量建筑用水量，安装在引入管上的水表与其前后设置的阀门和泄水装置总称为水表节点。

室外给水管道上的阀门和水表一般设在检查井内，井室内安装阀门时，其承口或法兰外缘与井壁、井底均需保持一定距离，保证安装、拆卸、更换零件的操作空间。

消火栓有地上式和地下式两种安装形式。安装位置应根据设计要求确定，如设计未要求则通常设在交叉路口或醒目地点，其间距不应超过120m，距建筑物不少于5m，距路边不大于2m。地下式消火栓应在地面设明显标志。地下式消火栓井应考虑消防时接管操作的充分空间。

（4）管道基础

根据当地地基条件、目的要求、工程费用、施工进度和材料来源综合考虑，有原土夯实弧形基础、砂石垫层基础、素混凝土基础等形式。管道地基采用天然地基时，地基不得受扰动。沟槽底为岩石或坚硬地基时，若设计无规定，管身下应铺设砂垫层。非冰冻土地区，管道不得安放在冻结的地基上。

给水管道的弯头、三通、管道附件等处应设支墩，防止在管内水压力作用下，产生较大推力，致使接口松动，甚至脱落造成事故。支墩用砖砌或混凝土建造。主要的支墩形式有水平弯管支墩、三通管支墩、垂直向上弯管支墩、垂直向下弯管支墩和管材附件支墩等。支墩应在坚固的地基上修筑。支墩和锚定结构应位置准确、锚定牢固。

（5）管道防腐

安装在地下的铸铁管或钢管均会遭到地下水和各种化学物质的腐蚀，以及电子腐蚀，由于电化学和化学作用，管道将遭受破坏，因此，管道内外要进行防腐处理。防腐施工按设计要求进行。管道内外防腐层遭受损伤或局部未做防腐层的部位，下管前应修补，修补后的质量应符合相关规范要求。

二、材料质量要求

（一）管材及管件

（1）钢管质量应符合下列要求：管材的材料、规格、等级应符合设计要求。

1）管材及管件表面应无裂缝、变形、壁厚不匀、严重锈蚀等质量缺陷。

2）焊缝表面光顺、均匀，焊道与母材应平缓过渡，焊缝和热影响区表面不得有裂纹、气孔、弧坑和灰渣等缺陷。

3）镀锌管的锌层应完整均匀。

4）直管管口断面应无变形，并与管身垂直。

（2）对铸铁管、球墨铸铁管及管件的外观质量应进行检查，且符合下列规定：

1）管材及管件表面不得有裂缝、砂眼、碰伤，不得有妨碍使用的凹凸不平的缺陷。

2）采用橡胶圈等柔性接口的铸铁管、球墨铸铁管，承口内的工作面和插口的外工作面应光滑、轮廓清晰，不得有毛刺、砂粒和沥青等影响接口密封性的缺陷。

3）铸铁管内外表面的漆层应完整光洁，附着牢固。

4）铸铁管、球墨铸铁管及管件的尺寸公差应符合现行国家产品标准的规定。

（3）硬聚氯乙烯给水管和钢塑、铝塑复合管的质量要求如下：

1）地埋给水用硬聚氯乙烯管必须采用挤出成型的内外壁均为光滑的平壁管，其公称压力、外径、壁厚应符合行业协会标准《埋地硬聚氯乙烯给水管道工程技术规程》CECS 17:2000的规定。

2）钢塑、铝塑复合管应分别符合行业协会标准《建筑给水钢塑复合管管道工程技术规程》CECS 125:2001 和《建筑给水铝塑复合管管道工程技术规程》CECS 105:2000 的规定。

3）硬聚氯乙烯管、钢塑复合管、铝塑复合管及其管件的外观质量必须符合现行国家产品标准的规定。

常用室外埋地给水管材见表 3-1。

（二）接口材料

（1）钢管管段焊接采用的焊条应符合下列规定：

1）焊条的化学成分、机械强度应与母材相同且匹配，兼顾工作条件和工艺性。

2）焊条应干燥。

3）焊条质量应符合现行国家标准《非合金钢及细晶粒钢焊条》GB/T 5117—2012、《热强钢焊条》GB/T 5118—2012 的规定。

（2）铸铁、球墨铸铁管接口材料应符合下列规定：

刚性接口用水泥宜采用 32.5 级，石棉应选用机选 4F 级温石棉，油麻应采用纤维较长、无皮质、清洁、松软、富有韧性的油麻，铅的纯度不应小于99%。

建筑给排水管材（室外埋地给水管） **表3-1**

序号	管材名称	管材规格	连接方式	适用规范、标准	标准图号	备注
1	硬聚氯乙烯（PVC-U）埋地给水管	公称外径： *De*63，*De*75，*De*90， *De*110，*De*125，*De*160， *De*200，*De*225，*De*250， *De*315，*De*355，*De*400， *De*450，*De*500，*De*630， *De*710，*De*800； 宜采用公称压力等级为： PN1.00MPa、PN1.25MPa、PN1.60MPa； 管材线膨胀系数： 0.07mm/（m·℃）；同材质管件；自熄	橡胶圈承插柔性连接	《埋地硬聚氯乙烯给水管道工程技术规程》CECS 17:2000	《硬聚氯乙烯（PVC-U）给水管安装》02SS405-1	①与金属附件或其他材质管道连接可采用法兰； ②沟底不得有突出的尖硬物，必要时可铺设100mm厚中粗砂垫层
2	聚乙烯（PE）给水管（PE80、PE100）	公称外径： *De*63，*De*75，*De*90， *De*110，*De*125，*De*140， *De*160，*De*180，*De*200， *De*225，*De*250，*De*280， *De*315，*De*355，*De*400， *De*450，*De*500，*De*560 *De*630，*De*710，*De*800； 系统工作压力：$P_s \leq 0.6$MPa， 宜采用S6.3或S5系列； 管材线膨胀系数： 0.20mm/（m·℃）； 同材质管件： 低温抗冲击性能优良，易燃	①*De*≥63对接热熔连接； ②*De*≤160电熔连接； ③*De*>160法兰连接	《给水用聚乙烯（PE）管材》GB/T 13663—2000；《建筑给水聚乙烯类管道工程技术规程》CJJ/T 98—2003		①与20℃、50年、概率预测97.5%相应的静液压强度σ_{LPL}：PE80为8.00～9.99MPa，PE100为10.00～11.19MPa； ②与金属附件或其他材质管道连接可采用法兰； ③沟底不得有突出的尖硬物，必要时可铺设100mm厚中粗砂垫层
3	钢丝网骨架塑料（聚乙烯）复合给水管（钢丝网塑管）	公称外径： *De*50，*De*63，*De*75， *De*90，*De*110，*De*140， *De*160，*De*200，*De*225， *De*250，*De*315，*De*355， *De*400，*De*450，*De*500， *De*560，*De*630； 聚乙烯（PE）管件	电熔连接	《钢丝网骨架塑料（聚乙烯）复合管材及管件》CJ/T 189—2007		①管材公称压力：*De*≤90mm为1.6MPa，*De*≥110mm为1.0MPa、1.6MPa； ②与金属附件或其他材质管道连接可采用法兰； ③沟底不得有突出的尖硬物，必要时可铺设100mm厚中粗砂垫层

续表

序号	管材名称	管材规格	连接方式	适用规范、标准	标准图号	备　注
4	球墨铸铁给水管（含离心铸造、金属型离心铸造、连续铸造成型产品）	公称直径：DN50，DN65，DN80，DN100，DN125，DN150，DN200，DN250，DN300，DN350，DN400，DN450，DN500，DN600，DN700，DN800，DN900，DN1000，DN1100，DN1200	①承插胶圈接口；②承插法兰胶圈接口	《水及燃气管道用球墨铸铁管、管件和附件》GB/T 13295—2008		内衬水泥砂浆（离心衬涂）外表面涂刷沥青漆

柔性接口采用的橡胶圈应符合国家现行标准《预应力与自应力混凝土管用橡胶密封圈》JC/T 748—2010 中的规定。橡胶圈的质量、性能、细部尺寸，应符合现行国家铸铁管、球墨铸铁管及管件标准中有关橡胶圈的规定。每个橡胶圈的接头不得超过 2 个。

（3）硬聚氯乙烯给水管道粘接溶剂及密封圈应符合下列规定：

粘接溶剂宜由管材生产厂配套供应，其卫生性能不得影响生活饮用水水质，其物理化学指标应符合下列规定：黏度为 100 ~ 110MPa · s，含固量为 11. 9% ~12%；色度小于 1 度，浑浊度小于 0. 5°，无异味；残余氯减量小于 0. 7mg/L，氰化物不得检出；挥发酸类小于 0. 005mg/L，高锰酸钾消耗量小于 1mg/L；粘接连接接头的剪切强度不得低于 5MPa。

橡胶密封圈应采用模压成型或挤出成型的圆形或异形截面，应由管材生产厂配套供应。

橡胶密封圈的物理力学性能应符合下列规定：邵氏硬度 45 ~ 55 度，伸长率不小于 500%，拉断强度不小于 16MPa，永久变形不大于 20%，老化系数不小于 0. 8（70℃，144h）。

输送饮用水管道所用橡胶圈应采用食品级橡胶，其卫生指标必须符合《食品用橡胶制品卫生标准》GB 4806. 1—1994 的规定。

粘接溶剂和弹性密封圈均为 PVC - U 管道接头用配套材料，属于生产厂外购材料，使用单位无从定购，应由厂家配套供应，其材质应由提供厂家检验并保证其质量要求。

胶粘剂宜存放于危险品仓库中，在存放、运输和使用时必须远离火源。

（三）防腐材料

（1）钢管水泥砂浆内防腐层的质量应符合下列规定：不得使用对钢管及饮用水水质造成腐蚀或污染的材料；使用外加剂时，其掺量应经试验确定。

砂应采用坚硬、洁净、级配良好的天然砂，除符合国家现行标准《普通混凝土用砂、石质量及检验方法标准》JGJ 52—2006 外，其含泥量不应大于 2%，其最大粒径不应大于 1. 2mm，级配应根据施工工艺、管径、现场施工条件，在砂浆配合比设计中选定。

水泥宜采用 32. 5 级以上的硅酸盐、普通硅酸盐水泥或矿渣硅酸盐水泥。

拌合水应采用对水泥砂浆强度、耐久性无影响的洁净水。

（2）外防腐层的材料质量应符合下列规定：

沥青应采用 10 号建筑石油沥青。

玻璃布应采用干燥、脱蜡、无捻、封边、网状平纹、中碱的玻璃布；当采用石油沥青涂料时，其经纬密度应根据施工环境温度选用 8 根/cm ×8 根/cm ~ 12 根/cm × 12 根/cm 的玻璃布。

外包保护层应采用可适应环境温度变化的聚氯乙烯工业薄膜，其厚度应为 0.2mm，拉伸强度应大于或等于 14.7N/mm^2，断裂伸长率应大于或等于 200%。

环氧煤沥青涂料，宜采用双组分，常温固化型的涂料，其性能应符合国家现行标准《埋地钢质管道环氧煤沥青防腐层技术标准》SY/T 0447-1996 中规定的指标。

三、施工安装过程质量控制内容

（一）沟槽开挖过程质量控制

（1）沟槽开挖每侧临时堆土或施加其他荷载时，不得影响建筑物、各种管线和其他设施的安全，不得掩埋消火栓、管道闸阀、雨水口、测量标志以及各种地下管道的井盖，不得妨碍其正常使用。人工开挖时，堆土高度不宜超过 1.5m，且距槽口边缘不宜小于 0.8m。

（2）沟槽开挖应不扰动天然地基，或地基处理符合设计要求；槽壁平整，边坡坡度符合施工设计的规定。

（3）沟槽中心线每侧的净宽不应小于管道沟槽底部开挖宽度的一半。

（4）沟槽开挖需要支撑时，支撑的施工质量应符合下列规定：支撑后，沟槽中心线每侧的净宽不应小于施工设计的规定，横撑不得妨碍下管和稳管，支撑安装应牢固、安全可靠，上下沟槽应设安全梯，不得攀登支撑。

（二）管道安装连接过程质量控制

（1）管道安装下管前应先检查管节的内外防腐层，合格后方可下管。

（2）管节焊接前应先修口、清根，管端端面的坡口角度、钝边、间隙应符合规定，不得在对口间隙夹焊帮条或用加热法缩小间隙施焊。

（3）刚性接口填料应符合设计规定，石棉水泥应在填打前拌合，石棉水泥的质量配合比应为石棉 30%，水泥 70%，水灰比宜小于或等于 0.20；拌好的石棉水泥应在初凝前用完；填打后的接口应及时潮湿养护。在热天或昼夜温差较大地区施工时，宜在气温较低时施工；冬期宜在午间气温较高时施工，并应采取保温措施。刚性接口填打后，管道不得碰撞及扭转。

（4）采用柔性接口时，在橡胶圈安装就位后不得扭曲。当用探尺检查时，沿圆周各点应与承口端面等距，其允许偏差应为 ±3mm。

（5）当特殊需要采用铅接口施工时，管口表面必须干燥、清洁，严禁水滴落入铅锅内；灌铅时铅液必须沿注孔一侧灌入，一次灌满，不得断流；脱模后将铅打实，表面应平整，凹入承口宜为 1 ~2mm。

（6）铸铁、球墨铸铁压力管安装在高程上的允许偏差为 ±20mm，轴线位置的允许偏差为 30mm。

（7）硬聚氯乙烯给水管溶剂粘接接头适用于公称外径为 20 ~200mm 的管道。公称外径大于 90mm 的管材，其溶剂粘接接头的连接宜在提供管材的生产厂进行；在施工现场制作溶剂粘接接头时，公称外径不宜大于90mm。溶剂粘接接头一般采用工厂制造的承口管；当采用平口管在现场加工承口时，施工单位提供的加工方法及设施应得到监理单位许可方可使用。采用承口管时，应对承口与插口的紧密程度进行验证。粘接前必须将两管试插一次，使插入深度及松紧度配合情况符合要求，并在插口端表面划出插入承口深度的标线。管端插入承口深度可按现场实测的承口深度。粘接接头不得在雨中或水中施工，不宜在5℃以下操作。所使用的粘接剂须经过检验，不得使用已出现絮状物的粘接剂，粘接剂与被粘接管材的温度宜基本相同，不得采用明火或电炉等设施加热粘接剂。

（8）可采用过渡件串联两端不同材质的管材或阀门、消火栓等附配件。过渡件两端接头构造必须与两端连接接头形式相适应。阀门、消火栓或钢管等为法兰接头时，过渡件与其连接端必须采用相应的法兰接头，其法兰螺栓孔位置及直径必须与连接端的法兰一致。连接不同材质的管材采用承插式接头时，过渡件与其连接端必须采用相应的承插式接头，其承口的内径或插口的外径及密封圈的规格等必须符合连接端承口或插口的要求；当不同材质管材为平口端时，宜采用套筒式接头连接，套筒内径必须符合两端连接件不同外径的规格。过渡件优先采用PVC-U注塑成型或二次加工成型的管件，如采用钢制过渡件，应采用相应的防腐措施。

（三）管道附件和附属构筑物安装施工质量控制

（1）闸阀安装应牢固、严密，启闭灵活，与管道轴线垂直。

（2）管道在水平或垂直向转弯处、改变管径处、三通四通端头和阀门处，均应根据管内压力计算轴向推力并设置止推墩。支墩应在坚固的地基上修筑。当无原状土做后背墙时，应采取措施保证支墩在受力情况下，不致破坏管道接口。当采用砌筑支墩时，原状土与支墩间应采用砂浆填塞。管道支墩应在管节接口做完、管节位置固定后修筑。

（3）在砌筑阀井时应同时安装预留支管，预留支管的管径、方向、高程应符合设计要求，管与井壁衔接处应严密，预留支管管口宜采用低强度等级砂浆砌筑封口抹平。阀门井基础必须浇筑在原状地基或经过回填密实的地层上。混凝土结构的混凝土强度等级不得低于C15；砖砌体必须采用不低于M75水泥砂浆砌筑；砖材必须用机制黏土砖。在地下水位以下的砖砌井室外壁必须做封闭的水泥砂浆抹面防水层。

（4）硬聚氯乙烯给水管采用粘接连接时应设置伸缩节。伸缩节之间距离应根据施工时闭合温度与管道敷设过程中或运行后管道环境介质可能出现的最高温度差计算确定。在管道转弯处，伸缩节宜等距离设置在弯头两侧。混凝土水池进出水管不得采用PVC-U管直接浇筑在池壁内；必须采用钢制带止水片穿墙套管预埋留洞，在水池工程完工后安装进出水管。入墙管段必须采用专用PVC-U管件或钢制管件，安装定位后用干硬性水泥砂浆分层填实至墙内外皮25mm处，再用聚硫类防水嵌缝材料填实密封。

（四）沟槽回填质量控制

（1）沟槽回填时，槽内砖、石、木块等应清除干净；采用明沟排水时，应保持排水沟畅通，沟槽内不得有积水；采用井点降低地下水位时，其动水位应保持在槽底以下不小于0.5m。回填土或其他回填材料运入槽内时不得损伤管道及其接口。井室周围的回填，应与管道沟槽的回填同时进行；不便同时进行时，应留台阶形接茬。

（2）沟槽的回填材料，除设计文件另有规定外，应符合下列规定：

1）槽底至管顶以上500mm范围内，土中不得含有机物、冻土以及大于50mm的砖、石等硬块；在抹带接口处、防腐绝缘层或电缆周围，应采用细粒土回填；采用石灰土、砂、砂砾等材料回填时，其质量应符合设计要求或有关标准规定。

2）回填土每层的压实遍数，按压实度要求、压实工具、虚铺厚度和含水量，应经现场试验确定。管道两侧的压实度不应小于90%。

（3）在管道试压前，管顶以上回填土高度不宜小于0.5m；可留出管道接头处0.2m范围内不进行回填。管道试压合格后应及时回填其余部分，宜在管道充满水的情况下进行。采取机械回填时，机械不得在管道上方行驶。

（五）管道交叉处理质量控制

（1）管道施工与其他管道交叉时，应按设计规定进行处理；当设计无规定时，应按施工规范处理并及时通知有关单位。

（2）混凝土管或钢筋混凝土管与其上方钢管道或铸铁管道交叉且同时施工，当钢管或铸铁管的内径不大于400mm时，宜在混凝土管道两侧砌筑砖墩支承。

（3）排水管道与其下方的钢管道或铸铁管道交叉且同时施工时，对下方的管道宜加设套管或管廊。

四、监理过程中巡视或旁站

（一）巡视

（1）管道施工前，应根据施工需要进行巡视，了解现场地形、地貌、建筑物、各种管线和其他设施的情况及施工环境。巡视临时水准点、管道轴线控制桩的设置情况。施工方应对临时水准点、管道轴线控制桩、高程桩进行复核。施工单位对已建管道的平面位置和高程在开工前应校测。

（2）对沟槽开挖过程中的排水措施进行巡视。排水井的构造，井点系统的组合与构造，排放管渠的构造、断面和坡度应符合经监理单位审批同意的施工方案。施工排水系统排出的水，应输送至抽水影响半径以外，不得影响交通，且不得破坏道路、农田、河岸及其他构筑物。施工排水过程不得间断。

（3）对沟槽开挖的断面尺寸和沟槽两侧的施工状况及沟槽支撑的安全性进行巡视。

（二）旁站

（1）管道、管件的起吊及管节下入沟槽时的操作过程应进行旁站。管道装卸时应轻装轻放，不得与槽壁支撑及槽下的管道相互碰撞。

（2）对钢管焊接程序、铸铁及球墨铸铁管承插接口的施工程序及PVC-U管接口连接措施进行旁站。

（3）水压试验时要旁站。

（4）对沟槽回填用土或其他回填材料及回填过程与压实程度测试进行旁站。压实度应符合设计规定。

（5）管道冲洗和消毒过程要进行旁站。冲洗水应清洁，浊度应在3NTU以下，流速不得小于1.0m/s。必须进行连续冲洗直至出水口处浊度、色度与入水口进水相当为止。冲洗时应保证排水管路畅通、安全。冲洗后应用有效氯离子含量不低于20mg/L的清洁水浸泡24h后，再次冲洗，直至水质检测、管理部门取样化验合格后为止。

五、常见质量问题

（一）管道连接质量通病

各种管道连接方式的质量通病较多，各种连接方式主要共性的质量通病是管道、管件的制作加工和安装质量达不到连接结构的强度和稳定性。管道连接虽然在各个施工工序中经过试验、检验验收达到合格，但按规定保修期和设计最终使用年限往往达不到要求，运行中都有不同程度的结构隐患和渗漏问题，严重影响日常使用功能。

（1）铸铁管道承插连接的主要质量问题：铸铁或球墨铸铁管承插连接的刚性或柔性接口，由于施工不按设计要求和施工规范规定，常因外力作用使管道与填充材料有相对位移，破坏插口连接的强度和密实性，管道接口在运行中出现裂纹，发生渗水、漏水现象。

（2）管道焊接质量问题：焊缝外形尺寸不符，内外有裂纹，未焊透、焊穿、弧坑、夹渣、有气孔、咬肉、错口和熔合性飞溅等问题，焊接接口位置不正确，纵面焊缝位置不符等。

（3）硬聚氯乙烯管道接口的质量问题：硬聚氯乙烯管道接口施工中由于未按设计要求或施工规范进行，在交工使用后，均在接口部位发生渗漏问题，严重影响供水使用。承插、粘接或胶圈密封柔性接口的严密性、强度不符合要求。

（4）钢管采用螺纹连接或法兰连接时出现不符合施工规范的现象。

（二）其他质量通病

阀门井内管道附件的支墩和其他用以防止管内水压推力破坏管道的支墩不牢，与周围构筑物产生不均沉降的质量问题：由于阀门井基础不符合要求，支墩的重量、刚度及锚固位置不符合设计要求和施工规范规定。

六、工程检测和试验项目

（1）给水压力管道上采用的闸阀，安装前应进行启闭试验，并宜进行解体检验，以检查机件是否灵活，启闭运转后是否漏水。

（2）管道水压试验

1）管道水压、闭水试验前，应做好水源引接及排水疏导安排。管件的支墩、锚固设施也达到设计强度。未设支墩及锚固设施的管件应采取加固措施。管道灌水应从下游缓慢灌入，试验管段不得采用闸阀做堵板，不得有消火栓、水锤消除器、安全阀等附件。

2）室外给水管道的水压试验方法和步骤与室内给水管道水压试验相同。

3）管道严密性试验应按设计及规范进行，严密性试验时不得有漏水现象为合格。

（3）管道冲洗消毒后的冲洗出水水质应经水质管理部门取样化验检测。

（4）回填土压实度应经过检验。

七、监理验收

工程验收制度是检验工程质量必不可少的一道程序，也是保证工程质量的一项重要措施。室外给水管道工程验收分为中间验收和竣工验收。中间验收主要是验收埋在地下的隐蔽工程，凡是在竣工验收前被隐蔽的工程项目，都必须进行中间验收，只有对前一工序验收合格后，方可进行下一工序，当隐蔽工程全部验收合格后，方可回填沟槽。

竣工验收是全面检验室外给水管道工程是否符合工程质量标准的过程，对不符合质量标准的工程项目必须整修，甚至返工，验收达到质量标准后，方可投入使用。

（一）室外给水管网工程质量标准

1. 主控项目

（1）管沟的基层处理和井室的地基必须符合设计要求。

检验方法：现场观察检查。

（2）给水管道在埋地敷设时，应在当地的冰冻线以下，如必须在冰冻线以上铺设时，应做可靠的保温防潮措施。在无冰冻地区，埋地敷设时，管顶的覆土埋深不得小于500mm，穿越道路部位的埋深不得小于700mm。

检验方法：现场观察检查。

（3）给水管道不得直接穿越污水井、化粪池、公共厕所等污染源。

检验方法：观察检查。

（4）管道接口法兰、卡扣、卡箍等应安装在检查井或地沟内，不应埋在土壤中。

检验方法：观察检查。

（5）给水系统各种井室内的管道安装，如设计无要求，井壁距法兰或承口的距离：管径小于或等于450mm时，不得小于250mm；管径大于450mm时，不得小于350mm。

检验方法：尺量检查。

（6）镀锌钢管、钢管的埋地防腐必须符合设计要求，如设计无规定时，可按表3-2的规定执行。卷材与管材间应粘贴牢固，无空鼓、滑移、接口不严等。

检验方法：观察和切开防腐层检查。

管道防腐层种类 **表3-2**

防腐层层次	正常防腐层	加强防腐层	特加强防腐层
（从金属表面起） 1	冷底子油	冷底子油	冷底子油
2	沥青涂层	沥青涂层	沥青涂层
3	外包保护层	加强包扎层	加强保护层
		（封闭层）	（封闭层）
4		沥青涂层	沥青涂层
5		外保护层	加强包扎层
			（封闭层）
6			沥青涂层
7			外包保护层
防腐层厚度不小于（mm）	3	6	9

（7）消防水泵接合器和消火栓的位置标志应明显，栓口的位置应方便操作。消防水泵

接合器和室外消火栓当采用墙壁式时，如设计未要求，进、出水栓口的中心安装高度距地面应为1.10m，其上方应设有防坠落物打击的措施。

检验方法：观察和尺量检查。

（8）各类井室的井盖应符合设计要求，应有明显的文字标识，各种井盖不得混用。

检验方法：现场观察检查。

（9）设在通车路面下或小区道路下的各种井室，必须使用重型井圈和井盖，井盖上表面应与路面相平，允许偏差为±5mm。绿化带上和不通车的地方可采用轻型井圈和井盖，井盖的上表面应高出地坪50mm，并在井口周围以2%的坡度向外做水泥砂浆护坡。

检验方法：观察和尺量检查。

（10）重型铸铁或混凝土井圈，不得直接放在井室的砖墙上，砖墙上应做不少于80mm厚的细石混凝土垫层。

检验方法：观察和尺量检查。

2. 一般项目

（1）管沟的坐标、位置、沟底标高应符合设计要求。

检验方法：观察、尺量检查。

（2）管沟的沟底层应是原土层，或是夯实的回填土上，沟底应平整，坡度应顺畅，不得有尖硬的物体、块石等。

检验方法：观察检查。

（3）如沟基为岩石、不易清除的块石或为砾石层时，沟底应下挖100～200mm，填铺细砂或粒径不大于5mm的细土，夯实到沟底标高后，方可进行管道敷设。

检验方法：观察和尺量检查。

（4）管道的坐标、标高、坡度应符合设计要求，管道安装的允许偏差应符合表3-3的规定。

室外给水管道安装的允许偏差和检验方法　　表3-3

项次	项目			允许偏差（mm）	检验方法
1	坐标	铸铁管	埋地	100	拉线和尺量检查
			敷设在沟槽内	50	
		钢管、塑料管、复合管	埋地	100	
			敷设在沟槽内或架空	40	
2	标高	铸铁管	埋地	±50	拉线和尺量检查
			敷设在地沟内	±30	
		钢管、塑料管、复合管	埋地	±50	
			敷设在地沟内或架空	±30	
3	水平管纵横向弯曲	铸铁管	直段（25m以上）起点～终点	40	拉线和尺量检查
		钢管、塑料管、复合管	直段（25m以上）起点～终点	30	

(5) 管道和金属支架的涂漆应附着良好，无脱皮、起泡、流淌和漏涂等缺陷。

检验方法：现场观察检查。

(6) 管道连接应符合工艺要求，阀门、水表等安装位置应正确。塑料给水管道上的水表、阀门等设施其重量或启闭装置的扭矩不得作用于管道上，当管径≥50mm时必须设独立的支承装置。

检验方法：现场观察检查。

(7) 给水管道与污水管道在不同标高平行敷设，其垂直间距在500mm以内时，给水管管径小于或等于200mm的，管壁水平间距不得小于1.5m；管径大于200mm的，不得小于3m。

检验方法：观察和尺量检查。

(8) 铸铁管承插捻口连接的对口间隙应不小于3mm，最大间隙不得大于表3-4的规定。

检验方法：尺量检查。

(9) 铸铁管沿直线敷设，承插捻口连接的环型间隙应符合表3-5的规定；沿曲线敷设，每个接口允许有2°转角。

铸铁管承插捻口的对口最大间隙　　表3-4

管径（mm）	沿直线敷设（mm）	沿曲线敷设（mm）
75	4	5
100～250	5	7～13
300～500	6	14～22

铸铁管承插捻口的环型间隙　　表3-5

管径（mm）	标准环型间隙（mm）	允许偏差（mm）
75～200	10	+3 -2
250～450	11	+4 -2
500	12	+4 -2

检验方法：尺量检查。

(10) 捻口用的油麻填料必须清洁，填塞后应捻实，其深度应占整个环型间隙深度的1/3。

检验方法：观察和尺量检查。

(11) 捻口用水泥强度应不低于32.5MPa，接口水泥应密实饱满，其接口水泥面凹入承口边缘的深度不得大于2mm。

检验方法：观察和尺量检查。

(12) 采用水泥捻口的给水铸铁管，在安装地点有侵蚀性的地下水时，应在接口处涂抹沥青防腐层。

检验方法：观察检查。

(13) 采用橡胶圈接口的埋地给水管道，在土壤或地下水对橡胶圈有腐蚀的地段，在回填土前应用沥青胶泥、沥青麻丝或沥青锯末等材料封闭橡胶圈接口。橡胶圈接口的管道，每个接口的最大偏转角不得超过表3-6的规定。

橡胶圈接口最大允许偏转角 表3-6

公称直径（mm）	100	125	150	200	250	300	350	400
允许偏转角度	5°	5°	5°	5°	4°	4°	4°	3°

检验方法：观察和尺量检查。

（14）室外消火栓和消防水泵接合器的各项安装尺寸应符合设计要求，栓口安装高度允许偏差为±20mm。

检验方法：尺量检查。

（15）地下式消防水泵接合器顶部进水口或地下式消火栓的顶部出水口与消防井盖底面的距离不得大于400mm，井内应有足够的操作空间，并设爬梯。寒冷地区井内应做防冻保护。

检验方法：观察和尺量检查。

（16）消防水泵接合器的安全阀及止回阀安装位置和方向应正确，阀门启闭灵活。

检验方法：现场观察和手扳检查。

（17）管沟回填土，管顶上部200mm以内应用砂子或无块石及冻土块的土，并不得用机械回填；管顶上部500mm以内不得回填直径大于100mm的块石和冻土块；500mm以上部分回填土中的块石或冻土块不得集中。上部用机械回填时，机械不得在管沟上行走。

检验方法：观察和尺量检查。

（18）井室的砌筑应按设计或给定的标准图施工。井室的底标高在地下水位以上时，基层应为素土夯实；在地下水位以下时，基层应打100mm厚的混凝土底板。砌筑应采用水泥砂浆，内表面抹灰后应严密不透水。

检验方法：观察和尺量检查。

（19）管道穿过井壁处，应用水泥砂浆分二次填塞严密、抹平，不得渗漏。

检查方法：观察检查。

3. 试验项目与管道冲洗检验

（1）管网必须进行水压试验，试验压力为工作压力的1.5倍，但不得小于0.6MPa。

检验方法：管材为钢管、铸铁管时，试验压力下10min内压力降不应大于0.05MPa，然后降至工作压力进行检查，压力应保持不变，不渗不漏；管材为塑料管时，试验压力下，稳压1h，压力降不大于0.05MPa，然后降至工作压力进行检查，压力应保持不变，不渗不漏。

（2）给水管道在竣工后，必须对管道进行冲洗，饮用水管道还要在冲洗后进行消毒，满足饮用水卫生要求。

检验方法：观察冲洗水的浊度，查看有关部门提供的检验报告。

（3）室外消防系统必须进行水压试验，试验压力为工作压力的1.5倍，但不得小于0.6MPa。

检验方法：试验压力下，10min内压力降不大于0.05MPa，然后降至工作压力进行检查，压力保持不变，不渗不漏。

（4）消防管道在竣工前，必须对管道进行冲洗。

检验方法：观察冲洗出水的浊度。

（二）竣工验收应提交下列资料

（1）竣工图及设计变更文件。

（2）主要材料和制品的合格证或试验记录。

（3）管道高程及位置的测量记录。

（4）混凝土、砂浆、防腐、防水及焊接检验记录。

（5）管道的水压试验及闭水试验记录。

（6）中间验收记录及有关资料。

（7）回填土压实度的检验记录。

（8）施工方工程质量检验评定报告。

（9）工程质量事故处理记录。

（10）给水管道的冲洗及消毒记录。

第二节 室外排水管网工程

一、工程内容

（一）室外排水系统组成

室外排水系统一般包括室外排水管道和排水构筑物（检查井、化粪池、隔油池、沉砂池、降温池），室外雨水系统还包括室外雨水口。

（1）检查井：其作用是连接（代替管件）、检查、清通管道；位置设在管线交汇处、转弯处、管径或坡度改变处、跌水处以及直线管段每隔一定距离处。

（2）化粪池：其作用是对粪便污水进行截流沉淀，并对沉淀物中的有机物进行厌氧酵化处理；位置宜设置在接户管的下游段，建筑物背向大街一侧，靠近卫生间但便于机动车清掏的地方，距外墙不得小于5m，距地下取水构筑物不得小于30m，距水池不得小于10m。

（3）隔油池：其作用是收集并去除污水中的油脂及轻油等；排除油脂的隔油池宜靠近含油污水产生地，也可在室内含油污水排水支管上设隔油器，排除轻油的隔油池宜设在室外。

（4）沉砂池：其作用是沉淀并排除污水中的砂粒等无机物。

（5）降温池：其作用是对温度高于40℃的废水，在排入市政排水管道之前进行降温处理，分为虹吸式和隔板式两种。

（二）室外排水系统安装的主要内容

1. 沟槽开挖

室外排水管道的沟槽与室外给水管道的有所不同，室外排水管道管径较大，一般为重力流管道，在开挖前要做好施工定位放线，可以利用现场已有的施工管线，平行或垂直的道路中心线，或地面上已知的控制点确定排水管道的中心线。确定中心线位置后用坡度板在地面上固定，并测出各坡度板上中心钉的标高，作为开槽、铺设管道的依据。开槽铺设管道时，也可以采用直接测量或其他方法控制管道中心线、槽底高程以及安装管节的高程等。

采用坡度板控制槽底高程和坡度时，应符合下列规定：坡度板应选用有一定刚度且不易变形的材料制作，其设置应牢固；对于平面上呈直线的管道，坡度板设置的间距不宜大于15m；呈曲线管道的坡度板间距应加密；井室位置、折点和变坡点处，应增设坡度板；坡度板距槽底的高度不宜大于3m。

沟槽开挖土方量的计算与给水管道沟槽开挖土方量的计算方法相同。

2. 沟槽支撑

排水沟道的支撑应根据沟深、地下水情况、土质、槽宽、开挖方法和排水方法、地面荷载等因素确定。支撑材料可选钢材、木材或钢材木材混合使用。撑板支撑应随挖土的加深及时安装。

撑板的安装应与沟槽槽壁紧贴，横排撑板应水平，立排撑板应顺直，密排撑板的对接应严密。横梁应水平，纵梁应垂直，且必须与撑板密贴，连接牢固。横撑应水平并与纵梁垂直，且应支紧，连接牢固。

3. 管道安装

（1）管道基础

排水管道的基础形式根据设计要求施工。砂及砂石基础材料应振实，并应与管身的承口外壁均匀接触。混凝土枕基适用于干燥土壤中的雨水管道及不太重要的污水支管，常与素土基础或砂土基础同时使用。混凝土带形基础是沿管道全长铺设的基础，适用于各种潮湿土壤，以及地基受力条件不均匀的排水管道。管径为200～2000mm，无地下水时在沟槽底部原土上直接浇混凝土基础；有地下水时在槽底铺100～150mm厚的卵石或碎石垫层，然后在上面浇混凝土基础。采用混凝土管座基础时，在复验管节中心和高程合格后，应及时浇筑管座混凝土。

（2）管道连接

排水管道的不透水性和耐久性，在很大程度上取决于敷设管道时管节连接的质量。连接接口应具有足够的强度，不透水，能抵抗污水和地下水的侵蚀并具有一定的弹性。接口形式按设计要求施工。根据接口的弹性，分为柔性、刚性和半柔半刚性三种接口形式。柔性接口可采用沥青卷材或橡胶圈接口。柔性接口施工复杂，应严格按照设计要求和施工规范进行。石棉沥青卷材为工厂加工，质量配比为沥青：石棉：细砂=7.5：1：1.5。水泥砂浆抹带接口是在管节接口处用配合比为1：2.5～1：3的水泥砂浆抹成半椭圆形或其他形状的砂浆带，带宽120～150mm，一般适用于地基土质较好的雨水管道，或用于地下水位以上的污水直线管道。钢丝网水泥砂浆抹带接口是将抹带范围内的管外壁凿毛，抹一层配合比1：2.5的水泥砂浆厚15mm，中间采用20号10mm×10mm钢丝网一层，两端插入基础混凝土中，上面再抹一层砂浆厚10mm，适用于土质较好的具有带形基础的雨水、污水管道。

（3）检查井及雨水口砌筑

为便于对排水管道系统做定期检查和清通，必须在管道转弯处、交汇处、管道尺寸或坡度改变处、跌水处等以及直线管段相隔一定距离的地方设置检查井。检查井在直线管段之间的最大间距应符合设计要求。检查井一般采用圆形，由井底（包括基础）、井身和井盖（包括盖底）三部分组成。

雨水口是在雨水管渠或合流管渠上收集雨水的构筑物。雨水口的设置位置应能保证迅速有效地收集雨水。一般应在交叉路口、路侧边沟的一定距离处以及设有道路边石的低洼地方设置，以防止雨水漫过道路或造成道路及低洼地区积水而妨碍交通。道路雨水口的间距一般为25～50m，在低洼和易积水的地段应根据需要适当增加雨水口的数量。雨水口的构造包括进水箅、井筒和连接管三部分组成。

（4）沟槽回填

埋设在沟槽内的管道，承受管道两侧土压和管道上方及地面上的静荷载或动荷载。如果通过正确回填，提高管道两侧和管顶的填土密实度，可以减少管顶垂直土压力，大大提高管道的受力能力。沟槽回填的密实度要求应由设计根据工程结构性质、使用要求以及土的性质确定。

回填的施工过程包括还土、摊平、夯实、检查等工序。其中关键工序是夯实，应符合设计所规定的密实度。

二、材料质量要求

（一）管材

排水管道可以采用的管材有混凝土管、预应力混凝土管、钢筋混凝土管、陶土管、铸铁管和塑料管等，具体根据设计要求而定。

（1）对混凝土管和钢筋混凝土管的外观质量应进行检查，且符合下列规定：

1）管道的内外表面应光洁平整，无蜂窝、坍落、露筋、空鼓等缺陷。

2）混凝土管不允许有裂缝；钢筋混凝土管外表面不允许有裂缝，管内壁裂缝宽度不得超过0.05mm。

3）合缝处不应漏浆。

（2）对铸铁管的外观质量应进行检查，且符合下列规定：

1）铸铁管应有制造厂的名称和商标、制造日期及工作压力符号等标记。

2）内外表面应整洁，不得有裂缝、冷隔、瘪陷和错位等缺陷。

3）铸铁管内外表面的漆层应完整光洁，附着牢固。

4）法兰与管道或管件的中心线应垂直，两端法兰应平行，法兰面应有凸台及密封沟。

（3）对塑料管材、管件的外观质量应进行检查，且符合下列规定：

1）颜色应均匀一致，无色泽不均及分解变色线。

2）内壁光滑、平整，无气泡、裂口、脱皮，无严重的冷斑及明显的裂纹、凹陷。

3）管材、管件的承插口应工作面平整、尺寸准确，以保证接口的密封性能。

排水管道必须具有足够的强度，以承受外部的荷载和内部的水压；排水管道必须不透水，以防止污水渗出或地下水渗入。排水管道内壁应光滑，能抵抗污水中杂质的冲刷和磨损作用，也应该具有抗腐蚀的性能。总之，排水管道的外观、尺寸公差和其他质量要求应符合现行国家产品标准的规定。

常用室外埋地排水管见表3-7。

（二）接口材料

1. 水泥砂浆抹带接口

水泥：采用≥32.5级普通硅酸盐水泥。

砂：经过孔径2mm筛子过筛，含泥量小于3%，砂粒径0.5～1.5mm。

配合比：抹带砂浆水泥∶砂＝1∶2.5；捻内缝砂浆水泥∶砂＝1∶3。

水灰比：小于0.5。

室外埋地排水管　　表3-7

序号	管材名称	管材规格	连接方式	适用规范、标准	标准图号	备注
1	硬聚氯乙烯（PVC-U）平壁管	公称外径：*De*160，*De*200，*De*250，*De*315，*De*400，*De*500，*De*630	①承插粘接*De*160、*De*200（适用于建筑小区排水）；②承插胶圈接口*De*160～*De*630（属柔性连接）	《埋地硬聚氯乙烯排水管道工程技术规程》CECS 122:2001	《埋地塑料排水管道施工》04S520	一般土质基底铺设100mm粗砂垫层；较差土质基底铺设200mm砂砾石垫层
2	硬聚氯乙烯（PVC-U）加筋管	公称直径：*DN*225，*DN*300，*DN*400，*DN*500	承插胶圈接口	《埋地硬聚氯乙烯排水管道工程技术规程》CECS 122:2001	《埋地塑料排水管道施工》04S520	一般土质基底铺设100mm粗砂垫层；较差土质基底铺设200mm砂砾石垫层
3	硬聚氯乙烯（PVC-U）双壁波纹管	公称外径：*De*160，*De*180，*De*200，*De*225，*De*250，*De*280，*De*315，*De*355，*De*400，*De*450，*De*500，*De*560，*De*630，*De*710，*De*800，*De*900，*De*1000，*De*1100，*De*1200；其中常用的有：*De*225，*De*315，*De*400，*De*500，*De*630，*De*800，*De*900，*De*1000，*De*1100，*De*1200	承插胶圈接口	《埋地硬聚氯乙烯排水管道工程技术规程》CECS 122:2001	《埋地塑料排水管道施工》04S520	一般土质基底铺设100mm粗砂垫层；较差土质基底铺设200mm砂砾石垫层
4	硬聚氯乙烯（PVC-U）钢塑复合缠绕管	公称直径：*DN*200，*DN*300，*DN*400，*DN*500，*DN*600，*DN*700，*DN*800，*DN*900，*DN*1000，*DN*1200	内套管粘接	《埋地硬聚氯乙烯排水管道工程技术规程》CECS 122:2001	《埋地塑料排水管道施工》04S520	一般土质基底铺设100mm粗砂垫层；较差土质基底铺设200mm砂砾石垫层

续表

序号	管材名称	管材规格	连接方式	适用规范、标准	标准图号	备注
5	聚乙烯(PE)双壁波纹管	公称外径：De160，De200，De250，De315，De400，De500，De630，De800，De1000，De1200	承插胶圈接口	《埋地聚乙烯排水管管道工程技术规程》CECS 164:2004	《埋地塑料排水管道施工》04S520	一般土质基底铺设100mm中粗砂垫层；较差土质基底铺设200mm砂砾石垫层
		公称直径：DN150，DN200，DN225，DN250，DN300，DN400，DN500，DN600，DN800，DN1000，DN1200	①承插胶圈接口；②双承胶圈接口；③哈夫外固接口			
6	聚乙烯(PE)缠绕结构壁管	公称直径：DN150，DN200，DN300，DN400，DN500，DN600，DN700，DN800，DN900，DN1000，DN1100，DN1200，DN1300，DN1400，DN1500，DN1600，DN1700，DN1800，DN1900，DN2000，DN2100，DN2200，DN2300，DN2400，DN2500	①承插胶圈接口；②双承胶圈接口；③电熔，热熔；④不锈钢卡箍等	《埋地聚乙烯排水管管道工程技术规程》CECS 164:2004	《埋地塑料排水管道施工》04S520	一般土质基底铺设100mm粗砂垫层；较差土质基底铺设200mm砂砾石垫层
7	聚乙烯(PE)钢塑复合缠绕管	公称直径：DN600，DN700，DN800，DN900，DN1000，DN1200	内接套管焊接	《埋地聚乙烯排水管管道工程技术规程》CECS 164:2004	《埋地塑料排水管道施工》04S520	一般土质基底铺设100mm粗砂垫层；较差土质基底铺设200mm砂砾石垫层
8	钢带增强聚乙烯(PE)螺旋波纹管	公称直径：DN800，DN1000，DN1200	①焊接；②内衬焊接；③热熔	《埋地聚乙烯排水管管道工程技术规程》CECS 164:2004	《埋地塑料排水管道施工》04S520	一般土质基底铺设100mm粗砂垫层；较差土质基底铺设200mm砂砾石垫层

续表

序号	管材名称	管材规格	连接方式	适用规范、标准	标准图号	备注
9	增强聚丙烯（FRPP）模压管	公称直径：DN200，DN225，DN300，DN400，DN500，DN600，DN700，DN800，DN900，DN1000，DN1100，DN1200 标准管长：2000mm	承插胶圈接口		《埋地塑料排水管道施工》04S520	一般土质基底铺设100mm粗砂垫层；较差土质基底铺设200mm砂砾石垫层
10	玻璃纤维增强塑料夹砂（RPM）管	公称直径：DN400，DN500，DN600，DN700，DN800，DN900，DN1000，DN1200	①承插胶圈接口；②双承胶圈接口	《埋地给水排水玻璃纤维增强热固性树脂夹砂管管道工程施工及验收规程》CECS 129:2001	《埋地塑料排水管道施工》04S520	一般土质基底铺设100mm粗砂垫层；较差土质基底铺设200mm砂砾石垫层
11	高密度聚乙烯（HDPE）双壁波纹管	公称直径：DN500，DN600，DN800，DN1000，DN1200	承插胶圈接口		《埋地塑料排水管道施工》04S520	一般土质基底铺设100mm粗砂垫层；较差土质基底铺设200mm砂砾石垫层
12	高密度聚乙烯（HDPE）承插式双壁缠绕排水管	公称直径：DN200，DN300，DN400，DN500，DN600，DN700，DN800，DN900，DN1000，DN1100，DN1200，DN1300，DN1400，DN1500，DN1600，DN1700，DN1800，DN1900，DN2000，DN2100，DN2200，DN2300，DN2400，DN2500，DN2600，DN2700，DN2800，DN2900，DN3000 可配套HDPE塑料检查井	承插胶圈接口		《埋地塑料排水管道施工》04S520	一般土质基底铺设100mm中粗砂垫层；较差土质基底先铺设150mm砂砾石垫层，上面再铺50mm中粗砂垫层

2. 钢丝网水泥砂浆抹带接口

水泥与砂的配合比与水泥砂浆抹带接口要求相同。

钢丝网及绑丝规格：采用20号10mm×10mm镀锌钢丝网，用20～22号镀锌钢丝绑扎。

3. 石棉沥青卷材接口

水泥宜采用32.5级水泥，沥青采用30号石油沥青，石棉应选用机选4F级温石棉。

4. 预制套环石棉水泥接口

水泥：32.5级以上普通硅酸盐水泥。

石棉：机选4F级温石棉。

油麻：应采用纤维较长，无皮质、清洁、松软、富有韧性的油麻。

配比：水:石棉:水泥=1:3:7（质量比）。水灰比宜小于或等于0.2。

（三）砌筑材料

砌筑用砖应采用机制普通黏土砖，其强度等级不应低于MU10，并应符合现行国家标准《烧结普通砖》GB 5101—2003的规定。

砌筑、勾缝和抹面均采用水泥砂浆，其中水泥强度等级不低于32.5级。

砂浆质量符合下列要求：砂浆配制严格按照设计配比拌制；砂浆应随伴随用，拌好后的砂浆应在初凝前用完；砂浆要搅拌均匀，使用中如出现泌水现象，应拌合后使用。

（四）管道基础材料

配制现浇混凝土的水泥应采用普通硅酸盐水泥、火山灰质硅酸盐水泥或矿渣硅酸盐水泥。

配制混凝土所用骨料应符合国家现行有关标准的规定。

浇筑混凝土管座时，应在浇筑地点制作混凝土抗压强度试块。

三、施工安装过程质量监控内容

（一）沟槽开挖过程质量控制

沟槽开挖宽度应保证管道结构每侧工作宽度，槽底高程允许偏差为±20mm，不合格则应进行修整。采用坡度板控制槽底高程和坡度时，坡度板应选用一定刚度且不易变形的材料制作，其设置应牢固。平面上呈直线的管道，坡度板设置的间距不宜大于15m，呈曲线管道的坡度板间距应加密，检查井位置、折点和变坡点处应增设坡度板。

沟槽开挖应不扰动天然地基，槽底如被扰动，应进行地基处理且符合设计要求。槽壁平整，沟槽边坡坡度符合设计要求。

槽底为岩石坚硬地基时，应按设计规定施工，设计无规定时，管身下方应铺设砂垫层，其厚度应符合施工规范的规定。当槽底地基土质局部遇有松软地基、流沙、溶洞、墓穴等，施工方应与设计单位商定处理措施，并经监理单位审批同意。

非永冻土地区，管道不得安放在冻结的地基上。管道安装过程中，应防止地基冻胀。

沟槽采用支撑时，支撑应安装牢固，安全可靠，支撑后不得妨碍下管和稳管。

（二）排水管道铺设安装过程质量控制

施工下管前应检查沟槽，对不符合要求的应做可靠处理。下管时，管节必须自上而下依次搬运，下管方法应根据施工方案进行，可采用人工下管或机械下管，管节下入沟槽时，不得与槽壁支撑及槽下的管道相互碰撞。

管道应在沟槽地基和管基质量经专业监理工程师检验合格后开始安装。安装时宜自下游开始，承口朝向施工前进的方向。

管节安装前应进行外观检查，发现裂缝、保护层脱落、空鼓、接口掉角等缺陷，使用前应修补并经鉴定合格后，方可使用。管座分层浇筑时，管座平基混凝土抗压强度应大于5.0N/mm^2，方可进行安装。管节安装前应将管内外清扫干净，安装时应使管节内底高程符合设计规定。调整管节中心及高程时，必须垫稳，两侧设撑杠，不得发生滚动。

管道安装时，应将管节的中心及高程逐节调整正确，安装后的管节应进行复测，合格后方可进行下一工序施工。

管节中心、高程复验合格后，应及时浇筑管座混凝土。管座分层浇筑时，应先将管座平基凿毛冲净，并将管座平基与管材相接触的三角部位，用同强度等级的混凝土砂浆填满、捣实后，再浇混凝土。

采用垫块法一次浇筑管座时，必须先从一侧灌注混凝土，当对侧的混凝土与灌注一侧混凝土高度相同时，两侧再同时浇筑，并保持两侧混凝土高度一致。

管座基础留变形缝时，缝的位置应与柔性接口相一致。

（三）排水管道接口质量控制

当采用水泥砂浆填缝及抹带接口时，落入管道内的接口材料应清除；管径大于或等于700mm时，应采用水泥砂浆将管道内接口部位抹平、压光；当管径小于700mm时，填缝后立即抹平。

抹带接口在拌带前应将管口的外壁凿毛、洗净，当管径小于或等于500mm时，水泥砂浆抹带可一次抹成；当管径大于500mm时，应分两层抹成。抹带完成后，应立即用吸水性强的材料覆盖，3～4h后洒水养护。

钢丝网水泥砂浆抹带接口的钢丝网端头应在浇筑混凝土管座时插入混凝土内，在混凝土初凝前，分层抹压钢丝网水泥砂浆抹带。

抹带接口应平整，不得有裂缝、空鼓等现象，抹带宽度、厚度的允许偏差应为0～+5mm。

承插式甲型接口、套环口、企口应平直，环向间隙应均匀，填料密实、饱满，表面平整，不得有裂缝现象。

预应力混凝土管及钢筋混凝土管乙型接口，对口间隙应符合施工规范的规定，橡胶圈应位于插口小台内，并应无扭曲现象。

（四）沟槽回填质量控制

与室外给水管道安装的沟槽回填质量控制相同。

（五）管道交叉处理质量控制

排水管道施工时若与其他管道交叉，应按设计规定进行处理，当设计无规定时，应按施工规范规定处理并通知有关单位。

排水管道与其下方的钢管道或铸铁管道交叉且同时施工时，对下方的管道宜加设套管或管廊，套管或管廊长度不宜小于上方排水管道基础宽度加管道交叉高差的3倍，且不宜小于基础宽度加1m。套管或管廊两端与管道之间的孔隙应封堵严密。

当排水管道与其上方的电缆管块交叉时，宜在电缆管块基础以下的沟槽中回填低强度等级的混凝土、石灰土或砌砖。其沿管道方向的长度不应小于管块基础宽度加300mm。

当排水管道与电缆管块同时施工时，可在回填材料上铺设一层中砂或粗砂，其厚度不宜小于100mm。当电缆管块已建时，采用混凝土回填则应回填到电缆管块基础底部，其间不得有空隙；当采用砌砖回填时，砖砌体的顶面宜在电缆管块基础底面以下不小于200mm，再用低强度等级的混凝土填至电缆管块基础底部，其间不得有空隙。

（六）建筑排水硬聚氯乙烯管道埋地铺设质量控制

排水埋地管道管沟底面应平整，沿管道水流方向坡度均匀，无突出的尖硬物，以防止管道不均匀受压而损伤。沟槽底宜设厚度为100~150mm的砂垫层，垫层宽度不应小于管外径的2.5倍，其坡度应与管道坡度相同。管沟回填应采用细土回填至管顶以上至少200mm处，压实后再回填至设计标高。

管道穿越地下室外墙必须有可靠的防水措施，施工时可预埋刚性防水套管，套管穿越部位作临时封堵。当埋地管道穿越基础需做预留孔洞时，应配合土建按设计的位置与标高进行施工，当设计无要求时，管顶上部净空不宜小于150mm。

埋地出户管与检查井连接按程序施工，与检查井接点部位应采用M7.5标号水泥砂浆分二次嵌实，不得有孔隙，还应在井壁外沿管壁用水泥砂浆抹成三角形止水圈。

（七）排水检查井及雨水口砌筑质量控制

检查井井底基础应与相邻管道基础同时浇筑，使两基础浇筑条件一致，减少接缝，避免因接茬不好，产生裂缝和不均匀沉降。

流槽宜与井壁同时浇筑，目的是两者结合成一坚固、耐久的整体。流槽表面应抹压光滑，与上下游管道底部平顺一致。

在砌筑检查井时应同时安装预留支管，预留支管的管径、方向、高程应符合设计要求，管与井壁衔接处应严密。

砌筑检查井内壁应采用水泥砂浆勾缝，内壁抹面分层压实，外壁用砂浆搓缝，防止井壁渗漏，避免水质污染。

预制构件装配的检查井，除构件衔接、钢筋焊接应符合要求外，其相应质量关键在于砂浆接缝。施工要求企口坐浆与竖缝灌浆都需饱满，保证装配构件结构坚固、防渗良好。施工时，浆缝凝结硬化期间应精心养护。安装完毕不得承受外力震动或撞击，以免影响接缝质量。

雨期砌筑检查井或雨水口，井身应一次砌起。雨期施工，当施工段较长不能及时还土时，在检查井中的井室侧墙底部预留进水孔，以防止万一产生较大降雨时，雨水进入沟槽产生漂管事故，回填土前预留孔应封堵。

检查井及雨水口砌筑或安装至规定高程后，应及时浇筑或安装井圈，盖好井盖。

雨水口位置应符合设计要求，不得歪扭；井圈与井墙吻合，允许偏差为±10mm；雨水支管的管口应与井墙平齐。雨水口与检查井的连接管应顺直、无错口；坡度应符合设计要求，雨水口底座及连接管应设在坚实的土质上。

检查井及雨水口的周围回填前，井壁的勾缝、抹面和防渗层应符合质量要求，井壁同管道连接处应采用水泥砂浆填实。

检查井与路面高程允许偏差应符合相关规范规定。

四、监理过程中巡视或旁站

（一）巡视

（1）排水管道施工前，应巡视施工现场，了解现场地形地貌、建筑物、各种管线和其他设施的情况。巡视临时水准点、管道轴线控制桩的设置情况。施工方应对临时水准点、管道轴线控制桩、高程桩进行复核。与本工程衔接的已建管道平面位置和高程在开工前应进行校测。

（2）巡视与检验沟槽开挖过程。沟槽平面位置、深度、宽度、标高和坡度等在下管前均应复测。巡视槽底是否受开挖扰动、有无冻底、泡槽现象，如有上述现象应采取补救措施。沟槽支撑是否安全，边坡系数是否符合设计要求。检查井、雨水口的位置是否与设计相符。

（3）巡视沟槽周边施工环境。管节堆放宜选择使用方便、平整、坚实的场地。沟边摆管不影响交通，方便施工，承插口管材承口应迎向水流方向。运输管道时，各管之间及两肋均应用木块垫稳，以防滚动相互碰撞。插口应采取措施包好，以免破坏。施工过程中的降水排水措施不能中断。

（4）对排水管道接口、检查井或雨水口与管道连接、井壁防渗等施工过程进行巡视。

（5）对沟槽回填用土或其他回填材料及回填施工与压实过程进行巡视。压实度应符合规定。

（6）对检查井及雨水口的加盖封堵情况进行巡视。

（7）对管道材料进行巡视检查，观察有无露筋、裂纹、脱皮等缺陷，承插口的工作面是否光滑无疵。如果有缺陷，需用环氧树脂拌合水泥修补。

（二）旁站

（1）对排水管道严密性试验要旁站。

（2）排水检查井流槽的抹压施工要旁站，流槽表面应光滑，与上下游管道底部应平顺一致。

（3）埋地排水管道在隐蔽前做灌水试验的过程必须旁站，其灌水高度应不低于底层卫生器具的上边缘或底层地面高度。

五、常见质量问题

（一）管道连接质量通病

（1）各种室外排水管道连接方式、连接质量问题的共性表现是连接结构达不到应有的强度和稳定性。由于施工过程不按设计要求和施工规范规定，接口形式和使用的填料不符合设计要求。

（2）钢丝网水泥砂浆及水泥砂浆抹带接口抹带前应将外壁凿毛洗净，抹完后应加强养护，防止开裂；直径较大且工人可进入管内操作时，除外部抹带外，内缝亦需用1:3水泥砂浆捻缝，不然容易造成管壁开裂。

（3）采用承插式甲型接口、水泥砂浆填缝时，应将接口部位清洗干净。插口插入承口后，应将管节接口环向间隙调整均匀，再用水泥砂浆填满、捣实、表面抹平。

（4）预应力、自应力混凝土管及乙型接口的钢筋混凝土管安装时，承口内工作面、插口外工作面应清洗干净；套在插口上的圆形橡胶圈应平直、无扭曲现象。安装时，橡胶圈应均匀滚动到位，放松外力后回弹不得大于10mm，就位后应在承、插口工作面上。

（5）排水管道接口是管道施工中的关键性工序，也是造成施工质量问题较多的原因，如果接口质量不好，造成渗漏，日久可能造成路面沉陷，还会造成地下水受污染等严重问题。

（二）检查井及雨水口质量通病

（1）检查井预留支管的管径、方向、高程不符合要求的质量问题。在排水管道施工中强调严格按照设计施工要求进行预留，否则，未来接入的管道就会缺乏依据，也将不符合规划设计的要求。

（2）检查井及雨水口的勾缝、抹面、防渗层及接入管与井壁衔接处不严密的质量问题。

防治措施：在检查井及雨水口的周围回填前应检查井壁的勾缝、抹面和防渗是否符合质量要求。

（3）井盖与路面高程偏差及雨水口井圈与井墙、井圈与道路边线相邻边的距离偏差不符合施工规范的质量问题。

六、工程检测和试验项目

（1）浇筑混凝土管座时，应留混凝土抗压强度试块以备做验证性检验。试块的留置数量及强度评定方法应按检测规定进行。

（2）严密性试验

污水、雨污水合流管道及湿陷土、膨胀土、流沙地区的雨水管道，在回填前应采用闭水法进行严密性试验。管道闭水试验时，管道及检查井外观质量应已经过验收且合格。管道沟槽应未做回填且槽内无积水，全部预留孔应封堵，不得渗水。管道进行严密性试验时，进行外观检查，没有漏水现象，且符合施工验收规范时，管道严密性试验为合格。

（3）沟槽回填土的压实度检验。

七、监理验收

（一）室外排水管网工程质量标准

1. 主控项目

（1）沟基的处理和井池的底板强度必须符合设计要求。

检验方法：现场观察和尺量检查，检查混凝土强度报告。

（2）排水检查井、化粪池的底板及进、出水管的标高，必须符合设计，其允许偏差为±15mm。

检验方法：用水准仪及尺量检查。

（3）各种排水井、池应按设计给定的标准图施工，各种排水井和化粪池均应用混凝土做底板（雨水井除外），厚度不小于100mm。

（4）排水管沟及井池的土方工程、沟底的处理、管道穿井壁处的处理、管沟及井池周围的回填要求等，均参照给水管沟及井室的规定执行。

（5）排水管道坡度必须符合设计要求，严禁无坡或倒坡。

检验方法：用水准仪、拉线和尺量检查。

2. 一般项目

（1）管道的坐标和标高应符合设计要求，安装的允许偏差应符合表3-8的规定。

室外排水管道安装的允许偏差和检验方法　　表3-8

项次	项目		允许偏差（mm）	检验方法
1	坐标	埋地	100	拉线尺量
		敷设在沟槽内	50	
2	标高	埋地	±20	用水平仪、拉线和尺量
		敷设在沟槽内	±20	
3	水平管道纵横向弯曲	每5m长	10	拉线尺量
		全长（两井间）	30	

（2）排水铸铁管采用水泥捻口时，油麻填塞应密实，接口水泥应密实饱满，其接口面凹入承口边缘且深度不得大于2mm。

检验方法：观察和尺量检查。

（3）排水铸铁管外壁在安装前应除锈，涂二遍石油沥青漆。

检验方法：观察检查。

（4）承插接口的排水管道安装时，管道和管件的承口应与水流方向相反。

检验方法：观察检查。

（5）混凝土管或钢筋混凝土管采用抹带接口时，应符合下列规定：

1）抹带前应将管口的外壁凿毛、扫净，当管径小于或等于500mm时，抹带可一次完成；当管径大于500mm时，应分二次抹成，抹带不得有裂纹。

2）钢丝网应在管道就位前放入下方，抹压砂浆时应将钢丝网抹压牢固，钢丝网不得外露。

3）抹带厚度不得小于管壁的厚度，宽度宜为80～200mm。

检验方法：观察和尺量检查。

（6）井、池的规格、尺寸和位置应正确，砌筑和抹灰符合要求。

检验方法：观察及尺量检查。

（7）井盖选用应正确，标志应明显，标高应符合设计要求。

检验方法：观察、尺量检查。

3. 试验项目

管道埋设前必须做灌水试验和通水试验，排水应畅通，无堵塞，管接口无渗漏。

检验方法：按排水检查井分段试验，试验水头应以试验段上游管顶加1m，时间不少于30min，逐段观察。

（二）验收资料

（1）竣工图及设计变更文件。

（2）主要材料和制品的合格证或试验记录。

（3）管道高程及位置的测量记录。

（4）混凝土、砂浆、防腐、防水的检验记录。

（5）管道灌水和通水试验记录。

（6）中间验收记录及有关资料。

（7）回填土压实密实度的检验记录。

（8）工程质量事故处理记录。

（9）施工方工程质量检验评定报告。

第四章　室内采暖和热水供应安装工程质量监控

第一节　室内采暖系统工程

一、工程内容

采暖系统的主要内容包括管道及配件安装，辅助设备及散热器安装，金属辐射板安装，低温热水地板辐射采暖系统安装，系统水压试验及调试、防腐、绝热等。

（一）采暖系统分类和组成

采暖就是用人工方法向室内供给热量，保持一定的室内温度，以创造适宜的生活条件或工作条件的技术。所有的采暖系统都由热媒制备（热源）、热媒输送和热媒利用（散热设备）三个主要部分组成。按照三个主要组成部分相互位置关系，采暖系统可以分为：

（1）局部采暖系统：热源、热媒输送及散热设备不分开设置，如烟气采暖（火炉、火墙和火炕等）、电热采暖等。

（2）集中采暖系统：热源和散热设备分开放置，由管网将它们之间连接，由热源向各个房间或各个建筑物供给热量。对于工程监理人员来讲，经常遇到的是集中采暖系统。

1）集中采暖系统，按照采暖热媒可以分为：

①热水采暖系统（系统组成见图4-1）：热媒为热水，利用水的显热来输送热，主要应用于民用建筑；

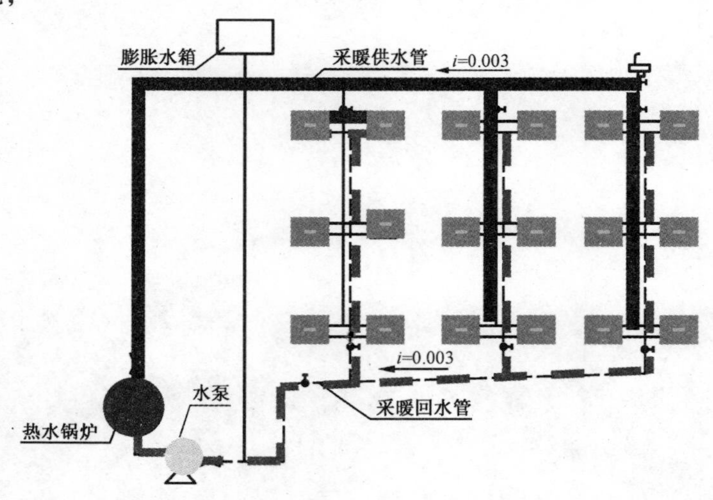

图4-1　机械循环双管上供下回式热水集中采暖系统

②蒸汽采暖系统：热媒为蒸汽，利用水的潜热来输送热，主要应用于工业建筑；

③热风采暖系统：热媒为空气，利用空气的显热来输送热，主要应用于大型工业车间或民用建筑。

2）集中采暖系统的热媒制备主要来源于以下几种不同能源：

①利用不可再生的一次性能源，例如：煤、天然气、油，热媒制备设备主要是锅炉和换热设备；

②利用绿色能源：即太阳能、生物能等，热媒制备设备主要是太阳能热水器等；

③利用地热能，需要所在地区有地热资源，不需热媒制备设备进行能量转化。

3）低温热水地板辐射采暖方式介绍

传统的热水采暖系统依靠散热器（暖气片）将热量提供给热用户。散热器通过对流方式加热室内空气，室内温度不均匀，舒适性差，且散热器一般明装于室内，占用室内使用面积。随着人们生活水平的提高，一种新的热水采暖形式——低温热水地板辐射采暖系统在中高档住宅建筑中被普遍采用。地板采暖把普通热水采暖系统中的散热器换成了铺设在地板下的盘管，采用辐射方式供暖，室内温度梯度小、温度均匀，供暖符合人体生理需求曲线，室内设定温度即使比对流式采暖低2～5℃，也能使人们有相同的温暖感觉；同时地板采暖采用低温热源，温差传热损失大大减小，热效率较对流供暖大大提高，可使系统运行费用降低20%～30%；并且埋地安装，能增加2%～3%的室内使用面积。

（二）传统室内采暖系统

1. 室内热水采暖系统的主要设备和附件

（1）膨胀水箱

膨胀水箱的作用是用来贮存热水采暖系统加热的膨胀水量。在重力循环上供下回式系统中，它还起着排气作用，膨胀水箱的另一作用是恒定采暖系统的压力。

膨胀水箱分为高位水箱和落地式膨胀水箱两类。高位水箱通常布置在最高热用户的顶层，水箱与大气连通，属于敞开式；落地式膨胀水箱布置在锅炉房或热力站中，水箱内有密闭的空气层，不与大气连通，属于密闭式。

（2）排除空气的设备

系统的水被加热时，会分离出空气，空气的危害有：形成空气塞，堵塞管道，破坏水的循环，造成局部系统不热；空气与钢管内表面相接触将引起腐蚀，缩短管路寿命。

热水采暖系统排除空气的设备，主要有：

1）集气罐

用直径100～250mm的短管制成。其安装位置在供水干管末端的最高处，分为立式和卧式两种。

2）自动排气阀

3）放水阀

放水阀多用在水平式和下供下回式系统中，它旋紧在散热器上部专设的丝孔上，以手动方式排除空气。

4）散热器温控阀

散热器温控阀是一种自动控制散热器散热量的设备，具有恒定室温、节约热能的优点。主要用在双管热水供热系统中。

2. 供热管道及其附件

（1）供热管道

供热管道通常采用钢管。钢管最大的优点是能承受较大的压力和动荷载，管道连接方便；但缺点是钢管内部及外部易受腐蚀。

（2）阀门

阀门是用来开闭管路和调节输送介质流量的设备。在供热管道上，常用的阀门型式有：截止阀、闸阀、蝶阀、止回阀和调节阀等。

（3）补偿器

为了防止供热管道升温时，由于热伸长或温度应力而引起管道变形或破坏，需要在管道上设置补偿器。主要有方形补偿器、波纹管补偿器、套筒补偿器和球形补偿器等。前两种是利用补偿器材料的变形来吸收热伸长，后两种是利用管道的位移来吸收热伸长。

（4）管道保温

供热管道及其附件在室外的部分应进行保温，常用保温材料主要有岩棉管壳、玻璃棉管壳、橡塑板、聚氨酯泡沫塑料等。

3. 散热器

散热器是居室、工作间内使用最为普遍的采暖系统末端装置，通过它的表面传热将热量提供给热用户。散热器的类型主要有铸铁、钢制、铝制和其他类型等。目前，使用最多的是钢制散热器。钢制散热器有钢串片式、扁管式、板式、钢制柱式、排管式等形式，其外形较轻巧、形式多样（图4-2），可用于不同场合。但其中部分形式散热器要求热水中含氧量不大于0.05mg/L，并要求系统在非供暖期充水保养。

图4-2 钢制散热器

4. 热量表

对于新居住建筑的集中采暖系统，应设置分户热计量装置和室温控制装置；对于建筑物内的公共用房和公用空间，应单独设置采暖系统和热计量装置。

5. 对于蒸汽采暖系统，还应设置如下设备

（1）疏水器

作用是自动阻止蒸汽逸漏，及时排除用热设备及管道中的凝水，排除系统中积留的空气和其他不凝性气体。

常用疏水器有机械型（浮筒式）、热动力型（圆盘式）、热静力型（波纹管式）等。

（2）减压阀

作用是自动调节阀后蒸汽的压力，使阀后的压力维持恒定。

减压阀有活塞式、波纹管式和薄膜式等几种。

6. 采暖系统温度设定

热电联产供热，热力网供水温度一般控制在110～150℃，回水温度60～70℃；其供回水温差，直接连接不小于20℃，间接连接不小于35℃。

区域锅炉房供热，供热规模较小时，可采用95～70℃的水温；供热规模较大时，应采用较高的供水温度。

用户室内采暖温度应为18℃±2℃，不低于16℃。

具体要求如下表所示。（表4-1）

用户室内采暖温度　　表4-1

房间名称	温度/℃
卧室、起居室（厅）和卫生间	18
厨　房	15
设采暖的楼梯间和走廊	14

注：有洗浴器并有集中热水采暖系统的卫生间，宜按25℃设计。

（三）低温热水地板辐射采暖系统

1. 低温热水地板辐射采暖系统介绍

低温热水地板辐射采暖系统把普通热水采暖系统中的散热器换成了铺设在地板下的盘管（图4-3、图4-4），热水在埋置于地板下的盘管内循环流动，加热整个地板，通过地面均匀地向室内辐射散热的一种供暖方式。该系统能够有效提高居室的舒适度，而且可以减去室内的明敷管道及散热器，是一种较理想的采暖形式。埋在地板下的管道可采用交联高密度聚乙烯管，供水温度宜采用≤60℃，供回水温度差宜采用10℃，在地板加热管之下应铺设热绝缘层。加热管以上的地面面层厚度不宜小于60mm。较理想的做法是由施工单位统一铺设热绝缘层、聚乙烯管道及上面60mm的地面层。居室面层可采用水泥，陶瓷砖、水磨石、大理石，塑料类、木地板、地毯等。

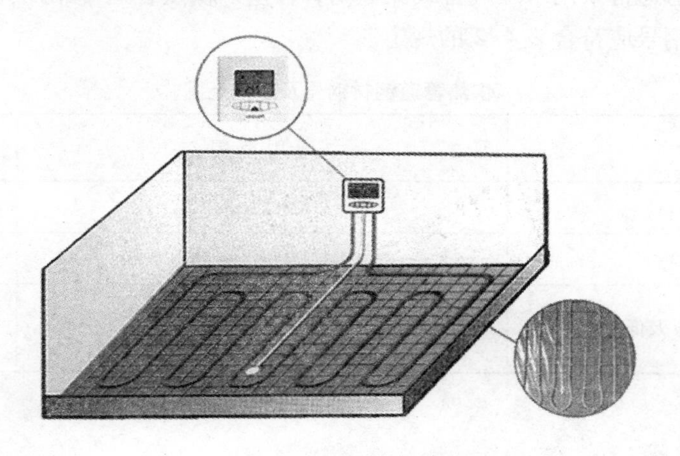

图4-3　地板辐射采暖示意

2. 低温热水地板辐射采暖系统施工流程

施工流程：施工准备→固定分、集水器→铺设保温层和地暖反射膜→铺设埋地管材→设置过门伸缩缝→中间验收（一次水压试验）→回填细石混凝土层→完工验收（二次水压试验）。

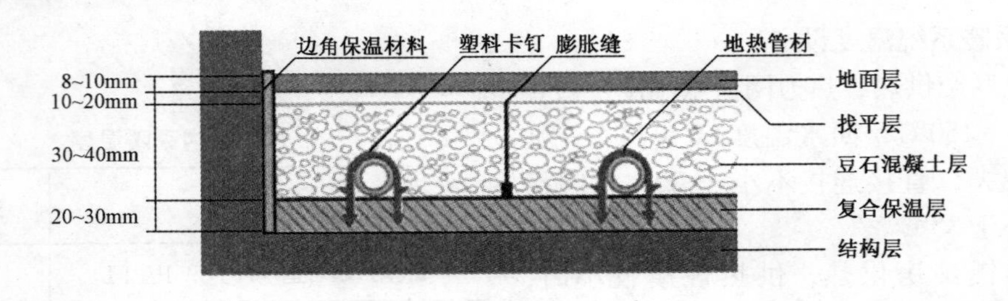

图 4-4 地板辐射采暖剖面

二、材料和设备质量要求

（一）传统采暖系统材料和设备质量要求

1. 材料管理基本规定

（1）采暖工程所使用的主要材料、成品、半成品、配件、器具和设备必须具有中文质量合格证明文件，规格、型号及性能检测报告应符合国家技术标准或设计要求。进场时应做检查验收，并经监理工程师核查确认。如对检测证明有怀疑时，可补做检测。

（2）所有材料进场时应对品种、规格、外观等进行验收。包装应完好，表面无划痕及外力冲击破损。

（3）主要器具和设备必须有完整的安装使用说明书。在运输、保管和施工过程中，应采取有效措施防止损坏或腐蚀。

2. 主要材料和设备质量要求

（1）供热管道

室内供热管道通常采用水煤气管或无缝钢管，室外供热管道都采用无缝钢管和钢质卷焊管。使用钢材钢号应符合表 4-2 的规定。

供热管道钢材钢号及适用范围　　表 4-2

钢　　号	适用范围	钢板厚度
A_3F，AY_3F	$P\leqslant1.0$MPa；$t\leqslant150$℃	≤8mm
A_3，AY_3	$P\leqslant1.6$MPa；$t\leqslant300$℃	≤16mm
A_{38}、A_3R_{20}、20g 及低合金钢	蒸汽网 $P\leqslant1.6$MPa；$t\leqslant350$℃ 热水网 $P\leqslant2.56$MPa；$t\leqslant200$℃	不　　限

（2）阀门

1）阀门安装前，应进行强度和严密性试验，这将在本节的第六项中有详细叙述。

2）各种阀门的适用性

①截止阀：关闭严密性较好，但阀体长、介质流动阻力大。产品公称直径不大于 200mm。

②闸阀：其优缺点正好与截止阀相反。它通常用在公称直径大于 200mm 的管上。

③蝶阀：阀体长度很小，流动阻力小，调节性能优于截止阀和闸阀，但造价高。

④止回阀：用来防止管道或设备中介质倒流的一种阀门。它利用流体的动能来开启阀

门。在采暖系统中，它常安装在泵的出口、疏水器出口管道上，以及其他不允许流体反向流动的地方。

（3）散热器

1）质量标准

①散热器的型号、规格、质量及安装前的水压试验必须符合设计要求和施工规范规定。

②铸铁翼型散热器安装后的翼片完好程度应符合以下规定：长翼型，顶部掉翼不超过1个，长度不大于50mm，侧面不超过2个，累计长度不大于200mm；圆翼型，每根掉翼数不超过2个，累计长度不大于一个翼片周长的1/2，掉翼面应向下或朝墙安装，尽量达到外露面无掉翼，表面洁净、完整。

③钢串片散热器肋片完好程度应符合以下规定：松动肋片不超过肋片总数的2%，肋片整齐无翘曲。

2）几种主要散热器的适用性

①铸铁散热器：具有结构简单、防腐蚀性好、使用寿命长及热稳定性好的优点，但其金属耗量大，金属热强度低于钢制散热器。在具有腐蚀性气体或相对湿度较大的房间，宜采用铸铁散热器。铸铁柱型和长翼型散热器的工作压力，不应高于0.2MPa；铸铁圆翼型散热器不应高于0.4MPa。

②钢制散热器：最大的缺点是容易被腐蚀，使用寿命比铸铁散热器短，在蒸汽供暖系统中不应采用钢制散热器。在具有腐蚀性气体或相对湿度较大的房间不宜设置钢制散热器。

（二）低温热水地板辐射采暖系统材料和设备质量要求

低温热水地板辐射采暖系统材料应包括加热盘管、分水器、集水器及其连接件和绝热材料等。所有材料均应按国家现行标准检验合格，有关强制性性能要求应由国家认可的检测机构进行检测，并出具有效证明文件或检测报告。阀门、分水器、集水器应做强度和严密性试验。试验应在每批数量中抽查10%，且不得少于一个。对安装在分水器进口、集水器出口及旁通管上的旁通阀门，应逐个做强度和严密性试验，合格后方可使用。阀门的强度试验压力应为工作压力的1.5倍；严密性试验压力应为工作压力的1.1倍；公称直径不大于50mm的阀门，强度和严密性试验持续时间应为15s。

1. 材料管理基本规定

材料进场，施工单位应提供管材的检验报告、产品合格证，有特殊要求的管材，还应提供相应说明书。

管材的内外表面应光滑、平整、干净，不应有可能影响产品性能的明显划痕、凹陷、气泡等缺陷。

塑料管或铝塑复合管的公称外径、壁厚与偏差，应符合表4-3和表4-4的要求。

2. 主要材料或设备质量要求

（1）分水器、集水器

分水器、集水器应包括分水干管、集水干管、排气及泄水试验装置、支路阀门和连接配件等。

分水器、集水器（含连接件等）的材料宜为铜质，内外表面应光洁，不得有裂纹、砂眼、冷隔、夹渣、凹凸不平等缺陷。表面电镀的连接件，色泽应均匀，镀层牢固，不得有脱镀的缺陷。

塑料管公称外径、最小与最大平均外径 **表4-3**

塑料管材	公称外径/mm	最小平均外径/mm	最大平均外径/mm
PE-X管、PB管、PE-RT管、PP-R管、PP-B管	16	16.0	16.3
	20	20.0	20.3
	25	25.0	25.3

（2）连接件

金属连接件间的连接及过渡管件与金属连接件间的连接密封应符合国家现行标准《55°密封管螺纹》GB/T 7306—2000的规定。永久性的螺纹连接，可使用厌氧胶密封粘接；可拆卸的螺纹连接，可使用不超过0.25mm总厚的密封材料密封连接。铜制金属连接件与管材之间的连接结构形式宜为卡套式或卡压式夹紧结构。

（3）绝热材料

绝热材料应采用导热系数小、难燃或不燃，具有足够承载能力的材料，且不宜含有殖菌源，不得有散发异味及可能危害健康的挥发物。

地面辐射供暖工程中采用的聚苯乙烯泡沫塑料主要技术指标应符合表4-4的规定。

铝塑复合管公称外径、壁厚与偏差 **表4-4**

焊接方式	公称外径/mm	公称外径偏差/mm	参考内径/mm	壁厚最小值/mm	壁厚偏差/mm
搭接焊	16	+0.3	12.1	1.7	+0.5
	20		15.7	1.9	
	25		19.9	2.3	
对接焊	16	+0.3	10.9	2.3	+0.5
	20		14.5	2.5	
	25（26）		18.5（19.5）	3.0	

当采用其他绝热材料时，其技术指标应按规定（表4-5），选用同等效果绝热材料。

聚苯乙烯泡沫塑料主要技术指标 **表4-5**

项目	单位	性能指标
表观密度	kg/m^3	≥20.0
压缩强度（即在10%形变下的压缩应力）	kPa	≥100
导热系数	W/（m·K）	≤0.041
吸水率（体积分数）	%（v/v）	≤4
尺寸稳定性	%	≤3

续表

项　　目	单　位	性能指标
水蒸气透过系数	ng/（Pa·m·s）	≤4.5
熔结性（弯曲变形）	mm	≥20
氧指数	%	≥30
燃烧分级	达到 B_2 级	

三、施工安装过程质量控制内容

室内集中采暖系统施工安装控制的主要内容，是根据设计施工图、施工规范等有关标准规定，对室内采暖管道、散热器及其他附属设备和附件安装中的各个环节进行工艺、技术的质量监控。可以按照以下要求进行施工和质量监控。

（一）传统室内采暖系统安装质量控制

1. 室内采暖管道安装质量监控

（1）施工条件

1）图纸已经会审且技术资料齐全，已进行工艺、技术、质量和安全交底。

2）基础及过墙穿管的孔洞已按图纸的标高和尺寸预留好。

3）干管安装：位于地沟内的干管，一般情况下，在已砌筑完成和清理好的地沟未盖沟盖板前进行安装、试压和隐蔽；位于顶层的干管，在结构封顶后安装；位于槽板上的干管，需在楼板安装后，方可安装；位于天棚内的干管，应在封闭前安装、试压和隐蔽。

4）立管安装：一般应在抹灰后和散热器安装后进行；如需在抹地面前安装时，则要求土建的地面标高线必须准确。

5）支管安装：必须在抹完墙面、散热器安装完成后进行。

（2）一般技术和质量要求

1）引入管安装

热源由室外引入室内的管道装置，入口一般设在建筑物中心，重点考虑传热要求和热平衡。入口管道安装的好与坏关系到整个系统供热效果。安装施工的技术及质量控制要求如下：

①在施工时应根据施工图纸的要求，做好入口处的管道排列，并将所需材料备齐。在通过建筑物基础时，必须将坐标、标高测好，准确地预留好孔洞和沟槽；应按专业施工图，将坐标、标高和孔洞尺寸做好详细记录，给下道工序创造有利条件。

②在安装低温水管道时，供、回水干管要并列平行且有不小于0.002的坡度坡向锅炉房干管，在入口处必须装有旁通管，其阀门位置应装在便于开闭的洞口、活盖附近。

③旁通管的连接，除了与导管连接处采用焊接外，其余部分一律采用阀门和法兰连接。

2）室内导管连接

安装前应根据施工图要求选用材料及各种配件，进一步进行外观检查，符合要求后，方可使用。管材先要进行调直再敷设。预留孔洞和托、吊、支架的安装技术质量，应符合有关要求。

①供热导管安装

供热导管的安装时间，应在主体平口后、楼层顶板未安装之前，及时将导管暂时排列于隔墙顶端。因为这时楼层顶部无任何障碍，可将整根管吊到顶层。这样不但加快了施工速度，更主要的是减少了接口数量。否则，很容易不得不将管道割断多段，从而造成接口数量太多，使管道水平弯曲或上下起伏，很难保证质量要求。对于过墙套管要值得注意的是，先将套管加好或者在焊接管道前加好套管。

供水（汽）导管的末端和回水（汽）导管的开端的管径，不得少于20mm。

②回水导管安装

回水导管的安装与顶层热导管安装大体相同，但施工交叉时间不同。因回水导管敷设在一层地面上，它的安装时间是在一层砌砖之前。需要指出的是，施工现场，尤其是在底层，是交叉作业、人和物集聚较乱的所在地，因此一层主体在砌筑平口并在安装楼板之后，要采取有效措施防止杂物撞弯管道。对于套管的安放时间，不管采用何种材质，都必须与管道同时安装。在填补墙洞时，与其他工种密切配合，防止偏位。

③敷设在地沟内的导管安装时，应在地沟内砌筑完成后再进行挂线、打眼（或预留孔洞)、安装支架和管道及其附件。在管道全部工序完成后（包括试压、防腐、绝热)，必须经监理工程师验收、签认后，才能将地沟盖盖好。

④导管的接头、焊接处不应放在墙体或楼板内。导管可以采用焊接或者丝扣连接。进行连接时，要先检查或清扫管腔内的杂物，防止堵塞管道。管道安装中间停工或完工后，必须将敞口处封闭，防止杂物落入。

⑤管道的变径位置应符合设计要求，变径与支立管焊接处应有100mm以上的距离。除了同心大小头外，对偏心大小头的变径要求是：热水管道变径应与管顶皮相平，蒸汽管道变径应与管底皮相平。

3）室内干管安装

①干管在进行安装前，要检查管内有无杂物。管道遇伸缩处必须先穿上套管。

②管道的固定支架位置和构造必须符合设计要求和施工规范要求。

③补偿器的安装位置必须符合设计要求，并按有关规定进行预拉伸。

④管道安装后，首先检查坐标、标高、甩口位置和变径等是否正确。严禁支、吊架上或弯管处有焊口。管道焊口距支、吊架的边缘应大于50mm。如管道支、吊架属于活动支、吊架时，管道焊口应放置在与受热运行方向的同一侧，以防止管道受温度变化伸缩时，管架与焊口相接触，在应力作用下影响管道的运行或限制管的伸缩，以致破坏管架或焊口。

⑤安装在楼板上的钢套管，找正后，使套管上端高出地面20mm，下端与顶棚抹灰面相平；水平穿墙套管与墙的抹灰面相平；然后按顺序填堵洞口。

⑥凡需隐蔽的干管，均需单体进行水压试验，经监理工程师验收、签认后，才能隐蔽。

4）室内立管安装

①室内立管安装前，先检查和复核各层预留孔洞，预留孔洞均应在垂直线上。

②立管安装后，检查立管每个预留口的标高、角度是否正确、准确、平正。

5）室内支管安装

①室内支管安装前，散热器的安装位置及立管预留口甩头接管处，均应准确，并做好记录。

②用钢尺、水平尺、线坠等量具校核支管的坡度和平行方向的距墙尺寸，复查立管及散热器有无移动。合格后，固定套管及堵抹墙后缝隙。

2. 散热器安装质量监控

（1）散热器组装

1）散热器的组装方法：长翼型散热器采用丝接组装，圆翼型散热器采用法兰连接，柱型和M型散热器采用丝接组装。

2）散热器组装时，应严格控制中心线的位移，不得有错口、乱扣和丝扣不全等缺陷。

3）散热器组装完成后，必须做水压试验，耐压强度必须保证设计的工作压力。

（2）散热器安装

1）铸铁散热器的安装，严格控制散热器中心与墙面的距离并且其中心与窗口中心线取齐；安装在同一层或同一房间的散热器，应安装在同一水平高度。

2）水平安装的圆翼型散热器，纵翼竖向安装。热水采暖时，两端应使用偏心法兰；蒸汽采暖时，回水必须使用偏心法兰。

3）各种型式散热器与管道的连接，必须安装可拆装的连接件。

4）支、托架的安装位置应正确，埋设平整、牢固。各类散热器的支、托架的安装数量及安装位置应符合设计和施工规范要求。

5）各类散热器的距墙距离，应符合施工规范的规定。

3. 采暖附件安装质量监控

采暖系统的附件，如集气罐、排气阀、疏水器等，在保证室内采暖的供暖安全、正常运行和使用功能方面起着重要作用。

（1）各附件的连接必须符合设计和施工规范要求。

（2）各附件的固定与活动支、吊架安装，必须符合设计和施工规范要求，连接牢固，间距正确。

（3）安装后的阀门、减压阀等附件位置、出入口方向，均应正确并且横平竖直、开启灵活。

（二）地板辐射采暖系统安装质量控制

1. 加热管安装质量监控

（1）加热管应按照设计图纸标定的管间距和走向敷设，加热管应保持平直，管间距的安装误差不应大于±10mm。

（2）加热管敷设前，应对照施工图纸核定加热管的选型、管径、壁厚，并应检查加热管外观质量，管内部不得有杂质。加热管安装间断或完毕时，敞口处应随时封堵。

（3）加热管切口应平整，断口面应垂直管轴线。加热管安装时应防止管道扭曲；弯曲管道时，不得出现“死折”；塑料及铝塑复合管的弯曲半径不宜小于6倍管外径，钢管的弯曲半径不宜小于5倍管外径。

（4）埋设于填充层内的加热管不应有接头。

（5）加热管弯头两端宜设固定卡；加热管固定点的间距，直管段固定点间距宜为0.5~0.7m，弯曲管段固定点间距宜为0.2~0.3m。

(6) 加热管出地面至分水器、集水器连接处，弯管部分不宜露出地面装饰层。

(7) 加热管出地面至分水器、集水器下部球阀接口之间的明装管段，外部应加装塑料套管。套管应调出装饰面150~200mm。

(8) 加热管与分水器、集水器连接，应采用卡套式、卡压式挤压夹紧连接；连接件材料宜为铜质；铜质连接件与PP-R或PP-B直接接触的表面必须镀镍。

2. 分水器、集水器安装质量监控

地板辐射采暖系统分水器、集水器是有别于普通采暖工程使用的分水器、集水器，其宜在开始铺设加热管之前进行安装。水平安装时，宜将分水器安装在上，集水器安装在下，中心距宜为200mm，集水器中心距地面不应小于300mm。

3. 绝热层铺设质量监控

铺设绝热层的地面应平整、干燥、无杂物。墙面根部应平直，且无积灰现象。绝热层的铺设应平整，绝热层相互间接合应严密。直接与土壤接触或有潮湿气体侵入的地面，在铺设绝热层之前应先铺一层防潮层。

4. 水压试验监控

(1) 水压试验应在系统冲洗之后进行。冲洗应在分水器、集水器以外主供、回水管道冲洗合格后，再进行室内供暖系统的冲洗。

(2) 水压试验应分别在浇捣混凝土填充层前和填充层养护期满后进行两次；水压试验应以每组分水器、集水器为单位，逐回路进行。

(3) 试验压力应为工作压力的1.5倍，且不应小于0.6MPa。

(4) 在试验压力下，稳压1h，其压力降不应大于0.05MPa。

(5) 水压试验宜采用手动泵缓慢升压，不宜以气压试验代替水压试验。

(6) 地板辐射采暖系统水压试验及调试的质量检验与验收可以参照表4-6中的规定执行。

系统水压试验与调试 **表4-6**

项目	序号	检验内容	检验方法
主控项目	1	采暖系统安装完毕，管道保温之前应进行水压试验。试验压力符合设计要求。当设计未注明时，应符合下列规定： (1) 蒸汽、热水采暖系统，应以系统顶点工作压力加0.1MPa作水压试验，同时在系统顶点的试验压力不小于0.3MPa； (2) 高温热水采暖系统，试验压力应为系统顶点工作压力加0.4MPa； (3) 使用塑料管及复合管的热水采暖系统，应以系统顶点工作压力加0.2MPa作水压试验，同时在系统顶点的试验压力不小于0.4MPa	使用钢管及复合管的采暖系统应在试验压力下10min内压力降不大于0.02MPa，降至工作压力后检查，不渗、不漏。使用塑料管的采暖系统应在试验压力下1h内压力降不大于0.05MPa，然后降压至工作压力的1.15倍，稳压2h，压力降不大于0.03MPa，同时各连接处不渗、不漏
	2	系统试压合格后，应对系统进行冲洗并清扫过滤器及除污器	现场观察，直至排出水不含泥沙、铁屑等杂质，且水色不浑浊为合格
	3	系统冲洗完毕应充水、加热，进行试运行和调试	观察、测量室温应满足设计要求

（三）施工安装中成品保护

（1）进场的焊接钢管及其管件经除锈处理后应立即涂刷防锈漆，并应有防雨、防雪措施，不得与其他杂物混合堆放。

（2）管道安装中和安装后，应将所有的敞开管口临时加堵，封闭严密，防止杂物进入和管道丝头生锈。

（3）预制、加工好的管道、设备，要分别按编号堆放整齐，用木方垫好，防止脚踏和物砸。

（4）安装好后的管道、散热器等不得做支撑或放脚手架，不得踩踏。

（5）在安装和运输管道、管件、设备时，要注意保护已做完的地面和墙面，不可碰撞污染。

（6）在焊接管道时，要有具体措施，不可使焊渣、火星落在已完工的墙面、地面上。

四、监理过程中巡视或旁站

根据室内集中采暖系统安装的特点，现场监理工作以巡视检查为主，但是对于涉及施工质量验收规范强制性条文中的一些施工安装关键部位，或者测试调试工作内容，验收过程则需进行旁站检查。巡视或旁站检查的要点如下：

（1）各种管道安装完毕后所进行的水压试验、灌水试验和系统冲洗必须符合设计和施工规范要求，必要时，应进行旁站。

（2）各种管道隐蔽工程必须分部位在隐蔽前进行验收，各项指标必须符合设计要求和施工规范的规定。

（3）管道固定支架位置和构造必须符合设计要求和施工规范规定。

（4）管道坡度必须符合设计要求和施工规范规定，并且每30m抽查两段，不足30m也抽查。

（5）管道的对口焊缝处及弯曲部位严禁焊接支管，接口焊缝距起弯点及支、吊架边缘必须大于100mm。

（6）管螺纹加工精度应符合国家标准《55°密封管螺纹》GB/T 7306—2000的规定，螺纹清洁、规整、无断丝，连接牢固，管螺纹根部有外露丝扣，无外露麻头，防腐良好，镀锌碳素钢管和管件的镀锌层无破损、无焊接口等缺陷。

（7）碳素钢管的法兰连接应对接平行、紧密，与管道中心线垂直，螺母在同侧，螺杆露出螺母长度一致，且不大于螺杆直径的1/2，法兰衬垫材质符合设计要求或施工规范规定，且无双层垫。

（8）非镀锌碳素钢管的焊接应做到：焊口平直，焊缝加强面符合施工规范规定。焊口表面无烧穿、裂纹、结瘤、夹渣和气孔等缺陷，焊波均匀一致。

（9）金属管道的承插和套箍接口应做到接口结构和所用填料符合设计要求和施工规范规定，灰口密实、饱满，环缝间隙均匀，灰口平整、光滑，养护良好，胶圈接口回弹符合施工规范规定。

（10）管道支（吊、托、卡）架的构造正确，埋设平整、牢固、排列整齐。采用压制弯头要求与管道同径。

（11）设有补偿器时，其安装位置、尺寸、数量必须符合设计规范要求，并按规定进行预拉伸。

（12）阀门应安装在便于检修与开关处，其型号、规格和耐压强度及严密性试验，需符合设计和施工规范要求。

（13）散热器的型号、规格、质量及水压试验要符合设计要求和施工规范规定。

（14）散热器支、托架的数量、涂漆以安装偏差应当符合设计要求和施工规范规定。

（15）地板辐射采暖工程在加热管埋设安装过程中必须进行旁站，监督整个埋设过程，严格控制其各项技术参数并要求其实现质量合格。

五、常见质量问题（表4-7）

常见质量问题 表4-7

序号	质量问题	造成原因或改正方法
1	管道断口有飞刺、铁膜	用砂轮锯断管后应铣口
2	锯口不平、不正，出现马蹄形	锯管时站的角度不合适或锯条未上紧
3	丝口缺扣，乱扣	不能只套一板，套丝时应加润滑剂
4	管段表面有飞刺和环形沟	主要是管钳失灵，压力失修，压不住管材，致使管材转动滑出横沟，应及时修理工具或更换
5	管段局部凹陷	由于调直时手锤用力过猛或锤头击管部太集中，因此调直时若发现管段弯曲过死或管径过大，应加热调直。
6	托、吊、卡架不牢固	由于深度不够，卡子燕尾被切断，埋设卡架洞内杂物未清理净，又不浇水致使固定不牢
7	焊接管道错口，焊缝不均匀	主要是在焊接管道时未将管口轴线对准，厚壁管道未认真开出坡口
8	管件连接处弯曲现象	打麻时应认真将管与管找正找直
9	采暖管道堵塞	（1）管道安装前没有清扫管件和配（附）件内的杂物； （2）安装时施工杂物掉入管内； （3）临时中断施工的预留口没有及时封堵，使杂物落入
10	采暖管道渗漏	（1）阀门或其他配件不合格； （2）管道之间或管道与配（附）件之间连接不牢、松动
11	固定支架不牢、补偿器（伸缩器）失灵	（1）固定支架安装位置不正确，不平整、松动； （2）补偿器不做预拉伸； （3）误将间隔墙作滑动支架使用
12	采暖热水器管运行有响声	管道内存有气体和水，使水、气不易循环
13	采暖干管分支管水流不畅	分支管采用的是羊角弯式连接，产生阻力
14	架空干管的阀门、集气罐渗漏	密封面损伤，密封面接触不严，阀杆弯曲（上下密封面不同心），阀芯被杂质堵住，阀体或压盖裂纹
15	散热器安装不规整，渗漏	（1）托钩、固定卡子的位置不当，散热器缺翼过多； （2）托钩或固定卡架的强度低，埋设不牢固，散热器与托钩接触不实，使散热器安装不牢； （3）散热器组对采用的衬垫受热（力）后产生变形，使散热器密封性差，造成散热器渗漏
16	散热器不热或冷热不均	管道或散热器里有杂物，影响介质流量的合理分配；或管道和散热器倒坡所致

六、工程检测和试验项目

（一）检测的主要项目

（1）管道安装坡度；

（2）钢管管道焊口尺寸；

（3）管道和设备的保温；

（4）采暖管道安装的偏差；

（5）组对后的散热器平直度；

（6）散热器安装偏差；

（7）水平安装的辐射板坡度；

（8）低温热水地板辐射采暖系统加热盘管曲率半径、管径、间距和长度。

以上检测项目的具体要求在以下第七项中有详细叙述。

（二）试验的主要项目

（1）阀门安装前应进行强度和严密性试验。

试验应在每批（同牌号、同型号、同规格）数量中抽查10%，且不少于一个。对于安装在主干管上起切断作用的闭路阀门，应逐个作强度和严密性试验。

阀门的强度和严密性试验，应符合以下规定：阀门的强度试验压力为公称压力的1.5倍；严密性试验压力为公称压力的1.1倍；试验压力在试验持续时间内应保持不变，且壳体填料及阀瓣密封面无渗漏。阀门试压的试验持续时间不少于表4-8的规定。

阀门试验持续时间 **表4-8**

公称直径 *DN*/mm	最短试验持续时间/s		
	严密性试验		强度实验
	金属密封	非金属密封	
≤50	15	15	15
65～200	30	15	60
250～450	60	30	180

（2）散热器组对后，以及整组出厂的散热器在安装之前应作水压试验。

（3）低温热水地板辐射采暖系统在盘管隐蔽前必须进行水压试验。

（4）采暖系统安装完毕，管道保温之前应进行水压试验。

（5）采暖系统冲洗完毕应充水、加热，进行试运行和调试。

有关试验的要求，在以下第七项中有详细叙述。

七、监理验收

（一）管道安装质量验收基本规定

（1）建筑采暖工程与相关各专业之间，应进行交接质量检验，并形成记录。

（2）隐蔽工程应在隐蔽前经验收各方检验合格后，才能隐蔽，并形成记录。

(3) 地下室或地下构筑物外墙有管道穿过的，应采取防水措施。对有严格防水要求的建筑物，必须采用柔性防水套管。

(4) 管道穿过结构伸缩缝、抗震缝及沉降缝敷设时，应根据情况采取下列保护措施：

1) 在墙体两侧采取柔性连接。

2) 在管道或保温层外皮上、下部留有不小于150mm的净空。

3) 在穿墙处做成方形补偿器，水平安装。

(5) 在同一房间内，同类型的采暖设备及管道配件，除有特殊要求外，应安装在同一高度上。

(6) 明装管道成排安装时，直线部分应互相平行。曲线部分：当管道水平或垂直并行时，应与直线部分保持等距；管道水平上下并行时，弯管部分的曲率半径应一致。

(7) 管道支、吊、托架的安装，应符合下列规定：

1) 位置正确，埋设应平整牢固。

2) 固定支架与管道接触应紧密，固定应牢靠。

3) 滑动支架应灵活，滑托与滑槽两侧间应留有3~5mm的间隙，纵向移动量应符合设计要求。

4) 无热伸长管道的吊架、吊杆应垂直安装。

5) 有热伸长管道的吊架、吊杆应向热膨胀的反方向偏移。

6) 固定在建筑结构上的管道支、吊架不得影响结构的安全。

(8) 钢管水平安装的支、吊架间距不应大于表4-9的规定。

钢管管道支架的最大间距 表4-9

公称直径/mm		15	20	25	32	40	50	70	80	100	125	150	200	250	300
支架的最大间距/m	保温管	2	2.5	2.5	2.5	3	3	4	4	4.5	6	7	7	8	8.5
	不保温管	2.5	3	3.5	4	4.5	5	6	6	6.5	7	8	9.5	11	12

(9) 采暖系统的塑料管及复合管垂直或水平安装的支架间距应符合表4-10的规定。采用金属制作的管道支架，应在管道与支架间加衬非金属垫或套管。

塑料管及复合管管道支架的最大间距 表4-10

管径（mm）			12	14	16	18	20	25	32	40	50	63	75	90	110
最大间距/m	立管		0.5	0.6	0.7	0.8	0.9	1.0	1.1	1.3	1.6	1.8	2.0	2.2	2.4
	水平管	冷水管	0.4	0.4	0.5	0.5	0.6	0.7	0.8	0.9	1.0	1.1	1.2	1.35	1.55
		热水管	0.2	0.2	0.25	0.3	0.3	0.35	0.4	0.5	0.6	0.7	0.8		

(10) 铜管垂直或水平安装的支架间距应符合表4-11的规定。

铜管管道支架的最大间距 表4-11

公称直径(mm)		15	20	25	32	40	50	65	80	100	125	150	200
支架的最大间距/m	垂直管	1.8	2.4	2.4	3.0	3.0	3.0	3.5	3.5	3.5	3.5	4.0	4.0
	水平管	1.2	1.8	1.8	2.4	2.4	2.4	3.0	3.0	3.0	3.0	3.5	3.5

(11)采暖系统的金属管道立管管卡安装应符合下列规定:

1)楼层高度小于或等于5m,每层必须安装1个。

2)楼层高度大于5m,每层不得少于2个。

3)管卡安装高度,距地面应为1.5~1.8m,2个以上管卡应匀称安装,同一房间管卡应安装在同一高度上。

(12)管道及管道支墩(座),严禁铺设在冻土和未经处理的松土上。

(13)管道穿过墙壁和楼板,应设置金属或塑料套管。安装在楼板内的套管,其顶部应高出装饰地面20mm;安装在卫生间及厨房内的套管,其顶部应高出装饰地面50mm,底部应与楼板底面相平;安装在墙壁内的套管其两端与饰面相平。穿过楼板的套管与管道之间缝隙应用阻燃密实材料和防火油膏填实,端面光滑。穿墙套管与管道之间缝隙宜用阻燃密实材料填实,且端面应光滑。管道的接口不得设在套管内。

(14)弯制钢管,弯曲半径应符合下列规定:

1)热弯:应不小于管道外径的3.5倍。

2)冷弯:应不小于管道外径的4倍。

3)焊接弯头:应不小于管道外径的1.5倍。

4)冲压弯头:应不小于管道外径。

(15)管接口应符合下列规定:

1)管道采用粘接接口,管端插入承口的深度不得小于表4-12的规定。

管端插入承口的深度 表4-12

公称直径(mm)	20	25	32	40	50	75	100	125	150
插入深度(mm)	16	19	22	26	31	44	61	69	80

2)熔接连接管道的结合面应有一均匀的熔接圈,不得出现局部熔瘤或熔接圈凸凹不匀现象。

3)采用橡胶圈接口的管道,允许沿曲线敷设,每个接口的最大偏转角不得超过2°。

4)法兰连接时衬垫不得凸入管内,其外边缘接近螺栓孔为宜。不得安放双垫或偏垫。

5)连接法兰的螺栓,直径和长度应符合标准,拧紧后,突出螺母的长度不应大于螺杆直径的1/2。

6)螺纹连接管道安装后的管螺纹根部应有2~3扣的外露螺纹,多余的麻丝应清理干净并做防腐处理。

7)承插口采用水泥捻口时,油麻必须清洁、填塞密实,水泥应捻入并密实饱满。其接口面凹入承口边缘的深度不得大于2mm。

8）卡箍（套）式连接两管口端应平整、无缝隙，沟槽应均匀，卡紧螺栓后管道应平直，卡箍（套）安装方向应一致。

（16）各种承压管道系统和设备应做水压试验，非承压管道系统和设备应做灌水试验。

（二）室内采暖系统安装验收一般规定

（1）《建筑给水排水及采暖工程施工质量验收规范》GB 50242—2002关于室内采暖系统安装的规定适用于：饱和蒸汽压力不大于0.7MPa，热水温度不超过130℃的室内采暖系统安装工程的质量检验与验收。

（2）焊接钢管的连接，管径小于或等于32mm，应采用螺纹连接；管径大于32mm，采用焊接。

（3）镀锌钢管的连接，管径小于或等于100mm的镀锌钢管应采用螺纹连接，套丝扣时破坏的镀锌层面及外露螺纹部分应做防腐处理；管径大于100mm的镀锌钢管应采用法兰或卡套式专用管件连接，镀锌钢管与法兰的焊接处应二次镀锌。

（4）管径小于或等于32mm的管道多用于连接散热设备立支管，拆卸相对较多，且截面较小，施焊时易使其截面缩小，因此参照各地习惯做法规定，不同管径的管道采用不同的连接方法。

（三）管道及配件安装验收规定

根据《建筑给水排水及采暖工程施工质量验收规范》GB 50242—2002的规定，室内采暖系统管道及配件安装的质量检验与验收可以参照表4-13的规定。

室内采暖系统管道及配件安装的质量检验与验收 表4-13

类别	序号	检验内容	检验方法
主控项目	1	管道安装坡度，当设计未注明时，应符合下列规定： （1）气、水同向流动的热水采暖管道和汽、水同向流动的蒸汽管道及凝结水管道，坡度应为3‰，不得小于2‰； （2）气、水逆向流动的热水采暖管道和汽、水逆向流动的蒸汽管道，坡度不应小于5‰； （3）散热器支管的坡度应为1%，坡向应利于排气和泄水	观察，水平尺、拉线、尺量检查
	2	补偿器的型号、安装位置及预拉伸和固定支架的构造及安装位置应符合设计要求	对照图纸，现场观察，并查验预拉伸记录
	3	平衡阀及调节阀型号、规格、公称压力及安装位置应符合设计要求。安装完后应根据系统平衡要求进行调试并作出标志	对照图纸查验产品合格证，并现场查看
	4	蒸汽减压阀和管道设备上安全阀的型号、规格、公称压力及安装位置应符合设计要求。安装完毕后应根据系统工作压力进行调试，并做出标志	对照图纸查验产品合格证及调试结果证明书
	5	方形补偿器制作时，应用整根无缝管煨制，如需要接口，其接口应设在垂直臂的中间位置，且接口必须焊接	观察检查
	6	方形补偿器应水平安装，并与管道的坡度一致；如其臂长方向垂直安装必须设排气及泄水装置	观察检查

续表

<table>
<tr><th>类别</th><th>序号</th><th colspan="6">检验内容</th><th>检验方法</th></tr>
<tr><td rowspan="20">一般项目</td><td>1</td><td colspan="6">热量表、疏水器、除污器、过滤器及阀门的型号、规格、公称压力及安装位置应符合设计要求</td><td>对照图纸查验产品合格证</td></tr>
<tr><td rowspan="7">2</td><td rowspan="7">钢管管道焊口尺寸的允许偏差</td><td>项次</td><td colspan="3">项目</td><td>允许偏差</td><td rowspan="4">焊接检验尺和游标卡尺检查</td></tr>
<tr><td>1</td><td>焊口平直度</td><td colspan="2">管壁厚10mm以内</td><td>管壁厚1/4</td></tr>
<tr><td rowspan="2">2</td><td rowspan="2">焊缝加强面</td><td colspan="2">高度</td><td rowspan="2">+1mm</td></tr>
<tr><td colspan="2">宽度</td></tr>
<tr><td rowspan="3">3</td><td rowspan="3">咬边</td><td colspan="2">深度</td><td><0.5mm</td><td rowspan="3">直尺检查</td></tr>
<tr><td rowspan="2">长度</td><td>连续长度</td><td>25mm</td></tr>
<tr><td>总长度（两侧）</td><td>小于焊缝长度的10%</td></tr>
<tr><td>3</td><td colspan="6">采暖系统入口装置及分户热计量系统入户装置，应符合设计要求。安装位置应便于检修、维护和观察</td><td>现场观察</td></tr>
<tr><td>4</td><td colspan="6">散热器支管长度超过1.5m时，应在支管上安装管卡</td><td>尺量和观察检查</td></tr>
<tr><td>5</td><td colspan="6">上供下回式系统的热水干管变径应顶平偏心连接，蒸汽干管变径应底平偏心连接</td><td>观察检查</td></tr>
<tr><td>6</td><td colspan="6">在管道干管上焊接垂直或水平分支管道时，干管开孔所产生的钢渣及管壁等废弃物不得残留管内，且分支管道在焊接时不得插入干管内</td><td>观察检查</td></tr>
<tr><td>7</td><td colspan="6">膨胀水箱的膨胀管及循环管上不得安装阀门</td><td>观察检查</td></tr>
<tr><td>8</td><td colspan="6">当采暖热媒为110～130℃的高温水时，管道可拆卸件应使用法兰，不得使用长丝和活接头。法兰垫料应使用耐热橡胶板</td><td>观察和查验进料单</td></tr>
<tr><td>9</td><td colspan="6">焊接钢管管径大于32mm的管道转弯，在作为自然补偿时应使用煨弯。塑料管及复合管除必须使用直角弯头的场合外应使用管道直接弯曲转弯</td><td>观察检查</td></tr>
<tr><td>10</td><td colspan="6">管道、金属支架和设备的防腐和涂漆应附着良好，无脱皮、起泡、流淌和漏涂缺陷</td><td>现场观察检查</td></tr>
<tr><td rowspan="4">11</td><td rowspan="4">管道及设备保温的允许偏差</td><td>项次</td><td colspan="3">项目</td><td>允许偏差（mm）</td><td rowspan="2">用钢针刺入</td></tr>
<tr><td>1</td><td colspan="3">厚度</td><td>$+0.1\delta$
-0.05δ</td></tr>
<tr><td rowspan="2">2</td><td colspan="2" rowspan="2">表面平整度</td><td>卷材</td><td>5</td><td rowspan="2">用2m靠尺和楔形塞尺检查</td></tr>
<tr><td>涂抹</td><td>10</td></tr>
</table>

续表

<table>
<tr><th>类别</th><th>序号</th><th colspan="6">检验内容</th><th>检验方法</th></tr>
<tr><td rowspan="11">一般项目</td><td rowspan="11">12</td><td colspan="2">项次</td><td colspan="3">项目</td><td>允许偏差(mm)</td><td rowspan="5">用水平尺、直尺、拉线和尺量检查</td></tr>
<tr><td rowspan="10">采暖管道安装的允许偏差</td><td rowspan="4">1</td><td rowspan="4">横管道纵、横方向弯曲/mm</td><td rowspan="2">每1m</td><td>管径≤100mm</td><td>1</td></tr>
<tr><td>管径>100mm</td><td>1.5</td></tr>
<tr><td rowspan="2">全长
(25m以上)</td><td>管径≤100mm</td><td>≤13</td></tr>
<tr><td>管径>100mm</td><td>≤25</td></tr>
<tr><td rowspan="2">2</td><td rowspan="2">立管垂直度/mm</td><td colspan="2">每1m</td><td>2</td><td rowspan="2">吊线和尺量检查</td></tr>
<tr><td colspan="2">全长(25m以上)</td><td>≤10</td></tr>
<tr><td rowspan="4">3</td><td rowspan="4">弯管</td><td rowspan="2">椭圆率
$(D_{max}-D_{min})/D_{max}$</td><td>管径≤100mm</td><td>10%</td><td rowspan="4">用外卡钳和尺量检查</td></tr>
<tr><td>管径>100mm</td><td>8%</td></tr>
<tr><td rowspan="2">折皱不平度/mm</td><td>管径≤100mm</td><td>4</td></tr>
<tr><td>管径>100mm</td><td>5</td></tr>
</table>

（四）辅助设备及散热器安装验收规定

根据《建筑给水排水及采暖工程施工质量验收规范》GB 50242—2002 的规定，室内采暖系统辅助设备及散热器安装的质量检验与验收可以参照表4-14、表4-15的规定。

室内采暖系统辅助设备及散热器安装的质量检验与验收　　表4-14

<table>
<tr><th>类别</th><th>序号</th><th colspan="4">检验内容</th><th>检验方法</th></tr>
<tr><td rowspan="2">主控项目</td><td>1</td><td colspan="4">散热器组对后，以及整组出厂的散热器在安装之前应作水压试验。试验压力如设计无要求时应为工作压力的1.5倍，但不小于0.6MPa</td><td>试验时间为2~3min，压力不降且不渗不漏</td></tr>
<tr><td>2</td><td colspan="4">水泵、水箱、热交换器等辅助设备安装的质量检验与验收应按给水设备和换热站安装的相关规定执行</td><td></td></tr>
<tr><td rowspan="7">一般项目</td><td rowspan="6">1</td><td colspan="4">散热器组对应平直紧密，组对后的平直度应符合下表规定</td><td rowspan="6">拉线和尺量</td></tr>
<tr><td>项次</td><td>散热器类型</td><td>片数</td><td>允许偏差（mm）</td></tr>
<tr><td rowspan="2">1</td><td rowspan="2">长翼型</td><td>2~4</td><td>4</td></tr>
<tr><td>5~7</td><td>6</td></tr>
<tr><td rowspan="2">2</td><td>铸铁片式</td><td>3~15</td><td>4</td></tr>
<tr><td>钢制片式</td><td>16~25</td><td>6</td></tr>
<tr><td>2</td><td colspan="4">组对散热器的垫片应符合下列规定：
（1）组成散热器垫片应使用成品，组对后垫片外露不应大于1mm；
（2）散热器垫片材质当设计无要求时，应采用耐热橡胶</td><td>观察和尺量检查</td></tr>
</table>

续表

<table>
<tr><th>类别</th><th>序号</th><th colspan="4">检验内容</th><th>检验方法</th></tr>
<tr><td rowspan="7">一般项目</td><td>3</td><td colspan="4">散热器支架、托架安装，位置应准确、埋设牢固。散热器支架、托架数量，应符合设计或产品说明书要求。如设计未注明，则应符合下表规定（表4-15）</td><td>现场清点检查</td></tr>
<tr><td>4</td><td colspan="4">散热器背面与装饰后的墙面表面安装距离，应符合设计或产品说明书要求。如设计未注明，应为30mm</td><td>尺量检查</td></tr>
<tr><td rowspan="4">5</td><td rowspan="4">散热器安装允许偏差</td><td>项次</td><td>项目</td><td>允许偏差(mm)</td><td rowspan="3">尺量</td></tr>
<tr><td>1</td><td>散热器背面与墙内表面距离</td><td>3</td></tr>
<tr><td>2</td><td>与窗中心线或设计定位尺寸</td><td>20</td></tr>
<tr><td>3</td><td>散热器垂直度</td><td>3</td><td>吊线和尺量</td></tr>
<tr><td>6</td><td colspan="4">铸铁或钢制散热器表面的防腐及面漆应附着良好，色泽均匀，无脱落、起泡、流淌和漏涂缺陷</td><td>现场观察</td></tr>
</table>

散热器支架、托架数量 **表4-15**

项次	散热器型式	安装方式	每组片数	上部托钩或卡架数	下部托钩或卡架数	合计
1	长翼型	挂墙	2~4	1	2	3
			5	2	2	4
			6	2	3	5
			7	2	4	6
2	柱型 柱翼型	挂墙	3~8	1	2	3
			9~12	1	3	4
			13~16	2	4	6
			17~20	2	5	7
			21~25	2	6	8
3	柱型 柱翼型	带足落地	3~8	1	—	1
			9~12	1	—	1
			13~16	2	—	2
			17~20	2	—	2
			21~25	2	—	2

（五）金属辐射板安装验收规定

室内采暖系统金属辐射板安装的质量检验与验收可以参照表4-16相关规定。

室内采暖系统金属辐射板安装的质量检验与验收　　表 4-16

类别	序号	检验内容	检验方法
主控项目	1	辐射板在安装前应作水压试验，如设计无要求时试验压力应为工作压力 1.5 倍，但不得小于 0.6MPa	试验压力下 2～3min 压力不降且不渗不漏
	2	水平安装的辐射板应有不小于 5‰的坡度坡向回水管	水平尺、拉线和尺量检查
	3	辐射板管道及带状辐射板之间的连接，应使用法兰连接	观察检查

（六）低温热水地板辐射采暖系统安装验收规定

加热管安装完毕后，在混凝土填充层施工前，应按隐蔽工程要求，由施工单位会同监理单位进行中间验收，下列项目应达到相应技术要求：

（1）绝热层的厚度、材料的物理性能及铺设应符合设计要求。

（2）加热管的材料、规格及敷设间距、弯曲半径等应符合设计要求，并应可靠固定。

（3）伸缩缝应按设计要求敷设完毕。

（4）加热管与分水器、集水器的连接处应无渗漏。

（5）填充层内加热管不应有接头。

（6）管道安装工程施工技术要求及允许偏差应符合表 4-17 的规定。

管道安装工程施工技术要求及允许偏差　　表 4-17

序号	项目	条件	技术要求	允许偏差（mm）
1	绝热层	接合	无缝隙	—
		厚度	—	+10
2	加热管安装	间距	不宜大于 300mm	±10
3	加热管弯曲半径	塑料管及铝塑管	不小于 6 倍管外径	-5
		铜管	不小于 5 倍管外径	-5
4	加热管固定点间距	直管	不大于 700mm	±10
		弯管	不大于 300mm	
5	分水器、集水器安装	垂直间距	200mm	±10

（7）原始地面、填充层、面层施工技术要求及允许偏差应符合规定，见表 4-18。

（8）低温热水地板辐射采暖系统安装的质量检验与验收可以参照表 4-19 中的规定。

（9）低温热水地板辐射采暖系统水压试验。

1）水压试验应在系统冲洗之后进行。冲洗应在分水器、集水器以外主供、回水管道冲洗合格后，再进行室内供暖系统的冲洗。

2）水压试验应分别在浇捣混凝土填充层前和填充层养护期满后进行两次；水压试验应以每组分水器、集水器为单位，逐回路进行。

3）试验压力应为工作压力的 1.5 倍，且不应小于 0.6MPa。

原始地面、填充层、面层施工技术要求及允许偏差 **表 4-18**

序号	项目	条件	技术要求	允许偏差（mm）
1	原始地面	铺绝热层前	平整	—
2	填充层	骨料	$\phi \leq 12$mm	-2
		厚度	不宜小于 50mm	±4
		当面积大于 $30m^2$ 或长度大于 6m	留 8mm 伸缩缝	+2
		与内外墙、柱等垂直部件	留 10mm 伸缩缝	+2
3	面层	与内外墙、柱等垂直部件	留 10mm 伸缩缝	+2
			面层为木地板时，留大于或等于 14mm 伸缩缝	+2

注：原始地面允许偏差应满足相应土建施工标准。

低温热水地板辐射采暖系统安装的质量检验与验收 **表 4-19**

类别	序号	检验内容	检验方法
主控项目	1	地面下敷设的盘管埋地部分不应有接头	隐蔽前现场查看
	2	盘管隐蔽前必须进行水压试验，试验压力为工作压力的 1.5 倍，但不小于 0.6MPa	稳压 1h 内压力降不大于 0.05MPa 且不渗不漏
	3	加热盘管弯曲部分不得出现硬折弯现象，曲率半径应符合下列规定： （1）塑料管：不应小于管道外径的 8 倍 （2）复合管：不应小于管道外径的 5 倍	尺量检查
一般项目	1	分、集水器型号、规格、公称压力及安装位置、高度等应符合设计要求	对照图纸及产品说明书，尺量检查
	2	加热盘管管径、间距和长度应符合设计要求。间距偏差不大于 ±10mm	拉线和尺量检查
	3	防潮层、防水层、隔热层及伸缩缝应符合设计要求	填充层浇灌前观察检查
	4	填充层强度标号应符合设计要求	作试块抗压试验

4）在试验压力下，稳压 1h，其压力降不应大于 0.05MPa。

5）水压试验宜采用手动泵缓慢升压，不宜以气压试验代替水压试验。

（七）采暖系统水压试验与调试

系统水压试验与调试的质量检验与验收可以参照表 4-20 中的规定。

（八）验收要求

1. 隐蔽工程验收

（1）专业监理工程师应根据承包单位报送的隐蔽工程报验单、申请表和自检结果进行现场检查，符合要求的予以签认。

系统水压试验与调试 表 4-20

类别	序号	检验内容	检验方法
主控项目	1	采暖系统安装完毕，管道保温之前应进行水压试验。试验压力应符合设计要求。当设计未注明时，应符合下列规定： （1）蒸汽、热水采暖系统，应以系统顶点工作压力加0.1MPa作水压试验，同时在系统顶点的试验压力不小于0.3MPa； （2）高温热水采暖系统，试验压力应为系统顶点工作压力加0.4MPa； （3）使用塑料管及复合管的热水采暖系统，应以系统顶点工作压力加0.2MPa作水压试验，同时在系统顶点的试验压力不小于0.4MPa	使用钢管及复合管的采暖系统应在试验压力下10min内压力降不大于0.02MPa，降至工作压力后检查，不渗、不漏；使用塑料管的采暖系统应在试验压力下1h内压力降不大于0.05MPa，然后降压至工作压力的1.15倍，稳压2h，压力降不大于0.03MPa，同时各连接处不渗、不漏
	2	系统试压合格后，应对系统进行冲洗并清扫过滤器及除污器	现场观察，直至排出水不含泥沙、铁屑等杂质，且水色不浑浊为合格
	3	系统冲洗完毕应充水、加热，进行试运行和调试	观察、测量室温应满足设计要求

（2）对未经监理工程师验收或验收不合格的工序，监理工程师应拒绝签认，并要求承包单位严禁进行下道工序。

2. 分项工程验收

专业监理工程师应对承包单位报送的分项工程质量验评资料进行审核，符合要求的予以签认。

3. 分部工程验收

总监理工程师应组织监理工程师对承包单位报送的分部工程验评资料进行审核和现场检查，符合要求的予以签认。

4. 单位工程竣工验收

总监理工程师应组织专业监理工程师，依据有关法律、法规、工程建设强制性标准、设计文件及施工合同，对施工单位报送的竣工资料进行审查，并对工程质量进行竣工预验收。对存在的问题，应及时要求施工单位整改。整改完毕由总监理工程师签署工程竣工报验单，并应在此基础上提出工程质量评估报告。

项目监理机构应参加由建设单位组织的竣工验收，并提供相关监理资料。对验收中提出的整改问题，项目监理机构应要求施工单位进行整改。工程质量符合要求，由总监理工程师协同参加验收的各方签署竣工验收报告。

第二节 室内热水供应工程

一、工程内容

室内热水供应系统，包括管道及配件安装，辅助设备安装，防腐、绝热。

（一）热水供应系统分类和组成

1. 热水供应系统分类

室内热水供应系统，按照热水供应范围分为局部热水供应系统、集中热水供应系统和区域热水供应系统。

局部热水供应系统适用于热水用水点少的单元旅馆、住宅、公共食堂、理发室及医疗场所等建筑。这种系统可以采用小型电加热器、小型煤气加热器、蒸汽加热器、太阳能热水器等，设于单元建筑中的理发室、厨房、卫生间或生活间内，仅供单个或几个配水点使用。这种系统也可以采用炉灶、工厂废热加热冷水供小型单个建筑使用，适用于小型食堂、浴室、住宅等。

集中热水供应系统可供应一栋或几栋建筑物需要的热水。在锅炉房或热交换器中集中加热冷水，通过室内热水管网供各用水点使用。其供应范围比局部系统大得多。这种系统适用于医院、疗养院、旅馆、公共浴室、体育馆、集体宿舍等建筑。

区域热水供应系统中加热冷水的热媒多使用热电站、工业锅炉房所引出的热力网，集中加热冷水供建筑群使用。这种系统热效率最高，供应范围比集中热水供应系统大得多，每栋建筑物热水供应设备也最少，有条件时优先采用。

2. 热水供应系统组成

一个完整的热水供应系统，由加热设备、热媒管道、热水输配管网和循环管道、配水龙头或用水设备、热水箱及水泵组成。其工作流程是：锅炉生产的蒸汽经热媒管道送入水加热器把冷水加热，蒸汽凝结水由凝结水管排至凝结水池，锅炉用水由凝结水池旁的凝结水泵压入，水加热器中所需要的冷水由给水箱供给，加热器供的热水由配水管送到各个用水点。为了保证热水温度，循环管（回水管）和配水管中还循环流动着一定数量的循环热水，用来补偿配水管路的散热损失。因此，集中热水供应系统可以认为由第一循环系统（热源和加热器等设备）和第二循环系统（配水管网和回水管网等设备）组成。

（二）室内热水供应系统相关知识

1. 热水水温

热水水温计算标准应当满足生产和生活需要，以保证系统不因水温过高而使金属管道容易腐蚀，设备和零件易损和维护复杂；水温过高还容易烫伤人体。

热水系统供水温度一般为 55 ~ 75℃，加热器出口水温不应高于 75℃。配水管网最不利配水点的最低水温：供洗涤时不应低于 60℃，供应浴盆时不低于 40℃。加热设备出口处与配水管网最不利配水点的热水温差一般不得大于 15℃。

2. 热水水质

热水供应系统中的管道结垢和腐蚀是两个普遍问题。热水管道腐蚀，主要因水中溶解氧过高所致，因此，工程上常采用排除气体装置或采用抗腐蚀性强的铜管。热水管道能够结垢，主要因为水的暂时硬度过高所致。

热水水质除满足《生活饮用水卫生标准》GB 5749—2006 的要求外，还应对硬水特别是极硬水进行软化处理，以去除水中多余的钙镁离子。按 60℃计的热水日用水量大于或等于 $10m^3$ 且原水总硬度（以碳酸钙计）大于 300mg/L 时，洗衣房用水应进行水质处理，其他建筑用水宜进行水质处理。热水日用水量小于 $10m^3$ 时，其原水可不进行软化处理。

二、材料和设备质量要求

（1）室内热水供应工程所使用的主要材料、成品、半成品、配件、器具和设备必须具有中文质量合格证明文件，规格、型号及性能检测报告应符合国家技术标准或设计要求。进场时应做检查验收，并经监理工程师核查确认。

（2）热水供应系统的管道应采用塑料管、复合管、镀锌钢管和铜管。

（3）铜管按其成分分为紫铜管（工业纯铜）和黄铜管（铜锌合金）：紫铜管可适用于工作压力为4MPa以下和－196～250℃的管道安装工程，黄铜管可适用于工作压力为22MPa以下和－158～120℃的管道安装工程。

（4）铜管按其制造方法的不同分为拉制铜管、轧制铜管等，一般中、低压管道采用拉制铜管。

（5）供安装用的铜管，表面与内壁均应光洁，无垢孔、裂缝、结疤、尾裂和气孔等缺陷。黄铜管不得有绿锈和严重脱锌现象。

（6）铜管的外表缺陷允许偏差如下：

1）纵向划痕深度：壁厚小于或等于2mm时，不大于0.04mm；壁厚大于2mm时，不大于0.05mm；用于做导管的铜合金管，不论壁厚大小，纵向划痕深度不应大于0.03mm。

2）偏横向的凸出或凹入高度与深度不大于0.35mm。

3）碰伤、起泡及凹坑，其深度不超过0.03mm，其面积不超过管表面积的30%；用作导管时，其面积则不超过管表面积的0.5%。

（7）热水系统的阀门应作强度和严密性试验。

（8）热水供应系统辅助设备的型号、规格、质量必须符合设计要求和规范规定，并具备中文质量合格证明文件。

三、施工安装过程质量控制内容

（一）管道安装质量监控

（1）热水管网的配水立管始端、回水立管末端和支管上装冷水嘴多于5个少于10个时，应装设阀门以使局部管道检修时，不致中断大部分管路配水。

（2）为防止热水在管道输送过程中发生倒流、串流，应在水加热器或贮水罐的冷水供水管上、机械循环的第二循环系统回水管上和冷热水混水器的冷热水供水管道上安装止回阀。

（3）所有横管，应有与水流相反的坡度，便于排气和泄水，坡度不宜小于0.003。

（4）横干管直线段应设置足够的伸缩器。

（5）上行下给式系统配水干管的最高点应设置排气装置（自动排气阀或排气管），管网最低点应设置泄水装置。

（6）对下行上给式全循环管网，为了防止配水管网中分离出的气体被带回循环管，应当把每根立管的循环管始端都接到其相应配水立管最高点以下0.5m处。

（7）为了避免管道热伸长所产生的应力破坏管道，支管与横管连接应采用加有弯管的形式。

（8）热水贮水罐或容积式水加热器上接出的热水配水管一般从设备顶接出，机械循环的回水管和冷水管从设备下部接入。热媒为热水的进水管应在设备顶部1/4高度接入，其回水管和冷水管应分别在设备底部引出和接入。

（9）为了满足运行调节和检修的要求，在水加热设备、贮水器、锅炉、自动温度调节器和疏水器等设备的进出水口管道上，还应装设必要的阀门。

（10）铜管常采用焊接或丝扣连接。

（二）太阳能热水器安装质量监控

为了达到太阳能热水器的使用功能，安装的质量监控应按照以下内容执行。

（1）集热器最佳布置方位是朝向正南，如客观条件不允许时，可偏东或偏西15°以内安装。

（2）集热器安装倾角（与地平面夹角），池式集热器只能水平安装；其他型式的集热器夹角等于当地纬度。如角度需要改变时，应由设计决定。

（3）集热器的上集管应有0.005的坡度，通往贮热水箱的循环管应有0.003的坡度。

（4）集热器的上集管与贮热水箱必须保持一定高度，一般为0.3～1.0m。循环管应尽量减少弯头，管道长度尽量缩短。

（5）热水器安装后应对上、下集管和循环管、贮热水箱等易散热的构件，采取先除锈后保温措施。

（6）太阳能热水器玻璃周边应用腻子（或密封条）密封，不得漏气。玻璃若搭接，应顺水搭接。

（7）集热器应刷黑色无光漆两道，以利于吸收太阳能辐射热。

（8）集热器和上、下集管在玻璃安装前，应按规范规定进行水压试验。

（9）太阳能热水器安装时，应注意集热器、热水箱、补水箱和各种管道，均应有泄水、放空设施，以便检修和冬季泄水。

（10）集热器就位后，在烈日下安装玻璃应在系统充水时进行，以适应玻璃物理性能，不致在冷热作用下发生裂纹。

（11）太阳能热水器设备和管道上不得有渗漏，否则影响使用功能。

（12）辐射板背面保温层良好。背面需做保温层的辐射板，保温材料的材质必须符合设计要求；保温层应紧贴在辐射板上，不得有空隙。

（13）太阳能热水器安装要求平整、洁净光滑、色泽一致、美观大方。

四、监理过程中巡视或旁站

由于室内热水供应系统中的管道、配件及某些热水供应辅助设备的安装，按照《建筑给水排水及采暖工程施工质量验收规范》GB 50242—2002中室内给水系统安装的相关规定执行，因此，监理过程中的巡视或旁站要点应遵照本书中“室内给水系统工程”一节中的相关要求执行。此外，巡视或旁站要点还有：

（1）各种管道辅助设备所进行的水压试验、满水试验等必须符合设计和施工规范要求，必要时，应进行旁站。

（2）各种隐蔽工程必须分部位在隐蔽前进行验收。

（3）一定要考虑热水供应系统的管道热伸缩。

（4）温度控制和阀门安装必须符合设计要求，以保证热水系统的正常运行。

(5) 太阳能热水器的集热排管和上、下集管是受热承压部分，为确保安全，在装集热玻璃之前一定要作水压试验。

(6) 水箱安装前要作满水和水压试验，避免安装后，漏水不易修补。

五、工程检测和试验项目

除应当按照“室内给水系统工程”一节中的相关内容外，还包括如下的项目。

(一) 工程检测

1. 管道安装坡度
2. 热水供应管道保温层厚度、平整度
3. 水泵基础的坐标、标高、尺寸和螺栓孔位置
4. 水泵试运转的轴承温升
5. 固定式太阳能热水器的朝向和倾角
6. 集热器上、下集管接往热水箱和循环管道的坡度
7. 自然循环的热水箱底部与集热器上集管之间的距离
8. 吸热钢板凹槽的圆度和间距
9. 太阳能热水器安装的偏差

(二) 试验项目

1. 阀门的强度和严密性实验
2. 热水供应管道保温之前的水压试验
3. 太阳能热水器集热排管和上、下集管的水压试验
4. 敞口水箱的满水试验和密闭水箱（罐）的水压实验

六、监理验收

根据《建筑给水排水及采暖工程施工质量验收规范》GB 50242—2002 的规定，室内热水供应系统施工安装质量的监理验收可以按照如下的内容进行。

(一) 室内热水供应系统安装的一般规定

(1)《建筑给水排水及采暖工程施工质量验收规范》GB 50242—2002 中关于室内热水供应系统安装的规定适用于工作压力不大于 1.0MPa，热水温度不超过 75℃的室内热水供应管道安装工程的质量检验与验收。

(2) 热水供应系统的管道应采用塑料管、复合管、镀锌钢管和铜管。

(3) 热水供应系统管道及配件安装应按《建筑给水排水及采暖工程施工质量验收规范》GB 50242—2002 中“室内给水系统安装”一章中“给水管道及配件安装”一节中的相关规定执行。

(二) 室内热水管道及配件安装质量验收规定

室内热水管道及配件安装的质量检验与验收可以参照表 4-21 ~ 表 4-23 中的规定。

室内热水管道及配件安装的质量检验与验收　　表 4-21

类别	序号	检验内容	检验方法
主控项目	1	热水供应系统安装完毕，管道保温之前应进行水压试验。试验压力应符合设计要求。当设计未注明时，热水供应系统水压试验压力应为系统顶点的工作压力的0.1MPa，同时在系统顶点的试验压力不小于0.3MPa	钢管或复合管道系统试验压力下10min内压力降不大于0.02MPa，然后降至工作压力检查，压力应不降，且不渗不漏；塑料管道系统在试验压力下稳压1h，压力降不得超过0.05MPa，然后在工作压力1.15倍状态下稳压2h，压力降不得超过0.03MPa，连接处不得渗漏
	2	热水供应管道应尽量利用自然弯补偿热伸缩，直线段过长则应设置补偿器。补偿器型式、规格、位置应符合设计要求，并按有关规定进行预拉伸	对照设计图纸检查
	3	热水供应系统竣工后必须进行冲洗	现场观察检查
一般项目	1	管道安装坡度应符合设计规定	水平尺、拉线尺量检查
	2	温度控制器及阀门应安装在便于观察和维护的位置	观察检查
	3	热水供应管道和阀门安装的允许偏差应符合规定（表4-22）	用水平尺、直尺、拉线、吊线和尺量检查
	4	热水供应系统管道应保温（浴室内明装管道除外），保温材料、厚度、保护壳等应符合设计规定。保温层厚度和平整度的允许偏差应符合规定（表4-23）	厚度用钢针刺入，平整度用2m靠尺和楔形塞尺检查

管道和阀门安装的允许偏差和检验方法　　表 4-22

项次	项目			允许偏差（mm）	检验方法
1	水平管道纵横方向弯曲	钢　管	每米 全长25m以上	1 ≤25	用水平尺、直尺、拉线和尺量检查
		塑料管复合管	每米 全长25m以上	1.5 ≤25	
		铸铁管	每米 全长25m以上	2 ≤25	
2	立管垂直度	钢　管	每米 5m以上	3 ≤8	吊线和尺量检查
		塑料管复合管	每米 5m以上	2 ≤8	
		铸铁管	每米 5m以上	3 ≤10	
3	成排管段和成排阀门		在同一平面上间距	3	尺量检查

管道及设备保温的允许偏差和检验方法 表4-23

项次	项目		允许偏差（mm）	检验方法
1	厚度		$+0.1\sigma$ -0.05σ	用钢针刺入
2	表面平整度	卷材	5	用2m靠尺和楔形塞尺检查
		涂抹	10	

注：σ 为保温层厚度。

（三）室内热水辅助设备安装质量验收规定

室内热水辅助设备安装的质量检验与验收可以参照表4-24～表4-26中的规定。

室内热水辅助设备安装的质量检验与验收 表4-24

类别	序号	检验内容	检验方法
主控项目	1	在安装太阳能集热器玻璃前，应对集热排管和上、下集管作水压试验，试验压力为工作压力的1.5倍	试验压力下10min内压力不降，不渗不漏
	2	热交换器应以工作压力的1.5倍作水压试验。蒸汽部分应不低于蒸汽供汽压力加0.3MPa，热水部分应不低于0.4MPa	试验压力下10min内压力不降，不渗不漏
	3	水泵就位前的基础混凝土强度、坐标、标高、尺寸和螺栓孔位置必须符合设计要求	对照图纸用仪器和尺量检查
	4	水泵试运转的轴承温升必须符合设备说明书的规定	温度计实测检查
	5	敞口水箱的满水试验和密闭水箱（罐）的水压试验必须符合设计与规范的规定	满水试验静置24h，观察不渗不漏；水压试验在试验压力下10min压力不降，不渗不漏
一般项目	1	安装固定式太阳能热水器，朝向应正南，如受条件限制时，其偏移角不得大于15°。集热器的倾角，对于春、夏、秋三个季节使用的，应采用当地纬度为倾角；若以夏季为主，可比当地纬度减少10°	观察和分度仪检查
	2	由集热器上、下集管接往热水箱的循环管道，应有不小于5‰的坡度。	尺量检查
	3	自然循环的热水箱底部与集热器上集管之间的距离为0.3～1.0m	尺量检查
	4	制作吸热钢板凹槽时，其圆度应准确，间距应一致。安装集热排管时，应用卡箍和钢丝紧固在钢板凹槽内	手扳和尺量检查
	5	太阳能热水器的最低处应安装泄水装置	观察检查
	6	热水箱及上、下集管等循环管道均应保温	观察检查
	7	凡以水作介质的太阳能热水器，在0℃以下地区使用，应采取防冻措施	观察检查
	8	热水供应辅助设备安装的允许偏差符合规定（表4-25）	尺量检查
	9	太阳能热水器安装的允许偏差符合规定（表4-26）	标高用尺量，安装朝向用分度仪检查

热水供应辅助设备安装的允许偏差 表 4-25

项次	项目			允许偏差/mm
1	静置设备	坐标		15
		标高		±5
		垂直度（每米）		5
2	离心式水泵	立体泵体垂直度（每米）		0.1
		卧式泵体水平度（每米）		0.1
		联轴器同心度	轴向倾斜（每米）	0.8
			径向位移	0.1

太阳能热水器安装的允许偏差和检验方法 表 4-26

项目			允许偏差	检验方法
板式直管太阳能热水器	标高	中心线距地面（mm）	±20	尺量
	固定安装朝向	最大偏移角	不大于15°	分度仪检查

第五章　供热锅炉和室外热力管网安装质量监控

第一节　供热锅炉及辅助设备安装工程

一、工程内容

锅炉房是供热工程的热源。锅炉房中锅炉本体及辅助设备（送风机、引风机和水泵等）的产品及安装质量直接关系到供热系统能否安全、经济运行。

锅炉，最根本的组成是锅筒和炉膛两大部分。燃料在炉膛里进行燃烧，将它的化学能转化为热能；高温的燃烧产物——烟气则通过锅筒的受热面将热量传递给锅筒内温度较低的水，水被加热成一定温度的热水或者蒸汽。通常我们把用于动力、发电方面的锅炉，叫作动力锅炉；用于工业、采暖及空调、饮用和卫生热水供应方面的锅炉，称为供热锅炉，又称工业锅炉。按照锅炉燃用的燃料不同，又可以分为燃气锅炉、燃油锅炉、汽油两用锅炉以及燃煤锅炉等。由于近年来，全国各大城市对于在市区内燃煤锅炉的使用制定了某些限制条件，燃油燃气锅炉的使用已得到普及。

本节适用于建筑供热和生活热水供应的额定工作压力不大于1.25MPa，热水温度不超过130℃的整装蒸汽和热水锅炉及辅助设备安装工程的质量检验与验收。

安装锅炉的施工单位必须持有省级质监部门发给的与锅炉级别安装类型相符合的锅炉安装许可证。

供热锅炉安装施工与验收，除应按《建筑给水排水及采暖工程施工质量验收规范》GB 50242—2002和《锅炉安装工程施工及验收规范》GB 50273—2009的规定执行外，尚应符合现行国家有关标准规范的规定。

二、设备和管道材料质量要求

（一）设备质量要求

（1）锅炉订货前，必须审核锅炉制造单位的资质。锅炉制造单位必须持有省级质监部门发给的与锅炉级别相符合的锅炉制造许可证。

（2）在审核制造资质的同时，应审阅锅炉总图，锅炉总图上必须印有省级质监部门盖印的审核印章。

（3）审核锅炉的质量保证资料是否合格，包括锅炉材质的成分分析报告、焊接X光探伤报告和水压试验报告等。

（4）审核锅炉的技术资料是否完整，包括锅炉总图、锅炉本体管路安装图、锅炉地基图、锅炉受压元件强度计算书和锅炉安装使用说明书等。

（5）锅炉运至现场后，对锅炉作外观检查，审核锅炉在运输途中是否有被损坏的情况。

（6）对锅炉的辅助设备，如送风机、引风机、水泵和水处理设备等，必须审核制造单位的资质、产品合格证、质量保证书和性能测试报告或特性曲线图。

（7）锅炉的辅助设备运至现场后，应进行开箱检查：按设备装箱单清点的设备零、部件和配套件应齐全；主要安装尺寸应与设计相符；设备外露部分各加工面应无锈蚀；主要零、部件的重要部位应无碰伤和明显的变形；设备的风口和管口应有盖板堵盖，以防止尘土和杂物进入。

（8）供热锅炉及辅助设备的单台机组都必须试运转合格，完成试运转报告后才能确认设备的质量能否满足使用要求。

（二）管道材料质量要求

（1）锅炉房内汽水管道的组成件和管道支承件（包括管材、管件、法兰、螺栓、垫片、阀门和其他组合件或受压部件等）必须有制造厂的合格证、质量证明书等质量保证资料，其质量不得低于国家现行标准的规定。

（2）锅炉房内汽水管道的组成件和管道支承的材质、规格、型号、质量应符合设计要求。

（3）对锅炉房的管道组成件和管道支承件应按国家现行标准进行外观检验，不合格者不能使用。

（4）锅炉房汽水管道上装设的阀门应按《工业金属管道工程施工规范》GB 50235—2010 进行壳体压力试验和密封试验，不合格者不得使用。

三、施工安装过程质量控制内容

（一）总述

锅炉运行时内部带有一定的压力，其本身就是一个压力容器，运行时必须确保安全，供热锅炉和附属设备的安装质量要求必须要高，其安装方法、程序、标准的执行必须要严。

根据规范的规定，供热锅炉及辅助设备作为建筑给水排水及采暖工程（分部工程）的一个子分部工程，包括 7 个分项工程，即锅炉安装，辅助设备及管道安装，安全附件安装，烘炉、煮炉和试运行，换热站安装，防腐，绝热。现场的质量控制应按照上述分项严格进行检查。

锅炉安装总质量要求：安装符合安全技术规程，安装位置准确，平稳牢固，严密性好，水汽系统、燃烧系统畅通、洁净，热膨胀灵活自由，运行安全、可靠、经济，各项参数满足设计和使用要求。

（二）供热锅炉（以大型散装燃煤锅炉为例）安装工艺流程

基础验收放线→锅炉本体现场安装→省煤器安装→空气预热器安装→燃烧装置安装→除渣机系统安装→除尘系统安装→烟囱施工安装→煤的储存系统安装→煤粉碎和输送系统安装→鼓、引风机及风管系统安装→动力供电系统和自控仪表系统安装→管道、阀门安装→水压试验→烘炉和煮炉→锅炉试运行。

（三）锅炉安装工程监控

1. 锅炉基础复检和放线

（1）锅炉基础的混凝土强度必须达到设计要求，土建单位应提供基础混凝土强度的试验资料。

（2）锅炉设备就位前，应检查基础尺寸和位置，测量基础的坐标、标高、几何尺寸和螺栓孔的位置，测量结果应符合表5-1的规定。

锅炉及辅助设备基础的允许偏差和检验方法 **表5-1**

项次	项目		允许偏差（mm）	检验方法
1	基础坐标位置		20	经纬仪、拉线和尺量
2	基础各不同平面的标高		0，-20	水准仪、拉线尺量
3	基础平面外形尺寸		20	尺量检查
4	凸台上平面尺寸		0，-20	
5	凹穴尺寸		+20，0	
6	基础上平面水平度	每米	5	水平仪（水平尺）和楔形塞尺检查
		全长	10	
7	竖向偏差	每米	5	经纬仪或吊线和尺量
		全高	10	
8	预埋地脚螺栓	标高（顶端）	+20，0	水准仪、拉线和尺量
		中心距（根部）	2	
9	预留地脚螺栓孔	中心位置	10	尺量
		深度	-20，0	
		孔壁垂直度	10	吊线和尺量
10	预埋活动地脚螺栓锚板	中心位置	5	拉线和尺量
		标高	+20，0	
		水平度（带槽锚板）	5	水平尺和楔形塞尺检查
		水平度（带螺纹孔锚板）	2	

（3）检查混凝土基础的外观质量，基础外形应密实、光滑，无裂纹、空洞、露筋和掉角的现象。全部地脚螺栓孔内的杂物应清理干净，并用皮风箱进行吹扫。当基础强度、位置、标高、尺寸等不符合要求时，必须进行修正，以达到安装要求。

（4）锅炉安装前，在锅炉基础上应画出锅炉纵向、横向安装基准线和标高基准点，锅炉炉排前轴中心线，省煤器纵向、横向中心线。

2. 锅炉本体安装

（1）锅炉钢架安装

1）钢架安装前，应按施工图样清点构件数量，并应对柱子、梁、框架等主要构件的长度和直线度按表5-2的规定进行复检。

钢架主要构件长度和直线度的允许偏差 **表 5-2**

构件的复检项目		允许偏差（mm）
柱子的长度（m）	≤8	0 -4
	>8	+2 -6
梁的长度（m）	≤1	0 -4
	>1~3	0 -6
	>3~5	0 -8
	>5	0 -10
柱子、梁的直线度		长度的1‰，且不应大于10
框架长度（m）	≤1	0 -6
	>1~3	0 -8
	>3~5	0 -10

2）安装钢架时，宜根据柱子上托架和柱头的标高在柱子上确定并划出1m标高线。找正柱子时，应根据锅炉房运转层上的标高基准线，测定各柱子上的1m标高线。柱子上的1m标高线应作为安装锅炉各部组件、元件和检测时的基准标高。

3）钢架安装的允许偏差及其检测位置，应符合规定。（表5-3）

钢架安装的允许偏差及其检测位置 **表 5-3**

检测项目		允许偏差（mm）	检测位置
各柱子的位置		±5	
任意两柱子间的距离		间距的1‰，且不大于10	—
柱子上的1m标高线与标高基准点的高度差		±2	以支承锅筒的任一根柱子作为基准，然后测定其他柱子
各柱子相互间标高之差		3	
柱子的铅垂度		高度的1‰，且不大于10	—
各柱子相应两对角线的长度之差		长度的1.5‰，且不大于15	在柱脚1m标高和柱顶处测量
两柱子间在铅垂面内两对角线的长度之差		长度的1‰，且不大于10	在柱子的两端测量
支承锅筒的梁的标高		0 -5	—
支承锅筒的梁的水平度		长度的1‰，且不大于3	—
其他梁的标高		±5	—
框架两对角线长度	框架边长≤2500	≤5	在框架的同一标高处或框架两端处测量
	框架边长>2500~5000	≤8	
	框架边长>5000	≤10	

注：框架包括护板框架、顶护板框架或其他矩形框架。

4）当柱脚底板与基础表面之间有灌浆层时，其厚度不宜小于50mm。

5）找正柱子后，应将柱脚固定在基础上。当需与预埋钢筋焊接固定时，应将钢筋弯曲并紧靠在柱脚上，其焊缝长度应为预埋钢筋直径的6～8倍。

6）平台、撑架、扶梯、栏杆、柱和挡脚板等，应在安装平直后焊接牢固。栏杆、柱的间距应均匀，其接头焊缝处表面应光滑。平台板、扶梯、踏脚板应可靠防滑。

7）扶梯的长度不得任意割短、接长，扶梯斜度和扶梯的上、下踏脚板与连接平台的间距不得任意改变。在平台、扶梯、撑架等构件上，不得任意切割孔洞。当需要切割时，在切割后应进行加固。

8）对高强螺栓分批次见证抽检。不允许随便扩孔，杜绝用火焊割孔。

9）高强螺栓用专用工具初拧、终拧，分两次拧紧。螺栓、螺帽必须按规定检测。

10）在钢架安装、受热面安装后，水压试验过程中定期测量各立柱的沉降值（由土建进行）。

（2）锅炉锅筒、集箱和受热面管

1）锅筒、集箱

①吊装前，应对锅筒、集箱进行检查，且应符合下列要求：

a. 锅筒、集箱表面和焊接短管应无机械损伤，各焊缝及其热影响区表面应无裂纹、未熔合、夹渣、弧坑和气孔等缺陷；

b. 锅筒、集箱两端水平和垂直中心线的标记位置应正确，当需要调整时应根据其管孔中心线重新标定或调整；

②锅筒应在钢架安装找正并固定后，方可起吊就位。

③锅筒、集箱就位找正时，应根据纵向和横向安装基准线以及标高基准线按规范规定对锅筒、集箱中心线进行检测，其安装的允许偏差应符合表5-4的规定。

锅筒、集箱安装的允许偏差（mm）　表5-4

检测项目	允许偏差
主锅筒的标高	±5
锅筒纵向和横向中心线与安装基准线的水平方向距离	±5
锅筒、集箱全长的纵向水平度	2
锅筒全长的横向水平度	1
上锅筒与上集箱的轴心线距离	±3
上、下集箱之间的距离；上、下集箱与相邻立柱中心距离	±3

注：锅筒纵向和横向中心线两端所测距离的长度之差不应大于2mm。

④安装前，应对锅筒、集箱的支座和吊挂装置进行检查。

⑤锅筒、集箱就位时，应在其膨胀方向预留支座的膨胀间隙，并应进行临时固定。膨胀间隙应符合随机技术文件的规定。

2）受热面管

①安装前，应对受热面管子进行检查，且应符合下列要求：

a. 管子表面不应有重皮、裂纹、压扁和严重锈蚀等缺陷；当管子表面有刻痕、麻点等其他缺陷时，其深度不应超过管子公称壁厚的10%；

b. 受热面管子公称外径不大于60mm时，其对接接头和弯管应作通球检查，通球后的管子应有可靠的封闭措施，通球直径应符合表5-5和表5-6的规定。

3）锅炉受压元件焊接

①受压元件的焊接应符合国家现行标准《锅炉受压元件焊接技术条件》JB/T 1613—

1993的有关规定。

对接接头管通球直径（mm） **表5-5**

管子公称内径（mm）	≤25	>25~40	>40~55	>55
通球直径（mm）	≥0.75d	≥0.80d	≥0.85d	≥0.90d

注：d为管子公称内径。

弯曲通球直径 **表5-6**

R/D	1.4~1.8	1.8~2.5	2.5~3.5	≥3.5
通球直径（mm）	≥0.75d	≥0.80d	≥0.85d	≥0.90d

注：1. D为管子公称外径；d为管子公称内径；R为弯管半径；

2. 试验用球宜用不宜产生塑性变形的材料制造。

②锅炉受压元件焊接之前，应制定焊接工艺评定指导书，并进行焊接工艺评定。焊接工艺评定符合要求后，应编制用于施工的焊接作业指导书。

③受热面管子的对接接头，当材料为碳素钢时，除接触焊对接接头外，可免做检查试件。锅筒、集箱上管接头与管子连接的对接接头、膜式壁管子对接接头等在产品接头上直接切取检查试件确有困难时，可焊接模拟的检查试件代替。

④锅炉受热面管子及其本体管道的焊接对口应平齐，其错口不应大于壁厚的10%，且不应大于1mm。

⑤对接焊接管口端面倾斜的允许偏差，应符合表5-7的规定。

对接焊接管口端面倾斜的允许偏差 **表5-7**

管子公称外径（mm）		≤108	>108~159	>159
允许偏差（mm）	手工焊	≤0.8	≤1.5	≤2.0
	机械焊	≤0.5		

⑥管子一端为焊接，另一端为胀接时，应先焊后胀。

⑦受压元件焊缝的外观质量，应符合下列要求：

a. 焊缝高度不应低于母材表面，焊缝与母材应圆滑过渡；

b. 焊缝及其热影响区表面应无裂纹、未熔合、夹渣、弧坑和气孔；

c. 焊缝咬边深度不应大于0.5mm，两侧咬边总长度不应大于管子周长的20%，且不应大于40mm。

⑧额定出水温度大于或等于120℃的热水锅炉，其对接接头焊缝射线探伤的质量不应低于Ⅱ级，超声波探伤的质量不应低于Ⅰ级；额定出水温度小于120℃的热水锅炉，其对接接头焊缝射线探伤的质量不应低于Ⅲ级。

⑨采取射线探伤或超声波探伤时，其探伤数量应符合下列要求：

热水锅炉额定出水温度小于120℃，公称外径大于159mm时，射线探伤数量不应少于环缝总数的25%，公称外径小于或等于159mm时，可不探伤；热水锅炉额定出水温度大于或等于120℃，公称外径小于或等于159mm时，射线探伤数量不应小于环缝总数的2%，公称外径大于159mm时，每条焊缝应100%射线探伤。

（3）省煤器安装

省煤器安装前，应选择好吊装或固定设备，用吊装设备将省煤器安装在支架上，并检查省煤器的进口装置、标高是否与锅炉烟气出口相符，以及两口的距离和螺栓口是否相符，通过调整支架的位置和标高，达到烟管安装的要求。省煤器的位置、标高以及接口位置正确无误后，将省煤器的下部槽钢与支架焊在一起。

1）组装铸铁省煤器

①组装铸铁省煤器安装前，应检查省煤器肋片的完好情况。每根铸铁省煤器上破损的肋片数不应大于总肋片数的5%，整个省煤器有破损肋片的根数不应大于总根数的10%，且每片损坏面积不应大于该片总面积的10%。

②组装铸铁省煤器的偏差，按基础上所划中心线检查，其支承架的允许偏差应符合表5-8的规定。

铸铁省煤器支承架安装的允许偏差的检验方法 **表5-8**

项次	项　目	允许偏差（mm）	检验方法
1	支承架的水平方向位置	±3	经纬仪、拉线和尺量
2	支承架的标高	0 -5	水准仪、吊线和尺量
3	支承架的纵向和横向水平度	长度的1‰	水平尺和塞尺检查

2）钢制省煤器

①钢制省煤器安装前，宜逐根、逐组进行水压试验。

②钢管式空气预热器的伸缩节的连接应良好，不应有泄漏现象。

③在温度高于100℃区域内的螺栓、螺母上，应涂上二硫化钼油脂、石墨机油或石墨粉。

（4）钢管式空气预热器

1）钢管式空气预热器安装的允许偏差，应符合表5-9的规定。

钢管式空气预热器安装的允许偏差 **表5-9**

项　目	允许偏差（mm）
支承框的水平方向位置	±3
支承框的标高	0 -5
预热器垂直度	高度的1‰

2）钢管式空气预热器的伸缩节的连接应良好，不应有泄漏现象。

3）在温度高于100℃区域内的螺栓、螺母上，应涂上二硫化钼油脂、石墨机油或石墨粉。

（5）燃烧设备安装

1）链条炉排

①炉排冷态试运转时间，链条炉排不应少于8h。链条炉排试运转速度不应少于两

级，在由低速到高速的调整阶段，应检查传动装置的保护机构动作。

②炉排片组装不宜过紧或过松；装好后用手扳动时，转动应灵活。

③边部炉条与墙板之间、前后轴与支架侧板之间，应有膨胀间隙。膨胀间隙应符合随机技术文件规定。

④组装链条炉排安装的允许偏差和检验方法应符合表5-10的规定。

组装链条炉排安装的允许偏差和检验方法 **表5-10**

项次	项目		允许偏差（mm）	检验方法
1	炉排中心位置		2	经纬仪、拉线和尺量
2	墙板的标高		±5	水准仪、拉线和尺量
3	墙板的垂直度，全高		3	吊线和尺量
4	墙板间两对角线的长度之差		5	钢丝线和尺量
5	墙板框的纵向位置		5	经纬仪、拉线和尺量
6	墙板顶面的纵向水平度		长度1/1 000，且≤5	拉线、水平尺和尺量
7	墙板间的距离	跨距≤2m	+3 0	钢丝线和尺量
		跨距＞2m	+5 0	
8	两墙板的顶面在同一水平面上相对高差		5	水准仪、吊线和尺量
9	前轴、后轴的水平度		长度1/1 000	拉线、水平尺和尺量
10	前轴和后轴和轴心线相对标高差		5	水准仪、吊线和尺量
11	各轨道在同一水平面上的相对高差		5	水准仪、吊线和尺量
12	相邻两轨道间的距离		±2	钢丝线和尺量

2）往复炉排

往复炉排安装的允许偏差和检验方法符合表5-11的规定。

冷态试运转运行时间，往复炉排不应少于4h。

往复炉排安装的允许偏差和检验方法 **表5-11**

项次	项目		允许偏差（mm）	检验方法
1	两侧板的相对标高		3	水准仪、吊线和尺量
2	两侧板间距离	跨距≤2m	+3 0	钢丝线和尺量
		跨距＞2m	+4 0	
3	两侧板的垂直度，全高		3	吊线和尺量
4	两侧板间对角线的长度之差		5	钢丝线和尺量

3）燃油（或燃煤粉）燃烧器

①燃油（或燃煤粉）燃烧器安装前的检查，应符合下列要求：

a. 安装燃烧器的预留孔位置应正确，并应防止火焰直接冲刷周围的水冷壁管；

b. 调风器喉口与油枪的同轴度不应大于3mm。

②燃烧器安装时，燃烧器的标高允许偏差为±5mm，各燃烧器之间的距离允许偏差为±3mm。调风装置调节应灵活、可靠，且不应有卡、擦、碰等异常声响。

③煤粉燃烧器的喷嘴有摆动要求时，一次风室喷嘴、煤粉管与密封板之间应有装配间隙，装配间隙应符合随机技术文件规定。

④燃烧器与墙体接触处，应密封严密。

（6）安全附件安装

1）锅炉和省煤器安全阀的定压和调整应符合表5-12的规定。锅炉装有两个安全阀时，其中必须有一个按表中较低的始启压力进行整定。

安全阀定压规定 **表5-12**

项次	工作设备	安全阀开启压力（MPa）
1	蒸汽锅炉	工作压力+0.02MPa
		工作压力+0.04MPa
2	热水锅炉	1.12倍工作压力，但不少于工作压力+0.07MPa
		1.14倍工作压力，但不少于工作压力+0.10MPa
3	省煤器	1.1倍工作压力

2）安全阀必须垂直安装。蒸汽锅炉安全阀应装设有足够截面通向室外的排气管，排气管底部应装有疏水管；省煤器的安全阀应装排水管；热水锅炉安全阀泄水管应接到安全地点。在排气管和泄水管上不得装设阀门。

3）安装水位表应符合下列要求：

①玻璃管（板）式水位表的标高与锅筒正常水位线允许偏差为±2mm，表上应标明"最高水位"、"最低水位"和"正常水位"标记；玻璃管（板）的最低可见边缘应比最低安全水位低25mm；最高可见边缘应比最高安全水位高25mm；

②玻璃管式水位表应有防护装置；

③电接点式水位表应垂直安装，其设计零点应与锅筒正常水位重合；

④采用双色水位表时，每台锅炉只能装设一个，另一个装设普通水位表；

⑤水位表应有放水旋塞（或阀门），并连接放水管接至安全地点。

4）安装压力表应符合下列规定：

①压力表的刻度极限值应为工作压力的1.5～3.0倍，最好选用2倍，表盘直径不得小于100mm；

②压力表装用前应进行校验并注明下次校验日期；压力表的刻度盘上应划红线，指示出工作压力；压力表校验后应封印；

③压力表应装设在便于观察和吹洗的位置，并防止受到高温、冰冻和震动的影响，同时要有足够的照明；

④压力表必须设有存水弯管；热水锅炉压力表应有缓冲弯管；弯管用钢管时，其内径不应小于10mm；

⑤压力表与存水弯管之间应安装三通旋塞，以便吹洗管路，卸换、校验压力表。

5）在水平工艺管道安装测压仪表时，取压口的位置应符合下列规定：

①压力测点应选择在管道的直线段上，即介质流束稳定的地方；取压装置端部不应伸入管道内壁；

②测量液体压力的，在工艺管道的下半部与管道的水平中心线成0°~45°夹角范围内。

6）测温仪表安装时，应符合下列要求：

①温度计的测温元件应装在具有代表性的地方并插入流动介质内，不应装在管道和设备的死角处；

②压力式温度计的毛细管应固定并有保护措施，温包必须全部浸入介质中；

③热电偶和热电阻温度计的保护套管应保证规定的插入深度，外接线路的补偿电阻，应符合仪表的规定值。

7）当在同一管段上安装压力表和温度计时，压力表应装在温度计的上游，如温度计需装在压力表的上游，其间距不应小于300mm。

8）风压表的安装，应符合下列要求：

①取压孔径应与取压装置管径相符，且不应小于12mm；

②安装在炉墙和烟道上的取压装置应倾斜向上，与水平线所成夹角宜大于30°，且不应伸入炉墙和烟道内壁。

9）锅炉运行参数（压力、水位、炉膛风压、排烟温度等）的热工保护及相关的联锁装置应按系统进行分项和整套联动试验，其动作应正确、可靠。

10）电动调节阀执行机构的安装，应符合下列要求：

①电动执行机构与调节机构的转臂宜在同一平面内动作，传动部分动作应灵活，并无空行程及卡阻现象；

②电动执行机构应做远方操作试验，开关操作方向、位置指示器应与调节机构开度一致，其行程及伺服时间应满足使用要求。

（7）锅炉本体的其他接管

1）非承压锅炉（常压锅炉）的锅筒必须敞口或装设大气连通管，连通管上不得装设阀门，以保证锅筒与大气相通。

2）以天然气为燃料的锅炉的天然气释放管或大气排放管不得直接通向大气，应通向贮存或处理装置。

3）两台或两台以上燃油、燃气锅炉共用一个烟囱时，每一台锅炉的烟道上均应配备风阀或挡板装置，并应具有操作调节和闭锁功能。

4）每台锅炉宜采用独立的定期排污管道，并分别接至排污降温池；锅炉的排污阀及其管道不应采用螺纹连接；锅炉排污管道应减少弯头，保证排污通畅。

3. 锅炉炉墙砌筑和绝热层施工

（1）砌筑工程

1）炉墙砌筑施工，除应符合《锅炉安装工程施工及验收规范》GB 50273—2009 的规定外，尚应符合现行国家标准《工业炉砌筑工程施工及验收规范》GB 50211—2004 的有关规定。

2）炉墙砌筑应在锅炉水压试验以及所有需砌入墙内的零部件、水管和炉顶的支、吊架等装置的安装质量符合随机技术文件规定后进行。

3）砖的加工面和有缺陷的表面不应朝向炉膛或炉子通道的内表面。

4）外墙砖与内墙耐火砖之间，宜用耐火纤维毡材料充填。

5）砌筑烧嘴砖时，砖孔的中心位置、标高和倾斜角度，应符合随机技术文件规定。

6）砌在炉墙内的柱子、梁、炉门框、窥视孔、管子、集箱等与耐火砌体接触的表面，应铺贴耐火纤维隔热材料。

7）砌体膨胀缝的大小、构造及分布位置，应符合随机技术文件规定。留设的膨胀缝应均匀平直，膨胀缝宽度的允许偏差为 0 ~ 5mm；膨胀缝内应无杂物，并应用尺寸大小缝宽度的耐火纤维材料填塞严密，朝向火焰的缝应填平。炉墙垂直膨胀缝内的耐火纤维隔热材料应在砌砖的同时压入。

8）当砖的尺寸无法满足砖缝要求时，应进行砖的加工或选砖。砖砌体应拉线砌筑，上下层砖应错缝，砖缝应横平竖直，且泥浆饱满。

9）外墙的砖缝宜为 8 ~ 10mm。

10）耐火浇注料的品种和配合比应符合随机技术文件规定。耐火浇注料在现场浇注前应作试块试验，并应在符合要求后施工。埋设在耐火浇注料内的管子、钢构件等的表面不得有污垢，在浇注前应在其表面涂刷沥青或包裹沥青纸、牛皮纸等隔热材料。

（2）绝热层工程

1）炉墙绝热层施工，除应符合《锅炉安装工程施工及验收规范》GB 50273—2009 的规定外，尚应符合现行国家标准《工业设备及管道绝热工程施工规范》GB 50126—2008 的有关规定。

2）绝热层施工应在金属烟道、风管、管道等被绝热件的强度试验或漏风试验后进行。

3）绝热层的形式、伸缩缝的位置及绝热材料的强度、松散密度、导热系数、品种规格，应符合随机技术文件规定。

4）绝热层施工前，应清楚锅筒、集箱、金属烟道、风管、管道等被绝热件表面的油垢、铁锈和临时支撑，并应按随机技术文件规定涂刷耐腐蚀涂料。

5）采用成型制品的绝热材料时，捆扎应牢固，接缝应错开，里外层应压缝搭接，嵌缝应饱满。当采用胶泥状材料时，应涂抹密实光滑、厚度均匀、表面平整。

6）保护层采用卷材时，应紧贴表面，不应折皱和开裂。采用涂料抹面时，应平整光滑、棱角整齐，不应有裂缝。采用铁皮、铝皮等金属材料包裹时，应扣边搭接，弯头处应圆弧过渡，且平整光滑。

7）绝热层的厚度、平整度允许偏差，应符合设计技术文件规定。

8）绝热层施工时，阀门、法兰盘、人孔及其他可拆件的边缘应留出空隙，绝热层断面应封闭严密。支托架处的绝热层不得影响活动面的自由膨胀。

4. 烘炉、煮炉和试运行

（1）锅炉烘炉可采用火焰烘炉，火焰烘炉应符合下列要求：

1）火焰集中在炉膛中央，不应直接烧烤炉墙和炉拱。

2）链条炉排在烘炉过程中应定期转动，防止烧坏炉排。

3）烘炉温升应根据不同的炉墙结构确定，其温升应符合下列规定：

①重型炉墙第一天温升不宜大于50℃，以后每天温升不宜大于20℃，后期烟温不应大于220℃；

②砖砌轻型炉墙温升每天不应大于80℃，后期烟温不应大于160℃；

③耐火浇注料炉墙需待养护期满后，方可开始烘炉；温升每小时不应大于10℃，后期烟温不应大于160℃，在最高温度范围内的持续时间不应小于24h。

4）烘炉时间应根据锅炉类型、砌体湿度和自然通风干燥程度确定，散装重型炉墙锅炉宜为14～16d，但整体安装的锅炉，宜为4～6d。

5）烘炉结束后应符合如下规定：

①炉墙经烘炉后没有变形、裂纹及塌落现象；

②炉墙砌筑砂浆含水率达到7%以下。

（2）锅炉煮炉应符合下列要求：

1）在烘炉末期，当外墙砖灰浆含水率降到10%时，可进行煮炉；非砌筑或浇注型炉墙的锅炉，安装后可直接进行煮炉。

2）煮炉开始时的加药量可按表5-13的配方加药。

煮炉时的加药配方 表5-13

药品名称	每立方米水的加药量（kg）	
	铁锈较薄	铁锈较厚
氢氧化钠（NaOH）	2～3	3～4
磷酸三钠（$Na_3PO_4 \cdot 12H_2O$）	2～3	2～3

注：1. 药量按100%的纯度计算；

2. 无磷酸三钠时，可用碳酸钠代替，用量为磷酸三钠的1.5倍；

3. 单独使用碳酸钠煮炉时，每立方米水中加6kg碳酸钠。

3）煮炉时间宜为2～3d。煮炉最后24h宜使压力保持在额定工作压力的75%；当在较低的压力下煮炉时，应适当延长煮炉时间。

4）煮炉结束后，应交替进行上水和排污，直到水质达到运行标准，然后停炉排水，对锅炉进行冲洗，清除锅筒、集箱内的沉积物，检查锅筒和集箱内壁，其内壁应无油垢；擦去附着物后，金属表面应无锈斑。

（3）锅炉试运行

1）锅炉试运行前，应对安全阀进行最终调整。调整后，锅炉应带负荷连续运行48h，整体出厂锅炉宜为4～24h，以运行正常为合格。

2）锅炉试运行，应具备下列条件：

①热水锅炉注满水，蒸汽锅炉达到规定水位；

②循环水泵、给水泵、注水器、鼓风机、引风机运转正常；

③与室外供热管道隔断；

④安全阀全部开启；

⑤锅炉水质符合标准。

（四）锅炉附属设备及管道安装质量监控要点

锅炉附属设备是指与锅炉主机相配套的一些主要设备：如鼓引风机、除尘器、水泵、水-水换热器、净化水的离子交换器、清洗罐（槽）等，这些设备都是保证与维护锅炉供热系统正常燃烧、高温热水正常供应、温度调控和水质净化处理功能的重要设备。

安装时必须按设计要求和《建筑给水排水及采暖工程施工质量验收规范》GB 50242—2002 中锅炉附属设备安装及《电力工业锅炉压力容器监察规程》DL 612—1996 等标准规定进行施工及质量监控。

1. 施工准备阶段

（1）安装用材料、管件、仪表等，必须符合锅炉与附属设备的材质、规格、性能和安装测量的标准要求。

（2）安装条件：

1）锅炉已吊装就位，安装完成。

2）附属设备的基础施工完成并均已达到强度要求（70%以上），模板拆除，并已清理干净，不得有油污和表面混凝土存在的质量通病。

3）基础四周回填土的回填工作已完成。

4）各类设备均已进入安装现场，经检查其规格、型号，均符合设计要求。

（3）设备基础的复查与处理：应根据设计或设备出厂总图要求，对土建施工的各设备基础，按其设备安装的固定型式及基础形状和固定锚件要求，对各设备基础进行复查；如不符合设计和安装条件要求时应予处理，应在基础平面采用垫铁调整或安装基架。

2. 锅炉辅助设备安装

锅炉辅助设备安装的允许偏差和检验方法应符合表 5-14 的规定。

锅炉辅助设备安装的允许偏差和检验方法 **表 5-14**

项次	项目			允许偏差（mm）	检验方法
1	鼓、引风机	坐标		10	经纬仪、拉线和尺量
		标高		±5	水准仪、拉线和尺量
2	各种静置设备（各种容器、箱、罐等）	坐标		15	经纬仪、拉线和尺量
		标高		±5	水准仪、拉线和尺量
		垂直度（1m）		2	吊线和尺量
3	离心式水泵	泵体水平度（1m）		0.1	水平尺和塞尺检查
		联轴器同心度	轴向倾斜（1m）	0.8	水准仪、百分表（测微螺钉）和塞尺检查
			径向位移	0.1	

（1）鼓、引风机安装

1）风机基础的尺寸、位置、标高、螺栓孔位置及防震装置应符合设计要求。

2）固定风机的地脚螺栓应有防松装置，如双螺母、弹簧垫圈和防松螺母等；垫铁放置位置必须正确，接触紧密，每组不超过3块。

3）离心式风机的机轴应保持水平。整体安装的轴承箱的纵向和横向安装水平偏差不应大于0.10/1000。

4）左、右分开式轴承箱中每个轴承箱中分面的纵向和横向安装的水平偏差分别不应大于0.04/1000和0.08/1000，主轴轴颈处安装水平偏差不应大于0.04/1000。

5）离心式风机与电动机采用联轴器连接时，两轴中心线应在同一直线上。联轴器的径向位移不应大于0.025mm，轴线倾斜度不应大于0.20/1000。

6）离心式风机与电动机以皮带传动时，两轴中心线应平行，两皮带中心线应重合为一直线，皮带轮轮宽中心平面位移不应大于1mm。

7）离心式风机的电动机应水平安装在滑轨上或固定在基础上，找正应以风机为准；用皮带传动的电动机应安装在可以调节距离的滑轨上，制动螺丝应装在受力的一侧，在试运转前应拧紧制动螺丝。风机和电动机的传动装置外露部分应有防护罩，安装在室外的电动机应装防雨罩。

8）风机安装后应做静平衡，用手拨动风机叶轮，使其旋转，每次都不应停在原来的位置上。

9）安装锅炉鼓、引风机，转动应灵活，无卡、碰现象；鼓、引风机的传动部位，应设置安全防护装置。

10）风机试运转，滑动轴承最高温度不得超过60℃，滚动轴承最高温度不得超过80℃；风机转速小于1000r/min时，轴承径向单振幅不应超过0.10mm；风机转速为1000～1450r/min时，轴承径向单振幅不应超过0.08mm。

11）离心式风机的进风管、出风管、阀件和调节装置等应有单独的支承，并与基础或其他建筑物连接牢固。

（2）离心式水泵安装

1）泵的基础尺寸、位置、标高、螺栓孔位置和减震装置应符合设计要求。

2）泵就位前应按设计图纸在基础上放出安装基准线，二次灌浆前应将预留孔及附近的基础表面凿成麻面。

3）水泵安装的外观质量检查：泵壳不应有裂纹、砂眼及凹凸不平等缺陷，多级泵的平衡管路应无损伤或折陷现象，蒸汽往复泵的主要部件、活塞及活动轴必须灵活。

4）泵就位及找正、找平应符合下列要求：

①安放地脚螺栓时，底端不应碰预留孔底；地脚螺栓离孔边应大于15mm，螺栓应保持垂直，其垂直度偏差不应超过10/1000；

②离心水泵的找平应以水平中开面、轴的外伸部分和底座的水平加工面等处为基准，泵体水平度每米偏差不得超过0.1mm；

③离心水泵联轴器同心度找正时，应使水泵轴心与电动机轴心保持同轴度，其轴向倾斜每米不得超过0.8mm，径向位移不得超过0.1mm；

④找正、找平时可采用垫铁调整安装精度。

5）蒸汽往复泵的调平与找正按离心泵的规定执行。

6）手摇泵应垂直安装。安装高度如设计无要求时，泵中心距地面为800mm。

7）水泵试运转，叶轮与泵壳不应相碰，进、出口部位的阀门应灵活。轴承温升应符合产品说明书的要求。

8）注水器安装高度，如设计无要求时，中心距地面为1.0~1.2m。

（3）锅炉房其他辅助设备安装

1）分汽缸（分水器、集水器）安装前应进行水压试验，试验压力为工作压力的1.5倍，但不得小于0.6MPa，试验压力下10min内应无压降、无渗漏。

2）敞口水箱安装前应做满水试验，以满水后静置24h不渗漏为合格；密闭水箱应以工作压力的1.5倍作水压试验，但不得小于0.4MPa，试验压力下10min内应无压降、无渗漏。

3）地下直埋油罐在埋地前应做气密性试验，试验压力降不应小于0.03MPa。试验压力下观察30min应不渗、不漏、无压降。

4）除尘器安装时，安放除尘器的支架和基础坐标、标高应正确，进、出口方向应符合设计要求，进、出口和除尘装置的连接处密封应良好。与引风机连接时应采用软接头，与引风机连接的烟管应设独立支架。

5）锅炉本体和除氧器的排气管应通向室外，直接排入大气。

6）软化水设备罐体的视镜应布置在便于观察的方向。树脂装填的高度应按设备说明书的要求进行。

7）锅炉房各种设备的主要操作通道的净距如设计不明确时不应小于1.5m，辅助的操作通道净距不应小于0.8m。

（4）电除尘器安装

电除尘器的安装施工应严格按照设备技术文件要求和验收的相关规范进行施工：

1）基础画线，纵横中心线与立柱底基础的纵横中心线误差不大于2mm，对角线误差不大于5mm。

2）各立柱间距误差不大于10mm，立柱垂直度误差不大于10mm。

3）立柱顶部标高误差±5mm，各柱相互偏差不大于2mm。

4）底梁上平台水平偏差不大于5mm。

5）整体底梁水平距离的偏差不大于5mm，两对角线偏差不大于9mm。

6）大梁安装标高偏差±5mm。

7）相邻两大梁纵向中心线间距误差小于±5mm。

8）阳极板吊装时要有专项措施和工机具，吊装时不得使板排产生永久性变形。

9）阳极板悬架系统，同一组的四个瓷瓶支柱应调整到同一平面内，平面度偏差不大于1mm。

10）绝缘套管中心线应重合，两中心的偏差不大于10mm。

11）振打锤装置应固定牢固，振打锤应打在锤座中心，偏差不大于3mm。

12）锤头应转动灵活，无卡死、碰撞现象。

13）电除尘器安装后应进行内部检查清扫，内部不得有任何杂物，确认清扫干净后封闭人孔门并加锁。

（5）磨煤机安装

1）安装顺序应符合设备技术文件和验收相关规范。

2）基框中心线与基础中心线偏差不大于2mm。

3）减速器台板面标高偏差不大于10mm。

4）电机底座标高偏差不大于5mm。

5）减速器与基框中心线偏差±0.4mm。

6）机座上平面水平偏差小于2mm。

7）机座上平面标高偏差小于10mm。

8）迷宫密封间隙，径向0.1～0.25mm，两侧间隙偏差应小于0.05mm。

9）传动盘与迷宫上环间隙为1.5～2.5mm。

10）底座密封环和迷宫环间隙两侧径向偏差小于1mm。

11）喷嘴环与磨盘的径向间隙、与磨环分段的法兰间隙，两处均不大于0.5mm。

12）分部试运转应符合锅炉辅机试运转的相关规范要求。

13）磨煤机不得在冷态下启动试运转，应在锅炉启动试运转投煤前进行。

14）分部试运转前，必须对润滑液压系统调试合格，油泵安全阀调整合格。

15）检查和校核一次仪表，确保安全可靠、指示正确。

16）密封风机调试时，进行磨煤机的气密性试验，试验压力为0.1MPa，检查合格并办签证。

3. 锅炉房管道安装

（1）锅炉房连接锅炉及辅助设备的工艺管道焊接质量应符合《工业金属管道工程施工规范》GB 50235—2010的要求。

（2）连接锅炉及辅助设备的工艺管道安装允许偏差应符合表5-15的规定。

工艺管道安装的允许偏差和检验方法 表5-15

项次	项目		允许偏差（mm）	检验方法
1	坐标	架空	15	水准仪、拉线和尺量
		地沟	10	
2	标高	架空	±15	水准仪、拉线和尺量
		地沟	±10	
3	水平管道纵、横方向弯曲	$DN \leq 100$mm	2‰，最大50	直尺和拉线检查
		$DN > 100$mm	3‰，最大70	
4	立管垂直		2‰，最大15	吊线和尺量
5	成排管道间距		3	直尺尺量
6	交叉管的外壁或绝热层间距		10	

（3）管道安装时，应使管道与墙壁、楼板以及管道之间保持一定的距离，使管道的法兰、焊缝、连接件以及管道上的仪表和阀门便于检修。

4. 锅炉房烟、风管道安装

烟、风管道安装的工序、工艺应符合设计文件技术标准和验收相关的技术规范要求。

（1）组件长度偏差不大于2‰，最大不大于10mm；安装标高偏差±20mm。

（2）管道安装纵横位置偏差±30mm。

（3）操作装置方向连接管角度应不大于30°。

（4）传动装置操作灵活可靠，开度指示明显清晰，与挡板开度相符合。

（5）支吊架牢固、美观符合设计要求。

（6）各防爆门安装位置、方向正确，防爆膜厚度、制作、安装符合设计要求。

（7）防爆门的布置与水平方向有不小于45°的倾斜角，防爆门的薄膜上应涂防锈保护层。

（8）各种锁气器安装应符合设计要求，动作灵活，间隙适当。

（9）翻板或锥形塞密封部位接触均匀，重锤应易于调整，重锤运动方向无阻碍。

四、监理过程中巡视或旁站

（一）锅炉安装技术资料检查签证

1. 质量通病

锅炉安装技术资料不齐全。

2. 原因分析

锅炉制造厂没有对产品提供完整的技术资料。

3. 监理过程中巡视或旁站要点

（1）应包括的设计计算文件有：锅炉总图、锅炉安装图（地基图、本体管路图）、安装和使用说明书、受压元件强度计算书和安全阀排放量计算书等。

（2）应包括的产品质量文件有：出厂合格证、金属材料证明书、焊接质量证明书和水压试验证明书。

（3）应包括的监检文件有：技术监督部门制造质量监检证书和技术监督部门锅炉房图纸审批书。

4. 检查方法

查验锅炉安装技术资料是否齐全完整。

（二）锅炉基础复查签证

1. 质量通病

锅炉基础的外形尺寸及混凝土质量不符合设计要求。

2. 原因分析

基础的放样尺寸不正确；混凝土配方或保养期不符合设计和规范的要求。

3. 监理过程中巡视或旁站要点

（1）在浇筑基础时核对混凝土的配方，检查混凝土的保养期。

（2）设备就位前，应对基础进行复查，重新测量基础的纵向、横向中心线，标高基准点；检查基础外形是否有裂纹等缺陷。如发现尺寸和混凝土质量不符合设计要求，应经整修达到要求后，才能安装。

4. 检查方法

经纬仪、水平仪、拉线和尺量。

（三）锅炉本体安装

1. 质量通病

锅炉本体的就位水平度和中心线垂直度偏差值过大，超过规范允许的规定值；焊缝不符要求。

2. 原因分析

锅炉安装找平、找正时未能有效地控制偏差值。焊工技术水平不过关或工作态度不端正，工作不认真。

3. 监理过程中巡视或旁站要点

用测量工具检查初次安装和经校正后的就位水平度和中心线垂直度。

4. 检查方法

经纬仪、水平尺、拉线、吊线和尺量。

（四）安全附件安装

1. 水位表质量通病

安装玻璃管式水位表时不设防护装置；水位表上无最高、最低安全水位的明显标志；水位表的放水管没有接到安全地点。

（1）原因分析

在常压热水锅炉上有时会出现上述情况。原因是锅炉产品未安装水位表的防护装置，水位表安装也不符合规范的要求。

（2）监理过程中巡视或旁站要点

对水位表安装提出整改要求，并按规范要求验收。

（3）检查方法：观察检查。

2. 安全阀质量通病

安装锅炉安全阀时排气管未通向室外，两个独立安全阀的排气管合并连接，热水锅炉安全阀泄水管未接到安全地点。

（1）原因分析

安装安全阀不符合规范的要求。

（2）监理过程中巡视或旁站要点

按规范对安全阀安装提出整改要求：安全阀排气管必须通向室外；两个独立安全阀的排气管不应相连，热水锅炉安全阀泄水管应接到安全地点。

（3）检查方法：观察检查。

（五）锅炉房管道安装

1. 管道质量通病

锅炉房的蒸汽管道和排污管道采用镀锌钢管，螺纹连接。

（1）原因分析

管道的用材和连接方式不符合设计要求。

（2）监理过程中巡视或旁站要点

提出整改要求：锅炉房的蒸汽管道和排污管道必须采用无缝钢管，法兰连接。

（3）检查方法：观察检查。

2. 阀门质量通病

蒸汽和热水管道上装设的阀门全数未经压力试验和密封试验。

(1) 原因分析

锅炉房管道安装未执行《工业金属管道工程施工质量验收规范》GB 50184—2011。

(2) 监理过程中巡视或旁站要点

1) 对设计压力大于1MPa或设计压力小于等于1MPa但设计温度大于186℃的蒸汽和热水管道阀门应逐个进行壳体压力试验和密封试验，不合格者，不得使用。

2) 对设计压力小于等于1MPa且设计温度为186℃及以下的蒸汽和热水管道阀门，应从每批中抽查10%，且不得少于1个，进行壳体压力试验和密封试验。当不合格时，应加倍抽查；仍不合格时，该批阀门不得使用。

(3) 检查方法：压力试验和密封试验。

五、工程检测和试验项目

(一) 锅炉水压测试

1. 试验要求

(1) 锅炉本体及其附属装置安装完毕后，必须进行水压试验。水压试验的压力应符合表5-16的规定。

水压试验后压力规定 表5-16

项 次	设备名称	工作压力 P (MPa)	试验压力 (MPa)
1	锅炉本体	$P<0.59$	$1.5P$ 但不小于0.2
		$0.59 \leq P \leq 1.18$	$P+0.3$
		$P>1.18$	$1.25P$
2	可分式省煤器	P	$1.25P+0.5$
3	非承压锅炉	大气压力	0.2

(2) 水压试验前，应做好如下准备工作：

1) 应对锅炉受热面各组成部分进行内部清理和表面检查，保证受热面管子畅通，将锅筒、集箱内部清洗干净后封闭人孔、手孔；

2) 检查锅炉本体及阀门、法兰、盲板有无漏加垫片、漏装螺栓或未拧紧现象，并将锅炉本体上所有阀门处于关闭状态；

3) 主汽阀、出水阀、排污阀和给水截止阀应与锅炉一起做水压试验，安全阀、水位表及温度计不应与锅炉一起做水压试验；安全阀应单独做水压试验；

4) 锅炉水压试验时装设的压力表不应少于2只，其精度等级不应低于2.5级；额定工作压力为2.5MPa的锅炉，其精度等级不应低于1.6级；

5) 锅炉水压试验时应装设排水管道和放空阀；

6) 水压试验的环境温度不应低于5℃，水温应高于周围露点温度。

2. 试验方法

锅炉充满水进行水压试验时，应缓慢升压，当升到0.3~0.4MPa时应进行一次检查，必要时可拧紧人孔、手孔和法兰等的螺栓。当水压上升到额定工作压力时，暂停升压，检查各部分，应无漏水或变形等异常现象。然后应关闭就地水位计，继续升到试验压力，并保持10min，其间压力下降不应超过0.02MPa。最后回降到额定工作压力进行检查，检查期间压力应保持不变。水压试验时受压元件金属壁和焊缝上，应无水珠和水雾，胀口不应滴水珠。水压试验结束后，应缓慢降压，并及时将锅炉内的水全部放尽。

（二）锅炉房汽、水管道水压试验

1. 试验要求

锅炉房的汽、水管道安装完毕后，必须进行水压试验。水压试验的压力为设计压力的1.5倍。

2. 试验方法

（1）水压试验时应缓慢升压，待达到试验压力后，稳压10min，再将试验压力降至设计压力，稳压30min，以压力不降、无渗漏为合格。

（2）试验结束后，应及时拆除盲板、膨胀节限位设施，排尽积液。排液时应防止形成负压，并不得随地排放。

（3）当试验过程发现泄漏时，不得带压处理。应泄压消除缺陷后，重新进行试验。

六、监理验收

本工程验收是指供热锅炉及辅助设备安装工程的子分部工程验收。

（1）供热锅炉分项工程验收应具备下列条件：

1）锅炉炉排应冷态试运转，链条炉排不应少于8h，往复炉排不应少于4h。链条炉排试运转速度不应少于两级。

2）锅炉鼓、引风机应试运转，冷态条件下鼓风机在额定负荷下、引风机在额定电流下连续运转时间不应小于2h。

3）锅炉给水泵及锅炉房各类水泵在额定工况点连续试运转时间不应小于2h。

4）锅炉的水处理装置应试运行。在冷态和锅炉试运行时，额定出口压力小于或等于2.5MPa的蒸汽锅炉给水和锅水、热水锅炉补给水和循环水的质量，应符合现行国家标准《工业锅炉水质》GB/T 1576—2008的规定；额定出口压力大于2.5MPa的蒸汽锅炉给水和锅水的质量，应符合锅炉产品说明书和用户对蒸汽的质量要求。

5）锅炉房的机械化运煤和除灰渣系统需经试运转，连续运转时间不应小于2h。

6）锅炉带负荷连续48h试运行合格后，方可办理分项工程验收手续。

（2）供热锅炉安装分项工程验收应具备下列资料：

1）开工报告；

2）锅炉安装技术资料检查签证；

3）锅炉设备验收记录；

4）设备缺损件清单及修复记录；

5）锅炉基础复查签证；

6）锅炉本体安装检查验收记录；

7）锅炉安装阀门水压试验检查记录；

8）炉排冷态试运行记录；

9）水位表、压力表和安全阀安装记录；

10）锅炉本体水压试验记录及签证；

11）烘炉、煮炉记录；

12）蒸汽试验安全阀调整记录；

13）锅炉 24h 试运行记录；

14）锅炉安装质量分项工程验收签证。

（3）整装供热锅炉、锅炉房辅助设备及管道安装工程分项工程验收应具备下列资料：

1）开工报告；

2）锅炉房工艺设计图纸会审记录、设计变更及洽商记录；

3）锅炉房辅助设备及管道安装工程的施工组织设计或施工方案；

4）主要材料、成品、半成品、配件和辅助设备出厂合格证及进场验收单；

5）送（引）风机、除尘器、烟囱安装记录；

6）给水泵或注水器安装记录；

7）水处理装置安装检查记录；

8）隐蔽工程验收及中间验收记录；

9）单机试运转检查记录；

10）安全、卫生和使用功能检验和检测记录；

11）检验批、分项、子分部（包括锅炉本体安装）质量验收记录，详见《建筑给水排水及采暖工程施工质量验收规范》GB 50242—2002 附录 B、附录 C 和附录 D；

12）竣工图。

（4）监理单位对工程质量评估的内容：

1）工程概况；

2）评估依据；

3）监理工程师执行建筑工程监理规范情况；

4）执行国家有关法律、法规、强制性标准、条文和设计文件、承包合同情况；

5）施工中签发的通知单等整改、落实、复查情况；

6）执行旁站、巡视、平衡检验监理形式的情况；

7）对工程遗留质量缺陷的处理意见；

8）评估意见。

第二节 室外热力管网工程

一、工程内容

室外热力管网是供热工程的重要组成部分。由热源生产的供热介质（蒸汽、热水）通过室外热力管网输送至热用户以满足用户的供热需求。

本节适用于厂区及民用建筑群（住宅小区）的饱和蒸汽压力不大于 0.7MPa，热水温度不超过 130℃ 的室外供热管网安装工程的质量检验与验收。

室外热力管网的敷设可分为架空管道敷设、地沟内管道敷设和直埋管道敷设。

架空敷设：是将供热管道敷设在沿墙或地面支架上的敷设方式，适用于地下水位较高，降水量大，地质为湿陷性黄土或腐蚀性土壤的地区。

地沟敷设：是比较经济的敷设方式，一般用于地下水位低、土质不下沉、不带腐蚀性的土层内。

直埋敷设：是指将供热管道直接埋设于土壤中的敷设方法。该敷设方式使管道的保温结构直接与土壤接触，要求管道的保温结构具有较高的耐压强度和良好的防水性能。适用于地下水位低、土质不下沉、土壤腐蚀性低、渗水性好的地区。

室外管道支架分为活动支架和固定支架。在活动支架上设有各类滑动支座和滚动支座，在固定支架上设有各种固定支座。对管道支架的制作和安装必须进行质量控制。

补偿器是室外热力管网中的重要管道部件。方形补偿器是室外供热管道中最广泛采用的一种补偿器，它具有制作方便、安装较为简单、使用安全可靠的特点，因此，必须确保方形补偿器的制作和安装质量。套筒形补偿器较早时期曾被采用，后因安装工艺要求较高，维修管理较麻烦，近年来在室外热力管道上已很少采用。波纹补偿器是生产厂的定型产品，目前正被推广使用，类别有轴向型、横向型、角向型和压力平衡式，每种类型中又具有不同的系列。每种波纹补偿器在安装前，必须要了解工作原理，熟悉安装步骤，掌握安装要点。安装工作中如有差错，管网投入运行时将会酿成事故。

室外热力管道的防腐和保温也是一项很重要的工作。室外热力管道一般处于多水或湿度很大的环境，尤其是地沟内管道和埋地管道，还可能与含有一定酸、碱和盐的水分相遇，管道的腐蚀十分严重，因此，管道的防腐要求大大高于室内管道。室外架空热力管道保温层内外温差大，管道水平推力形成的力矩值大，因此，要求保温材料的导热系数小，重量轻，它和外保护层一起能抵挡风吹雨淋和曝晒。室外地沟内的热力管道的保温材料要求具有良好的防水性能。室外埋地热力管道除了要有良好的防水性能外，还要有足够的强度满足管道上方通行需要。

二、材料、部件和其他材料质量要求

（1）室外热力管网的管材应符合设计要求。当设计未注明时，应符合下列规定：

1）当 $PN<1.0$MPa 且 $DN\leqslant 40$mm 时，应使用无缝钢管或焊接钢管；

2）当 $PN<2.5$MPa 且 $DN\leqslant 200$mm 时，应使用无缝钢管；

3）当 $PN<1.6$MPa 且 $DN\leqslant 600$mm 时，应使用无缝钢管或螺旋焊接钢管。

（2）室外热力管网管道的组成件和管道支承件（包括管材、管件、阀门、补偿器和疏水器等）必须有制造厂的合格证、质量证明书等质量保证资料，其质量不得低于国家现行标准的规定。

（3）对室外热力管网管道的组成件和管道支承件应按国家现行标准进行外观检验，要求其表面无裂纹、缩孔、夹渣、折叠、重皮等缺陷，不能有超过壁厚负偏差的锈蚀和凹陷，不合格者不得使用。

三、施工安装过程质量控制内容

（1）总述

1）不同管道敷设方式的常用施工工艺流程如下：

①地沟敷设

地沟验收→支架制作、安装→管道安装→阀门及其他附件安装→管道试压→防腐保温→系统吹洗。

②架空敷设

支架验收→支架制作、安装→管道安装→阀门及其他附件安装→管道试压→防腐保温→系统吹洗。

③直埋敷设

测量定位→放线打桩→开挖管沟→沟底处理→管道拼接→防腐保温→下管→管道连接→阀门及其他附件安装→管道试压→防腐保温→系统冲洗。

2）室外供热管网作为建筑给水排水及采暖工程（分部工程）的一个子分部工程，包括四个分项工程，即管道及配件安装、系统水压试验及调试、防腐、绝热。

3）供热管道及配件安装总的质量要求为：管道布置必须合理，坡度走向正确，排气、泄水装置灵活有效，能确保管网的正常运行，便于使用时维修、管理和调节，保证用户对热媒的要求。

（2）管道水平敷设的坡度应符合设计要求，出现偏差时，其正负偏差值不得超过设计要求坡度值的1/3。

（3）室外供热管道安装的允许偏差应符合表5-17的规定。

室外供热管道安装的允许偏差和检验方法 **表5-17**

项次	项目			允许偏差	检验方法
1	坐标（mm）		敷设在沟槽内及架空	20	用水准仪（水平尺）、直尺、拉线
			埋地	50	
2	标高（mm）		敷设在沟槽内及架空	±10	尺量检查
			埋地	±15	
3	水平管道纵、横方向弯曲（mm）	每1m	管径≤100mm	1	用水准仪（水平尺）、直尺、拉线和尺量检查
			管径>100mm	1.5	
		全长（25m以上）	管径≤100mm	≤13	
			管径>100mm	≤25	
4	弯管	椭圆率 $\frac{D_{max}-D_{min}}{D_{max}}$	管径≤100mm	8%	用外卡钳和尺量检查
			管径>100mm	5%	
		折皱不平度（mm）	管径≤100mm	4	
			管径125~200mm	5	
			管径250~400mm	7	

（4）室外供热管道连接均应采用焊接连接。

1）管道焊口的允许偏差应符合表5-18的规定。

钢管管道焊口允许偏差和检验方法　　表 5-18

<table>
<tr><th>项次</th><th colspan="3">项　　目</th><th>允许偏差</th><th>检验方法</th></tr>
<tr><td>1</td><td>焊口平直度</td><td colspan="2">管壁厚 10mm 以内</td><td>管壁厚 1/4</td><td rowspan="3">焊接检验尺和游标卡尺检查</td></tr>
<tr><td rowspan="2">2</td><td rowspan="2">焊缝加强面</td><td colspan="2">高　度</td><td rowspan="2">+1mm</td></tr>
<tr><td colspan="2">宽　度</td></tr>
<tr><td rowspan="3">3</td><td rowspan="3">咬　边</td><td colspan="2">深　度</td><td><0.5mm</td><td rowspan="3">直尺检查</td></tr>
<tr><td rowspan="2">长度</td><td>连续长度</td><td>25mm</td></tr>
<tr><td>总长度（两侧）</td><td>小于焊缝长度的 10%</td></tr>
</table>

2）管道及管件焊接的焊缝表面质量应符合下列规定：

①焊缝外形尺寸应符合图纸和工艺文件的规定，焊缝高度不得低于母材表面，焊缝与母材应圆滑过渡；

②焊缝及热影响区表面应无裂纹、未熔合、未焊透、夹渣、弧坑和气孔等缺陷。

（5）架空敷设的供热管道安装高度，如设计无规定时，应符合下列规定（以保温层外表面计算）：

1）人行地区，不小于 2.5m；

2）通行车辆地区，不小于 4.5m；

3）跨越铁路，距轨顶不小于 6m。

（6）管道支架的安装质量应符合下列要求：

1）管道安装之前，应先对管沟、管道支墩、架空管道的混凝土支架等进行验收，固定支架的位置和构造必须符合设计要求和施工规范的规定；

2）管道支、吊架应构造正确，埋设平正牢固，成排支架要排列整齐；固定支架上的固定支座应与支架面焊接牢固；活动支架上的活动支座应与支架面紧密接触；

3）支架的防腐油漆种类和涂刷遍数应符合设计要求，附着良好，漆膜厚度要均匀，色泽一致。

（7）补偿器的位置必须符合设计要求，并应按设计要求或产品说明书进行预拉伸。

1）预拉伸方形补偿器时，必须在固定支架已安装完毕、并达到强度后，采用拉紧法或顶伸法进行。

2）定购波纹补偿器时，应向生产厂提供供热管道的介质温度参数、安装时可能的环境温度参数和补偿器布置图，以便生产厂确定补偿器应有的补偿能力，或者直接向生产厂提出补偿能力的要求；安装时，用正确的预拉伸或预压缩来为波纹补偿器定位。

3）波纹补偿器的构造是不对称的，补偿器内套有焊缝的一端应迎向介质的流动方向；安装时不得装反。

4）安装波纹补偿器时应设临时固定，待管道安装完毕和水压试验后，再可拆除临时固定装置。

5）波纹补偿器的导向支架必须按要求的位置和构造制作，必须达到设计强度，防止因导向支架失效而造成波纹补偿器失稳。

(8) 平衡阀及调节阀型号、规格及公称压力应符合设计要求。安装后应根据系统要求进行调试，并作出标志。

(9) 减压阀的阀体应垂直安装在水平管道上，安装时不得将方向装反。减压阀安装完毕后，应按使用压力进行调试。

(10) 除污器构造应符合设计要求，安装位置和方向应正确，应与水流方向相同，不得装反。管网试压与冲洗后应清除内部污物。

(11) 地沟内的管道安装位置，其净距（保温层外表面）应符合下列规定：

与沟壁　　100～150mm；

与沟底　　100～200mm；

与沟顶（不通行地沟）　　50～100mm；

（半通行和通行地沟）　　200～300mm。

(12) 直埋供热管道的布置应符合国家现行标准《城镇供热管网设计规范》CJJ 34—2010 的有关规定。管道与有关设施的相互水平或垂直净距应符合表 5-19 的规定。

直埋供热管道与有关设施相互净距　　表 5-19

名　　称			最小水平净距（m）	最小垂直净距（m）
给水管			1.5	0.15
排水管			1.5	0.15
燃气管道	压力≤400kPa		1.0	0.15
	压力≤800kPa		1.5	0.15
	压力>800kPa		2.0	0.15
压缩空气或 CO_2 管			1.0	0.15
排水盲沟沟边			1.5	0.50
乙炔、氧气管			1.5	0.25
公路、铁路坡底脚			1.0	—
地　　铁			5.0	0.80
电气铁路接触网电杆基础			3.0	—
道路路面			—	0.70
建筑物基础	公称直径≤250mm		2.5	—
	公称直径≥300mm		3.0	—
电缆	通信电缆管块		1.0	0.30
	电力及控制电缆	≤35kV	2.0	0.50
		≤110kV	2.0	1.00

注：热力网与电缆平行敷设时，电缆处的土壤温度与月平均土壤自然温度比较，全年任何时候对于电压 10kV 的电力电缆不高出 10℃，对电压 35～110kV 的电缆不高出 5℃，可减少表中所列距离。

(13) 直埋供热管道最小覆土深度应符合表 5-20 的规定，同时尚应进行稳定验算。

直埋敷设管道最小覆土深度 表 5-20

管径（mm）	50～125	150～200	250～300	350～400	450～500
车行道下（m）	0.8	1.0	1.0	1.2	1.2
非车行道下（m）	0.6	0.6	0.7	0.8	0.9

（14）直埋供热管道敷设时应符合下列规定：

1）直埋供热管道的坡度不宜小于2‰，高处宜设放气阀，低处宜设放水阀；

2）管道应利用转角自然补偿，10°～60°的弯头不宜用做自然补偿。

（15）直埋供热管道从干管引出分支管时，在分支管上应设固定墩或轴向补偿器或弯管补偿器，并应符合下列规定：

1）分支点至支线上固定墩的距离不宜大于9m；

2）分支点至轴向补偿器或弯管的距离不宜大于20m；

3）分支点有干线轴向位移时，轴向位移量不宜大于50mm，分支点至轴向补偿器的距离不应小于12m；

4）轴向补偿器和管道轴线应一致，距补偿器12m范围内管段不应有变坡和转角。

（16）检查井室、用户入口处管道布置应便于操作及维修，支、吊、托架稳固，并满足设计要求。

（17）室外热力管网防锈漆的厚度应均匀，不得有脱皮、起泡、流淌和漏涂等缺陷。

（18）室外热力管道的保温质量应符合下列要求：

1）保温材料的强度、密度、导热系数、规格、防火性能和保温作法，必须符合设计、消防要求和施工规范的规定。应有当地消防主管部门的许可证明。

2）保温层应表面平整，封口严密，搭接方向合理，无空鼓和松动现象。

（19）直埋无补偿供热管道预热伸长及三通加固应符合设计要求。回填前应注意检查预制保温层外壳及接口的完好性。回填应按设计要求进行。

（20）直埋管道的保温应符合设计要求，接口在现场发泡时，接头处厚度应与管道保温层厚度一致，接头处保护层必须与管道保护层成一体，符合防潮防水要求。

四、监理过程中巡视或旁站

（一）热力管道敷设

1. 支架基座质量通病

管支架基座或地沟底板塌落，造成管道拉裂。

（1）原因分析

1）设计图纸或文件中未按实际地质情况提出地基处理要求。

2）施工中未核对地质情况或未按施工图、施工规范施工。

（2）监理过程中巡视或旁站要点

1）核查管道支架地基处理的依据。

2）对管道支架地基施工加强工序检查，严格执行施工规范。

（3）检查方法：对照图纸，观察检查。

2. 回填土质量通病

直埋管道的回填土不合格。管道四周土质局部过硬，破坏保温层以至损伤管道，使管道接口渗漏。

(1) 原因分析

回填土源不合格，有过多的碎砖、石块、杂质或冻土块，且不加处理就回填；施工程序不符合施工规范规定。

(2) 监理过程中巡视或旁站要点

1) 选好回填土源；有杂质、砖石和冻土块的土应过筛使用。

2) 加强工序检查，要求先填砂子后填素土，并进行分层夯实。

(3) 检查方法：观察检查。

(二) 室外管道支架制作与安装

1. 支架间距质量通病

支架间距过大或过近。

(1) 原因分析

安装前按设计确定固定支架位置后，未能参照表合理排定活动支架位置，而是随意设置。

(2) 监理过程中巡视或旁站要点

1) 对安装单位的支架布置方案进行审查。

2) 对管道支架基座的定点尺寸进行复核。

(3) 检查方法：观察和尺量检查。

2. 活动支架质量通病

活动支架上支座的滑动底板滑出支座钢板或卡在支座钢板上，限制管道热伸缩，甚至拉弯管道，拉扭支架梁，破坏支架根部。

(1) 原因分析

管道支座的滑动量过大，超过了预留的偏移量。

(2) 监理过程中巡视或旁站要点

分析管道热膨胀引起的位移情况，审核每个支架处的热膨胀量，应小于预留的偏移量。

(3) 检查方法：对照图纸，审核检查。

3. 支架制作质量通病

支架构造或材料规格不符合要求；支架焊缝宽、高度不够，双面焊只焊成单面焊；支架刷油漆遍数不够或漏刷等。

(1) 原因分析

设计未提供支架图纸，安装单位未向安装人员提供支架标准图，安装人员只拿现场有的材料和按习惯做法做支架。

(2) 监理过程中巡视或旁站要点

1) 审核支架制作图纸，要求安装人员在现场必须按图制作。

2) 安装单位提供的施工方案中应编入支架构造和支架规格表，并注明使用部位，经审核后才可安装。

（3）检查方法：对照图纸，观察检查。

（三）补偿器制作与安装

1. 方形补偿器质量通病

对方形补偿器，安装单位采用压制弯头焊接制作；方形补偿器端部的滑动支架不允许管道径向活动。

（1）原因分析

方形补偿器的制作方法与现行规范不符，对方形补偿器位移的规律未掌握。

（2）监理过程中巡视或旁站要点

1）应执行规范规定“弯制方形钢管伸缩器，宜用整根管弯成，如需要接口，其焊口位置应设在垂直臂的中间”，如设计单位同意采用压制弯头焊制方形补偿器，则在蒸汽和高温热水管路上不应采用。

2）方形补偿器端部活动支架的支座应允许管道作径向活动。

（3）检查方法：观察检查。

2. 波纹补偿器质量通病

波纹补偿器预拉伸（预冷紧）后，临时固定装置的固定点不牢固。水压试验时，偶然性的因素使固定点松开，在补偿器反弹力和管道内压力的瞬时联合作用下，补偿器被损坏，管道扭曲变形，活动支架受损。

（1）原因分析

施工质量不符合规范要求。

（2）监理过程中巡视和旁站要点

1）安装单位提供的施工方案中应编入波纹补偿器的安装步骤和安装注意要点，经审核后方可安装。

2）现场巡视时应注意波纹补偿器的临时固定装置是否牢固。

（3）检查方法：审核施工方案，观察检查。

（四）室外热力管道防腐与保温

1. 防腐质量通病

管道涂底漆前，未清除表面灰尘、污垢和锈斑；防腐漆涂不全或涂不匀。

（1）原因分析

1）架空管道施工用的临时脚手架移动不便，工人作业不方便。

2）室外管道沿线检查管理工作跟不上。

（2）监理过程中巡视和旁站要点

1）督促安装单位在施工时为操作人员配置适合防腐与保温作业的可移动脚手架。

2）对管路沿线加强工序检查管理。

（3）检查方法：观察检查。

2. 保温质量通病

保温材料厚度不均匀，表面不平整，保温材料离心玻璃棉外露，橡塑卷材接缝口开裂；玻璃布搭接不平整，有皱褶、空鼓和封口不严等；包裹薄镀锌铁皮或铝合金皮时接缝向上，缝内积水等。

（1）原因分析

技术交底不清，没有做样板，检查不到位。

（2）监理过程中巡视和旁站要点

安装单位技术交底应具有可操作性，要通过口头交底使操作人员真正掌握工艺要求；在全面开展保温作业前，必须先做样板，经检查合格，总结工序的操作要点。全面贯彻执行，巡视中要加强检查，严把质量关。

（3）检查方法：审核施工方案、观察检查。

五、工程检测和试验项目

（一）室外热力管网水压试验一般规定

（1）室外热力管网安装完毕后，应进行水压试验。试验包括强度试验和严密性试验。

（2）强度试验的试验压力为工作压力的1.5倍；严密性试验的试验压力为工作压力的1.25倍。

（3）管道试压前，应检查波纹补偿器的临时固定装置是否牢固，以免波纹补偿器在水压试验时受损。

（4）管道试压前所有接口不得涂漆和保温，以便在管道试压中进行外观检查；管道与设备间应加盲板，待试压结束后拆除。

（5）管道试压时，焊缝若有渗漏现象，应在泄压后将渗漏处剔除，清理干净，重新焊接；法兰连接处若有渗漏，也应在泄压后更换垫片，重新将螺栓拧紧。

（二）室外热力管网水压试验

（1）分段强度试验：水压试验压力为工作压力的1.5倍，且不得小于0.6MPa，在试验压力下10min内压力降不大于0.05MPa，然后降至工作压力，并用1kg重的小锤在焊缝周围对焊缝逐个进行敲打检查，在30min内无渗漏且压力降不超过0.02MPa时，即为合格。

（2）管道总体试压：应在管道、设备等均已安装完毕，固定支架等承受推力的部位达到设计强度后进行。试验压力应为工作压力的1.25倍，且不小于0.6MPa，详细检查管道、焊口、管件及设备等有无渗漏，固定支架是否有明显位移，稳压在1h内压力降不超过0.05MPa即为合格。

（3）管道水压试验前应打开管道各高处的排气阀，从低处向管道灌水，将管道内的空气排出，待管道满水和管内空气排净后，关闭排气阀和进水阀，再进行加压。

（4）供热管道作水压试验时，试验管道上的阀门应开启，试验管道与非试验管道应隔断。

（三）室外热力管网冲洗和吹洗

（1）在管道总体试压合格后，应进行管道冲洗。当管道内介质为热水、补给水和凝结水时，管道采用水冲洗，当管道内介质为蒸汽时，一般用蒸汽吹洗。

（2）管道冲洗前，应将管道上的流量孔板、过滤网、调节阀的阀芯、止回阀的阀芯、疏水器等拆除，待冲洗后再重新安装上。

（3）热力管道的水冲洗分为粗洗和精洗两个步骤。粗洗时一般用给水管道的压力（0.3~0.4MPa）进行。当排出的水不再是污黑混浊，呈现洁净时，认为已完成。精洗时一般采用循环水进行冲洗，注水流速为1~1.5m/s，或以系统中可能达到最大压力和流量进行，一般需用20～30h，直至排出口的水色和透明度与入口处目测一致为合格。

（4）热力管道蒸汽冲洗时，吹洗流量为管道设计流量的40%～60%，蒸汽压力不应大于管道工作压力的75%，吹洗次数一般为2～3次，每次吹洗时间为15～20min，每次间隔时间为20～30min。当排出口的蒸汽清洁时，视为合格。蒸汽系统经吹洗合格后，在投入运行前，应在工作压力下维持10min，进行蒸汽严密性检查，各个接口应无渗漏。

六、监理验收

本工程验收是指供热管网子分部工程验收。

（1）子分部工程验收应具备下列条件：

管道冲洗完毕后应通水、加热，进行试运行和调试，并完成调试报告。调试时，应测量各建筑物热入口处供回水温度及压力，并符合设计要求。

（2）室外供热管网工程验收应具备下列资料：

1）开工报告；

2）室外供热管网设计图纸会审记录，设计变更及洽商记录；

3）室外供热管网施工组织设计或施工方案；

4）主要材料、成品、半成品和管道部件出厂合格证以及进场验收单；

5）管道安装记录；

6）隐蔽工程验收及中间验收记录；

7）系统水压试验、冲洗和吹洗记录；

8）管道防腐和绝热工程检查记录；

9）系统试运行和调试记录；

10）安全、卫生和使用功能检验和检测记录；

11）检验批、分项、子分部质量验收记录，详见《建筑给水排水及采暖工程施工质量验收规范》GB 50242—2002附录B、附录C和附录D；

12）竣工图。

（3）监理单位对工程质量评估的内容：

1）工程概况；

2）评估依据；

3）监理工程师执行建筑工程监理规范情况；

4）执行国家有关法律、法规、强制性标准、条文和设计文件、承包合同情况；

5）施工中签发的通知单等整改、落实、复查情况；

6）执行旁站、巡视、平行检验监理形式的情况；

7）对工程遗留质量缺陷的处理意见；

8）评估意见。

第六章 动力站房和管网（空气、氧气、氮气等）工程质量监控

第一节 动力站房（空压站，换热站，氧气、氮气、空气储罐等）工程

一、工程内容

（1）空气压缩站是用来生产压力小于或等于1.25MPa（表压）的压缩空气，主要用于企业的气动机械设备、风动工具、风力输送、燃料雾化、搅拌作业、仪表操作以及设备料坑的吹扫等。主要是对空气压缩机设备及站房管道安装质量的监控和验收。

（2）工业炉热交换站，是利用工业炉烟气余热来预热空气（或煤气）的热交换装置。根据工作原理可分为换热式和蓄热式两大类，材质可分为金属和陶瓷两大类，从传热方式又可划分为对流式和辐射式两大类。主要是对热交换装置设备及站房管道安装质量的监控和验收。

（3）空气、氧气、氮气储罐是储存压缩空气、氧气、氮气的金属储气罐。主要是对储气罐的制作（一般是由具备制造压力容器资质的专业生产厂生产）和站房管道安装质量的监控和验收。

二、设备和材料质量要求

（1）审核承包单位提交的设备及辅助设备的名称、型号、规格、技术参数、质量合格证明文件、自检报告等。对于球形储罐，《球形储罐施工规范》GB 50094—2010中规定，其质量证明书应包括下列内容：

1）制造竣工图样；

2）压力容器产品合格证；

3）产品质量证明文件应包括下列内容：

①质量计划或检验计划；

②主要受压元件材质证明书及复验报告；

③材料清单；

④材料代用审批证明；

⑤结构尺寸检查报告；

⑥焊接记录；

⑦热处理报告及自动记录曲线；

⑧无损检测报告；

⑨产品焊接试件检验报告；

⑩产品铭牌的拓印件或者复印件。

4）特种设备制造监督检验证书。

（2）主要设备及辅助设备的外观检查应符合下列要求：

1）空气压缩机、热交换装置、储罐等设备必须有装箱清单、图纸说明书、质量保证书、合格证等随机文件。进口设备必须有商检部门的检验合格证。检查的内容主要有：

①按照包装箱数和箱号进行核对，并检查包装是否完整、完好、有无破损；

②对机组的零部件进行外观检查，并清点核实零件规格和数量；

③主机及附件必须符合设计要求，并附有出场质量证明书、合格证、装配质量原始记录及试运转记录等文件；

④清点验收随机技术资料和专用工具是否齐全。

2）设备的外形应规则、平直，圆弧形表面应平整、无明显偏差，结构应完整，焊缝应饱满、无缺损和孔洞；

3）金属设备和构件边面的色调应一致，且无明显的划伤、锈斑、伤痕、气泡和剥落现象；

4）非金属设备的构件表面保护涂层应完整；

5）设备的进出口应封闭良好，随机的零部件应齐全无缺损。

三、施工安装过程质量控制内容

（1）设备安装前应进行开箱检查，按装箱清单核对设备的名称、型号、规格及附件数量。

（2）设备就位前应对设备基础进行验收，合格后方可安装。

（3）设备的搬运和吊装，应符合下列规定：

1）安装前放置设备，应用衬垫将设备垫妥；

2）吊运前应核对设备重量，吊运捆扎应稳固，主要承力点应高于设备重心；

3）吊装具有公共底座的机组，其受力点不得使机组底座产生扭曲和变形；

4）吊索的转折处与设备接触部位，应采用软质材料衬垫，严格保护。

（4）空气压缩机

1）压缩机的安装水平偏差不应大于0.20/1000，检测部位应符合下列要求：

①卧式压缩机、对称平衡型压缩机应在机身滑道面或其他基准面上检测；

②立式压缩机应拆去气缸盖，并应在气缸顶平面上检测；

③其他型式的压缩机应在主轴外露部分或其他基准面上检测。

2）压缩机的机身、轴封、油泵、润滑系统及辅助设备的各部件的装配精度应符合产品技术文件的要求。

3）电动机应水平安装在滑座上或固定在基础上，找正以压缩机基础为准。

4）皮带传动的压缩机与电动机轴的中心线间距和皮带规格应符合设计和产品技术文件的要求。传动装置外露部分应有防护罩。

5）辅助设备安装位置应正确，应检查管口方位、地脚螺栓孔和基础的位置，并与施工图相符。各管口必须清洁和畅通。

6）空气压缩机的吸排气管道支撑在建筑物上可能对建筑物产生不良影响，因此，吸排气管应尽量使用单独支架。若该管道要在建筑物上支撑时，则应采取隔振套管、弹簧支吊架或在管道与支撑连接处加橡皮衬垫或弹簧等隔振元件。

（5）工业炉热交换装置

1）金属换热器安装时，按管组将法兰连接或焊接成整体，保证良好的气密封。

2）陶质热交换装置换热器砌筑安装时，有着大量的接缝，对气密性的影响很大，宜采用水平缝（卧缝）结构、仔细进行砌筑安装、采用好的密封材料等，可以减轻漏气问题。

（6）储罐

1）空气、氧气、氮气等各种介质为气体的储罐的工作压力一般大于等于0.1MPa，内直径大于等于0.15m，且容积（V）大于等于0.025m^3，这类气体储罐具备构成压力容器所需的条件，属于压力容器。应该严格按照《压力容器安全技术监察规程》的规定进行制作、安装、使用、检验。本文适用于现场整体安装的储罐。

2）储罐所安装的安全阀等安全附件，亦应符合《固定式压力容器安全技术监察规程》TSG R0004—2009的规定。

3）储罐安装前应对各部位尺寸进行检查和验收，其允许偏差应符合相关规定的要求。球形储罐的安装应在基础混凝土的强度不低于设计要求的75%后进行。

4）储罐与外部管道或装置焊接连接的第一道环向焊缝的焊接坡口、螺纹连接的第一个螺纹接头、法兰连接的第一个法兰密封面、专用连接件或管件连接的第一个密封面，亦属于《固定式压力容器安全技术监察规程》TSG R0004—2009管辖的范围内，应严格按照要求执行。

四、监理过程中巡视或旁站

监理工程师对设备、管道的安装，以巡视检查为主；对设备基础尺寸复测及各项检测内容则以旁站为主。

在巡视旁站中注意的要点如下：

（1）设备机组就位后应找正找平，检查其纵横向水平偏差是否在0.1/1000以内。

（2）基础底板应平整，底座安装应按设计文件要求设置隔震器，检查隔震器压缩量是否均匀一致、有无定位措施。

（3）设备机组与管道连接前，检查吸、排气管道是否安装合格，合格后才允许连接。

（4）仔细检查机身各部（底脚、气室、隔板、导流叶片、扩压室、冷却器室）情况，对有疑问之处做进一步检查。

（5）检查各轴封（气封）间隙和入口导流叶片调节机构情况。

（6）按产品技术要求和压力容器监察规程的要求检查安全阀，调试安全阀，调整好安全阀启跳压力。

（7）安全阀放空管末端宜做成“—⌒—”形或“⌠”形，排放口应朝向安全地带。

（8）陶质换热器砌筑安装时监理工程师应巡视或旁站，督促施工人员采用水平缝，尽量减少接缝，以提高换热器的气密性。

五、常见质量问题

（1）设备报审表及附件不合格。原因：表格填写的内容和质量技术文件的要求不相符合。

（2）设备的名称、型号、数量与设备开箱的实际情况不相符合。

（3）机组及附属设备表面在搬运和吊装时常常发生磨损，应检查腐蚀情况，及时处理。

（4）油过滤器、空气入口过滤装置的过滤网堆积灰尘、污垢，应及时清除，保持清洁。

（5）储罐在室外露天布置时，未设遮阳与防冻措施，应增设。

（6）空气系统的截止阀、蝶阀、止回阀等阀门的阀杆、法兰连接处不严密，有泄漏现象，应更换阀门填料。

（7）换热器系统连接接缝不严密，密封材料不符合要求，应采取措施保证气密性良好。

（8）在安装过程中，对产品技术文件规定的期限内或期限外所进行的拆装情况，或全面检查、调整各部位间隙时，往往忽略记录，应注意保存记录。

六、工程检测和试验项目

（一）检测项目

（1）检查机身各部（底脚、气室、隔板、导流叶片、扩压室、冷却器室）的磨损、腐蚀、破裂变形等情况，对有疑问之处做探伤检查。

（2）检查焊接叶轮的腐蚀、裂纹、变形等情况，对有疑问之处做探伤检查。

（3）检查储罐的腐蚀、裂纹、变形等情况，对有疑问之处做探伤检查。

（二）强度试验和气密性试验

（1）对油冷却器检查管内外情况，试压检漏，水压试验压力为0.784MPa，堵管数每程不得大于10%。

（2）各中间冷却器及后冷却器管束检查、清洗、试压，按产品技术文件的要求进行。

（3）空气系统的强度试验压力为工作压力的1.5倍；稳压10min进行检查，以无泄漏、目测无变形为合格。强度试验合格后，将压力降至工作压力进行气密性试验，全面检查，以无泄漏为合格。

（三）空气压缩机试车

（1）点动空气压缩机电机，确认其方向及是否有异常声音。

（2）开车至正常转速，空车运转5～10min，情况正常则将导流叶片连续打开大于等于45°到大于等于60°，运转10min后将导流叶片全部打开，逐步升压，满负荷运转2～8h，工作正常，试车合格。

七、监理验收

（一）验收资料

（1）设备及辅助设备的名称、型号、规格报审表及附件（数量清单、质量合格证明文件、自检报告）。

（2）设备无损探伤检验记录。

（3）设备强度试验和气密性试验记录。

（4）安全和功能检验资料的审核记录。

（二）工程质量综合检查

（1）动力站房内清洁卫生、文明使用。

（2）设备及辅助设备表面无灰尘、油污等污染物，涂层完整，色调一致。

（三）工程质量事故处理

按相应规定进行。

第二节 室内外动力管网

一、工程内容

工业生产厂的动力管网是从动力站房、厂连接到用户（车间或受热点、受气点）之间的动力管道，这些管道由管材、阀门、管配件、补偿器、保温设施、监控仪表和支吊架等组成。它们的敷设有架空、地沟和地下直埋三种，管路穿越整个厂区。输送的介质一般为气体，空气、氧气、氮气、氢气、氩气、乙炔、煤气或天然气等。这些气体介质的流速、温度、压力一般都较高，而且要求连续供应，保证企业生产的顺利进行，也是各生产厂重要的动力来源。

本节内容主要是工业气体动力管网安装工程。

二、材料质量要求

（1）对主要材料、管材、管件的外观检查应符合下列要求：

1）表面无裂纹、缩孔、夹渣、折叠和重皮；

2）镀锌钢管内外表面的镀锌层完整，不得有镀锌层脱落、锈蚀现象；

3）法兰密封面应完整光洁，不得有毛刺及径向沟槽；螺纹法兰的螺纹部分应完整、无损伤；

4）干燥、净化的气体管道管材和附件的选择，对于确保供应符合用气设备要求的干燥、净化气体十分重要。若管材和附件选择不当，常会使已经干燥、净化的压缩气体受到污染。因此，应根据企业对于气体的净化程度选用管材和附件。

（2）管材及其附件要按品种、规格、批号分开放置，并附有材质证明书，仓库保管要防止材料锈蚀和混淆。

（3）焊接材料要保证不变质、不受潮、不受污染，使用前要烘焙和保温，领、退焊接材料要有记录。

（4）支、吊架所用的钢板厚度，型钢的规格尺寸及允许偏差应符合产品标准要求。

（5）阀门及其附件的检验：

1）阀门的型号、规格应符合设计要求；

2）阀门及其附件应完好齐全，不得有任何加工缺陷和机械损伤，且均应为合格产品；

3）阀门除有商标、型号、规格等标志外，还应有气流方向的永久性标志；

4）控制阀的阀瓣及其操作机构应动作灵活，无卡涩现象；

5）阀体内应清洁无异物堵塞。

三、施工安装过程质量控制内容

（1）管网安装的一般规定应符合现行国家标准《工业金属管道工程施工规范》GB

50235—2010 的有关规定。

（2）管网安装前应校直管材，并清除其内外的杂物。安装中应同时注意清除已安装管道内的杂物，对管道开口应采取封闭保护措施。

（3）对输送有腐蚀性气体的管道，安装前，应按设计要求对管材、管件等进行防腐处理。

（4）阀门应进行清洗，进出口密闭良好；在技术文件规定的期限内，可不作解体清洗。

（5）工业管道是典型的焊接结构，并属于壳体结构，各种不同的用途、不同材质的管道，对焊接的要求差异很大。施工单位的焊工，应按《现场设备、工业管道焊接工程施工规范》GB 50236—2011 的规定进行焊工考试，取得考试合格证书后，才能进行焊接安装工作。

（6）在管道安装施工中，焊接是最主要的连接形式，管口的焊接质量在整个工程中占有举足轻重的地位。焊接设备的性能稳定性、管道坡口形式和加工精度非常重要。

（7）焊接质量管理应注意以下几个环节：

1）金属管道的施工设计图纸应明示焊接加工符号，热处理方法和规定，焊缝检验方法，焊接材料、焊接技术要求；

2）制定和管理工艺文件，要分工明确，职责范围要清楚，使之有效地服务于施工生产；

3）必须有专职监理工程师监督工艺执行情况，保证焊工按规程施工；

4）干燥与净化气体管道的焊接方式与一般气体管道的焊接方式有所不同，应按照洁净厂房施工中的相关规定执行。

（8）常用的管道支架有活动支架、固定支架、导向支架、弹簧支架及吊架等类型。支架的类型和布置应符合设计文件的规定，并能满足管道投入运行时的实际位移和补偿要求。

（9）支、吊架制作

1）支、吊架的型式和加工尺寸应符合施工图或设计文件指定的标准图要求，当标准图上的尺寸与现场实际情况不符时，应按现场需要的尺寸进行调整。

2）制作时下料切割宜采用机械冲剪或锯割；边长大于 50mm 的型钢可用氧-乙炔焰切割，但应将切割的熔渣及毛刺除掉。

3）支、吊架上的孔应采用电钻加工，不得用氧-乙炔焰割孔。钻孔直径应比所穿管卡或螺栓的直径大 2mm 左右。

4）管卡、吊杆等附件上的螺纹宜用车床等机械加工。当数量较少时也可用圆板牙进行手工扳丝，但加工出来的螺纹应光洁整齐，无断丝和毛刺等缺陷。

5）管卡宜用镀锌成型件，当无成型件时可用圆钢或扁钢制作，其内圆弧部分应与管外径相符。

6）支、吊架的各部分，应在组焊前校核其尺寸，确认无误后再进行组对和点固焊。点焊成型后用角尺或标准板校核组对角度，并在平台上矫形，最后完成所有焊缝的焊接。

7）支、吊架制作完毕后，应按设计要求作好防腐处理。

（10）支、吊架安装

1）管道支、吊架间距应符合设计文件的规定，当设计无规定时，钢管支、吊架间距可参见表6-1和表6-2。

无保温层管道支、吊架最大间距 表6-1

介质参数及管道类别	管道规格 φ×δ（mm）	管道自重（kg/m）	管道单位质量（充满水）（kg/m）	最大允许间距 L_{max}（m）		
				按强度条件计算	按刚度条件计算	推荐值
无保温层的碳钢管道	32×3.5	2.46	2.90	4.93	3.24	3.20
	38×3.5	2.98	3.63	5.37	3.68	3.70
	45×3.5	3.58	4.53	6.20	3.86	3.90
	57×3.5	4.62	6.63	6.24	4.90	4.90
	73×4	6.81	10.22	7.20	6.07	6.00
	89×4	8.33	13.86	7.45	6.70	6.70
	108×4	10.26	18.33	8.98	7.66	7.60
	133×4	12.73	25.13	9.56	8.80	8.80
	159×4.5	17.15	34.82	10.40	9.80	9.80
	219×6	31.52	65.17	12.18	9.93	9.90
	273×7	45.92	100.25	12.80	14.70	12.80
	325×7	54.90	157.50	13.10	16.60	13.00
	377×7	63.87	159.67	14.30	17.00	14.30
	426×7	72.33	193.23	14.80	18.80	14.80
	478×7	81.31	242.31	15.60	19.20	15.60
	529×7	90.11	291.01	16.00	20.40	16.00
	630×7	107.50	405.50	16.40	21.00	16.40

蒸汽管道支、吊架最大间距 表6-2

介质参数及管道类别	管道规格 φ×δ（mm）	保温厚度（mm）	管道自重（kg/m）	保温结构质量（kg/m）	管道单位质量（kg/m）		最大允许间距 L_{max}（m）		
					充满水	无水	按强度条件计算	按刚度条件计算	推荐值
蒸汽管道 P=1MPa T=175℃	32×3.5	60	2.46	14.79	17.69	17.25	2.09	1.86	1.80
	38×3.5	70	2.98	18.91	22.54	21.89	2.32	1.88	1.90
	45×3.5	80	3.58	23.81	28.34	27.39	2.62	2.08	2.10
	57×3.5	90	4.62	30.15	36.79	34.77	2.80	2.50	2.50
	73×4	100	6.81	33.55	43.83	40.36	3.66	3.40	3.40
	89×4	100	8.38	40.91	54.26	49.35	3.91	3.70	3.70
	108×4	100	10.26	50.92	68.25	61.18	4.65	4.18	4.20
	133×4	100	12.73	56.28	80.07	69.01	5.55	5.01	5.00

续表

介质参数及管道类别	管道规格 $\phi\times\delta$（mm）	保温厚度（mm）	管道自重（kg/m）	保温结构质量（kg/m）	管道单位质量（kg/m）		最大允许间距 L_{max}（m）		
					充满水	无水	按强度条件计算	按刚度条件计算	推荐值
蒸汽管道 $P=1MPa$ $T=175℃$	159×4.5	110	17.15	68.79	103.61	85.94	6.31	5.80	5.80
	219×6	110	31.52	82.55	147.72	114.07	8.71	8.01	8.00
	273×7	120	45.92	103.85	190.71	148.77	9.85	9.60	9.60
	325×7	120	54.90	116.63	244.40	171.53	10.70	11.20	10.70
	377×7	130	63.87	140.39	304.10	204.26	11.20	11.70	11.20
	426×7	130	72.33	153.15	354.38	225.48	12.80	12.90	12.80
	478×7	130	81.31	166.75	413.01	248.06	13.20	13.80	13.20
	529×7	130	90.11	179.91	570.00	270.10	14.90	15.90	14.90

2）管道支架的安装位置和标高应符合设计文件的规定，其偏差不得影响管道的安装尺寸。

3）固定支架应严格安装在牢固的结构物上，管道投入运行时固定支架应不得移动。

4）有轴向位移的活动支架，其管托应向位移方向相反的一侧偏移安装，偏移值为该支架处管道轴向位移值的一半。

5）有轴向位移的吊架，其吊杆应向位移方向相反的一侧倾斜安装，倾斜量为该吊架处管道轴向位移值的一半。

6）弹簧支、吊架的弹簧安装高度，应按要求进行调整，并作记录；弹簧的临时固定件，应在管道系统安装试压、绝热保温施工完毕后方可拆除。

7）采用焊接法安装的支架，不得有欠焊、漏焊或焊接裂纹等缺陷；管托与管道焊接时，不得有咬边和烧穿等缺陷。

（11）管道穿过建筑物变形缝时，应设置柔性短管。穿墙或楼板时应加钢制套管，套管长度不得小于墙厚，与墙面或楼板底面平齐，但应比地面高出20mm；管道焊缝不得置于套管内。管道与套管的空隙应用隔热（冷）或其他不燃材料填塞，不得将套管作为管道的支承。

（12）管道系统的坡度及坡向应按设计文件要求进行施工放线定位。

（13）阀门及附件安装

1）阀门的安装位置、方向与高度应按设计要求安装。

2）安装带手柄的手动截止阀等，手柄不得向下。电磁阀、调节阀、热力膨胀阀、升降式止回阀、电动蝶阀等的阀头应向上竖直安装。

3）自控阀门需按设计要求安装，在连接安装前应做开启动作。

4）安全阀在运转中必须处于全开启状态，并铅封。

（14）管道安装后应进行系统冲洗，系统清洁后方能与设备连接。冲洗方法与上述给排水系统冲洗方法相同。对于净化和干燥气体管道，为了减少在输送过程的污染和降低输送气体的干燥度，在安装前必须对管道、阀门、附件等进行清洗、脱脂或钝化处理，还需进行彻底吹洗，并进行露点和洁净度的检测。

（15）管道刷油漆与防腐

1）清除表面的灰尘、污垢与锈斑，并保持干燥。

2）管道应按设计要求进行防腐涂漆。

3）按设计文件规定作色标。管道的基本色标见下表6-3。

工业管道涂色　　表6-3

管道名称	颜色		管道名称	颜色	
	基本识别色	安全色		基本识别色	安全色
饱和蒸汽管	大红		压缩空气管	淡灰	
过热蒸汽管	大红		净化压缩空气管	淡灰	白
排气管	大红		真空管	淡灰	黄
生水管	艳绿		氧气管	淡蓝	黄/黑
T≥100℃热水管	艳绿	黄/黑	乙炔气管	中黄	黄/黑
T<100℃热水管	艳绿		煤气管	中黄	黄/黑
软化水管	艳绿	白	液化石油气管	中黄	黄/黑
盐水管	艳绿	黄	天然气管	中黄	黄/黑
疏水管	艳绿	黑	氢气管	中黄	黄/黑
凝结水管	艳绿		氮气管	中黄	
锅炉给水管	艳绿		氩气管	中黄	
锅炉排污管	黑		氦气管	中黄	
鼓风管	淡灰		氨气管	中黄	
烟气管	中黄		氨液管	黑	
酸液管	紫	黄/黑	硫酸亚铁溶液管	紫	黄/黑
碱液管	紫	黄/黑	磷酸三钠溶液管	紫	黄/黑
含酸、碱废液管	黑	黄/黑	石灰溶液管	紫	黄/黑
生产废水管	黑		油管	棕	黄/黑

（16）管道绝热

1）绝热工程宜采用不燃材料，如采用难燃材料应对其难燃性进行检查，合格后方可使用。

2）绝热制品的材质和规格应符合设计要求，绝热材料应粘贴牢固，铺设平整，绑扎紧密无滑动、松脱、断裂现象。

3）硬质或半硬质绝热管壳之间的缝隙，保温不应大于5mm，保冷不应大于2mm，并用粘结材料将勾缝填满；纵缝应错开，外层的水平接缝应设在左侧下方。当绝热层厚大于100mm时，绝热层应分层铺设，层间应无缝隙。

4）管道防潮层，应紧密粘贴在绝热层上，封闭良好，不得有虚粘、气泡、折皱、裂缝等缺陷。

5）管道保护层，宜采用镀锌铁皮或铝板，可采用胶口、铆接、搭接等方法施工，纵、横接缝应顺水，纵向接缝应设在侧面，外表应清洁整齐、美观。

四、监理过程中巡视或旁站

（1）按所审核的承包单位材料、管件、阀门等报审表（材料的合格证和质量证明文件）对所进场的材料、管件、阀门等进行检查。巡视检查中应注意是否按品种、规格、批号分开放置，保管中是否发生锈蚀和混淆。

（2）查验、核对管道焊接焊工考试合格证书。

（3）检查在金属管道施焊过程中焊工执行焊接工艺的情况，是否按照焊接工艺规程和安装顺序进行，必要时记录焊工施焊的预热温度和电流电压等参数。

（4）检验已完成制作的管道支、吊架型式、材质、结构尺寸、加工精度及焊接质量等，检查结果应符合设计文件或有关施工验收规范的要求。

（5）巡视检查管道支、吊架安装位置、间距、标高等是否符合设计文件的规定，其偏差是否影响管道的安装尺寸（根据实际情况灵活使用安装方法）。

（6）巡视检查管道穿过建筑物和变形缝时是否设置柔性短管，穿过墙、楼板所设置的套管是否符合规范要求。

（7）旁站工业管道的压力强度和严密性试验是否达到合格标准，并做好记录。

（8）检查管道防腐油漆、色标是否符合设计规定，绝热保护层安装是否整齐、美观。

五、常见质量问题

（1）承包单位报审表所报的内容与所进场的管材、管件及阀门、钢板、型钢的品种、规格不相符，材料不分开放置并混淆。

（2）施工现场往往未设置焊条烘干箱和保温筒。

（3）具有腐蚀性的场所往往忽略在安装前对管道进行防腐处理。

（4）对管道开口位置或管道在安装中断时，敞口处未及时采取封闭保护措施，致使杂物进入管道内部。

（5）在梁、尾架或其他金属构件上安装支、吊架时，往往忽略需经设计部门同意，具有一定的随意性。

（6）支、吊架的孔因变更或制作时遗漏，而随意用氧-乙炔焰割孔，致使孔直径不规则或过大。

（7）采用焊接法安装的支架，有欠焊、漏焊或焊接裂纹等缺陷发生；管托与管道焊接时，常有咬边缺陷。

（8）采用二次安装时，两侧都有带法兰的镀锌无缝钢管，往往难于穿越墙或楼板已预埋的套管。发生此种情况时，宜只焊一侧法兰并镀锌，另一侧待安装时处理。

（9）安全阀放空管排放口往往不注意朝向安全地带，末端有时未做成“—⌒—”型或“⌒”型。

（10）镀锌管道的涂料品种选择不正确。

六、工程检测和试验项目

（一）检测项目

根据焊缝等级和检测要求，为焊缝检测准备好各种设备和器材，如焊缝检验尺、样板、无损检测设备等。

焊接质量检验工作包括焊前检验、焊接过程中检验和成品检验三个阶段。

一般请专业检测单位进行抽样检测，监理工程师审核检测报告。

（二）工业管道压力试验

（1）工业金属管道的压力试验分为强度试验和严密性试验，应按设计文件要求进行，如设计文件无规定时，试验项目可按表 6-4 的规定进行。

管道系统试验项目 **表 6-4**

<table>
<tr><th rowspan="2">介质性质</th><th rowspan="2">设计压力表压/MPa</th><th rowspan="2">强度试验</th><th colspan="2">严密性试验</th><th rowspan="2">其他试验</th></tr>
<tr><th>液压</th><th>气压</th></tr>
<tr><td rowspan="3">一般</td><td><0</td><td>作</td><td colspan="2">任选</td><td>真空度</td></tr>
<tr><td>0</td><td>—</td><td>充水</td><td>—</td><td>—</td></tr>
<tr><td>>0</td><td>作</td><td colspan="2">任选</td><td>—</td></tr>
<tr><td>有毒</td><td>任意</td><td>作</td><td>作</td><td>作</td><td>—</td></tr>
<tr><td rowspan="2">剧毒及甲、乙类火灾危险物质</td><td><100</td><td>作</td><td>作</td><td>作</td><td>泄漏量</td></tr>
<tr><td>>100</td><td>作</td><td>作</td><td>作</td><td>—</td></tr>
</table>

（2）液（水）压试验按表 6-5 的规定进行。

液压压力试验 **表 6-5**

<table>
<tr><th colspan="3">管道级别</th><th>设计压力 P（MPa）</th><th colspan="2">强度试验压力（MPa）</th><th>严密性试验压力（MPa）</th></tr>
<tr><td colspan="3">真空</td><td>—</td><td colspan="2">0.2</td><td>0.1</td></tr>
<tr><td rowspan="4">中低压</td><td colspan="2">地上管道</td><td>—</td><td colspan="2">1.25</td><td>P</td></tr>
<tr><td rowspan="3">埋地管道</td><td>钢</td><td>—</td><td>1.25P，且不小于 0.4</td><td rowspan="3">不大于系统内阀门的单体试验压力</td><td rowspan="3">P</td></tr>
<tr><td rowspan="2">铸铁</td><td>≤0.5</td><td>2P</td></tr>
<tr><td>>0.5</td><td>$P+0.5$</td></tr>
<tr><td colspan="3">高压</td><td>—</td><td colspan="2">1.5P</td><td>P</td></tr>
</table>

（3）碳素钢管道的设计温度高于 200℃，或合金管道的设计温度高于 350℃时，其强度试验按下式换算：

$$P_S = KP_G\ [a]_1 / \ [a]_2$$

式中 P_S——常温下试验压力（MPa）；

K——系数，中低压取 1.25，高压取 1.5；

P_G——工作压力（MPa）；

$[a]_1$——常温时材料的许用应力（MPa）；

$[\sigma]_2$——工作温度时材料的许用应力（MPa）。

液（水）压强度试验，升压要缓慢。达到试验压力后，稳压10min进行检查，以无泄漏、目测无变形为合格。强度试验合格后，将压力降至严密性试验压力进行全面检查，以无泄漏为合格。

七、监理验收

（一）验收资料

（1）管道、管件、钢材等主要材料报审表及附件（数量清单、质量合格证明文件或检验资料、自检结果）。

（2）管网所用阀门等设备报审表及附件（数量清单、质量合格证明文件或检验资料、自检结果）。

（3）管道焊接无损探伤检验记录。

（4）管道水压试验及严密性试验记录。

（5）安全和功能检验资料的核查记录。

（二）工程观察质量综合检查

（1）检查管道外观表面是否光滑，支、吊架是否整齐美观。

（2）检查管道的基本色标是否正确，流体的流向和安全标志是否清晰、明了。

（三）工程质量事故处理

按相应规定进行。

第二篇　通风和空调工程

第七章　空调风管系统制作和安装工程质量监控

第一节　空调风管制作工程

一、工程内容

（一）空调系统工程内容

建筑空气调节是一门采用人工方法，创造并保持满足一定温度、湿度、洁净度、气流速度等参数要求的室内空气环境的科学技术。空调技术在促进国民经济和科学技术的发展、提高人们的物质文化生活水平等方面都具有重要的作用。

1. 空调系统组成

空调系统是指需要采用空调技术来实现具有一定温度、湿度等参数要求的室内空间及所使用的各种设备的总称，它通常由以下几部分组成。

（1）工作区（也称为空调区）

工作区通常指距离地面2m、离墙0.5m以内的空间，应保持所需要的室内空气参数。

空调房间的温度和湿度要求，通常用空调基数和空调精度两组指标来规定。空调基数是指室内空气所要求的基准温度和基准相对湿度，空调精度是指在空调区内温度、相对湿度允许的波动范围。

例如在 $T_N = 22 \pm 1$℃和 $\varphi_N = 50\% \pm 10\%$ 中，22℃和55%是空调基数，而±1℃和±10%是空调精度。

空调系统根据服务对象的不同，可分为工艺性空调和舒适性空调。工艺性空调是为工业生产或科学研究服务的空调，其室内空气计算参数主要是按照生产工艺或科学研究对工作区温、湿度的特殊要求确定，同时兼顾人体热舒适的要求。而舒适性空调的任务是创造一个舒适的室内空气环境（实际上是直接为人建立舒适生活或工作环境的空调），其室内空气计算参数主要是根据满足人体热舒适的需求确定，对空调精度没有严格的要求。

（2）空气输送和分配设施

主要由输送和分配空气的送、回风机，送、回风管，送、回风口等设备组成。

（3）空气处理设备

由各种对空气进行加热、冷却、加湿、减湿、净化等处理的设备组成。

（4）处理空气所需要的冷热源

指为空气处理提供冷量和热量的设备，如锅炉房、冷冻站、冷水机组等。

2. 空调系统分类

随着空调技术的发展和新的空调设备不断推出，空调系统的种类也在日益增多，使设计人员可根据空调对象的性质、用途、室内设计参数要求、运行能耗以及冷热源和建筑设计方面等条件合理选用。空调系统的分类方法很多，如按空气处理设备的设置情况划分，可分为集中式、半集中式和分散式空调系统。

（1）集中式空调系统

集中式空调系统属于全空气系统，它是一种最早出现的基本空调方式。由于它服务的面积大，处理的空气量多，技术上也比较容易实现，现在仍然用得很广泛，特别是在有恒温恒湿要求、洁净室等工艺性空调场合。

集中式空调系统特点是所有的空气处理设备，包括风机、冷却器、加热器、加湿器、过滤器等都设置在一个集中的空调机房里，空气处理所需的冷、热源由集中设置的冷冻站、锅炉房或热交换站供给，其组成如图7-1所示。

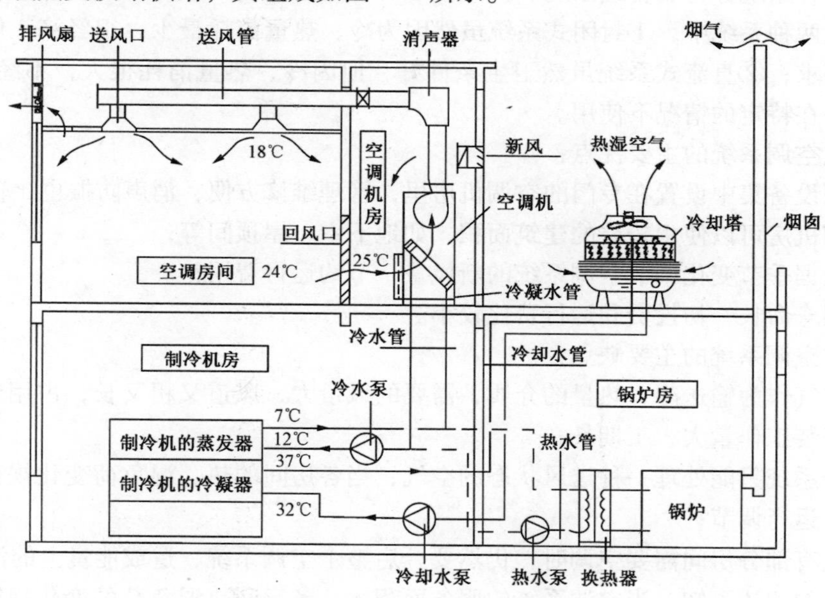

图7-1 集中式空调系统

集中式空调系统根据所使用室外新风情况不同，分为封闭式、直流式和混合式三种，如图7-2所示。

1）封闭式系统

封闭式系统处理的空气全部来自室内，没有室外新鲜空气补充。这种系统冷、热量消耗最少，但卫生条件很差。

2）直流式系统

直流式系统与封闭式系统相反，系统处理的空气全部来自室外的新鲜空气，送入空调房间吸收室内的余热、余湿后全部排放到室外，适应于不允许采用回风的场合。这种系统的冷、热量消耗最大，但卫生条件很好。

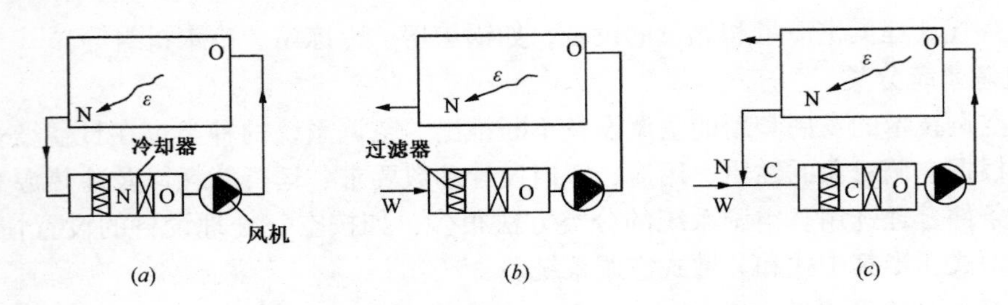

图7-2 普通集中式空调系统的三种形式

(a) 封闭式系统；(b) 直流式系统；(c) 混合式系统

N—室内空气；W—室外空气；C—混合空气；O—冷却器后的空气状态

3) 混合式系统。

绝大多数空调系统，为了减少空调耗能并满足室内卫生条件要求，使用部分回风和室外新风，这种系统称为混合式系统。

在以上两种系统中，①封闭式系统虽然因为冷、热量消耗最少，很经济，但不能满足卫生条件要求；②直流式系统虽然卫生条件好，但因冷、热量消耗很大，不经济。因而，两者都只有在特定的情况下使用。

集中式空调系统的主要优点：

①空调设备集中设置在专门的空调机房里，管理维修方便，消声防振也比较容易；

②空调机房可以使用较差的建筑面积，如地下室、屋顶间等；

③可根据季节变化调节空调系统的新风量，节约运行费用；

④使用寿命长，初投资和运行费比较小。

集中式空调系统的主要缺点：

①用空气作为输送冷、热量的介质，需要的风量大，风道又粗又长，占用建筑空间较多，施工安装工作量大、工期长；

②一个系统只能处理一种送风状态的空气，当各房间的热、湿负荷变化规律差别较大时，不便于运行调节；

③当只有部分房间需要空调时，仍然要开启整个空调系统，造成能量上的浪费。

从上面的阐述可知，当空调系统的服务面积大，各房间热湿负荷的变化规律相近，各房间使用时间也较一致的场合，采用集中式空调系统较合适。

(2) 半集中式空调系统

半集中式系统的特点是，除了设有集中的空调机房外，还设有分散在各个房间里的二次设备（又称为末端装置）来承担一部分冷热负荷。如一些办公楼、宾馆中采用的风机盘管系统就是一种半集中式系统。它是把空调机房集中处理的新风送入房间，与经过风机盘管处理的室内空气一起承担空调房间的热湿负荷。

在半集中式系统中，空气处理所需的冷、热源也是由集中设置的冷冻站、锅炉房或热交换站供给。因此，集中式和半集中式空调系统又统称为中央空调传统。

(3) 分散式空调系统（空调机组）

分散式空调系统又称为局部空调系统。它是把空气处理所需的冷热源、空气处理和输送设备、控制设备等集中设置在一个箱体内，组成一个紧凑的空调机组，可按照需要，灵活地设置在需要空调的地方。空调房间通常使用的窗式和柜式空调机组，或现在在许多中、小型办公楼中广泛使用的VRV系统都属于这类局部空调系统。

另外，在工程上把空调机组安装在空调机房的邻室，使用少量风道与空调房间相连的系统也称为局部空调系统。

（二）空调风管制作工程内容

通风与空调工程安装过程中，使用的金属、非金属风管与复合材料风管或风道的加工、制作质量的检验与验收。

通风管道规格的验收，风管以外径或外边长为准，风道以内径或内边长为准。通风管道的规格宜照表7-1、表7-2的规定。圆形风管是应优先采用基本系列。非规则椭圆形风管参照矩形风管，并以长径平面边长及短径尺寸为准。

风管按其应用场所划分为一般通风系统的普通风管（图7-3）和洁净系统的洁净风管。

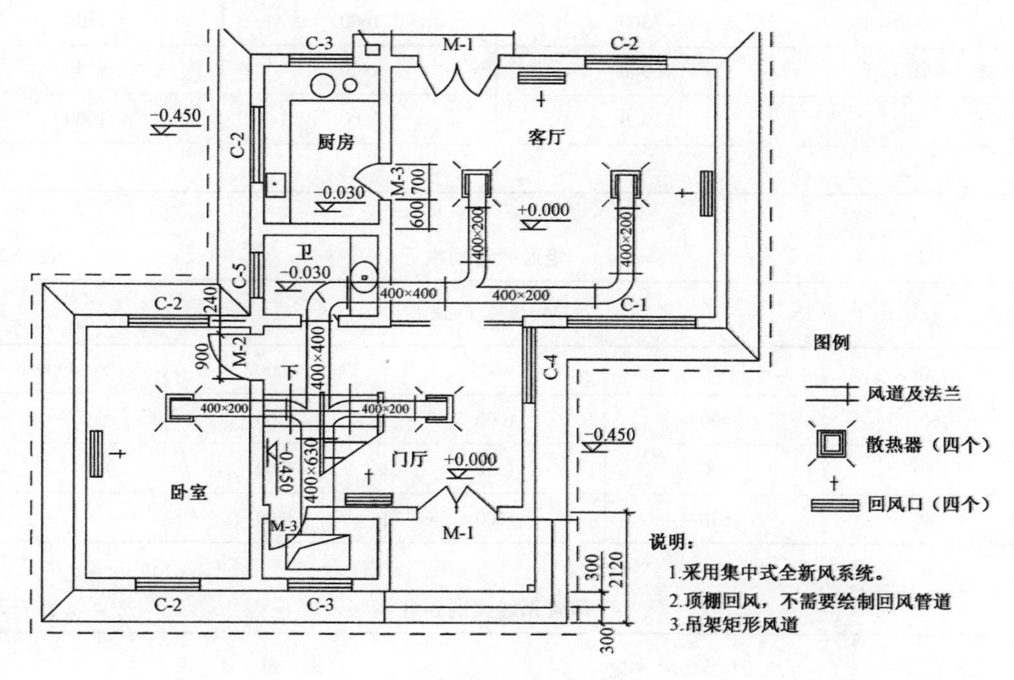

图7-3 风管系统

风管按其系统工作压力划分为三个类别，划分应符合表7-1的规定。

圆形风管规格 表7-1

风管直径 D（mm）			
基本系列	辅助系列	基本系列	辅助系列
100	80	500	480
	90	560	530
120	110	630	600

续表

风管直径 D（mm）			
基本系列	辅助系列	基本系列	辅助系列
140	130	700	670
160	150	800	750
180	170	900	850
200	190	1000	950
220	210	1120	1060
250	240	1250	1180
280	260	1400	1320
320	300	1600	1500
360	340	1800	1700
400	380	2000	1900
450	420		

矩形风管规格 **表 7-2**

风管边长（mm）				
120	320	800	2000	4000
160	400	1000	2500	—
200	500	1250	3000	—
250	630	1600	3500	—

风管系统类别划分 **表 7-3**

系统类别	系统工作压力 P（Pa）	密 封 要 求
低压系统	$P \leqslant 500$	接缝和接管连接处严密
中压系统	$500 < P \leqslant 1500$	接缝和接管连接处增加密封措施
高压系统	$P > 1500$	所有的拼接缝和接管连接处，均应采取密封措施

二、材料质量要求

（1）金属风管制作使用的材料品种、规格、性能与厚度等应符合设计和现行国家产品标准的规定。当设计无规定时，钢板或镀锌钢板的厚度不得小于表 7-4 的规定；不锈钢板的厚度不得小于表 7-5 的规定；铝板的厚度不得小于表 7-6 的规定。

钢板风管板材厚度（mm） **表 7-4**

风管直径 D 或长边尺寸 b ＼ 类别	圆形风管	矩形风管		除尘系统风管
		中、低压系统	高压系统	
D（b）≤320	0.5	0.5	0.75	1.5
320 < D（b）≤450	0.6	0.6	0.75	1.5
450 < D（b）≤630	0.75	0.6	0.75	2.0
630 < D（b）≤1000	0.75	0.75	1.0	2.0
1000 < D（b）≤1250	1.0	1.0	1.0	2.0
1250 < D（b）≤2000	1.2	1.0	1.2	按设计
2000 < D（b）≤4000	按设计	1.2	按设计	

注：1. 螺旋风管的钢板厚度可适当减小 10% ~15%；
2. 排烟系统风管钢板厚度可按高压系统；
3. 特殊除尘系统风管钢板厚度应符合设计要求；
4. 不适用于地下人防与防火隔墙的预埋管。

高、中、低压系统不锈钢风管板材厚度（mm） **表 7-5**

风管长边尺寸 b	不锈钢板厚度
b≤500	0.5
500 < b≤1120	0.75
1120 < b≤2000	1.0
2000 < b≤4000	1.2

中、低压系统铝板风管板材厚度（mm） **表 7-6**

风管长边尺寸 b	铝板厚度
b≤320	1.0
320 < b≤630	1.5
630 < b≤2000	2.0
2000 < b≤4000	按设计

（2）非金属风管的材料品种、规格、性能与厚度应符合设计和现行国家产品标准的规定。当设计无规定时，硬聚氯乙烯风管板材的厚度，不得小于表 7-7 或表 7-8 的规定；有机玻璃钢风管板材的厚度，不得小于表 7-9 的规定；无机玻璃钢风管板材的厚度和外形尺寸，应符合表 7-10、7-12 的规定，相应的玻璃布厚度和层数不应少于表 7-11 的规定，其表面不得出现返卤或严重泛霜。

中、低压系统硬聚氯乙烯圆形风管板材厚度（mm） **表 7-7**

风管直径 D	板材厚度
D≤320	3.0
320 < D≤630	4.0
630 < D≤1000	5.0
1000 < D≤2000	6.0

中、低压系统硬聚氯乙烯矩形风管板材厚度（mm） **表 7-8**

风管长边尺寸 b	板材厚度
b≤320	3.0
320 < b≤500	4.0
500 < b≤800	5.0
800 < b≤1250	6.0
1250 < b≤2000	8.0

中、低压系统有机玻璃钢风管板材厚度（mm） 表 7-9

圆形风管直径 *D* 或矩形风管长边尺寸 *b*	板材厚度
D（*b*）≤200	2.5
200 < *D*（*b*）≤400	3.2
400 < *D*（*b*）≤630	4.0
630 < *D*（*b*）≤1000	4.8
1000 < *D*（*b*）≤2000	6.2

中、低压系统无机玻璃钢风管板材厚度（mm） 表 7-10

圆形风管直径 *D* 或矩形风管长边尺寸 *b*	板材厚度
D（*b*）≤300	2.5～3.5
300 < *D*（*b*）≤500	3.5～4.5
500 < *D*（*b*）≤1000	4.5～5.5
1000 < *D*（*b*）≤1500	5.5～6.5
1500 < *D*（*b*）≤2000	6.5～7.5
D（*b*）>2000	7.5～8.5

中、低压系统无机玻璃钢风管玻璃纤维布厚度与层数（mm） 表 7-11

圆形风管直径 *D* 或矩形风管长边尺寸 *b*	风管管体玻璃纤维布厚度		风管法兰玻璃纤维布厚度	
	0.3	0.4	0.3	0.4
	玻璃布层数			
D（*b*）≤300	5	4	8	7
300 < *D*（*b*）≤500	7	5	10	8
500 < *D*（*b*）≤1000	8	6	13	9
1000 < *D*（*b*）≤1500	9	7	14	10
1500 < *D*（*b*）≤2000	12	8	16	14
D（*b*）>2000	14	9	20	16

中、低压系统无机玻璃钢风管外形尺寸（mm） 表 7-12

直径或大边长	矩形风管外表平面度	矩形风管管口对角线之差	法兰平面度	圆形风管两直径之差
≤300	≤3	≤3	≤2	≤3
301～500	≤3	≤4	≤2	≤3
501～1000	≤4	≤5	≤2	≤4
1001～1500	≤4	≤6	≤3	≤5
1501～2000	≤5	≤7	≤3	≤5
>2000	≤6	≤8	≤3	≤5

用于高压风管系统的非金属风管厚度应按设计规定。

（3）防火风管的本体、框架与固定材料、密封材料必须为不燃材料，其耐火等级应符合设计规定。

(4) 复合材料风管的覆面材料必须为不燃材料，内部的绝热材料应为不燃或难燃 B1 级，且对人体无害的材料。

三、施工安装过程质量控制内容

(一) 材料

(1) 审核承包单位提交的材料报审表及附件（数量清单、质量证明文件、自检结果)，对产品合格证和质量证明材料进行复核。

(2) 对进场材料应进行外观检查。对普通薄钢板，应板材表面平整，厚度均匀，有紧密的氧化层薄膜；对镀锌薄钢板，应镀锌层均匀，有结晶花纹；对不锈钢板和铝板，要求表面平整光洁；对硬聚氯乙烯塑料板，应板面平整，板材厚薄均匀，物理机械性能符合技术规定。

(3) 洁净系统风管中，镀锌钢板的镀锌层应在 100 号以上，双面三点试验平均值不应小于 $100g/m^2$，其表面不得有裂纹、明显氧化层、针孔、麻点、起皮和镀层脱落等缺陷。不锈钢板应为奥氏体不锈钢材料，其表面不得有明显划痕、斑痕和凹穴等缺陷。

(二) 金属风管制作与连接

1. 风管下料

严格控制下料误差，矩形板材应严格控制角方。

(1) 风管外径或外边长的允许偏差：当小于或等于 300mm 时，为 2mm；当大于 300mm 时，为 3mm。管口平面度的允许偏差为 2mm。矩形风管两条对角线长度之差不应大于 3mm。圆形法兰任意正交两直径之差不应大于 2mm。

(2) 圆形弯管的曲率半径（以中心线计）和最少分节数量应符合表 7-13 的规定。圆形弯管的弯曲角度及圆形三通、四通支管与总管夹角的制作偏差不应大于 3°。

圆形弯管曲率半径和最少节数 **表 7-13**

弯管直径 D (mm)	曲率半径 R	弯管角度和最少节数							
		90°		60°		45°		30°	
		中节	端节	中节	端节	中节	端节	中节	端节
80~220	≥1.5D	2	2	1	2	1	2	—	2
220~450	D~1.5D	3	2	2	2	1	2	—	2
450~800	D~1.5D	4	2	2	2	1	2	1	2
800~1400	D	5	2	3	2	2	2	1	2
1400~2000	D	8	2	5	2	3	2	2	2

2. 金属风管咬接

(1) 制作风管和风管配件时，厚度小于或等于 1.2mm 的普通薄钢板或镀锌钢板，厚度小于或等于 1.0mm 的不锈钢板，厚度小于或等于 1.2mm 的铝板，可采用咬口连接。咬口缝具有增加风管强度、变形小、外形美观等优点。

(2) 风管与配件的咬口缝应紧密，宽度应一致；折角应平直，圆弧应均匀，两端面平行。风管无明显扭曲与翘角，表面应平整，凹凸不大于10mm。

（3）矩形风管咬口应设在四角部位。风管板材拼接的咬口缝应错开，不得有十字形拼接缝。

3. 金属风管加固

（1）圆形风管（不包括螺旋风管）直径大于等于800mm，且其管段长度大于1250mm或总表面积大于$4m^2$均应采取加固措施。

（2）矩形风管边长大于630mm、保温风管边长大于800mm，管段长度大于1250mm或低压风管单边平面积大于$1.2m^2$，中、高压风管大于$1.0m^2$，均应采取加固措施。

（3）风管的加固可采用楞筋或楞线、立筋、角钢（内、外加固）、扁钢、加固筋和管内支撑等形式见图7-4。

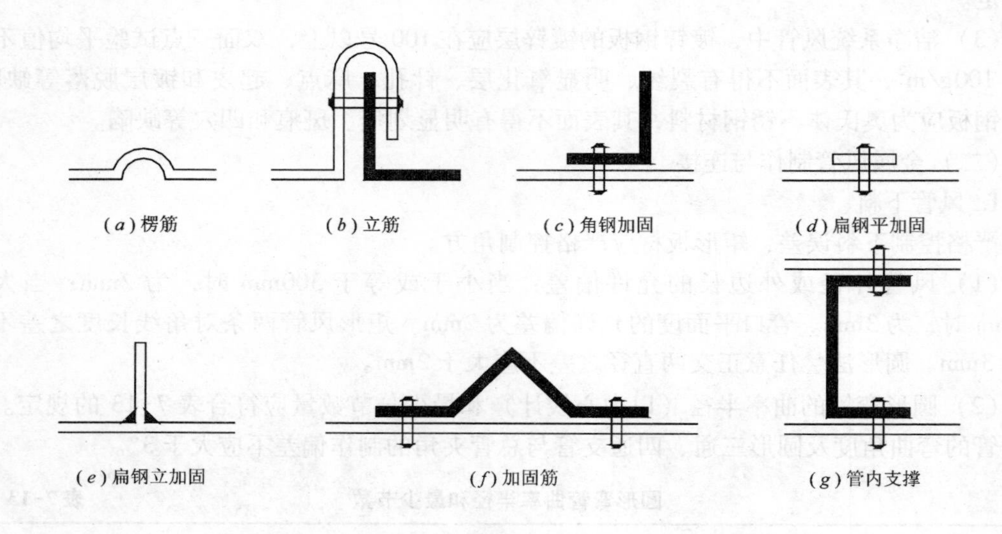

图7-4 风管的加固形式图

（4）楞筋或楞线（棱条）是采用专用滚压机在风管壁上压制形成。施工时排列应规则，间隔应均匀，板面不应有明显的变形。

（5）角钢、角钢框加固、扁钢立加固（外加固）应排列整齐、均匀对称，其高度应小于或等于风管的法兰宽度。角钢、角钢框与风管的铆接应牢固、间隔应均匀，不应大于220mm；两相交处应连接成一体。

（6）管内支撑法中也可采用管子作为支撑件。支撑件与风管固定应牢固，各支撑点之间或与风管的边沿或法兰的间距应均匀，不应大于950mm。

（7）中压和高压系统风管的管段，其长度大于1250mm时，还应有加固框补强。高压系统金属风管的单咬口缝，还应有防止咬口缝胀裂的加固或补强措施。

4. 金属风管焊接

（1）制作风管和风管配件时，厚度大于1.2mm的普通薄钢板或镀锌钢板，厚度大于1.0mm的不锈钢板，厚度大于1.5mm的铝板均应采用焊接连接。

（2）薄钢板的矩形风管焊缝应布置在风管角上。普通薄钢板主要采用直流电弧焊；不锈钢板应采用直流电弧焊或氩弧焊，采用氩弧焊较好，氩弧焊焊缝有较高的强度和耐腐蚀性能，板材变形也较小，对要求高的焊件，表面还应做钝化处理；铝板风管宜采用氩弧焊，焊接口必须脱脂及清除氧化膜。

（3）焊接风管的焊缝应平整，不应有裂缝、凸瘤、穿透的杂渣、气孔及其他缺陷等，焊接后板材的变形应矫正，并将焊渣及飞溅物清除干净。

5. 金属风管法兰连接

（1）金属风管法兰材料规格不应小于表7-14或表7-15的规定。中、低压系统风管法兰的螺栓及铆钉孔的孔距不得大于150mm；高压系统风管不得大于100mm。矩形风管法兰的四角部位应设有螺孔。

金属圆形风管法兰及螺栓规格（mm） **表7-14**

风管直径 D	法兰材料规格		螺栓规格
	扁钢	角钢	
$D \leqslant 140$	-20×4	—	M6
$140 < D \leqslant 280$	-25×4	—	
$280 < D \leqslant 630$	—	∟25×3	
$630 < D \leqslant 1250$	—	∟30×4	M8
$1250 < D \leqslant 2000$	—	∟40×4	

金属矩形风管法兰及螺栓规格（mm） **表7-15**

风管长边尺寸 b	法兰材料规格（角钢）	螺栓规格
$b \leqslant 630$	∟25×3	M6
$630 < b \leqslant 1500$	∟30×3	M8
$1500 < b \leqslant 2500$	∟40×4	
$2500 < b \leqslant 4000$	∟50×5	M10

（2）风管法兰的焊缝应熔合良好、饱满，无假焊和孔洞；法兰平面度的允许偏差为2mm，同一批量加工的相同规格法兰的螺孔排列应一致，并具有互换性。

（3）金属风管与法兰采用铆接连接时，铆接应牢固；翻边应平整，其宽度应一致，且不应小于6mm；咬缝与四角处不应有开裂与孔洞。

（4）金属风管与法兰采用焊接连接时，风管端面不得高于法兰接口平面。除尘系统风管采用内侧满焊、外侧间断焊时，风管端面距法兰接口平面不应小于5mm。

当风管与法兰采用点焊固定连接时，焊点应熔合良好，间距不应大于100mm；法兰与风管应紧贴，不应有穿透的缝隙或孔洞。

（5）不锈钢板或铝板风管的法兰采用碳素钢时，应根据设计要求做防腐处理；铆钉应采用与风管材质相同或不产生电化学腐蚀的材料。

6. 金属风管无法兰连接

（1）无法兰连接风管的接口及连接件，应符合表7-16、表7-17的要求。圆形风管的芯管连接应符合表7-18的要求。

圆形风管无法兰连接形式　　表7-16

无法兰连接形式		附件板厚/mm	接口要求	使用范围
承插连接	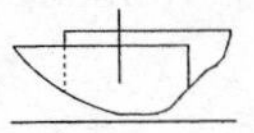	—	插入深度≥30mm，有密封要求	低压风管直径<700mm
带加强筋承插	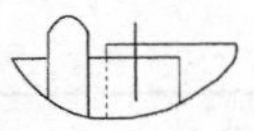	—	插入深度≥20mm，有密封要求	中、低压风管
角钢加固承插	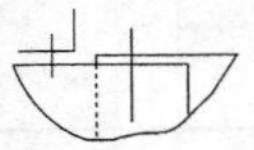	—	插入深度≥20mm，有密封要求	中、低压风管
芯管连接	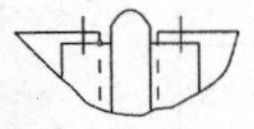	≥管板厚	插入深度≥20mm，有密封要求	中、低压风管
立筋抱箍连接	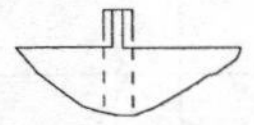	≥管板厚	翻边与楞筋匹配一致，紧固严密	中、低压风管
抱箍连接	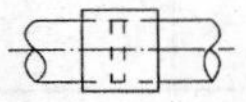	≥管板厚	对口尽量靠近不重叠，抱箍应居中	中、低压风管宽度≥100mm

矩形风管无法兰连接形式　　表7-17

无法兰连接形式		附件板厚/mm	使用范围
S形插条		≥0.7	低压风管单独使用连接处必须有固定措施
C形插条		≥0.7	中、低压风管
立插条	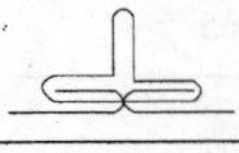	≥0.7	中、低压风管
立咬口	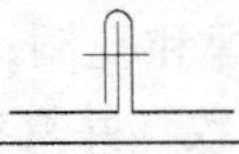	≥0.7	中、低压风管
包边立咬口	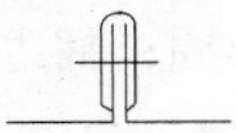	≥0.7	中、低压风管
薄钢板法兰插条		≥1.0	中、低压风管
薄钢板法兰弹簧夹		≥1.0	中、低压风管

续表

无法兰连接形式		附件板厚/mm	使用范围
直角形平插条		≥0.7	低压风管
立联合角形插条		≥0.8	低压风管

注：薄钢板法兰风管也可采用铆接法兰条连接的方法。

圆形风管的芯管连接 表7-18

风管直径 D（mm）	芯管长度 l（mm）	自攻螺丝或抽芯铆钉数量（个）	外径允许偏差（mm）	
			圆管	芯管
120	120	3×2	-1~0	-3~-4
300	160	4×2		
400	200	4×2	-2~0	-4~-5
700	200	6×2		
900	200	8×2		
1000	200	8×2		

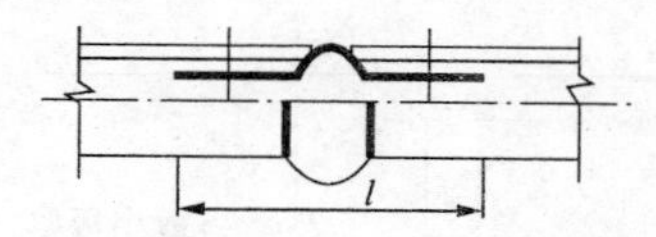

(2) 薄钢板法兰矩形风管的接口处应严密；法兰的折边（或法兰条）应平直，弯曲度不应大于5/1000；弹性插条或弹簧夹应与薄钢板法兰相匹配；角件与风管薄钢板法兰四角接口的固定应稳固、紧贴，端面应平整、相连处不应有缝隙大于2mm的连续穿透缝。

(3) 采用C、S形插条连接的矩形风管，其边长不应大于630mm；插条与风管加工插口的宽度应匹配一致，其允许偏差为2mm；连接应平整、严密，插条两端压倒长度不应小于20mm。

(4) 采用立咬口、包边立咬口连接的矩形风管，其立筋的高度应大于或等于同规格风管的角钢法兰宽度。同一规格风管的立咬口、包边立咬口的高度应一致，折角应倾角，直线度允许偏差为5/1000；咬口连接铆钉的间距不应大于150mm，间隔应均匀；立咬口四角连接处的铆固，应紧密、无孔洞。

(三) 非金属风管制作

(1) 硬聚氯乙烯风管制作时，风管两端面应平行，无明显扭曲，外径或外边长的允许偏差为2mm；表面平整、圆弧均匀，凹凸不应大于5mm；焊缝应饱满，焊条排列整齐，无焦黄、断裂现象；焊缝的坡口形式和角度应符合表7-19的规定。

焊缝形式及坡口　　　　表7-19

焊缝形式	焊缝名称	图形	焊缝高度（mm）	板材厚度（mm）	焊缝坡口张角 α（°）
对接焊缝	V形单面焊	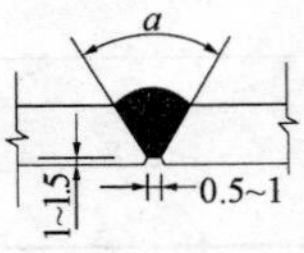	2～3	3～5	70～90
对接焊缝	V形双面焊	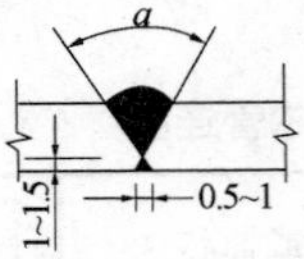	2～3	5～8	70～90
对接焊缝	X形双面焊	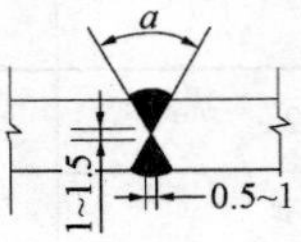	2～3	≥8	70～90
搭接焊缝	搭接焊	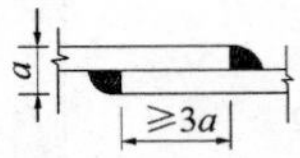	≥最小板厚	3～10	—
填角焊缝	填角焊无坡角	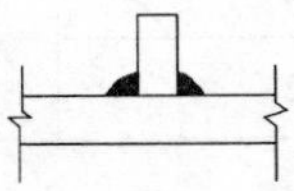	≥最小板厚	6～18	—
填角焊缝	填角焊无坡角	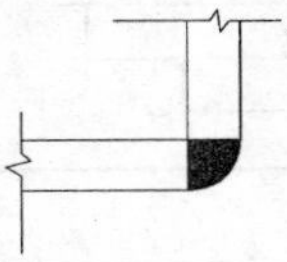	≥最小板厚	≥3	—
对角焊缝	V形对角焊	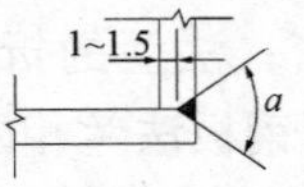	≥最小板厚	3～5	70～90
对角焊缝	V形对角焊	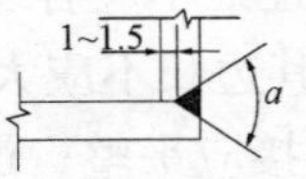	≥最小板厚	5～8	70～90
对角焊缝	V形对角焊	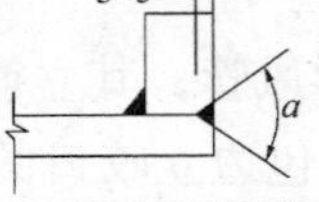	≥最小板厚	6～15	70～90

（2）有机玻璃钢风管内、外表面应平整，厚度应均匀；风管的外径或外边长尺寸的允许偏差为3mm，圆形风管的任意正交两直径之差不应大于5mm；矩形风管的两对角线之差不应大于5mm；矩形风管的边长大于900mm，且管段长度大于1250mm时，应加固。

有机玻璃钢风管的法兰与风管应成一整体，并与风管轴线成直角，管口平面度允许偏差为3mm；螺孔的排列应均匀，至管壁的距离应一致，允许偏差为2mm。

（3）无机玻璃钢风管表面应光洁、无裂纹、无明显泛霜和分层现象；风管的外形尺寸的允许偏差参照金属风管制作要求；风管法兰的规定与有机玻璃钢法兰相同。

（4）砖、混凝土风道内表面水泥砂浆应抹平整、无裂缝，不渗水。

（5）双面铝箔绝热板风管板材拼接宜采用专用的连接构件，连接后板面平面度允许偏差为5mm；风管的折角应平直，拼缝粘接应牢固、平整，风管粘结材料宜为难燃材料；风管采用法兰连接时，法兰平面度的允许偏差为2mm。

（6）铝箔玻璃纤维板风管连接采用插入接口形式时，外表面铝箔胶带密封的每一边粘贴宽度不应小于25mm，并有辅助的连接固定措施。当风管的连接采用法兰形式时，应能防止板材纤维逸出和冷桥。

（四）非金属风管连接

（1）法兰的规格应分别符合表7-20～表7-22的规定，其螺栓孔的间距不得大于120mm；矩形风管法兰的四角处，应设有螺孔。

硬聚氯乙烯圆形风管法兰规格（mm） **表7-20**

风管直径 D	材料规格（宽×厚）	连接螺栓	风管直径 D	材料规格（宽×厚）	连接螺栓
$D \leqslant 180$	35×6	M6	$800 < D \leqslant 1400$	45×12	M10
$180 < D \leqslant 400$	35×8	M8	$1400 < D \leqslant 1600$	50×15	
$400 < D \leqslant 500$	35×10		$1600 < D \leqslant 2000$	60×15	
$500 < D \leqslant 800$	40×10		$D > 2000$	按设计	

硬聚氯乙烯矩形风管法兰规格（mm） **表7-21**

风管边长 b	材料规格（宽×厚）	连接螺栓	风管边长 b	材料规格（宽×厚）	连接螺栓
$b \leqslant 160$	35×6	M6	$800 < b \leqslant 1250$	45×12	M10
$160 < b \leqslant 400$	35×8	M8	$1250 < b \leqslant 1600$	50×15	
$400 < b \leqslant 500$	35×10		$1600 < b \leqslant 2000$	60×18	
$500 < b \leqslant 800$	40×10	M10	$b > 2000$	按设计	

有机、无机玻璃钢风管法兰规格（mm） **表7-22**

风管直径 D 或风管边长 b	材料规格（宽×厚）	连接螺栓
$D(b) \leqslant 400$	30×4	M8
$400 < D(b) \leqslant 1000$	40×6	
$1000 < D(b) \leqslant 2000$	50×8	M10

（2）采用套管连接时，套管厚度不得小于风管板材厚度。

（3）复合材料风管采用法兰连接时，法兰与风管板材的连接应可靠，其绝热层不得外露，不得采用降低板材强度和绝热性能的连接方法。

（4）砖、混凝土风道的变形缝，应符合设计要求，不应渗水和漏风。

（五）洁净空调系统风管制作

（1）洁净风管板材存放处应清洁、干燥。不锈钢板应竖靠在木支架上。不锈钢板材、管材与镀锌钢板、管材不应与碳素钢材料接触，应分开放置。

（2）洁净风管制作应有专用场地，其房间应清洁，宜封闭。工作人员应穿干净工作服和软性工作鞋。

（3）卷筒板材或平板材在制作时应使用无毒的中性清洗液并用清水将表面清洗干净。不覆油板材可用约40℃的温水清洗，晾干后均应用不掉纤维的长丝白色纺织材料擦拭干净。

（4）不锈钢板焊接时，焊缝处应用低浓度的清洁剂擦净。

（5）矩形风管边长小于或等于900mm时，底面板不应有拼接缝；大于900mm且小于或等于1800mm时，不得多于1条纵向接缝，大于1800mm且小于或等于2600mm时，不得多于2条纵向接缝。

（6）洁净风管板材的拼接采用单咬口；圆形风管的闭合缝采用单咬口，弯管的横向缝采用立咬口；矩形风管转角处采用转角咬口、联合角咬口。空气洁净度等级为1～5级的净化空调系统不得采用按扣式咬口。上述咬口缝处必须涂密封胶。

（7）不应在风管内设加固框及加固筋，洁净风管无法兰连接不得使用S形插条、直角形插条及立联合角插条等形式。

（8）金属风管与法兰连接时，洁净风管的翻边宽度不应小于7mm，翻边处裂缝和孔洞应涂密封胶。

（9）洁净风管法兰铆钉孔的间距，当系统洁净度的等级为1～5级时，不应大于65mm；其他等级均不应大于100mm。中效过滤器后的送风管法兰铆钉缝处应涂密封胶。

（10）洁净风管加工和安装严密性的试验压力，总管可采用1500Pa，干管（含支干管）可采用1000Pa，支管可采用700Pa；也可采用工作压力作为试验压力。

（11）咬接和法兰连接的金属风管，应在胶封缝隙以后和绝热之前，按现行国家标准《通风与空调工程施工质量验收规范》GB 50243—2002的方法进行干管和主管系统的漏风检测。1～5级洁净度环境的风管应全部进行漏风检测，6～9级洁净度环境的风管应对30%的风管并不少于1个系统进行漏风检测。检测结果应同时符合下列两项严密性指标：

1）单位风管展开面积漏风量应符合表7-23的规定。

2）由本条第1款得出的漏风量计算得到的系统允许漏风率应符合表7-24的规定。

（12）排放含有害化学气溶胶和致病生物气溶胶空气的风管应用焊接成型，并应按不低于1.5倍工作压力的试验压力进行试验，漏风量应为零。

（13）不应从总管上开口接支管，总管上的支管应通过放样制作成三通或四通整体结构，转接处应为圆弧或斜角过渡。

（14）洁净风管与角钢法兰连接时，风管翻边应平整，并紧贴法兰，宽度不应小于7mm，并剪去重叠部分，翻边处裂缝和孔洞应涂密封胶。

金属咬接矩形风管单位展开面积最大漏风量 **表7-23**

管段及其上附件	试验压力（Pa）	最大漏风量［m^3/（h·m^2）］
总管（连接风机出、入口的管段）	1500或工作压力P	$0.0117\times1500^{0.65}=1.36$ $0.0117\times P^{0.65}$
干管（连接总管与支管或支干管的管段）	1000或工作压力P	$0.0352\times1000^{0.65}=3.14$ $0.0352\times P^{0.65}$
支管（连接风口的管段，包括接头短管）或支干管	700或工作压力P	$0.0352\times700^{0.65}=2.49$ $0.0352\times P^{0.65}$

注：圆形金属咬接和法兰连接风管以及非咬接、非法兰连接风管的漏风量按表中数值的50%计算。

系统允许漏风率ε
（漏风量/设计风量） **表7-24**

洁净室类别	合格标准
非单向流	$\varepsilon\leq2\%$
单向流	$\varepsilon\leq1\%$

（15）当用于5级和高于5级洁净度级别场合时，角钢法兰上的螺栓孔和管件上的铆钉孔孔距均不应大于65mm，5级以下时不应大于100mm。薄壁法兰弹簧夹间距不应大于100mm，顶丝卡间距不应大于100mm。

（16）洁净风管法兰和所用的螺栓、螺母、垫圈和铆钉应镀锌，不得采用抽芯铆钉。

（17）静压箱本体、箱内固定高效过滤器的框架及固定件应做镀锌、镀镍等防腐处理。

（18）制作完成的洁净风管，应进行第二次清洗，经检查达到清洁要求后及时封口。

四、监理过程中巡视或旁站

（1）深化熟悉图纸，制定监理实施细则，审核施工单位施工方案，并检查施工单位施工准备状况，特别是作业场所、材料半成品堆积场所是否合理齐全，设备是否完好，技术人员组织配备是否合理。

（2）做好材料报审核准。

（3）利用看、测、摸、鉴别材料是否有锈浊、厚薄不均和凹凸现象。

（4）用尺巡视检验风管几何尺寸是否符合设计和规范，风管法兰连接是否符合规范。

（5）在风管法兰制作中，材料连接螺孔间距和连接孔径是否符合规范。

（6）观察在风管制作中工具选用是否合理。用手工锤击时，应考虑选用木槌和标尺，严禁用钢制工具。

（7）不锈钢风管如采用焊接方法，则采用氩弧焊或电弧焊，严禁气焊，焊后应及时对焊缝及其附近表面进行纯化处理，并清除飞溅物。

（8）关于洁净风管的制作，应在风管制作前对板材进行清洗，成型后还要擦拭干净，用吸尘器吸去浮尘，然后将风管的开口处用塑料薄膜封好。

五、常见质量问题

（一）风管材料

1. 材料报审表及附件不合格

（1）原因分析

表格填写内容和质量证明文件不符合要求。

（2）监理过程中巡视或旁站要点

1）附件中填写的材料名称、规格、数量应与进场材料实况相符。

2）质量证明文件上应有生产厂质检部门盖章。

3）材料供应商应在质量证明文件上写明供应日期、供应数量，并由经办人签名。

（3）检查方法：查验材料质量合格证明文件、性能检测报告，观察检查与点验。

2. 材料不合格

（1）原因分析

材料外观和性能有缺陷。

（2）监理过程中巡视或旁站要点

1）对进场金属材料作外观检查。对普通薄钢板，表面不得有裂纹、结疤和锈斑；对镀锌钢板，镀层应无泛白、麻点、起皮、脱落等缺陷；对不锈钢板，表面不得有锈迹和划痕；对铝板，不要有氧化斑点和划痕；对硬聚氯乙烯板，板材内部不可有气泡和裂缝；对铝箔玻璃纤维板，铝箔无脱落、破损。

2）对风管板样做咬口成型试验，试验后的板样不得出现分层、裂缝和折断现象。

（3）检查方法：观察检查、咬口成型试验。

（二）金属风管制作

1. 风管咬缝不严密，咬口交叉处有孔洞

（1）原因分析

板材下料尺寸不准，风管部件加工方法不正确。

（2）监理过程中巡视或旁站要点

1）加工风管部件板材下料时，在咬口缝处应留二层翻边材料。

2）加工风管部件咬口缝时，不可产生剪切缝。

（3）检查方法：观察检查。

2. 咬接风管法兰翻边宽度不够

（1）原因分析

风管下料时，板材长度有误差；风管部件放样时，板材尺寸不正确，组合时误差集中在端部。

（2）监理过程中巡视或旁站要点

核查风管下料尺寸、法兰翻边宽度。

（3）检查方法：尺量、观察检查。

3. 风管与法兰不垂直

（1）原因分析

法兰不平整、风管与法兰铆接时未找方。

（2）监理过程中巡视或旁站要点

铆接前检查法兰的平整度，铆接时用角尺校正风管的垂直度。

（3）检查方法：尺量。

4. 法兰铆钉或螺栓孔间距过大或不均匀，四角的铆钉孔与转角的距离大于50mm

（1）原因分析

法兰打孔孔距不正确。

（2）监理过程中巡视或旁站要点

检查法兰铆钉或螺栓孔的孔距。

（3）检查方法：尺量、观察检查。

5. 硬聚氯乙烯风管板材焊接处有被烧焦的痕迹

（1）原因分析

焊枪的空气温度过高，预热时间过长。

（2）监理过程中巡视或旁站要点

检查硬聚氯乙烯风管板材的焊接工艺过程。

（3）检查方法：观察检查。

六、工程检测和试验项目

（一）风管强度试验

1. 试验要求

在1.5倍工作压力下接缝处无开裂。

2. 试验结果

观察检查、强度试验报告。

（二）风管漏风量测试

1. 试验要求

（1）对矩形风管的低压系统风管，允许漏风量小于或等于$0.1056P^{0.65}$；中压系统风管，允许漏风量小于或等于$0.0352P^{0.65}$；高压系统风管，允许漏风量小于或等于$0.0117P^{0.65}$；P指风管系统的工作压力（Pa）；

（2）低压、中压圆形金属风管、复合材料风管以及采用非法兰形式的非金属风管的允许漏风量，应为矩形风管规定值的50%；

（3）砖、混凝土风道的允许漏风量不应大于矩形低压系统风管规定值的1.5倍；

（4）排烟、除尘、低温送风系统按中压系统风管的规定，1～5级净化空调系统按高压系统风管的规定。

2. 试验结果

风管漏风试验报告。

七、监理验收

（一）验收资料

（1）风管制作所用材料的材料报审表及附件（数量清单、质量证明文件、自检结果）。

（2）外购风管的材料/构配件/设备报审表及附件（数量清单、质量证明文件、自检结果）。

（3）风管强度试验记录。

（4）风管漏风量试验记录。

(5) 安全和功能检验资料的核查记录。

(6) 观感质量综合检查记录。

(二) 观感质量综合检查

风管表面应平整、无损坏;折角应平直,圆弧应均匀;两端面平行;无明显扭曲与翘角。

(三) 风管与配件制作检验批质量验收记录

参照《通风与空调工程施工质量验收规范》GB 50243—2002,表 C. 2. 1-1、表 C. 2. 1-2。

第二节 空调风管部件制作工程

一、工程内容

通风与空调工程中,风口、风罩、风帽、风阀等部件及消声器的加工制作或生产成品质量的验收。

二、材料质量要求

(1) 金属风管部件制作的板材质量要求与金属风管制作的相同。

(2) 制作各类阀门转动轴及拉杆的圆钢和方钢的规格应符合表 7-25 的规定。

常用圆钢、方钢的规格 (mm) 表 7-25

<table>
<tr><th rowspan="2">圆钢直径或方钢边长 (mm)</th><th colspan="2">允许偏差 (mm)</th></tr>
<tr><th>普通精度</th><th>较高精度</th></tr>
<tr><td>5</td><td rowspan="16">±0. 40</td><td rowspan="7">±0. 20</td></tr>
<tr><td>5. 5</td></tr>
<tr><td>6</td></tr>
<tr><td>6. 5</td></tr>
<tr><td>7</td></tr>
<tr><td>8</td></tr>
<tr><td>9</td></tr>
<tr><td>10</td></tr>
<tr><td>11</td></tr>
<tr><td>12</td><td rowspan="9">±0. 25</td></tr>
<tr><td>13</td></tr>
<tr><td>14</td></tr>
<tr><td>15</td></tr>
<tr><td>16</td></tr>
<tr><td>17</td></tr>
<tr><td>18</td></tr>
<tr><td>19</td></tr>
<tr><td>20</td></tr>
</table>

续表

圆钢直径或方钢边长（mm）	允许偏差（mm）	
	普通精度	较高精度
21 22 23 24 25 26 27 28 29 30	±0.50	±0.30
31 32 33 34 35 36 37 38 40 42 45 48 50	±0.60	±0.40

（3）防排烟系统柔性短管的制作材料必须为不燃材料。

（4）空调系统的柔性短管应选用防腐、防潮、不透气、不易霉变的柔性材料，并有防止结露的措施；用于净化空调系统的还应采用内壁光滑、不易产生尘埃的材料。

（5）风管部件外购产品必须是合格的产品。

三、施工安装过程质量控制内容

（一）材料或部件

（1）审核承包单位提交的材料/构配件/设备报审表及附件（数量清单、质量证明文件、自检结果）；外购部件必须具有产品合格证、质量证明文件和性能检测报告。

（2）对进场材料或外购部件进行外观检查。

（二）风管部件制作

1. 风口和散流器制作

（1）风口平面应平整，与设计尺寸的允许偏差不应大于2mm。矩形风口两对角线之差不应大于3mm，圆形风口任意正交两直径的允许偏差不应大于2mm。

（2）风口的转动调节部分应灵活，叶片应平直。

（3）百叶式风口的叶片间距应均匀，两端轴的中心应在同一直线上。

（4）孔板式风口，孔径和孔距应符合设计要求。

（5）风口的验收，规格以颈部外径与外边长为准，其尺寸的允许偏差值应符合表7-26的规定。

风口尺寸允许偏差（mm） **表7-26**

圆形风口			
直　径	≤250	>250	
允许偏差	0～-2	0～-3	
矩形风口			
边　长	<300	300～800	>800
允许偏差	0～-1	0～-2	0～-3
对角线长度	<300	300～500	>500
对角线长度之差	≤1	≤2	≤3

2. 风罩制作

（1）尺寸正确、连接牢固、形状规则、表面平整光滑。

（2）槽边侧吸罩、条缝抽风罩尺寸应正确，转角处弧度均匀，形状规则。

（3）厨房锅灶排烟罩应采用不易锈蚀材料制作。

3. 风帽制作

（1）尺寸应正确，结构牢靠，风帽接管尺寸的允许偏差同风管的规定一致。

（2）伞形风帽伞盖的边缘应有加固措施，支撑高度尺寸应一致。

（3）锥形风帽内外锥体的中心应同心，锥体组合的连接缝应顺水，下部排水应畅通。

（4）筒形风帽的形状应规则，外筒体的上下沿口应加固，其不圆度不应大于直径的2%。

（5）三叉形风帽三个支管的夹角应一致，与主管的连接应严密。主管与支管的锥度为3°～4°。

4. 阀门制作

（1）阀门的制作应牢固，叶片启闭应灵活，并标明阀门的启闭方向。

（2）多叶阀叶片应能贴合，间距均匀，搭接一致。

（3）截面积大于1.2m^2的风阀应实施分组调节。

（4）防火阀的外壳应能防止失火时变形失效，其厚度不应小于2mm；阀门关闭时应严密，能有效地阻隔气流；易熔件应为批准的并经检验合格的产品，其熔点温度应符合设计要求，允许偏差为-2℃，易熔件应设在阀门迎风侧。

（5）防爆风阀的制作材料必须符合设计规定，不得自行替换。

（6）止回阀应阀轴灵活，阀板关闭严密，转轴、铰链应采用不易锈蚀的材料制作，阀片的强度应保证在最大负荷压力下不弯曲变形。

（7）插板风阀的插板应平整，启闭灵活，并有可靠的定位固定装置，内壁应作防腐处理。

（8）三通阀的拉杆可在任意位置上固定，手柄开关应标明调节的角度。

5. 消声器制作

（1）外壳应牢固、严密；用镀锌钢板制作时，厚度不应小于1mm；用咬口缝拼接，以增加壳体强度；漏风量应小于矩形风管的允许漏风量。

（2）所选用的消声材料，应符合设计规定，如防水、防腐、防潮和卫生性能等要求。

（3）消声弯管的平面边长大于800mm时，应加设吸声导流片。

（4）充填的消声材料，应按规定的密度均匀铺设，并应有防止下沉的措施，覆面层应均匀拉紧并有保护措施；净化空调系统消声器内的覆面应为不易产尘的材料。

（5）穿孔板应平整，孔眼排列均匀，不得有毛刺。

四、监理过程中巡视或旁站

（1）做好材料或部件报审工作，必须符合设计和规范要求。

（2）在风罩和风帽制作中放样正确，支撑应垂直，高度尺寸一致。

（3）调节阀、防火阀开启应灵活，关闭应严密。

（4）消声器应完好，符合设计要求。

五、常见质量问题

（一）材料或部件

1. 质量通病

材料/构配件/设备报审表及附件不合格。

2. 原因分析

质量证明文件不合格。

3. 监理过程中巡视或旁站要点

（1）质量证明文件应具有生产厂的资质证明和生产厂质检部门盖章。

（2）某些部件在质量证明文件中还应附有特殊要求的证明，如防火阀和排烟阀必须有符合消防产品标准的证明。

4. 检查方法：查验材料或部件质量合格证明文件、性能检测报告，观察检查。

（二）风管部件制作

1. 风口和散流器

（1）质量通病

风口和散流器外表面不平整，有缺陷。

（2）原因分析

风口边框下料尺寸偏差大；组装时，四角有缝隙和错口。

（3）监理过程中巡视或旁站要点

1）风口边框下料尺寸应正确，外表面装饰应平整，叶片或扩散环的分布应匀称，颜色应一致，无划伤、压痕。

2）调节装置转动应灵活、可靠，定位后应无明显自由松动。

（4）检查方法：尺量、观察检查，核对材料合格的证明文件与手动操作检查。

2. 风罩制作

(1）质量通病

风罩吸入口不平整；厨房锅灶排烟罩集水槽漏水。

(2）原因分析

制作工艺不符合要求。

(3）监理过程中巡视或旁站要点

1）风罩外壳四角不应有尖锐边缘。

2）厨房锅灶排烟罩下部滴水槽处的咬口处、铆钉处均应焊锡。

(4）检查方法：观察检查、漏水检查。

3. 风帽制作

(1）质量通病

风帽锥度不准确，支撑高度尺寸不一致。

(2）原因分析

下料和组装时尺寸偏差大。

(3）监理过程中巡视或旁站要点

风帽锥片和支撑杆下料尺寸应正确；组装时支撑杆应垂直，高度尺寸应一致。

(4）检查方法：尺量、观察检查。

4. 阀门制作和成品

(1）质量通病

多叶调节阀调节装置不灵活，开启角度指示与叶片开启角度不一致，阀板或叶片与外壳碰擦；防火阀关闭不严。

(2）原因分析

制作多叶调节阀及防火阀时的工艺偏差值较大。

(3）监理过程中巡视或旁站要点

制作多叶调节阀时，轴与轴之间的距离偏差应小于2mm；制作防火阀时，阀体外壳与阀板、阀板与阀板之间缝隙应不大于1.5mm。

(4）检查方法：手动操作，观察检查；对电动、气动调节阀应核对产品合格证明文件、性能测试报告，通电、通气测试；防火阀的联动装置或限位开关安装后必须做动作试验。

5. 消声器制作与成品

(1）质量通病

消声材料的覆面层破损，消声器穿孔板的孔径和穿孔率不符合设计要求。

(2）原因分析

组装时使覆面材料受损，消声器穿孔板未按照设计要求加工。

(3）监理过程中巡视或旁站要点

1）观察检查消声材料覆面层，应完好无损。

2）检查穿孔板孔径，核算穿孔率。

(4）检查方法：尺量、观察检查。

六、工程检测和试验项目

（一）试验项目

消声器漏风量测试。

（二）试验要求

测得消声器的漏风量，应小于风管工艺性检测严密性要求的漏风量。

（三）试验结果

观察检查漏风点，记录；完成漏风量试验报告。

七、监理验收

（一）验收资料

（1）风管部件与消声器制作所用材料的材料报审表及附件（数量清单、质量证明文件、自检结果）。

（2）风管部件与消声器制作外购产品的材料/构配件/设备报审表及附件（数量清单、质量证明文件、自检结果）。

（3）消声器漏风量试验记录。

（4）观感质量综合检查记录。

（二）观感质量综合检查

（1）各类调节装置的制作应正确牢固，调节灵活，操作方便；防火及排烟阀等关闭严密，动作可靠。

（2）消声器制作牢固、严密；充填的消声材料符合设计规定，铺设均匀；穿孔板平整，穿孔孔径和穿孔率符合设计要求。

（三）风管部件与消声器制作检验批质量验收记录

参照《通风与空调工程施工质量验收规范》GB 50243—2002，表 C. 2. 2。

第三节 空调风管安装工程

一、工程内容

通风与空调工程中，风管按其材料材质分类为金属与非金属风管；风管按其应用场所又可划分为一般风系统的普通风管和洁净系统的洁净风管。

二、材料质量要求

用法兰连接的一般通风、空调系统，法兰垫料材质如设计无要求，应符合下列规定：

（1）输送空气温度低于70℃的风管，应用橡胶板或闭孔海绵橡胶板等；

（2）输送空气或烟气温度高于70℃的风管，应用石棉绳或石棉橡胶板等；

（3）输送含有腐蚀性介质气体的风管，应用耐酸橡胶板或软聚乙烯板等；

（4）输送产生凝结水或含湿空气的风管，应用橡胶板或闭孔海绵橡胶板等；

（5）除尘系统的风管，应用橡胶板。

三、施工安装过程质量控制内容

（一）法兰材料及施工工艺

（1）审核承包单位提交的法兰材料报审表及附件（数量清单、质量证明文件、自检结果）。

（2）法兰施工工艺现场检查

1）一般通风、空调系统普通风管，其法兰厚度为3～5mm，法兰垫料应尽量减少接头，接头必须采用梯形或榫形连接。

2）净化空调系统洁净风管法兰垫料应为不产尘、不易老化并具有一定强度和弹性的材料，厚度为5～8mm，不得采用乳胶海绵；法兰垫片应尽量减少拼接，并不允许直缝对接连接，严禁在垫料表面涂涂料。

（二）普通风管连接

（1）风管接口的连接应严密、牢固、平直、不扭曲。风管的连接长度，应按风管的壁厚、连接方法、安装的结构部位和吊装方法等因素决定。为了安装方便，尽量在地面上进行连接，一般可接至10～12m左右。

（2）无法兰连接风管应符合下列规定：

1）风管的连接处，应完整无缺损，表面平整，无明显扭曲；

2）承插式风管的四周缝隙应一致，无明显的弯曲或褶皱；内涂的密封胶应完整；

3）薄钢板法兰形式风管的连接，弹性插条、弹簧夹或紧固螺栓的间隙不应大于150mm，且分布均匀，无松动现象；

4）插条连接的矩形风管，连接后的板面应平整、无明显弯曲。

（3）风管与砖、混凝土风道的连接接口，应顺着气流方向插入，并应采取密封措施。风管穿出屋面处应设有防雨装置。

（三）普通风管安装

（1）风管安装的位置、标高、走向，应符合设计要求。现场风管接口的配置，不得缩小其有效截面。

（2）明装风管水平安装，水平度的允许偏差为3/1000，总偏差不应大于20mm。明装风管垂直安装，垂直度的允许偏差为2/1000，总偏差不应大于20mm。暗装风管的位置，应正确、无明显偏差。

（3）对输送产生凝结水或其他液体的风管，应按设计要求的坡度安装，并在最低处设排液装置。

（4）输送含有易燃、易爆气体或安装在易燃、易爆环境的风管系统应有良好的接地，通过生活区或其他辅助生产房间时必须严密，并不得设置接口。

（5）输送空气温度高于80℃的风管，应按设计规定采取防护措施。

（6）集中式真空吸尘系统的安装应符合下列规定：

1）真空吸尘系统弯管的曲率半径不应小于4倍管径，弯管的内壁面应光滑，不得采用褶皱弯管。

2）真空吸尘系统三通的夹角不得大于45°；四通制作应采用两个斜三通的做法。

3）吸尘管道的坡度宜为5/1000，并坡向立管或吸尘点；吸尘嘴与管道的连接，应牢固、严密。

（7）非金属风管的安装应符合下列规定：

1）风管连接法兰螺栓两侧应加镀锌垫圈，安装时应适当增加支、吊架与水平风管的接触面积。

2）硬聚氯乙烯风管的直段连续长度大于20m，应按设计要求设置伸缩节；支管的重量不得由干管来承受，必须自行设置支、吊架。

（8）复合材料风管安装应符合下列规定：

1）复合材料风管的连接处，接缝应牢固，无孔洞和开裂。采用插接连接时，接口应匹配、无松动，端口缝隙不应大于5mm；

2）采用法兰连接时，应有防冷桥的措施。

（四）普通风管支、吊架安装

（1）风管水平安装，直径或长边尺寸小于等于400mm，间距不应大于4m；大于400mm，不应大于3m。螺旋风管的支、吊架间距可分别延长至5m和3.75m；对于薄钢板法兰的风管，其支、吊架间距不应大于3m。

（2）金属风管垂直安装，间距不应大于4m；非金属风管垂直安装，支架间距不应大于3m；单根直管至少应有2个固定点。

（3）风管支、吊架宜按国标图集与规范选用强度和刚度相适应的形式和规格。对于直径或边长大于2500mm的超宽、超重等特殊风管的支、吊架应按设计规定。

（4）当水平悬吊的主、干风管长度超过20m时，应设置防止摆动的固定点，每个系统不应少于1个。

（5）保温风管不能直接与支、吊、托架接触，应垫上坚固的隔热材料，其厚度与保温层相同。

（6）支、吊、托架的预埋件或膨胀螺栓，位置应正确、牢固可靠，埋入部分不得涂漆，并应除去油污。

（7）不锈钢和铝板风管与碳素钢支、吊、托架接触处，应有隔绝或防腐绝缘措施，如垫不锈钢板、塑料板或橡胶板等。

（五）普通风管部件安装

（1）各类风阀应安装在便于操作及检修的部位，安装后的手动或电动操作装置应灵活、可靠，阀板关闭应保持严密。

（2）除尘系统的斜插阀，垂直和水平安装时阀板必须向上拉启；水平安装时阀板应顺气流方向插入。

（3）止回风阀、自动排气活门的安装方向应正确。

（4）防火阀、排烟阀（口）的安装方向、位置应正确。防火分区隔墙两侧的防火阀，距墙表面不应大于200mm。重力式防火阀的易熔件应迎气流方向放置。为防止防火阀易熔件脱落，易熔件应在系统安装后再装。防火阀直径或长边尺寸大于等于630mm时，宜设独立支、吊架。

（5）在风管穿过需要封闭的防火、防爆的墙体或楼板时，应设预埋管或防护套管，其钢板厚度不应小于1.6mm。风管与防护套管之间，应用不燃且对人体无危害的柔性材料封堵。

（6）排烟阀及手控装置的位置应符合设计要求，预埋套管不得有死弯及瘪陷。

（7）风帽安装必须牢固，安装在斜屋面时，必须垂直安装，不得随屋面倾斜，连接风管与屋面或墙面的交接处不应渗水。

（8）排、吸风罩安装位置应正确，排列整齐，牢固可靠。

（9）风口与风管的连接应严密、牢固，与装饰面相紧贴；各类风口安装应表面平整，与室内线条平行；各种散流器的风口面应与吊顶平行；有调节和转动装置的风口，安装后应调节灵活、可靠。

明装无吊顶的风口，安装位置和标高偏差不应大于10mm；风口水平安装，水平度的偏差不应大于3/1000；风口垂直安装，垂直度的偏差不应大于2/1000。

（10）净化空调系统风口安装前应清扫干净，其边框与建筑顶棚或墙面间的接缝处应加设密封垫料或密封胶，不应漏风。

（11）柔性短管的安装，应松紧适度，无明显扭曲；可伸缩性金属或非金属软风管的长度不宜超过2m，并不应有死弯或塌凹。

（六）洁净风管系统安装

1. 洁净风管安装

（1）洁净风管安装应在土建作业完成后进行，并宜先于其他管线安装。安装人员应穿戴清洁工作服、手套和工作鞋。

（2）法兰密封垫厚度宜为5～8mm，一个系统中法兰密封垫的性能和尺寸应相同。

（3）柔性短管安装应松紧适度、无扭曲，安装在负压段的柔性短管应处于绷紧状态，不应出现扁瘪现象。柔性短管的长度宜为150～300mm，设于结构变形缝处的柔性短管，其长度宜为变形缝的宽度加100mm以上。

（4）洁净风管和部件应在安装时拆卸封口，并应立即连接。当施工停止或完毕时，应将端口封好，若安装时封膜有破损，安装前应将风管内壁再擦拭干净。

（5）洁净风管在穿过防火、防爆墙或楼板等分隔物时，应设预埋管或防护套管。预埋管或防护套管钢板壁厚不应小于1.6mm，洁净风管与套管之间空隙处应用对人无害的不燃柔性材料封堵，然后用密封胶封死。

（6）非金属风管穿墙时必须外包金属套管。硬聚氯乙烯风管直段连接长度大于20m时，应有用软聚氯乙烯塑料制作的伸缩节，两者应焊接连接。

（7）净化空调系统风管的安装还应符合以下规定：

1）风管、静压箱及其他部件在安装前必须擦拭干净，做到无油污和浮尘。当施工停顿或完毕时，端口应封好，防止灰尘进入；

2）风管与洁净室吊顶、隔墙等围护结构的接缝处应严密。

2. 洁净风管部件和配件安装

（1）风阀、消声器等部件安装时应消除内表面的油污和尘土。

（2）穿过阀体的旋转轴应与阀体同心，其间应设有防止泄漏的密封件。阀的零件表面应镀锌、镀铬或喷塑处理，叶片及密封件表面应平整、光滑，叶片开启角度应有明显标志。拉杆阀不应安装在风道三通处。

（3）洁净风管内安装的定、变风量阀，阀的两端工作压力差应大于阀的启动压力。入口前后直管长度不应小于该定风量阀产品要求的安装长度，安装方向与指示相同。

（4）防火阀的阀门调节装置应设置在便于操作及检修的部位，并应单独设支、吊架。安装后必须检查易熔件固定状况。

（5）消声器内充填的消声材料应不产尘、不掉渣（纤维）、不吸潮、无污染，不得用松散材料。消声材料为纤维材料时，纤维材料应为毡式材料并应外覆可以防止纤维穿透的包材。不应采用泡沫塑料和离心玻璃棉。

(6) 净化空调系统绝热工程施工应在系统严密性检验合格后进行。

(7) 不得在绝热层上开洞和上螺栓。风阀和清扫孔的绝热措施不应妨碍其开关。

3. 洁净风管风口安装

(1) 安装系统新风口处的环境应清洁，新风口底部距室外地面应大于3m，新风口应低于排风口6m以上。当新风口、排风口在同侧同高度时，两风口水平距离不应小于10m，新风口应位于排风口上风侧。

(2) 新风入口处最外端应有金属防虫滤网，并应便于清扫其上的积尘、积物。新风入口处应有挡雨措施，净通风面积应使通过风速在5m/s以内。

(3) 回风口上的百叶叶片应竖向安装，宜为可关闭的，室内回风口有效通风速度在2m/s以内，走廊等场所在4m/s以内。当对噪声有较严要求时，上述速度应分别在1.5m/s以内和3m/s以内。

(4) 在回、排风口上安有高效过滤器的洁净室及生物安全柜等装备，在安装前应用现场检漏装置对高效过滤器扫描检漏，并应确认无漏后安装。回、排风口安装后，对非零泄漏边框密封结构，应再对其边框扫描检漏，并应确认无漏；当无法对边框扫描检漏时，必须进行生物学等专门评价。

(5) 当在回、排风口上安装动态气流密封排风装置时，应将正压接管与接嘴牢靠连接，压差表应安装于排风装置近旁目测高度处。排风装置中的高效过滤器应在装置外进行扫描检漏，并应确认无漏后再安入装置。

(6) 当回、排风口通过的空气含有高危险性生物气溶胶时，在改建洁净室拆装其回、排风过滤器前必须对风口进行消毒，工作人员人身应有防护措施。

(7) 当回、排风过滤器安装在夹墙内并安有扫描检漏装置时，夹墙内净宽不应小于0.6m。

4. 洁净风管送风末端装置安装

(1) 送风末端过滤器或送风末端装置应在系统新风过滤器与系统中作为末端过滤器的预过滤器安装完毕并可运行、对洁净室空调设备安装空间和风管进行全面彻底清洁、对风管空吹12h之后安装。

(2) 系统空吹时，宜关闭新风口采用循环风，并在回风口设置相当于中效过滤器的预过滤装置，全风量空吹完毕后撤走。

(3) 空吹完毕后应再次清扫、擦净洁净室，然后立即安装亚高效过滤器或高效过滤器或带此种过滤器的送风末端装置。

(4) 用于以过滤生物气溶胶为主要目的、5级或5级以上洁净室或者有专门要求的送风末端高效过滤器或其末端装置安装后，应逐台进行现场扫描检漏，并应合格。

(5) 5级以下以过滤非生物气溶胶为主要目的的洁净室的送风高效过滤器或其末端装置安装后应现场进行扫描检漏，检漏比例不应低于25%。扫描高效过滤器现场检漏方法可按《洁净室施工及验收规范》GB 50591—2010附录E的方法执行。

(6) 送风末端过滤器和框架之间采用密封垫密封、负压密封、液槽密封、双环密封和动态气流密封等方法时，都应将填料表面、过滤器边框表面和框架表面及液槽擦拭干净。不得在高效过滤器边框与框架之间直接涂胶密封。

(7) 采用液槽密封时，液槽内的液面高度应符合设计要求或不超过槽深2/3，框架各接缝处不得有渗液现象；采用双环密封条时，粘贴密封条时不应把环腔上的孔眼堵住；双环密封、负压密封、动态气流密封都应保持负压或正压管、槽畅通；采用阻漏层和风机过滤器单元（FFU）时，边框不应用胶封，应设柔软隔层使其处于自然压紧状态。

(8) 高效和亚高效过滤器安装过程中，室内不得进行带尘、产尘作业，安装完后应用塑料薄膜将出风面封住。

四、监理过程中巡视或旁站

(1) 洁净系统的洁净风管检查开口处包封是否完好，如破损要求洁净风管重新清洁后再安装。

(2) 非金属材料制作的风管是否脱皮、破损或破裂。

(3) 密封材料选用应符合设计及规范要求。

(4) 密封材料设置是否合理。

(5) 风管吊、支、托架防摆动设置应符合规范。

(6) 风阀安装方向是否正确。

(7) 风管安装底部不宜设置纵向咬口缝或焊接缝。

(8) 在输送气体会产生凝结水的风管安装中，风管应具有一定的坡度。

五、常见质量问题

(一) 法兰材料及施工工艺

1. 施工中法兰垫片拼接采用对接连接

(1) 原因分析

施工工艺不合格。

(2) 监理过程中巡视或旁站要点

纠正施工工艺，将接头改用梯形或榫形连接。

(3) 检查方法：观察检查。

2. 法兰垫片凸入管内，突出法兰外

(1) 原因分析

1）法兰垫片宽度大于法兰边宽。

2）装入法兰垫片时，偏向管内或法兰外。

(2) 监理过程中巡视或旁站要点

更换法兰垫片，重新嵌垫法兰垫片。

(3) 检查方法：尺量、观察检查。

(二) 风管连接

1. 风管连接时，连接法兰的螺栓、螺母未采用镀锌件，连接法兰的螺母不在同一侧

(1) 原因分析

风管连接时，对连接件和施工工序质量控制不严。

(2) 监理过程中巡视与旁站要点

更换成镀锌的螺栓、螺母；改变施工工序，使连接法兰的螺母在同一侧。

（3）检查方法：观察检查。

2. 风管过伸缩缝、沉降缝未用柔性接头

（1）原因分析

风管安装时，未能了解建筑物的沉降特性。

（2）监理过程中巡视与旁站要点

增装柔性接头，以免风管受剪力后损坏。

（3）检查方法：观察检查。

3. 风管或风道内有电气管线穿越

（1）原因分析

由于受到建筑空间的限制，风管和电气管线平行布置产生困难。

（2）监理过程中巡视与旁站要点

风管内严禁通过管线穿越，因为这种情况是不允许的。必须将风道和电气管道分开进行布置。

（3）检查方法：观察检查。

（三）风管安装

1. 风管沿墙敷设时，靠墙侧离墙距离太近，无法拧法兰螺栓

（1）原因分析

由于受到建筑空间的限制，尽量减少风管离墙的距离。

（2）监理过程中巡视或旁站要点

风管沿墙敷设时，管壁离墙面至少保留150mm的距离，以拧紧法兰螺栓。

（3）检查方法：尺量、观察检查。

2. 输送产生凝结水或含湿空气的风管底部纵向接缝处未做密封处理，造成缝内积水使钢板锈蚀

（1）原因分析

施工方案中未列入这道施工工序。

（2）监理过程中巡视或旁站要点

将风管底部纵向接缝用焊锡、密封膏做密封处理。

（3）检查方法：观察检查。

3. 排风系统穿出屋面的防雨罩在超过1.5m时应用三根拉索固定，但将三根拉索系固在法兰或防雨罩上。

（1）原因分析

施工过程中考虑不周。

（2）监理过程中巡视或旁站要点

拉索应与抱箍固定，拉索不允许固定在避雷针或避雷网上。

（3）检查方法：观察检查。

4. 风管扭曲

（1）原因分析

1）风管组对时法兰不平行，使三通、异径管等变形。

2）风管吊装时，由于吊装方法不正确使风管变形。

（2）监理过程中巡视或旁站要点

风管组对前先检查风管法兰的平整度和互换性，如发现法兰不平行，安装时应予调整；安装时吊装方法应正确。

（3）检查方法：尺量、观察检查。

（四）风管支、吊架安装

1. 风管支、吊、托架设置在风口、阀门、检查口处，影响调整、操作与维修

（1）原因分析

风管支、吊、托架定位时与风管部件安装的位置重合。

（2）监理过程中巡视或旁站要点

支、吊架不宜设置在风口、阀门、检查口及自控机械处，离风口或插接管的距离不应小于200mm。

（3）检查方法：尺量、观察检查。

2. 吊架质量通病

风管吊杆焊接拼接不用双侧焊，搭接长度不够；吊架的螺栓孔采用气割加工；吊杆连接螺栓无防松动措施。

（1）原因分析

吊杆的焊接方式和吊架的打孔方法都不符合规范的要求，没有考虑吊杆连接螺栓的防松动措施。

（2）监理过程中巡视或旁站要点

吊杆焊接拼接应用双侧焊，且搭接长度应为吊杆直径的6倍以上；吊架的螺栓孔应采用机械加工；通常在吊杆和吊架之间采用双螺母固定以防止连接处松动。

（3）检查方法：尺量、观察检查。

3. 抱箍支架折角不垂直；保温风管的抱箍支架直接与空调送风管接触，形成冷桥

（1）原因分析

支座打孔尺寸不准，使抱箍不能紧贴并箍紧风管；施工人员缺乏风管保温知识。

（2）监理过程中巡视或旁站要点

检查支座打孔孔距，保证孔距正确；保温风管抱箍支架应垫上坚固的隔热材料，其厚度与保温层相同。

（3）检查方法：尺量、观察检查。

（五）风管部件安装

1. 防火阀安装方向颠倒，重力式防火阀的易熔件背着气流方向放置

（1）原因分析

施工人员不了解防火阀的工作原理。

（2）监理过程中巡视或旁站要点

防火阀在安装前必须检查流向标志是否正确，重力式防火阀的易熔件应迎气流方向放置。

（3）检查方法：观察检查、动作试验。

2. 防火阀安装时未设单独支架固定

（1）原因分析

施工人员不能区别调节阀和防火阀的不同作用。

（2）监理过程中巡视或旁站要点

防火阀安装时，应在防火阀上固定防火阀吊架；280℃防火阀也可在前后连接用2mm厚钢板制作的过渡段，在过渡段上固定防火阀吊架。

（3）检查方法：观察检查。

3. 保温风管装设的手动调节阀调节手柄两侧的移动范围都被保温材料阻挡，使阀只能处于全开状态，失去了调节性能

（1）原因分析

保温施工人员不了解调节阀工作原理。

（2）监理过程中巡视或旁站要点

手动调节阀保温施工时，应使调节手柄能在全范围内移动，以保证阀的调节性能。

（3）检查方法：观察检查。

4. 洁净风管的风口与风管的连接不严密、不牢固，表面不平整；散流器、高效过滤器风口与吊顶连接未垫密封垫。

（1）原因分析

施工工艺不符合规范要求。

（2）监理过程中巡视或旁站要点

风口、散流器与风管连接时，连接管应有适当的伸缩余量，以便调节安装距离；散流器在平顶下安装，扩散圈必须紧附平顶，不得出现缝隙；高效过滤器风口与吊顶连接时必须加设密封垫料或密封胶。

（3）检查方法：尺量、观察检查。

六、工程检测和试验项目

（一）风管系统严密性试验：漏光法检测与漏风量测试

1. 试验要求

检测和试验方法按《通风与空调工程施工质量验收规范》GB 50243—2002 附录 A 进行。

（1）低压系统风管抽检率为5%，且不得少于1个系统。先用漏光法检测；检测不合格时，按抽检率做漏风量测试。

（2）中压系统风管应在漏光法检测合格后，对系统漏风量测试进行抽检，抽检率为20%，且不得少于1个系统。

（3）高压系统风管的严密性检验，为全数进行漏风量测试。

（4）系统风管严密性检验的被抽检系统，应全数合格，则视为通过；如有不合格时，则应再加倍抽检，直至全数合格。

（5）净化空调系统风管的严密性检验，1～5级的系统按高压系统风管的规定执行；6～9级的系统按风管工艺性的检测要求进行。

2. 试验结果

（1）当采用漏光法检测系统的严密性时，低压系统风管以每10m接缝，漏光点不大于2处，且100m接缝平均不大于16处为合格；中压系统风管以每10m接缝，漏光点不大

于1处，且100m 接缝平均不大于8处为合格。

(2) 风管系统的允许漏风量与风管的严密性要求相同。

(3) 完成风管系统漏光量、漏风量试验报告。

(二) 高效过滤器检漏

1. 试验要求

对于安装在送、排风末端的高效过滤器，应用扫描法进行过滤器安装边框和全断面检漏。检验方法按《洁净室施工及验收规范》GB 50591—2010 附录 D 进行。

2. 试验结果

由受检过滤器下风侧测到的泄漏浓度换算成的透过率，对于高效过滤器，应不大于过滤器出厂合格透过率的2倍；对于D类高效过滤器，应不大于出厂合格透过率的3倍。完成高效过滤器检漏报告。

七、监理验收

(一) 验收资料

(1) 风管安装所用材料的材料报审表及附件（数量清单、质量证明文件、自检结果)。

(2) 风管系统安装及检验记录。

(3) 风管漏光和漏风试验报告。

(4) 净化空调系统高效过滤器检漏报告。

(5) 隐蔽工程检查验收记录。

(6) 安全和功能检验资料的核查记录。

(7) 观感质量综合检查记录。

(二) 观感质量综合检查

(1) 风管接管合理；风管的连接以及风管与设备或调节装置的连接，无明显缺陷。

(2) 风口表面应平整、颜色一致，安装位置正确；风口可调节部件应能正常动作。

(3) 各类调节装置的安装应正确牢固，调节灵活，操作方便。

(4) 风管、部件的支、吊架形式、位置及间距应符合规范的要求。

(5) 风管、管道的软性接管位置应符合设计要求，接管正确、牢固，自然无强扭。

(6) 除尘器、积尘室安装应牢固，接口严密。

(7) 消声器安装方向正确，外表面应平整无损坏。

(三) 净化空调洁净风管系统的观感质量检查

(1) 高效过滤器与风管、风管与设备的连接处应有可靠密封。

(2) 静压箱、风管及送、回风口清洁无灰尘。

(3) 送（回）风口、各类末端装置与洁净室内表面的连接处密封处理应可靠、严密。

(四) 风管系统安装检验批质量验收记录参见《通风与空调工程施工质量验收规范》GB 50243—2002，表 C. 2. 3-1、C. 2. 3-2、表 C. 2. 3-3。

(五) 洁净风管制作分项验收主控项目

(1) 风管及其绝热材料的厚度及燃烧性能和耐腐蚀性能应满足防火要求。

(2) 输送含有易燃、易爆气体或安装在易燃、易爆环境中的风管应有良好的接地，法兰间应有跨接导线。输送含有对人体有致病危险生物气溶胶空气的风管，不得有开口，必需的开口或连接口应设在负压污染区。

（3）镀锌钢板风管经清洁剂清洗后不应起白粉。

检验方法：现场试验，留样观察。

检验数量：每一系统抽查2段风管。

（4）风管及部件清洁、膜封工作应真实有效。

检验方法：尺量、观察检查。

检验数量：按检验批抽查20%。

（5）安装高效过滤器的框架开口内边长度尺寸不得为正偏差，允许负偏差不应大于3mm。

（6）安装高效过滤器的框架应平整，每个高效过滤器的安装框架平整度允许偏差应为1mm。

（7）对带压差计的动态气流密封的回、排风口高效过滤器装置，应送风试压，压差计读数应在10Pa以上。

检验方法：现场测验、观察。

检验数量：全部带压差计风口。

第八章　通风与空调设备安装工程质量监控

第一节　通风机安装工程

本节适用于风压低于5kPa（500mmH_2O）范围内的中、低压离心式、轴流式通风机安装工程。

一、工程内容

通风机的安装是在土建工程除装饰作业外已基本完工，风机基础经验收合格后进行的一道工序，有底座通风机可直接安装在基础上或安装在隔振器上。通常要经过开箱检查、搬运吊装及固定等程序。根据不同的需要，常用的通风机有如下几种。

（一）一般离心式通风机和轴流式通风机

作为一般通风换气使用，适用于输送不自燃，对人体无害、对钢铁无腐蚀、不含黏性物质、含尘浓度低的气体。一般离心式通风机输送的气体温度不超过80℃，轴流式通风机不超过45℃。

（二）高压离心式通风机

这种通风机除用于强制通风外，还广泛用于气力输送。

（三）排尘离心式通风机

排尘离心式通风机可以排送含有尘埃、木质碎屑、细碎纤维的气体。

（四）防爆通风机

为防止叶轮高速转动产生火花，防爆型通风机的叶轮采用铝制成，配用电机一般也是防爆电机。

（五）防腐通风机

防腐通风机用来输送含有一定浓度的酸、碱、盐等腐蚀性气体，通常采用不锈钢、塑料以及玻璃钢制造。

（六）冷却轴流式通风机

主要用于冷却塔冷却通风。

二、设备和材料质量要求

（一）材料要求

1. 机械油

通风机的轴承经清洗后，轴承箱内应注入清洁的HJ-10或HJ-20机械油。

2. 隔振器

（1）橡胶隔振垫：使用前，应作外观检查，厚度必须一致，圆柱形的凸台间距应均匀，形状规则，表面无损伤。

（2）橡胶隔振器：常用的型号为JG型剪切隔振器、Z型圆锥形隔振器等。安装前应检查橡胶与金属部件组合的部位是否有脱胶，将隔振器放在平板上检查底座是否平整。

（3）弹簧隔振器：常用的有 TJ_1 型和 JD 型弹簧隔振器。安装前应打开外壳检查弹簧是否有严重的锈蚀，上下壳体是否变形碰擦。

（4）垫铁：铸铁垫铁厚度在20mm以上，钢垫铁厚度为0.3～20mm。垫铁的形式有平垫铁和斜垫铁。

（5）地脚螺栓：通常应随机配套，地脚螺栓的规格应符合施工图纸或设备技术文件的规定。若没有相关文件，地脚螺栓的长度为埋入基础的深度（一般为其直径的12～25倍）再加上外露部分的长度。

（二）通风机

通风机运抵现场应进行开箱检查，必须有装箱清单、设备说明书、产品质量合格证书和产品性能检测报告等随机文件，进口设备还应具备商检合格的证明文件。

通风机的型号、规格应符合设计规定和要求，其出口方向应正确。

三、施工安装过程质量控制内容

（一）通风机基础

1. 钢筋混凝土基础

2. 钢制支、吊架基础

（二）风机安装

1. 风机拆卸、清洗、装配

2. 风机搬运和吊装

3. 风机安装

4. 风机接口

5. 轴流风机安装

四、监理过程中巡视或旁站

（一）钢筋混凝土基础

设备就位前应对其基础进行验收，基础的位置、标高、预留螺栓孔的位置、深度应符合设计要求，验收合格后方能安装。

（二）钢制支、吊架基础

用型钢制作的隔振支、吊架，其结构形式和外形尺寸应符合设计要求或设备技术文件规定，焊接应平整牢固，焊缝应饱满、均匀，螺栓孔的直径应与风机、电动机一致，不得用气割开孔。

（三）隔振器

安装隔振器的地面应平整，各组隔振器承受荷载的压缩量应均匀，高度误差应小于2mm，安装结束至使用之前这段时间应对隔振器采取保护措施。

（四）风机拆卸、清洗和装配

（1）将机壳和轴承箱拆开并将叶轮卸下清洗，直联传动的风机可不拆卸清洗。

（2）清洗和检查调节机构，其转动应灵活。

（3）叶轮转子与机壳的组装位置应正确，叶轮进风口插入风机机壳进风口或密封圈的深度，应符合设备技术文件的规定，或为叶轮外径的1%。

（五）风机搬运和吊装

（1）整体安装的风机，搬运和吊装的绳索不得绑捆在转子和机壳或轴承盖的吊环上。

（2）现场组装的风机，绳索的捆缚不得损伤机件表面，转子、轴颈和轴封等处均不应作为捆缚部位。

（3）输送特殊介质的通风机转子和机壳内壁，如涂有保护层，应严加保护，不得损伤。

（六）风机安装

（1）固定风机的地脚螺栓应拧紧，并应有防松动措施。

（2）通风机叶轮旋转应平稳，停转后不应每次停留在同一位置上。

（3）通风机直接放在基础上时，应用成对斜垫铁找平，垫铁应放在地脚螺栓的两侧，并进行固定。

（4）通风机的机轴应保持水平，通风机与电动机若采用联轴器连接时，两轴中心线应在同一直线上。

（七）风机接口

（1）通风机出口接管，应顺叶片转向接出直管或弯管。

（2）通风机进、出口接管由于条件限制时，可加以改进或增加导流叶片以改善涡流区。

（3）通风机传动装置的外露部位以及直通大气的进、出口，必须装设防护罩（网）或采取其他安全设施。

（4）通风机的进风管、出风管等应有单独的支撑，并与基础或其他建筑结构连接牢固；风管与风机连接时，法兰连接面不得硬拉，机壳不应承受其他机件的质量，防止机壳变形。

（八）轴流风机安装

（1）轴流风机叶片安装角度应一致，达到在同一平面内运转，叶轮与筒体之间的间隙应均匀，水平度允许偏差为1/1000。

（2）轴流风机安装在墙内时，应在土建施工时配合留好预留孔洞和预埋件，墙外应装带铅丝网的45°弯头，或在墙外安装铝制活动百叶窗。

（3）轴流风机悬吊安装时，应设双吊架，并有防止摆动的固定点。

五、常见质量问题

根据以往经验，在安装过程中经常出现以下一些问题，监理工程师在巡视或旁站中要重点加以解决。

（1）通风机基础应在设备安装前与土建或其他通风机基础施工单位进行交接验收，基础尺寸需符合设备技术文件的要求。

（2）风机运转时，有皮带滑下或产生跳动现象，应检查皮带轮是否找正、并在一条中心线上，或调整两皮带轮的距离，如皮带过长应更换。

（3）通风机和电动机产生整体振动，应检查地脚螺栓是否松动，有无垫圈和防松装置；机座是否紧固；与通风机相连的风管是否加支撑固定；柔性短管是否过紧。

（4）运转时噪声大，应检查风管、调节阀等安装是否松动。

六、工程检测和试验项目

通风机安装完毕后应进行单机试运转，检查设备运转方向是否正确，有无碰擦、噪声及振动，轴承温升是否正常，单机试运转时间不小于2h。需测试项目如下：

（1）测试通风机出口及进口的全压、静压和动压，一般用皮托管和微压计测定。

（2）风量：由通风机前后测出的动压值计算风速，再由风速及截面积求出风量，风速小的系统也可用热球风速仪测定风速。

（3）通风机转速：用转速表测定。

七、监理验收

（1）通风机安装分项验收应具备的技术资料：

1）通风机出厂合格证或质量保证书。

2）开箱检查记录。

3）通风机单机试车记录。

4）通风机安装分项工程质量检验评定表。

（2）通风机安装分项工程完成后，由施工单位填写报验单，由监理单位按通风与空调设备安装检验批质量验收记录（《通风与空调工程施工质量验收规范》GB 50243—2002，表C.2.5-1）进行质量抽检，并签署验收意见；不符合要求的，责令施工单位进行整改。

第二节 空气处理室及组合式空调机组安装工程

本节适用于空气处理室的金属或非金属外壳、挡水板、喷水排管、密闭检视门、表面式热交换器的现场组装以及组合式空调机组（图8-1）等的安装工程。

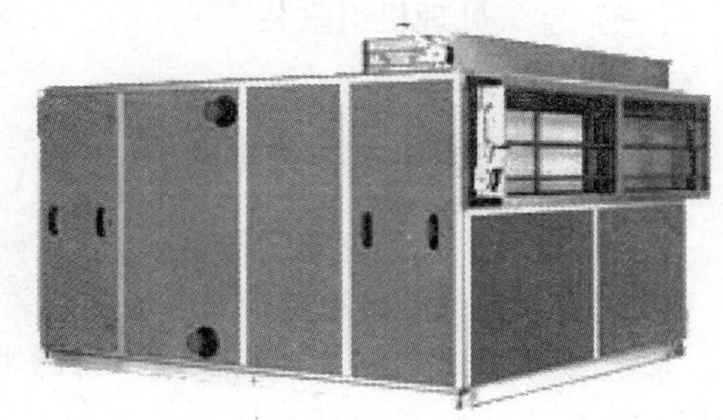

图8-1 组合式空调机组

一、工程内容

设备安装一般应在建筑内部装饰完成的情况下进行，设备安装的地面应水平、平整。空气处理室有干式和湿式之分，干式空气处理室是利用加热器或表面式冷却器对空气进行热湿交换来达到设计所需的状态；湿式空气处理室是通过喷淋段使空气直接与水接触进行热交换，以达到所需室内空气状态。组合式空调机组一般由空调设备厂家生产，为了适应空气处理的不同要求和便于运输及安装，生产时将空气处理室按空气处理功能分成各个段体。如新风回风混合段、过滤段、加热段、喷淋段、表冷段、加湿段、中间段、消声段、送风段、回风段等。

二、设备和材料质量要求

（一）钢板

（1）冷轧钢板和钢带的尺寸、外形、重量及允许偏差应符合《冷轧钢板和钢带的尺寸、外形、重量及允许偏差》GB/T 708—2006 的规定。连续热镀锌薄钢板和钢带的宽度、厚度、形状、允许偏差及表面质量应符合《连续热镀锌钢板及钢带》GB/T 2518—2008 的规定。

（2）表面质量：钢板和钢带表面不得有气泡、裂纹、结疤、拉断和夹杂，钢板和钢带不得有分层，钢板表面上的局部缺陷应用修磨方法清除，但不得使钢板厚度小于最小允许厚度，钢带表面质量不正常部位不得超过每卷钢带总长度的 10%。

（二）电焊条

电焊条应进行外观质量检验，并应存放在干燥而且通风良好的仓库内。

（三）空气处理设备

空气处理设备运抵现场应进行开箱检查，必须有装箱清单、设备说明书、产品质量合格证书和产品性能检测报告等随机文件，进口设备还应具备商检合格的证明文件。

（四）其他

材料、设备的型号、规格、方向及技术参数应符合设计要求。

三、施工安装过程质量控制内容

（一）金属空气处理室制作

（1）金属空气处理室外壳；

（2）水池；

（3）挡水板；

（4）喷雾排管。

（二）空调器安装

（1）整体单元式空调器；

（2）分体单元式空调器。

（三）空气处理机组安装

参照相应规定。

四、监理过程中巡视或旁站

（一）金属空气处理室制作

（1）金属空气处理室壁板及各段的组装位置应正确，表面平整，连接严密、牢固。

（2）喷水段的本体及其检查门不得漏水，喷水管和喷嘴的排列、规格应符合设计的规定。

（3）表面式热交换器的散热面应保持清洁、完好，当用于冷却空气时，在下部应设有排水装置，冷凝水的引流管或槽应畅通，冷凝水不外溢。

（4）表面式换热器与围护结构间的缝隙，以及表面式热交换器之间的缝隙，应封堵严密。

（5）换热器与系统供、回水管的连接应正确，且严密不漏。

（6）水池组装前应对侧面板、底板整形，焊接后应无明显变形。在水池上焊接的管道位置、标高必须正确。

（7）挡水板应有良好水封，每层应设排水装置。

（8）悬吊的机组其固定螺栓应有防松动装置。当机组使用隔振装置时，隔振装置应受力均匀，并不得阻碍其隔振作用。

（二）空调器安装

（1）分体单元式空调器的室外机和风冷整体单元式空调器的安装，固定应牢固可靠，应无明显振动。遮阳、防雨措施不得影响冷凝器排风。

（2）分体单元式空调器室内机的位置应正确，并保持水平，冷凝水排放应畅通，管道穿墙处必须密封，不得有雨水渗入。

（3）整体单元式空调器管道的连接应严密、无渗漏，四周应留有相应的检修空间。

（三）空气处理机组安装

（1）空调处理机组的型号、规格、方向和技术参数应符合设计要求。

（2）现场组装的组合式空调处理机组应做漏风量检测，漏风量必须符合现行国家有关标准的规定。

（3）组合式空调机组各功能段的组装，应符合设计规定的顺序和要求，各功能段之间的连接应严密，整体应平直。

（4）机组与供、回水管的连接应正确，机组下部冷凝水排放管的水封高度应符合设计要求。

（5）机组内空气过滤器（网）和空气热交换器翅片应清洁、完好。

（6）机组应清扫干净，箱体内应无杂物、垃圾和积尘。

五、常见质量问题

在空气处理室及组合式空调机组安装过程中的常见质量问题：空气处理室（空调机组）安装表面凹凸不平；空气处理段连接有缝隙；空气处理部件与壁板有明显缝隙；隔振效果不良，排水管漏风；风机盘管空调器接口漏水、风管接口不到位；风机盘管凝结水管滴水等。为克服上述弊病应采取如下措施。

（1）现场组装空气处理机组在组装或调整过程中，避免碰撞或敲打壁板表面而局部受力使壁板表面不平整或油漆脱落。

（2）空气处理机组的各处理段连接的密封垫片应为6～8mm，并保证密封垫片具有一定的弹性，使连接缝严密。

（3）空气过滤器、表面冷却器、加热器与机组连接，其间应密封，防止气流短路，降低空气处理效果。

（4）设备直接安装在基础上应有隔振措施，一般情况垫上不小于5mm的橡皮垫。为了保证橡胶板的平整度，机组安装必须在橡胶板粘牢之后。

（5）空气处理机组表面冷却器对空气处理后产生的凝结水，从机组下部排出时应有水封，防止机组中的空气从排水管排出。水封的高度应根据整个空调系统的风压大小来确定。

六、工程检测和试验项目

（1）现场组装的组合式空调机组应做漏风量测试。漏风量必须符合现行国家有关标准的规定。

（2）表面式热交换器凡具有合格证明，并在技术文件规定的期限内，表面无损伤，安装前可不作水压试验。否则应作水压试验，试验压力为系统最高工作压力的1.5倍，同时不得小于0.4MPa，水压试验的观察时间为2～3min，压力不下降为合格。

（3）金属空气处理室喷水池安装完毕后应作渗漏检测，在水池焊缝的外表面涂上石灰粉，水池内表面焊缝处涂刷煤油，如水池外表面焊缝上的石灰粉无油痕，则说明水池为合格，也可灌水检漏。

七、监理验收

（1）验收应具备的技术资料：

1）设备和材料质量保证书或产品合格证；

2）表面式热交换器试压记录；

3）水池检漏试验记录；

4）组合式空调机组漏风量检测记录；

5）分项工程质量评定表。

（2）分项工程完成后，由施工单位填写报验单，由监理单位按通风与空调设备安装检验批质量验收记录（《通风与空调工程施工质量验收规范》GB 50243—2002，C.2.5-2）进行质量抽检，填写实测项目检查记录表，并签署验收意见；不符合要求的，责令施工单位进行整改。

第三节　空气净化设备安装工程

一、工程内容

空气净化设备主要指空气吹淋室、气闸室、传递窗、余压阀、层流罩、洁净工作台、洁净烘箱、空气自净器、生物安全柜等设备。

（一）空气吹淋室（图8-2）

也称风淋室，它是人员或货物进入洁净区，由风机通过风淋喷嘴喷出经过高效过滤的洁净强风，吹除人或物体表面吸附尘埃的一种通用性很强的局部净化设备。

（二）气闸室

设置在洁净室出入口，为阻隔室外或邻室污染气流和压差控制而设置的缓冲间。

（三）传递窗（图8-3）

作为洁净室的一种辅助设备，主要用于洁净区与洁净区、非洁净区与洁净区之间的小件物品传递，以减少洁净室的开门次数，最大限度地降低洁净区的污染。

（四）余压阀（图8-4）

余压阀是为了维持一定的室内静压、实现空调房间正压的无能耗自动控制而设置的设备，它是一个单向开启的风量调节装置，按静压差来调整开启度，用重锤的位置来平衡风压。

（五）层流罩（图8-5）

洁净层流罩是将空气以一定的风速通过高效过滤器后，形成均流层，使洁净空气呈垂直单向流，从而保证了工作区内达到工艺要求的高洁净度。

图 8-2 空气吹淋室

图 8-3 传递窗

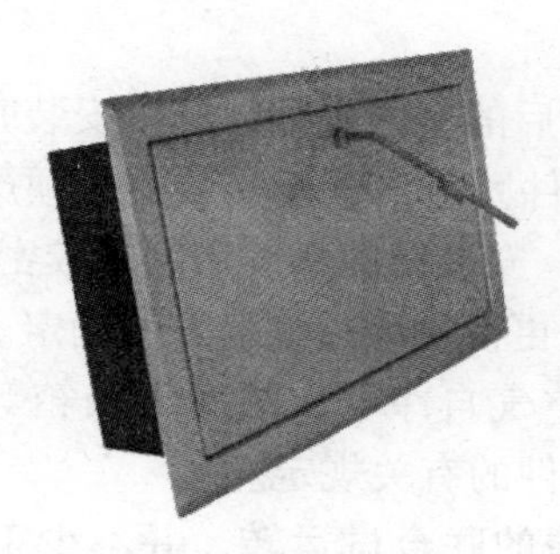

图 8-4 余压阀

图 8-5 层流罩

（六）洁净工作台（图 8-6）

是一种提供局部无尘、无菌工作环境的空气净化设备，并能将工作区已被污染的空气通过专门的过滤通道人为地控制排放，避免对人和环境造成危害，是一种安全的微生物专用工作台，也可广泛应用于生物实验、医疗卫生、生物制药等相关行业，对改善工艺条件，保护操作者的身体健康，提高产品质量和成品率均有良好的效果。

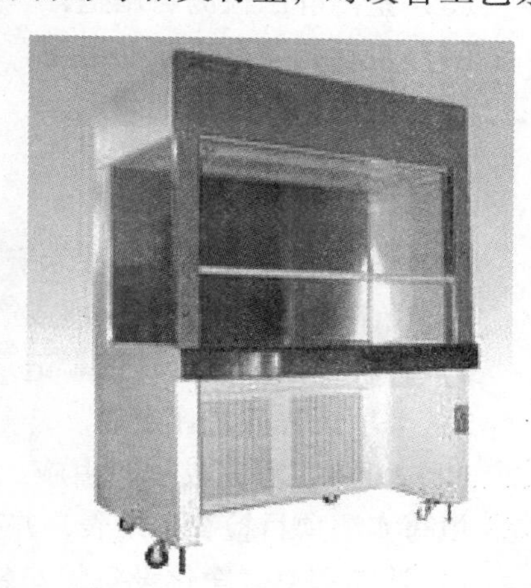

图 8-6 垂直流洁净工作台

二、设备和材料质量要求

（1）所用设备和材料必须有产品合格证、质量保证书和产品性能检测报告等文件，进口设备还应具备商检合格的证明文件。

（2）材料、设备的型号、规格、方向及技术参数应符合设计要求。

三、施工安装过程质量控制内容

（1）与洁净室围护结构相连的设备如余压阀、传递窗、空气吹淋室、气闸室等，或洁净工作台、生物安全柜等的管道在必须与围护结构同时施工安装时，与围护结构连接的接缝应采取密封措施，做到严密而清洁。

（2）设备在安装就位后应保持其纵轴垂直、横轴水平。

（3）带风机的气闸室或空气吹淋室与地面之间应加隔振垫。

（4）传递窗、空气吹淋室、气闸室、洁净工作台、生物安全柜等有机械联锁或电气联锁的设备，安装调试后应保证联锁处于正常工作状态。

（5）带有风机的设备，安装完毕后风机应进行试运转，试运转时叶轮旋转方向必须正确。

（6）安装生物安全柜，背面、侧面离墙距离应保持在80～300mm之间；对于底面和底边紧邻地面的安全柜，所有沿地边缝应加以密封。

四、监理过程中巡视或旁站

（1）监理工程师在巡视过程中，要注意检查净化设备的成品保护，运输过程中严禁剧烈振动和碰撞，应存放在较清洁的房间内并注意防潮。

（2）装配式洁净室的安装，应在装饰工程完成后的室内进行。施工安装时，应首先进行吊挂、锚固件等与主体结构和楼面、地面的连接件固定，壁板安装前必须严格放线，墙角应垂直交接，壁板的垂直度偏差不应大于0.2%，安装缝隙必须用密封胶密封。

（3）生物安全柜的排风管道连接方式，必须以更换排风过滤器方便确定。

（4）空气净化设备，包括各类洁净工作台、空气自净器、洁净干燥箱等及空气吹淋室、余压阀等设备的单机试运转应符合设备技术文件的有关规定。

（5）单机试运转合格后，必须进行带冷、热源的联合试运转，并不少于8h。系统中各项设备部件联动运转必须协调，动作正确，无异常现象。

五、工程检测和试验项目

（1）通风机风量及转数检测；

（2）风量测定和调试；

（3）室内静压检测与调整；

（4）自动调节系统联动运转；

（5）室内洁净度级别测定。

六、监理验收

（1）分项验收应具备的技术资料：

1）设备和材料质量保证书或产品合格证；

2）各种检测及试运转试验记录；

3）分项工程质量评定表。

（2）分项工程完成后，由施工单位填写报验单，由监理单位按以下标准进行质量抽检，填写实测项目检查记录表，并签署验收意见。

1）洁净室空气净化设备的安装，应符合下列规定：

①带有通风机的气闸室、吹淋室与地面间应有隔振垫；

②机械式余压阀的安装，阀体、阀板的转轴均应水平，允许偏差为2/1000。余压阀的安装位置应在室内气流的下风侧，并不应在工作面高度范围内；

③传递窗的安装，应牢固、垂直，与墙体的连接处应密封。

检查数量：按总数抽查20%，不得少于1件。

检查方法：尺量、观察检查。

2）装配式洁净室的安装应符合下列规定：

①洁净室的顶板和壁板（包括夹芯材料）应为不燃材料；

②洁净室的地面应干燥、平整，平整度允许偏差为1/1000；

③壁板的构配件和辅助材料的开箱，应在清洁的室内进行，安装前应严格检查其规格和质量；壁板应垂直安装，底部宜采用圆弧或钝角交接；安装后的壁板之间、壁板与顶板间的拼缝，应平整严密，墙板的垂直允许偏差为2/1000，顶板水平度的允许偏差与每个单间的几何尺寸的允许偏差均为2/1000；

④洁净室吊顶在受荷载后应保持平直，压条全部紧贴。洁净室壁板若为上、下槽形板时，其接头应平整、严密；组装完毕的洁净室所有拼接缝，包括与建筑的接缝，均应采取密封措施，做到不脱落，密封良好。

检查数量：按总数抽查20%，不得少于5处。

检查方法：尺量、观察检查及检查施工记录。

3）洁净层流罩的安装应符合下列规定：

①应设单独的吊杆，并有防晃动的固定措施；

②层流罩安装的水平度允许偏差为1/1000，高度的允许偏差为±1mm；

③层流罩安装在吊顶上，其四周与顶板之间应设有密封及隔振措施。

检查数量：按总数抽查20%，且不得少于5件。

检查方法：尺量、观察检查及检查施工记录。

第四节 净化空调设备安装工程

一、工程内容

净化空调设备是对空气进行加热或冷却，加湿或去湿以及净化等空气处理设备。室外的新鲜空气经粗效过滤器和预加热器，与从洁净室中回到空气处理箱的空气混合后，进入淋水室。再经加热器、中效过滤器和加湿器进入送风机。由送风机加压后，经消声器，然后由调节阀调节分配去各支路的流量。最后将处理后的空气经高效过滤器送风口送入各洁净室。

（1）洁净室用空气过滤器种类较多，按结构形式分：

1）平板式过滤器；

2）折叠式过滤器；

3）袋式过滤器；

4）有隔板折叠形过滤器；

5）无隔板折叠形过滤器。

（2）按过滤效率分类，是最为常见的方法，在额定风量下分以下几种。

1）初效过滤器

主要用于净化空调系统的新风进口处作预过滤器，截留大气中的大粒径微粒。过滤对象是大于5μm以上的悬浮微粒和10μm以上的沉降性微粒以及各种异物，防止其进入系统。滤材一般为喷胶棉、涤纶无纺布、聚丙烯纤维。其过滤效率以过滤粒径大于等于5μm颗粒为准。

2）中效过滤器

由于其前面已有预过滤器截留了大粒径微粒，它又可以作为一般空调系统的最后过滤器和净化空调系统中高效过滤器的预过滤器。滤材一般为涤纶无纺布、聚丙烯纤维、玻璃纤维。主要用于截留1~10μm悬浮微粒，效率以过滤粒径大于等于1μm的颗粒为准。

3）高中效过滤器

可用做一般净化程度的系统末端过滤器，也可以作为高效过滤器的中间过滤器。滤材一般为涤纶无纺布、聚丙烯纤维、玻璃纤维。主要用于截留1~5μm颗粒，效率以过滤粒径大于等于1μm颗粒为准。

4）亚高效过滤器

主要作为洁净室末端过滤器，也可作为高效过滤器的预过滤器和新风系统的末级过滤，提高新风的品质。滤材一般为聚丙烯纤维、玻璃纤维。主要用于截留1μm以下的颗粒，效率以过滤粒径大于等于0.5μm颗粒为准。

5）高效过滤器（图8-7）

主要是洁净室的末端过滤器，以保证实现各级洁净度的级别。其效率以过滤粒径大于等于0.5μm颗粒为准。滤材一般为超细玻璃纤维。

净化空调系统分集中式、分散式及半集中式，主要空调设备有柜式空调机（图8-8）、组合式空调箱（图8-9）及专用空调机、表冷器装置配冷水机组等。

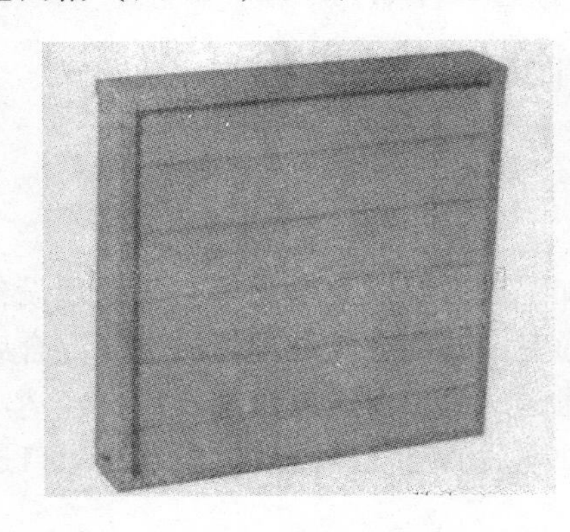

图8-7 高效过滤器

图8-8 柜式空调机

二、设备和材料质量要求

（1）所用设备和材料必须有产品合格证、质量保证书和产品性能检测报告等文件，进口设备还应具备商检合格的证明文件。

图 8-9　组合式空调箱

（2）材料、设备的型号、规格、方向及技术参数应符合设计要求。

（3）设备在现场开箱之前，应在较清洁的环境内存放，并应注意防潮。

三、施工安装过程质量控制内容

（1）粗、中效空气过滤器；

（2）高效空气过滤器；

（3）安装条件；

1）开箱检查；

2）安装；

（4）电加热器；

（5）净化空调机组；

（6）风机过滤单元（FFU 与 FMU 空气净化装置）；

（7）干蒸汽加湿器。

四、监理过程中巡视或旁站

（一）粗、中效空气过滤器

（1）安装平整、牢固，方向正确。过滤器与框架、框架与围护结构之间应严密无穿透缝。

（2）框架式或粗、中效袋式过滤器的安装，过滤器四周与框架应均匀压紧，无可见缝隙，并应便于拆卸和更换滤料。

（3）卷绕式过滤器的安装，框架应平整；展开的滤料，应松紧适度；上下筒体应平行。

（4）静电空气过滤器金属外壳接地必须良好。

（5）过滤吸收器的安装方向必须正确，并设独立支架，与室外的连接管段不得泄漏。

（二）高效过滤器

（1）高效过滤器应在洁净室及净化空调系统进行全面清扫和系统连续试车 12h 以上后，在现场拆开包装并进行安装。

（2）安装前需进行外观检查和仪器检漏。目测不得有变形、脱落、断裂等破损现象，仪器抽检检漏应符合产品质量文件的规定。

（3）安装方向必须正确，安装后的高效过滤器四周及接口，应严密不漏，在调试前应进行扫描检漏。

(4) 高效过滤器采用机械密封时，需采用密封垫料，其厚度为6~8mm，并定位贴在过滤器边框上，安装后垫料的压缩应均匀，压缩率为25%~50%。

(5) 高效过滤器采用液槽密封时，槽架安装应水平，不得有渗漏现象，槽内无污物和水分，槽内密封液高度宜为2/3槽深，密封液的熔点宜高于50℃。

(6) 安装过滤器的静压箱必须严密，内表面应清洁无尘。框架平整，吊杆螺栓及固定板应镀锌，螺栓应均匀拧紧，保持垫料压缩率一致。静压箱应设单独支架固定，与吊架接触处应垫以密封垫料，边缘涂抹密封膏。孔板风口应在过滤器检漏合格后安装。

(三) 电加热器

(1) 电加热器与钢构架间的绝热层必须为不燃材料，接线柱外露的应加设安全保护罩。

(2) 电加热器的金属外壳接地必须良好。

(3) 连接电加热器的风管的法兰垫片，应采用耐热不燃材料。

(四) 净化空调机组

(1) 净化空调机组与洁净室围护结构相连的接缝必须密封。

(2) 净化空调设备的安装位置应正确，机组底部加隔振器或橡胶垫块，两台以上并列安装时，其沿墙中心线应在同一直线上，凝结水管应有坡度。

(3) 空调机组安装的地方必须平整，一般应高出地面100~150mm。

(五) 风机过滤单元（FFU与FMU空气净化装置）

(1) 风机过滤单元（FFU与FMU空气净化装置）应在清洁的现场进行外观检查，目测不得有变形、锈蚀、漆膜脱落、拼接板破损等现象；在系统试运转时，必须在进风口处加装临时中效过滤器作为保护。

(2) 风机过滤单元（FFU与FMU空气净化装置）的高效过滤器在安装前需进行检漏，合格后进行安装，方向必须正确；安装后的FFU或FMU机组应便于检修。

(3) 安装后的FFU风机过滤单元，应保持整体平整，与吊顶衔接良好。风机箱与过滤器之间的连接，过滤器单元与吊顶框架间应有可靠的密封措施。

(六) 干蒸汽加湿器

(1) 干蒸汽加湿器的安装，蒸汽喷管不应朝下。

(2) 蒸汽加湿器的安装应设置独立支架，并固定牢固可靠，接管尺寸正确、无渗漏。

五、常见质量问题

由于安装过程中，高效过滤器受到碰撞或滤纸被触摸受损，密封垫料的压缩率未达到规定，密封垫拼接不符合规定，导致高效过滤器渗漏；净化空调机组与洁净室围护结构连接不密封。在安装过程中，过滤器滤料的厚度和密度应符合设计要求，框架应平整、垂直，密封垫料拼接应按规定进行；机组与围护结构连接处应密封。

六、工程检测和试验项目

(1) 高效过滤器检漏；

(2) 净化空调机组擦拭记录。

七、监理验收

（1）监理验收应具备的技术资料：

1）设备和材料质量保证书和产品合格证；

2）高效过滤器检漏记录；

3）净化空调机组擦拭记录；

4）分项工程质量评定表。

（2）分项工程完成后，由施工单位填写报验单，监理单位按质量标准进行质量抽检，填写实测项目检查记录表，并签署验收意见。

第五节　除尘器安装工程

本节适用于通风与空调工程中的除尘器安装工程。

一、工程内容

除尘器广泛应用于冶金、煤炭、化工、铸造、发电、建筑材料及耐火材料等工业行业的通风工程中，除尘器的种类繁多，归结起来主要有以下几种。

（一）旋风除尘器

它是利用含尘气流进入除尘器后所形成的离心力作用净化空气的，含尘气体在旋风除尘器内是沿切线方向进入，并沿螺旋线向下运动，使尘粒从气流中分离出来并集中到锥体底部，而净化后的空气反向上由中间管排出。灰尘的离心力越大，除尘效率就越高。

（二）双级涡旋除尘器

它具有两级除尘作用，双级涡旋除尘器由惯性分离器和C型旋风除尘器两级组成。

（三）湿式除尘器

湿式除尘器是利用水与含尘空气接触的过程，通过洗涤使尘粒相互凝聚而达到空气净化的目的。主要有CLS水膜除尘器、CCJ/A型除尘器、卧式旋风水膜除尘器几种。

（四）过滤式除尘器

它是利用过滤材料对尘粒的拦截与尘粒对过滤材料的惯性碰撞等原理实现分离的。袋式除尘器是一种高效过滤式除尘器。含尘气体经过除尘器的滤料时，粉尘被阻留在滤料上，对空气起到净化作用。

（五）CLG多管除尘器

它有分别由9、12、16个ϕ150mm的小旋风体组合成的三种型号。

（六）静电除尘器

静电除尘器主要由电晕极、集尘极、气流分布极和振打清灰装置等构成。静电除尘器的电晕极接高压直流电源的负极，集尘极接高压正极。除尘工艺流程为空气电离、粉尘荷电、粉尘向集尘极移动并沉积在上面、粉尘放出电荷、振打后落入灰斗。

二、设备和材料质量要求

（1）除尘器所使用的主要材料、设备、成品或半成品应有出厂合格证或质量保证书。

（2）材料、设备的型号、规格、方向及技术参数应符合设计要求。

三、施工安装过程质量控制内容

（一）旋风除尘器

（1）筒体成型；

（2）组装。

（二）双级涡旋除尘器

（1）蜗壳；

（2）固定叶片。

（三）湿式除尘器

（1）成型与焊接；

（2）组装。

（四）静电除尘器

按照相应规定执行。

（五）袋式除尘器

（1）箱体；

（2）滤袋；

（3）振打及反吹装置；

（4）组装；

（5）外观。

（六）除尘器安装

按照相应规定执行。

四、监理过程中巡视或旁站

（一）旋风除尘器

（1）除尘器的型号、规格、进出口方向及用料规格应符合设计要求，旋风除尘器由外筒、内筒和锥体等部分组成，筒体的外形尺寸偏差不应大于5/1000，内筒插入深度尺寸应符合设计要求，内外筒及锥体应圆弧均匀，不圆度不应大于1%。

（2）外筒与锥体的错位不得大于板材厚度的1/4。

（二）双级涡旋除尘器

（1）惯性壳的立面与顶板、底板的组装应在叶片固定后焊接。卸灰口的尺寸和位置应正确，边口光滑无毛刺。

（2）固定叶片弧度应正确、高度一致，组装焊接应牢固，间距符合设计要求，固定叶片的中心线应与上下口同心。

（三）湿式除尘器

（1）筒体应圆整，允许不圆度不大于8/1000，焊缝外不应有明显的凹陷和凸起。焊缝表面无烧穿、裂纹、夹渣、气孔及结瘤等缺陷。

（2）空气出口的挡水板间距应均匀、连接牢固，空气通过时不应发生松动声响。观察孔、检查孔处不得渗水，供水管及溢流管标高、位置正确。

（四）静电除尘器

（1）阳极板组合后的阳极排平面度允许偏差为5mm，其对角线允许偏差为10mm。

（2）阴极小框架组合后主平面的平面度允许偏差为5mm，其对角线允许偏差为10mm。

（3）阴极大框架的整体平面度允许偏差为15mm，整体对角线允许偏差为10mm。

（4）阳极板高度小于或等于7m的电除尘器，阴、阳极间距允许偏差为5mm；阳极板高度大于7m的电除尘器，阴、阳极间距允许偏差为10mm。

（5）振打锤装置的固定应可靠，振打锤的转动应灵活。锤头方向应正确，振打锤头与振打砧之间应保持良好的线接触状态，接触长度应大于锤头厚度的0.7倍。

（五）袋式除尘器

（1）外壳应严密、不漏，布袋接口应牢固。

（2）分室反吹袋式除尘器的滤袋安装，必须平直。每条滤袋的拉紧力应保持在25～35N/m；与滤袋连接接触的短管和袋帽，应无毛刺。

（3）机械回转扁袋式除尘器的旋臂，转动应灵活可靠，净气室上部的顶盖，应密封不漏气，旋转应灵活，无卡阻现象。

（4）脉冲袋式除尘器的喷吹孔，应对准文氏管的中心，同心度允许偏差为2mm。

（六）除尘器安装

（1）型号、规格、进出口方向必须符合设计要求。

（2）布袋除尘器、静电除尘器的壳体及辅助设备接地应可靠。

（3）除尘器的安装位置应正确、牢固平稳，允许误差应符合表8-1的规定。

除尘器安装允许偏差和检验方法 **表8-1**

项次	项目		允许偏差（mm）	检验方法
1	平面位移		≤10	用经纬仪或拉线、尺量检查
2	标高		±10	用水准仪、直尺、拉线和尺量检查
3	垂直度	每米	≤2	吊线和尺量检查
		总偏差	≤10	

（4）除尘器的活动或转动部件的动作应灵活、可靠，并应符合设计要求。

（5）除尘器的排灰阀、卸料阀、排泥阀的安装应严密，并便于操作与维护修理。

五、常见质量问题

（1）除尘器的安装,有时设计在风机的负压段;有时设计在正压段。监理工程师在巡视或旁站过程中,要检查除尘器的进、出口方向是否装反,并按设计图纸及产品说明书进行验收。

（2）除尘器的制作及安装有一个共同要求，就是要保持严密不漏。而在安装施工中，往往在排灰口负压区、排灰阀、卸料阀、排泥阀及各部件的连接处有漏风现象，造成除尘效率降低。监理工程师在巡视时，要重点检查排灰口的严密性，各连接部件的密封垫料厚度不能小于5mm，宽度同法兰，以保证密封。

六、工程检测和试验项目

（1）现场组装的除尘器壳体应做漏风量检测，在设计工作压力下允许漏风率为5%，其中离心式除尘器为3%。

（2）静电除尘器安装后应进行绝缘电阻、接地电阻及耐压试验。

七、监理验收

（1）监理验收应具备的技术资料：

1）设备和材料质量保证书或出厂合格证；

2）除尘器漏风量检测记录；

3）分项工程质量评定表。

（2）分项工程完成后，由施工单位填写报验单，由监理单位按通风与空调设备安装检验批质量验收记录（《通风与空调工程施工质量验收规范》GB 50243—2002，C.2.5-1）进行质量抽检，填写实测项目检查记录表，并签署验收意见。

第六节 空调系统末端设备安装工程

一、工程内容

风机盘管机组是集中空调系统中应用最广泛的末端设备之一，它是将风机和冷却、加热两用换热盘管及过滤器等组装成一体的空气调节设备。它由外部设备提供的冷水、热水分别流经盘管，风机驱动空气横掠盘管而使空气得到冷却或加热，再配合新风系统以创造室内舒适环境。风机盘管机组一般分为立式和卧式两种形式，可按要求在地面上立装或悬吊安装，同时根据室内装修的需要可以明装和暗装。通过自耦变压器调节电机输入电压，以改变风机转速，变换成高、中、低三档风量。

二、设备和材料质量要求

（1）空气处理设备运抵现场应进行开箱检查，必须有装箱清单、设备说明书、产品质量合格证书和产品性能检测报告等随机文件，进口设备还应具备商检合格的证明文件。

（2）材料、设备的型号、规格、方向及技术参数应符合设计要求。

三、施工安装过程质量控制内容

（1）机组安装前宜进行单机三速试运转及水压检漏试验。试验压力为系统工作压力的1.5倍，试验观察时间为2min，不渗漏为合格。

（2）机组应设独立支、吊架，吊杆应用上下螺母锁紧，安装的位置、高度及坡度应正确、固定牢固。

（3）机组与风管、回风箱或风口的连接，应严密、可靠。

（4）水管与机组连接宜采用软管，接管应平直，严禁渗漏。

（5）机组凝结水排水坡度应正确，凝结水应畅通地流到指定位置。

（6）风机盘管机组同冷、热媒管道应在管道清洗排污后连接，以免堵塞热交换器。

（7）连接机组的管道（包括供回水管、凝结水管及阀件）要保温。

（8）吊顶内安装的卧式风机盘管空调器，需用不少于四根吊杆固定，吊杆要长度一致，吊点宜用膨胀螺栓。机组的送风口和回风口应对准预留好的孔洞，接装送风管、回风管、进水管、回水管及凝结水管时，均不得造成空调器的变形和位移。

四、监理过程中巡视或旁站

根据以往的施工安装经验，在风机盘管机组安装过程中的常见质量问题有：

（1）机组安装结束后，机组运转有机械摩擦声；

（2）机组与风管、回风口的连接不严密，严重漏风；

（3）机组凝结水管坡度不准，倒坡引起凝结水排水不畅；

（4）机组安装前系统管道不清洗、排污，运转过程中造成热交换器堵塞，影响空调效果；

（5）机组凝结水直接排放至雨水立管。

监理工程师在巡视过程中，要对以上常见问题特别注意。

（1）对设备进行开箱检查，检查机组的合格证、质量保证书及检测报告等随机文件是否齐全，有条件的最好能进行单机试运转，检查机组转动是否平稳，确信没有机械摩擦声后，方可进行安装。

（2）检查机组与风管、回风口的连接，尤其是机组与回风口的连接，往往由于二次装修吊顶标高及与其他相关专业如灯具、消防喷淋头等发生矛盾而造成机组与回风口脱接或连接不紧密，导致系统漏风，影响室内空调气流组织。

（3）检查机组安装的水平度和凝结水管的安装坡度，特别是卧式吊顶式的安装，一旦倒坡势必会引起凝结水排水不畅，造成漏水。监理工程师在巡视过程中，发现倒坡，要求施工单位按照设计和施工规范的要求立即进行整改。机组凝结水的排放严禁与雨水共用立管，避免由于雨水排水不畅，雨水沿凝结水管返回室内，造成漏水。另外在安装凝结水管的过程中，施工人员对凝结水管保温的重要性认识不够，往往造成因凝结水管没有保温或保温不好而漏水。监理工程师在巡视中，要重点检查凝结水管的管径及保温材料的种类、厚度和保温质量是否符合设计和施工规范的规定。

（4）在机组安装结束前，检查整个管道系统是否进行清洗及排污。施工单位往往贪图省事，将管道清洗排污放在机组安装结束进行，导致管道清洗排污效果不良，造成运转中风机盘管机组堵塞，影响空调效果。监理工程师一定要施工单位在管道系统安装结束前按规范要求进行管道清洗，并填写管道清洗记录，确保管道中的水质符合要求。

五、监理验收

（1）监理验收应具备的技术资料：

1）设备和材料质保单、出厂合格证；

2）风机盘管机组试压记录；

3）分项工程质量评定表。

（2）分项工程完成后，由施工单位填写报验单，由监理单位按通风与空调设备安装检验批质量验收记录（《通风与空调工程施工质量验收规范》GB 50243—2002，表 C. 2. 5-2）

进行质量抽检，填写实测项目检查记录表，并签署验收意见；不符合要求的，责令施工单位进行整改。

第七节 多联机空调系统安装工程

一、工程内容

多联机空调系统，是一种冷剂式空调系统，它以制冷剂为输送介质，由室外主机、内外机连接管、室内机组成。室外主机由室外侧换热器、压缩机、电子膨胀阀和其他制冷附件组成，末端装置是由直接蒸发式换热器和风机组成的室内机。一台室外机通过管路能够向若干个室内机输送制冷剂液体，通过控制压缩机的制冷剂循环量和进入室内各换热器的制冷剂流量，可以适时地满足室内冷、热负荷要求。多联机系统目前在中小型建筑和部分公共建筑中得到日益广泛的应用。目前，国内的海尔、美的、格力等公司都推出了自己的多联机空调系统。带不同种类末端的多联机系统如图 8-10 所示。

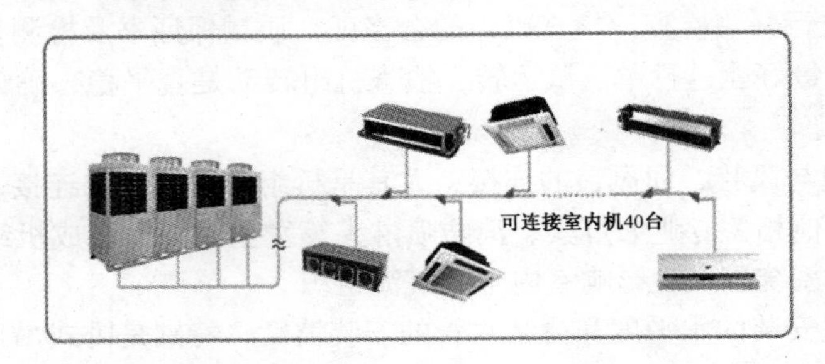

图 8-10 多联机空调系统

二、设备和材料质量要求

(1) 多联机空调系统工程中采用的多联机空调（热泵）机组以及新风处理设备与材料等均应有出厂合格证或质量保证书。

(2) 材料、设备的型号、规格及技术参数应符合设计要求。

(3) 多联机空调系统的制冷剂管材还应符合下列规定：

1) 管材内外表面应光滑、清洁，不得有分层、砂眼、粗划痕、绿锈等缺陷；

2) 管材截面圆度和同心度应良好；

3) 管材应经过脱油脂处理；

4) 管材应保持干燥、密封。

三、施工安装过程质量控制内容

(1) 室内机安装；

(2) 室外机安装；

(3) 制冷剂管道施工；

(4) 制冷剂充注与回收；

（5）风管安装；

（6）绝热。

四、监理过程中的巡视或旁站

（一）室内机安装

（1）吊装的室内机吊环下侧应采用双螺母进行固定。

（2）现场安装的室内机应进行防尘保护。

（3）风管式室内机与管道之间宜采用软连接。

（二）室外机安装

（1）室外机应安装在水平和经过设计有足够强度的基础和减振部件上，且必须与基础进行固定。

（2）室外机安装时，基础周围应做排水沟。

（三）制冷剂管道施工

（1）制冷剂配管的切割应符合下列规定：

1）铜管切割必须使用专用割刀；

2）切割后的铜管开口应使用毛边绞刀去除多余的毛边，应用锉刀磨平开口并把粘附在铜管内壁的切屑全部清除干净。

（2）铜管喇叭口的制作应符合下列规定：

1）应使用专用夹具，末端露出夹具表面的尺寸应符合夹具安装要求；

2）扩好的喇叭口连接前，内外侧表面均应涂抹与设备相同的冷冻机油；

3）喇叭口与设备的螺栓连接应采用两把扳手进行螺母的紧固作业，其中一把扳手为力矩扳手，且力矩应符合表8-2的要求。

喇叭口拧紧力矩 表8-2

配管尺寸 D（mm）	拧紧力矩（kN·cm）
6.4	1.42～1.72
9.5	3.27～3.99
12.7	4.95～6.03
15.9	6.18～7.54
19.0	9.27～11.86

（3）钎焊人员应持有焊工操作证。铜管束接的最小插入尺寸和与铜管之间的距离应满足表8-3的要求，焊接应采用充氮焊接，焊接的部位应清洁、脱脂。

铜管束接的最小插入尺寸和与铜管之间的距离 表8-3

铜管外径 X（mm）	最小插入深度（mm）	间隙尺寸（mm）
$5<X<8$	6	0.05～0.21
$8\leqslant X<12$	7	
$12\leqslant X<16$	8	0.05～0.27
$16\leqslant X<25$	10	
$25\leqslant X<35$	12	0.05～0.35
$35\leqslant X<45$	14	

（4）严禁在管道内有压力的情况下进行焊接。

（5）制冷剂配管的吊装应符合下列要求：

1）应对水平安装的制冷剂配管进行支吊，横管的支吊间距应符合表8-4的要求；

横管的支吊间距要求 **表8-4**

铜管外径（mm）	6.4~9.5	12.7以上
支吊间距（m）	1.2	≤1.5

2）应对垂直安装的制冷剂配管进行卡固；当对立管进行卡固时，应把液管和气管分开进行固定，卡箍距离宜为1~2m；

3）当液管和气管共同吊装，应以液管的尺寸为准；铜管系统和水管系统应分开吊装。

（6）多联机空调系统制冷剂管道的吹扫排污应符合下列规定：

1）应采用压力为0.5~0.6MPa（表压）的干燥压缩空气或氮气按系统顺序反复、多次吹扫，并应在排污口处设白色标志靶检查，直至无污物为止；

2）系统吹扫洁净后，应拆卸可能积存污物的管道部件，并应清洗洁净后重新安装。

（7）多联机空调系统制冷剂管道的气密性试验应符合下列规定：

1）气密性试验应采用干燥压缩空气或氮气进行；当设计和设备技术文件无规定时，高压系统的试验压力应符合表8-5的要求；

高压系统试验压力 **表8-5**

制冷剂种类	试验压力（MPa）
R22	3.0
R407C	3.3
R410A	4.0

2）试验前应检查系统各控制阀门的开启状况，保证系统的手动阀和电磁阀全部开启，并应拆除或隔离系统中易被高压损坏的器件；

3）系统检漏时，应在规定的试验压力下，用肥皂水或其他发泡剂刷抹在焊缝、喇叭口扩口连接处等处检查，不得泄漏；

4）系统保压时，应充气至规定的试验压力，并记录压力表读数，经24h以后再检查压力表读数，其压力降不应大于试验压力的1%。

（四）制冷剂充注与回收

（1）多联机空调系统充注制冷剂，应符合下列规定：

1）制冷剂应符合设计要求；

2）应先将系统抽真空，其真空度应符合设备技术文件的规定，然后将装制冷剂的钢瓶与系统的注液阀连通；当制冷剂的含水率不能满足要求时，制冷剂系统的注液阀前应加干燥过滤器，使制冷剂保持干燥；

3）当系统内的压力升至0.1~0.2MPa（表压）时，应进行全面检查并应确认无泄漏、无异常情况后，再继续充注制冷剂；

4）当系统压力与钢瓶压力相同时，可开动压缩机，加快制冷剂的充注速度；

5）制冷剂的充注宜在系统的低压侧进行。制冷剂R22可采用气态或者液态充注，制冷剂R410A和R407C必须采用液态充注。

（2）当多联机空调系统需要排空制冷剂进行维修时，应使用专用回收机对系统内剩余的制冷剂回收。

（3）当发现有泄漏需要补焊修复时，必须将修复段的氟利昂排空。

（五）风管安装

风管系统的安装应符合国家现行标准《通风管道技术规程》JGJ 141—2004 的有关规定。风管穿越防火墙处应设防火阀，防火阀两侧 2m 范围内的风管及保温材料应采用非燃烧材料，穿过处的空隙应采用非燃烧材料填塞。

（六）绝热

（1）应对多联机空调系统工程的制冷剂管道、水管道和风管道采取绝热措施。

（2）当保温管道穿过墙体或楼板时，应对穿越部分的管道采取绝热措施，并应设保护套。

五、常见质量问题

（1）冷媒管焊接时未充氮气进行保护而产生氧化皮，导致系统阻塞现象发生。

（2）安装单位为了降低成本，将室内外机连接信号线需用的双芯屏蔽线改为普通的双芯线，极容易产生信号错乱或接收困难而导致机器无法正常工作。

（3）安装过程当中，安装工人疏忽或为了省工而未对系统管道进行三个步骤的操作（吹污处理、打压检漏、真空干燥）而导致系统故障。

（4）冷媒配管的吊装支撑间距过大；由于在运转过程中配管会产生振动、伸缩，如不进行适当的支撑则会发生部分应力集中而使配管破裂或损坏，从而导致机组故障。

（5）在焊接铜管时，管道一头通氮气另一头不能堵上，用一定的压力把管道内的空气排出，同时焊接，这样里面不会有氧化层。

（6）管道吹扫，用氮气从支管向主管吹扫。

六、工程检测和试验项目

（1）试运转中应按要求检查下列项目，并应做好记录：

1）吸、排气的压力和温度；

2）载冷剂的温度（适用时）；

3）各运动部件有无异常声响，各连接和密封部位有无松动、漏气、漏油等现象；

4）电动机的电流、电压和温升；

5）能量调节装置的动作是否灵敏、准确；

6）机器的噪声和振动。

（2）多联机综合效果检验可包括下列项目：

1）送、回风口空气温度、湿度和风量的测定；

2）多联式空调（热泵）机组吸、排气的压力和温度，电动机的电流、电压和温升的测定；

3）室内空气温、湿度的测定；

4）室内噪声的测定；

5）室外空气温、湿度的测定；

6）新风系统新、排风量的测定；

7）各设备耗电功率的测定。

七、监理验收

多联机空调系统验收时，应检查验收资料，并应包括下列文件及记录：

（1）图纸会审记录、设计变更通知书和竣工图；

（2）主要材料、设备、成品、半成品和仪表的出厂合格证明及进场检（试）报告；

（3）隐蔽工程检查验收记录；

（4）制冷系统气密性试验记录；

（5）设备单机试运转记录；

（6）系统联合试运转记录；

（7）综合效果检验验收记录；

（8）风管系统、制冷剂管道系统安装及检验记录。

第九章　空调冷热源系统安装工程质量监控

第一节　制冷设备安装工程

本节适用于空气调节系统用的集中式配套制冷设备、整体组装和分离组装式制冷设备的安装工程。

一、工程内容

（一）空调系统冷源

空调系统的冷源分为天然冷源和人工冷源。天然冷源一般是指深井水、山涧水、温度较低的河水等。这些温度较低的水可直接用泵抽取供空调系统的喷水室、表冷器等空气处理设备使用，然后排放掉。采用深井水做冷源时，为了防止地面下沉，需要采用深井回灌技术。

由于天然冷源往往难以获得，在实际工程中，主要是使用人工冷源。人工冷源是指采用制冷设备制取的冷量。空调系统采用人工冷源制取的冷冻水或冷风来处理空气时，制冷机是空调系统中耗电最大的设备。

（二）制冷机类型

按照制冷设备所使用的能源类型不同，制冷机可划分为蒸气压缩式制冷机、吸收式制冷机、蒸气喷射式制冷机、蒸气吸附式制冷机、热电制冷机、磁制冷机、涡流管制冷机、气体膨胀制冷机、绝热放气制冷机、电化学制冷机等。

以下介绍几种常用的制冷方式。

1. 蒸气压缩式制冷机（本节重点介绍）

蒸气压缩式制冷机组是空调系统使用最多、应用最广的制冷设备，这里就其工作原理和主要设备做简要介绍。

（1）蒸气压缩式制冷原理

蒸气压缩式制冷是利用液体气化时要吸收热量的物理特性来制取冷量，其原理如图 9-1 所示。

图中点画线外的部分是制冷段，贮液器中高温高压的液态制冷剂经膨胀阀降温降压后进入蒸发器，在蒸发器中吸收周围介质的热量气化后回到压缩机。同时，蒸发器周围的介质因失去热量，温度降低。

点画线内的部分称为液化段，其作用是使在蒸发器中吸热气化的低温低压气态制冷剂重新液化去制冷。方法是先用压缩机将其压缩为高温高压的气态制冷剂，然后在冷凝器中利用外界常温下的冷却剂（如水、空气）将其冷却为高温高压的液态制冷剂，重新回到贮液器去用于制冷。

由此可见，蒸气压缩式制冷系统是通过制冷剂（如氨、氟利昂的代用品 R134A 等）在图 9-2 中所示的压缩机、冷凝器、膨胀阀、蒸发器等热力设备中进行的压缩、放热、节流、吸热等热力过程，来实现一个完整的制冷循环。

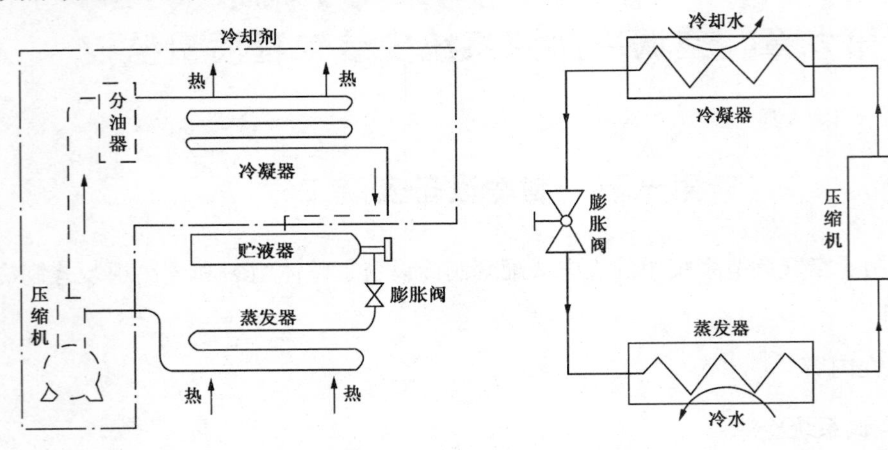

图9-1 液体气化制冷原理

图9-2 蒸气压缩式制冷系统

（2）蒸气压缩式制冷循环主要设备

①制冷压缩机

制冷压缩机的作用是从蒸发器中抽吸气态制冷剂，以保证蒸发器中具有一定的蒸发压力并提高气态制冷剂的压力，使气态制冷剂在较高的冷凝温度下被冷却剂冷凝液化。

制冷压缩机的形式很多，根据工作原理的不同，可分为容积式和离心式两种。

容积式制冷压缩机是靠改变工作腔的容积，把吸入的气态制冷剂压缩。活塞式压缩机、回转式压缩机、螺杆式压缩机等都属于容积式制冷压缩机。

离心式制冷压缩机是靠离心力的作用，连续地把吸入的气态制冷剂压缩。

②冷凝器

冷凝器的作用是把压缩机排出的高温高压气态制冷剂冷却并使其液化。根据所使用冷却介质的不同，可分为水冷冷凝器、风冷冷凝器、蒸发式和淋激式冷凝器等类型。

③节流装置

节流装置的作用是：A. 对高温高压液态制冷剂进行节流降温降压，保证冷凝器和蒸发器之间的压力差，以便使蒸发器中的液态制冷剂在所要求的低温低压下吸热气化，制取冷量；B. 调整进入蒸发器的液态制冷剂流量，以适应蒸发器热负荷的变化，使制冷装置更加有效地运行。

常用节流装置有手动膨胀阀、浮球式膨胀阀、热力式膨胀阀和毛细管等。

④蒸发器

蒸发器的作用是使进入其中的低温低压液态制冷剂吸收周围介质（水、空气等）的热量气化，同时，蒸发器周围的介质因失去热量，温度降低。

（3）制冷剂、载冷剂和冷却剂

制冷剂是在制冷装置中进行制冷循环的工作物质。目前常用的制冷剂有氨、氟利昂的代用品如R134A等。

为了把制冷系统制取的冷量远距离输送到使用冷量的地方，需要有一种中间物质在蒸发器中冷却降温，然后再将所携带的冷量输送到其他地方使用。这种中间物质称为载冷剂。常用的载冷剂有水、盐水和空气等。

为了在冷凝器中把高温高压的气态制冷剂冷凝为高温高压的液态制冷剂，需要用温度较低的物质带走制冷剂冷凝时放出的热量，这种工作物质称为冷却剂。常用的冷却剂有水（如井水、河水、循环冷却水等）和空气等。

2. 蒸汽吸收式制冷机

吸收制冷的基本原理（如图 9-3 所示）一般分为以下五个步骤：

（1）利用工作热源（如水蒸气、热水及燃气等）在发生器中加热由溶液泵从吸收器输送来的具有一定浓度的溶液，并使溶液中的大部分低沸点制冷剂蒸发出来；

（2）制冷剂蒸汽进入冷凝器中，又被冷却介质冷凝成制冷剂液体，再经节流器降压到蒸发压力；

（3）制冷剂经节流进入蒸发器中，吸收被冷却系统中的热量而汽化成蒸发压力下的制冷剂蒸汽；

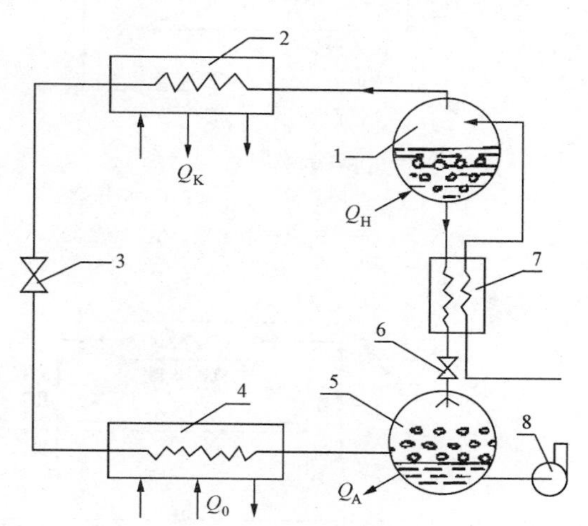

图 9-3　蒸汽吸收式制冷系统

1—发生器；2—冷凝器；3—节流阀；4—蒸发器；5—吸收器；6—节流阀；7—热交换器；8—溶液泵

（4）在发生器 A 中经发生过程剩余的溶液（高沸点的吸收剂以及少量未蒸发的制冷剂）经吸收剂节流器降到蒸发压力进入吸收器中，与从蒸发器出来的低压制冷剂蒸汽相混合，并吸收低压制冷剂蒸汽恢复到原来的浓度；

（5）吸收过程往往是一个放热过程，故需在吸收器中用冷却水来冷却混合溶液。在吸收器中恢复浓度的溶液又经溶液泵升压后送入发生器中继续循环。

3. 蒸汽喷射式制冷机

蒸汽喷射式制冷依靠蒸汽喷射器的作用完成制冷循环。它由蒸汽喷射器、蒸发器和冷凝器（即凝汽器）等设备组成，依靠蒸汽喷射器（即水蒸气喷射真空泵）的抽吸作用在蒸发器中保持一定的真空，使水在其中蒸发而制冷，其工作原理如图 9-4 所示。

4. 吸附式制冷机

吸附制冷机原理（如图 9-5 所示）：一定的固体吸附剂对某种制冷剂气体具有吸附作用。吸附能力随吸附剂温度的不同而不同。周期性地冷却和加热吸附剂，使之交替吸附和解吸。解吸时释放并使之凝为液体吸附剂时，制冷剂液体蒸发，产生制冷作用。吸附工质（吸附剂-制冷剂）有沸石-水、硅胶-水、活性炭-甲醇、金属氢化物、氯化锶-氨等。

5. 气体膨胀制冷机

气体膨胀制冷是利用高压气体的绝热膨胀来达到低温，并利用膨胀后的气体在低压下的复热过程来制冷的，由于气体绝热膨胀的设备不同，一般有两种方式：一种是将高压气体经膨胀机膨胀，有外功输出，因而气体的温降大，复热时制冷量也大，但膨胀机结构比较复杂；另一种方式是令气体经节流阀膨胀，无外功输出，气体的温降小，制冷量也小，但节流阀的结构比较简单，便于进行气体流量的调节。气体膨胀式制冷原理如图 9-6 所示。

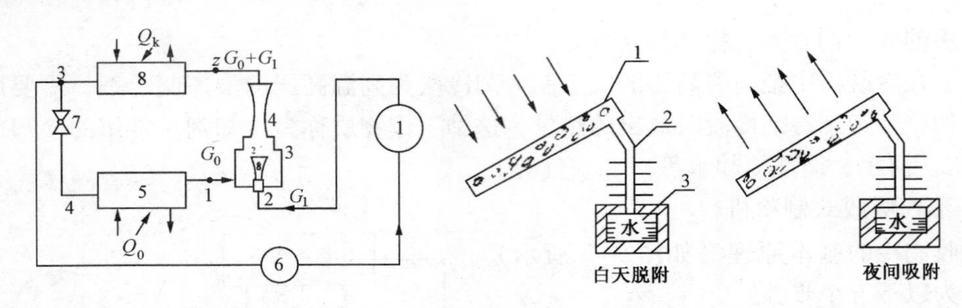

图 9-4 蒸汽喷射式制冷系统

1—锅炉；2—喷嘴；3—混合室；4—扩压器；5—蒸发器；6—泵；7—节流阀；8—冷凝器

图 9-5 太阳能沸石-水吸附制冷原理

1—吸附床；2—冷凝器；3—蒸发器

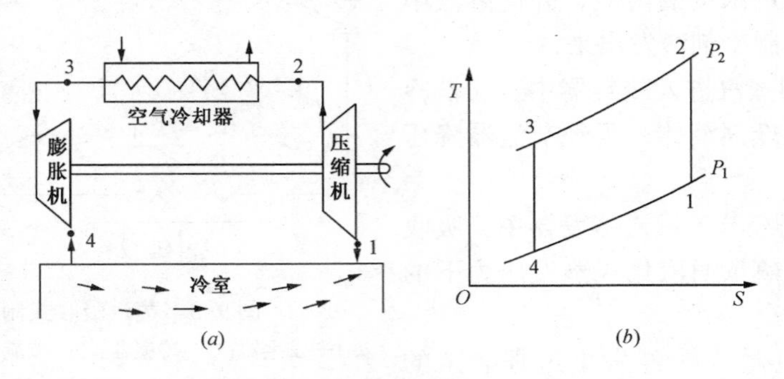

图 9-6 采用定压循环的空气制冷机

(a) 系统流程图；(b) 循环的 T-S 图

6. 空调热泵原理

制冷机的逆向循环系统称作热泵，是从低温热源吸热送往高温热源的循环设备，其工作原理如图 9-7 所示。

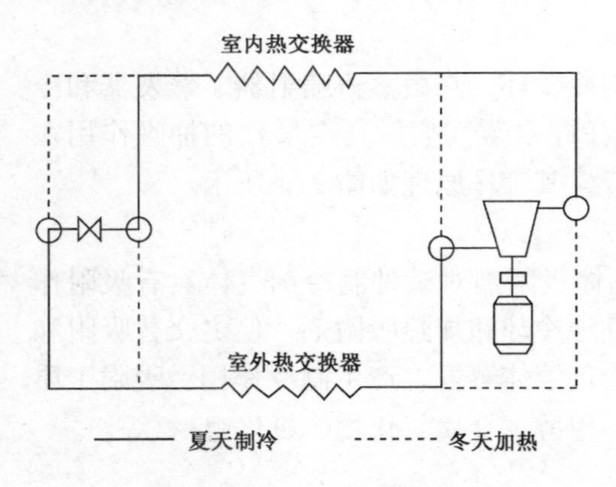

图 9-7 空调热泵原理

（三）冷水机组介绍

冷水机组是把整个制冷系统中的压缩机、冷凝器、蒸发器、节流阀等设备，以及电气控制设备组装在一起，为空调系统提供冷冻水的设备。冷水机组的类型众多，主要分为压缩式和吸收式两类。其中，压缩式冷水机组又可分为活塞式、离心式、螺杆式等类型。

1. 冷水机组主要特点

（1）结构紧凑，占地面积小，机组产品系列化，冷量可组合配套。便于设计选型，施工安装和维修操作方便。

（2）配套有完善的控制保护装置，运行安全。

（3）以水为载冷剂，可进行远距离输送分配和满足多个用户的需要。

（4）机组电器控制自动化，具有能量自动调节功能，便于运行节能。

2. 常用冷水机组产品介绍

（1）活塞式制冷机组（图9-8）；

（2）螺杆式制冷机（图9-9）；

图9-8 活塞式制冷机组

图9-9 螺杆式制冷机组

（3）离心式制冷机（图9-10）。

3. 冷水机组安装

包括活塞式制冷机组、离心式制冷机组、螺杆式制冷机组、吸收式制冷机组、模块式冷水机组及大、中型热泵机组和冷却塔等设备的安装。

图9-10 离心式制冷机组

二、设备和材料质量要求

（1）制冷设备开箱检查

1）根据设备装箱清单、说明书、合格证、检验记录和必要的装配图和其他技术文件，核对型号、规格、包装箱号、箱数并检查包装情况。

2）检查随机技术资料、全部零部件、附属材料和专用工具是否齐全。

3）检查主体和零、部件等表面有无缺损和锈蚀等现象。

4）设备充填的保护气体应无泄漏，油封应完好。

（2）检查后应填写设备开箱记录，经各方签证后存档。

三、施工安装过程质量控制内容

（1）设备基础混凝土强度应达到设计强度，表面要平整，位置、尺寸、标高、预留孔洞及预埋件等均应符合设计要求，并填写基础验收记录。

（2）安装前放置制冷设备，应用衬垫将设备垫好，吊运前应核对设备质量，吊运捆扎应稳固，主要承力点应高于设备重心，吊装有公共底座的机组，其受力点不得使机组底座产生扭曲和变形，吊索的转折处与设备接触部位，应采用软质材料衬垫。

（3）活塞式制冷机组安装

1）整体安装的活塞式制冷机组，其机身纵、横向水平度允许偏差为1/1000。

2）用油封的活塞式制冷机组，如在技术文件规定期限内，外观完整，机体无损伤和锈蚀等现象，可仅拆卸缸盖、活塞、汽缸内壁、吸排气阀、曲轴箱等并应清洗干净，油系统应畅通，检查紧固件是否牢固，并更换曲轴箱的润滑油；如在技术文件规定期限外，或机体有损伤和锈蚀等现象，则必须全面检查，并按设备技术文件的规定拆洗装配。

3）充入保护气体的机组在设备技术文件规定期限内，外观完整和氮封压力无变化的情况下，不作内部清洗，仅作外表擦洗，如需清洗时，严禁混入水汽。

4）制冷机的辅助设备，单体安装前必须吹污，并保持内壁清洁，安装位置应正确，各管口必须畅通。

5）贮液器及洗涤式油氨分离器的进液口均应低于冷凝器的出液口。

6）直接膨胀表面式冷却器，表面应保持清洁、完整，安装时空气与制冷剂应呈逆向流动。冷凝器四周的缝隙应堵严，冷凝水排除应畅通。

7）卧式及组合式冷凝器、贮液器在室外露天布置时，应有遮阳与防冻措施。

（4）离心式制冷机组安装

1）安装前，机组的内压应符合设备技术文件规定的出厂压力。

2）机组应在压缩机的机加工平面上找正水平，其纵、横向水平度允许偏差均为1/1000。

3）基础底板应平整，底座安装应设置隔振器，隔振器压缩量应均匀一致。

（5）螺杆式制冷机组安装

1）机组安装应对机座进行找平，其纵、横向水平度允许偏差均为1/1000。

2）机组接管前，应先清洗吸、排气管道，合格后方能连接，管道应作必要的支撑，接管不得影响电机与压缩机的同轴度。

（6）溴化锂吸收式制冷机组安装

1）安装前，设备的内压应符合设备技术文件规定的出厂压力。

2）设备就位后，应按设备技术文件规定的基准面找正水平，其纵、横向水平度允许偏差均为1/1000，双筒吸收式制冷机组应分别找正上下筒的水平。

3）机组配套的燃油系统等安装应符合产品技术文件的规定。

（7）模块式冷水机组安装

1）机组安装，应对机座进行找平，其纵、横向水平度允许偏差均为1/1000。

2）多台模块式冷水机组单元并联组合，应牢固地固定在型钢基础上，连接后模块机组外壳应保持完好无损，表面平整，接口牢固。

3）模块式冷水机组进、出水管连接位置应正确，严密不漏。

（8）大、中型热泵机组安装

1）空气热源热泵机组周围应按设备不同留有一定的通风空间。

2）机组应设置隔振垫，并有定位措施。

3）机组供回水管侧应留有检修距离。

（9）冷却塔安装

1）冷却塔安装应平稳，地脚螺栓的固定应牢固。

2）冷却塔的出水管口及喷嘴的方向和位置应正确，布水均匀。有转动布水器的冷却塔，其转动部分必须灵活，喷水出口宜向下与水平呈30°夹角，且方向一致，不应垂直向下。

3）玻璃钢冷却塔和用塑料制品作填料的冷却塔，安装应严格执行防火规定。

四、监理过程中巡视或旁站

（1）土建工程基本完工，设备基础已经完成并经过验收，机房清洁，并且门可以关锁。

（2）地脚螺栓的垂直度偏差不应超过1/100，底端不应碰孔底，地脚螺栓上的油脂和污垢应清除干净，但螺纹部分应涂油脂。螺母与垫圈和垫圈与设备底座间接触均应良好，拧紧螺母后，螺栓必须露出螺母1.5~5个螺距。

（3）两台以上同型号活塞式制冷机组应在同一标高，允许偏差为±10mm。

（4）设有减振基础的活塞式制冷机组，冷却水管、冷冻水管及电气管路也必须设置减振装置。

（5）离心式制冷机组安装就位后，中心应与基础轴线重合，两台以上并列的机组，应在同一基准标高线上，允许偏差±10mm。

（6）离心式制冷机组的法兰连接处，应使用高压耐油石棉橡胶垫片；丝扣连接处，使用氧化铅甘油、聚四氟乙烯带等填料。

（7）溴化锂吸收式制冷机组真空泵就位后，应找正水平，抽气连接管应采用金属管，其直径应与真空泵的进口直径相同；如果必须采用橡胶管作吸气管时，应采用真空胶管，并对管接头处采取密封措施。

（8）溴化锂吸收式制冷机组屏蔽泵应找正水平，电线接头处应防水密封。

（9）溴化锂吸收式制冷机组安装后，应对设备内部进行清洗。

（10）溴化锂吸收式制冷机组的蒸汽管和冷媒水管应隔热保温，保温层厚度和材料应符合设计要求。

（11）冷却塔安装应特别注意其中心线应垂直于地面，以免影响布水器及风机的正常工作，风机叶片与风筒部分的间隙要一致，不允许相差过大。

（12）冷却塔进、出水管在冷却塔的接口处应设支座，以防造成冷却塔损坏。

（13）安装冷却塔进水管时，一定要保证布水器位于冷却塔的中心，进水管要垂直。

（14）冷却塔安装填料前，应将布水器与中塔体暂时固定住，以防安装填料时，离开中心位置。

（15）模块化冷水机组的冷却水管和冷冻水管上应装置阀门，在进、出水管之间，应设置旁通管。

（16）模块化冷水机组的冷却水和冷冻水进水管上应安装水过滤器和水流开关。

（17）风冷式热泵机组的周围应留有1m以上的净空，使气流畅通，保证冷凝器有较好的冷却效果。

五、常见质量问题

（1）在制冷设备安装前应与土建或其他设备基础施工单位进行交接验收，以免设备基础尺寸不符合设备技术文件的要求。

（2）冷却塔进、出水管接口处损坏，进、出水管接口处没设支架，致使管道的质量由冷却塔外壁承受，造成冷却塔损坏；应在冷却塔进、出水接口处增设独立支座。

六、工程检测和试验项目

（1）制冷压缩机单机试运转
（2）制冷机无负荷单机试运转

七、监理验收

（1）监理验收应具备的技术资料：
1）设备和材料出厂合格证或质量保证书；
2）制冷压缩机单机试运转记录；
3）制冷机无负荷单机试运转记录；
4）制冷设备安装分项工程质量检验评定表。

（2）分项工程完成后，由施工单位填写报验单，由监理单位按空调制冷系统安装检验批质量验收记录（《通风与空调工程施工质量验收规范》GB 50243—2002，表 C. 2. 6）进行质量抽检，并签署验收意见；不符合要求的，责令施工单位进行整改。

第二节 制冷管道安装工程

一、工程内容

空调工程使用的压缩式制冷系统中，工作压力低于 2. 5MPa、温度 -20 ~ 150℃ 范围内、输送介质为制冷剂或载冷剂的管道安装工程。

二、设备和材料质量要求

（1）管材、管件、阀门必须具有出厂合格证明书，其各项指标应符合现行国家或行业技术标准。

（2）氨系统制冷剂管道及管件应用无缝钢管。氟利昂制冷剂系统当管道直径大于或等于 25mm 时，可采用无缝钢管；当直径小于 25mm 时，应采用紫铜管。

（3）管材、管件在使用前应进行外观检查：无裂纹、缩孔、夹渣、折叠、重皮等缺陷，无超过壁厚允许偏差的锈蚀或凹陷，螺纹密封面良好，精度及光洁度应达到设计要求或制造标准。

（4）铜管内外表面应光滑、清洁，不应有针孔、裂纹、起皮、气泡、粗拉道、夹杂物和绿锈，管材不应有分层，管子的端部应平整无毛刺。铜管在加工、运输、储存过程中应无划伤、压入物、碰伤等缺陷。

（5）管道法兰密封面应光洁，不得有毛刺及径向沟槽，带有凹凸面的法兰应能自然嵌合，凸面的高度不得小于凹槽的深度。

（6）螺栓及螺母的螺纹应完整，无伤痕、毛刺、残断丝等缺陷。螺栓与螺母应配合良好，无松动或卡涩现象。

（7）非金属垫片应质地柔韧，无老化变质或分层现象，表面不应有折损、皱纹等缺陷。

三、施工安装过程质量控制内容

（一）管道加工

（1）管子切口；

（2）加工弯制。

（二）管道安装

（1）管道清洗；

（2）管道流向、坡度；

（3）接压缩机的管道；

（4）焊接；

（5）阀门及附件安装；

（6）支、吊架；

（7）套管。

（三）管道系统试验

（1）系统吹污；

（2）气密性试验；

（3）真空试验。

四、监理过程中巡视或旁站

（一）管道加工

（1）管子切口表面应平整，不得有裂纹、重皮、毛刺、凹凸、熔渣等缺陷。

（2）切口平面允许倾斜偏差为管子直径的1%。

（3）铜管及铜合金的弯管可用热弯或冷弯，椭圆率不应大于8%。

（4）铜管管口翻边应保持同心，不得出现裂纹、分层豁口及褶皱等缺陷，并应有良好的密封面。

（5）制冷剂管道系统不得使用焊接弯管及褶皱弯管。

（6）制作三通时，支管应按介质流向弯成90°弧形与主管相连，不得使用弯曲半径为1*D*或1.5*D*的压制弯管。

（二）管道安装

（1）氨及氟利昂系统管道安装前必须进行清洗，要将管道内外表面的锈蚀或污物清除干净。

（2）涂有防锈油的阀门在安装前均应用煤油或工业汽油清洗，清除油污。

（3）氟利昂制冷压缩机吸气管道水平段的坡向应与气体流动方向一致。

（4）氨系统制冷压缩机吸气管道水平段的坡向应与气体流动方向相反，应坡向蒸发器。

（5）制冷剂液体管道不得安装成有局部向上凸起的管段，即“气囊”；气体管道不得安装成有局部向下凹陷的管段，避免出现“液囊”。

（6）从液体干管引出支管时，必须从干管底部或侧面接出；从气体干管引出支管时，必须从干管的顶部或侧面接出。有两根以上的支管与干管相连，连接部位应相互错开，间距不应少于2倍支管直径，且不少于200mm。

(7) 为防止吸、排气管道在压缩机运转时引起振动，吸、排气管道应设单独固定支、吊架。

(8) 管道法兰与设备法兰连接前，应在自由状态下检查法兰的平行度和同轴度，严禁强制对口。

(9) 焊缝及热影响区严禁有裂纹，焊缝表面无夹渣、气孔等缺陷。

(10) 氨系统管道焊缝应作射线探伤检查，固定焊口的探伤数量为10%，转动焊口的探伤数量为5%。

(11) 紫铜管承插焊接时，承插口的扩口深度不应小于管径，扩口方向应迎介质流向。

(12) 阀门及附件应按规定的方向、位置、标高安装，膨胀阀、截止阀制冷剂应低进高出，热力膨胀阀气体应由上方进入下方流出。

(13) 安装有手柄的阀门时，手柄不得向下，电磁阀、调节阀、热力膨胀阀、升降式止回阀等的阀头均应向上竖直安装。

(14) 热力膨胀阀的安装位置应高于感温包，感温包应安装在蒸发器末端的回气管上。

(15) 支、吊架的形式、位置、间距、标高应符合设计要求。

(16) 铜管直径大于或等于20mm，在阀门等处应设置支架，管道上下平行敷设时，冷管道应在下部。

(17) 保温管道与支、吊架之间应垫以绝热衬垫或经防腐处理的木垫块，其厚度应与绝热层厚度相同，表面平整，衬垫接合面的空隙应填实。

(18) 管道穿墙或楼板应设钢制套管，并固定牢固，横平竖直。

(19) 管道焊缝不得置于套管内，钢制套管应与墙面或楼板底面平齐，但应比地面高出20mm，管道与套管的空隙应用隔热或其他不燃材料填塞，不得将套管作为管道的支撑。

五、常见质量问题

(1) 制冷剂管道中存在“气囊”或“液囊”。监理工程师在巡视过程中，检查液体管道系统中是否存在有局部向上凸起的“Ω”形管段，气体管道上是否有局部向下凹陷的管段；若有，应将管子调直，避免出现“气囊”和“液囊”。

(2) 压缩机运转时吸气管和排气管振动，在吸气管和排气管上加装一定数量的固定支架。

(3) 管子焊缝置于套管内，主要是由于管材下料不准，致使焊缝在套管内，造成检查不便。

(4) 制冷剂管子与支、吊架产生冷桥，保温管道与支、吊架之间应垫以绝热衬垫或经防腐处理的木垫块，以防产生冷桥。

六、工程检测和试验项目

(一) 系统吹污

系统吹污时，所有阀门（除安全阀外）处于开启状态，氨系统吹污介质为干燥空气，氟利昂系统可用氮气。吹污压力为0.6MPa，排污口选择在系统的最低处，系统管道长时可分段吹污，检查可用白布放置在排污口300～500mm处观察5min，无污物则认为合格。

（二）气密性试验

制冷系统的整体气密性试验压力，应根据设计要求进行。气密性试验需保持24h，前6h压力降不应大于0.03MPa，后18h压力无变化为合格。

（三）真空试验

真空试验以剩余压力表示，保持时间为24h，氨系统的试验压力不高于8.0kPa，24h后压力以不发生变化为合格；氟利昂系统的试验压力不高于5.3kPa，24h后回升不大于0.53kPa为合格。

七、监理验收

（1）监理验收应具备的技术资料：

1）材料及阀门出厂合格证或质量保证书；

2）材料及阀门的清洗检查记录；

3）系统吹污、气密性、真空度试验记录；

4）制冷管道安装分项工程质量检验评定表。

（2）分项工程完成后，由施工单位填写报验单，由监理单位按空调制冷系统安装检验批质量验收记录（《通风与空调工程施工质量验收规范》GB 50243—2002，表C.2.6）进行质量抽检，并签署验收意见；不符合要求的，责令施工单位进行整改。

第三节　地源热泵安装工程

一、工程内容

（一）地源热泵

地源热泵是一种利用浅层地热资源（也称地能，包括地下水、土壤或地表水等），既可供热又可制冷的高效节能空调设备。地源热泵通过输入少量的高品位能源（如电能），实现由低温位热能向高温位热能转移。地能分别在冬季作为热泵供热的热源和夏季制冷的冷源，即在冬季，把地能中的热量取出来，提高温度后，供给室内采暖；夏季，把室内的热量取出来，释放到地能中去，其工作原理如图9-11所示。

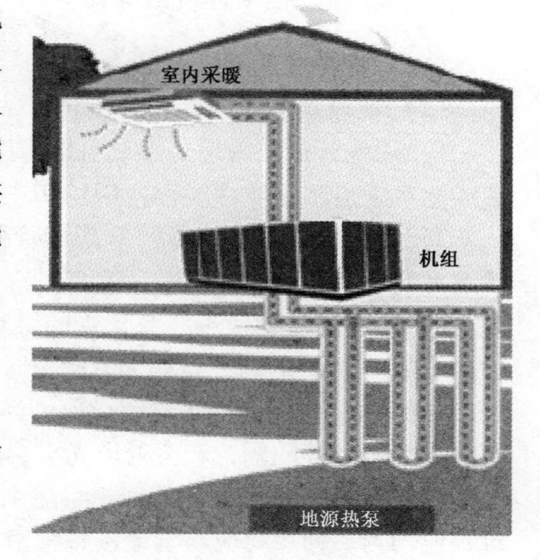

图9-11　地源热泵系统原理

（二）地源热泵分类

地源热泵系统按其循环形式可分为：闭式循环系统、开式循环系统和混合循环系统。

1. 闭式循环系统

对于闭式循环系统，大部分地下换热器是封闭循环，所用管道为高密度聚乙烯管。管道可以通过垂直井埋入地下45~60m深，或水平埋入地下1.2~1.8m处，也可以置于池塘底部。在冬季，管中的流体从地下抽取热量，带入建筑物中，而在夏季则是将建筑物内的热能通过管道送入地下储存。

2. 开式循环系统

对于开式循环系统，其管道中的水来自湖泊、河流或者竖井之中的水源，在以与闭式循环相同的方式与建筑物交换热量之后，水流回到原来的地方或者排放到其他合适的地点。

3. 混合循环系统

对于混合循环系统，地下换热器一般按热负荷来计算，夏季所需的额外冷负荷由常规的冷却塔来提供。

二、设备和材料质量要求

（1）地埋管及管件应符合设计要求，且应具有质量检验报告和生产厂的合格证。

（2）地埋管管材及管件应符合下列规定：

1）地埋管应采用化学稳定性好、耐腐蚀、导热系数大、流动阻力小的塑料管材及管件，宜采用聚乙烯管，不宜采用聚氯乙烯管。管件与管材应为相同材料。

2）管材的公称压力及使用温度应满足设计要求，且管材的公称压力不应小于1.0MPa。

三、施工安装过程质量控制内容

（1）地埋管换热系统；

（2）地下水换热系统；

（3）地表水换热系统；

（4）建筑物内系统。

四、监理过程中巡视或旁站

（一）地埋管换热系统

（1）地埋管管道连接应符合下列规定：

1）埋地管道应采用热熔或电熔连接。聚乙烯管道连接应符合国家现行标准《埋地聚乙烯给水管道工程技术规程》CJJ 101—2004 的有关规定；

2）竖直地埋管换热器的U形弯管接头，宜选用定型的U形弯头成品件，不宜采用直管道揻制弯头；

3）竖直地埋管换热器U形管的组对长度应能满足插入钻孔后与环路集管连接的要求，组对好的U形管的两开口端部，应及时密封。

（2）水平地埋管换热器铺设前，沟槽底部应先铺设相当于管径厚度的细砂。管道不应有折断、扭结等问题，转弯处应光滑，且应采取固定措施。

（3）水平地埋管换热器回填料应细小、松散、均匀，且不应含石块及土块。回填压实过程应均匀，回填料应与管道接触紧密，且不得损伤管道。

（4）竖直地埋管换热器U形管安装应在钻孔钻好且孔壁固化后立即进行。当钻孔孔壁不牢固或者存在孔洞、洞穴等导致成孔困难时，应设护壁套管。下管过程中，U形管内宜充满水，并宜采取措施使U形管两支管处于分开状态。

（5）竖直地埋管换热器U形管安装完毕后，应立即灌浆回填封孔。当埋管深度超过40m时，灌浆回填应在周围临近钻孔均钻凿完毕后进行。

（6）竖直地埋管换热器灌浆回填料宜采用膨润土和细砂（或水泥）的混合浆或专用灌浆材料。当地埋管换热器设在密实或坚硬的岩土体中时，宜采用水泥基料灌浆回填。

（7）地埋管换热器安装前后均应对管道进行冲洗。

（8）当室外环境温度低于0℃时，不宜进行地埋管换热器的施工。

（二）地下水换热系统

（1）热源井施工过程中应同时绘制地层钻孔柱状剖面图。

（2）热源井施工应符合现行国家标准《供水管井技术规范》GB 50296—1999的规定。

（3）热源井在成井后应及时洗井。洗井结束后应进行抽水试验和回灌试验。

（4）抽水试验应稳定延续12h，出水量不应小于设计出水量，降深不应大于5m；回灌试验应稳定延续36h以上，回灌量应大于设计回灌量。

（三）地表水换热系统

（1）地表水换热盘管固定在水体底部时，换热盘管下应安装衬垫物。

（2）供、回水管进入地表水源处应设明显标志。

（3）地表水换热系统安装过程中应进行水压试验。地表水换热系统安装前后应对管道进行冲洗。

五、工程检测和试验项目

（1）地埋管水压试验应符合下列规定：

1）试验压力：当工作压力小于等于1.0MPa时，应为工作压力的1.5倍，且不应小于0.6MPa；当工作压力大于1.0MPa时，应为工作压力加0.5MPa。

2）水压试验步骤：

①竖直地埋管换热器插入钻孔前，应做第一次水压试验。在试验压力下，稳压至少15min，稳压后压力降不应大于3%，且无泄漏现象；将其密封后，在有压状态下插入钻孔，完成灌浆之后保压1h。水平地埋管换热器放入沟槽前，应做第一次水压试验。在试验压力下，稳压至少15min，稳压后压力降不应大于3%，且无泄漏现象。

②竖直或水平地埋管换热器与环路集管装配完成后，回填前应进行第二次水压试验。在试验压力下，稳压至少30min，稳压后压力降不应大于3%，且无泄漏现象。

③环路集管与机房分集水器连接完成后，回填前应进行第三次水压试验。在试验压力下，稳压至少2h，且无泄漏现象。

④地埋管换热系统全部安装完毕，且冲洗、排气及回填完成后，应进行第四次水压试验。在试验压力下，稳压至少12h，稳压后压力降不应大于3%。

3）水压试验宜采用手动泵缓慢升压，升压过程中应随时观察与检查，不得有渗漏；不得以气压试验代替水压试验。

（2）地下水换热系统热源井抽水试验结束前应采集水样，进行水质测定和含砂量测定。经处理后的水质应满足系统设备的使用要求。

（3）闭式地表水换热系统水压试验应符合以下规定：

1）试验压力：当工作压力小于等于1.0MPa时，应为工作压力的1.5倍，且不应小于

0.6MPa；当工作压力大于1.0MPa时，应为工作压力加0.5MPa。

2）水压试验步骤：换热器盘管组装完成后，应做第一次水压试验，在试验压力下，稳压至少15min，稳压后压力降不应大于3%，且无泄漏现象；换热盘管与环路集管装配完成后，应进行第二次水压试验，在试验压力下，稳压至少30min，稳压后压力降不应大于3%，且无泄漏现象；环路集管与机房分集水器连接完成后，应进行第三次水压试验，在试验压力下，稳压至少12h，稳压后压力降不应大于3%。

六、监理验收

（1）地埋管换热系统安装过程中，应进行现场检验，并提供检验报告。检验内容应符合下列规定：

1）管材、管件等材料应符合国家现行标准的规定；

2）钻孔、水平埋管的位置和深度、地埋管的直径、壁厚及长度均应符合设计要求；

3）回填料及其配比应符合设计要求；

4）水压试验应合格；

5）各环路流量应平衡，且应满足设计要求；

6）防冻剂和防腐剂的特性及浓度应符合设计要求；

7）循环水流量及进出水温差均应符合设计要求。

（2）地下水换热系统验收后，施工单位应提交热源井成井报告。报告应包括管井综合柱状图，洗井、抽水和回灌试验、水质检验及验收资料。

（3）地表水换热系统安装过程中，应进行现场检验，并应提供检验报告，检验内容应符合下列规定：

1）换热盘管的长度、布置方式及管沟设置应符合设计要求；

2）水压试验应合格；

3）各环路流量应平衡，且应满足设计要求；

4）防冻剂和防腐剂的特性及浓度应符合设计要求；

5）循环水流量及进出水温差应符合设计要求。

（4）水源热泵机组及建筑内系统安装应符合现行国家标准《制冷设备、空气分离设备安装工程施工及验收规范》GB 50274—2010及《通风与空调工程施工质量验收规范》GB 50243—2002的规定。

第十章　空调水系统管道与设备安装工程质量监控

本章适用于空调工程水系统安装子分部工程，包括冷（热）水、冷却水、凝结水系统的设备、管道及附件的安装。

第一节　空调水系统管道安装工程

一、工程内容

空调水系统中的管道系统主要由冷冻（热）水管道系统、冷却水管道系统、冷凝水管道系统等三部分组成。空调水系统管道安装的工程内容包括三部分：管道系统安装、阀门及部件安装、管道的防腐与绝热及系统调试。

（一）空调水系统分类

（1）按是否与大气相通，可以分为：

1）闭式系统：管道系统不与大气相通，系统中设置膨胀水箱。系统特点：

①管路与设备的腐蚀小；

②不需克服静水压力，水泵功耗减小；

③系统简单，但与蓄热水池的连接比较复杂。

2）开式系统：管路系统与大气相通，其系统特点与闭式系统相反。

（2）按各环路长度是否相同，可以分为（图 10-1）：

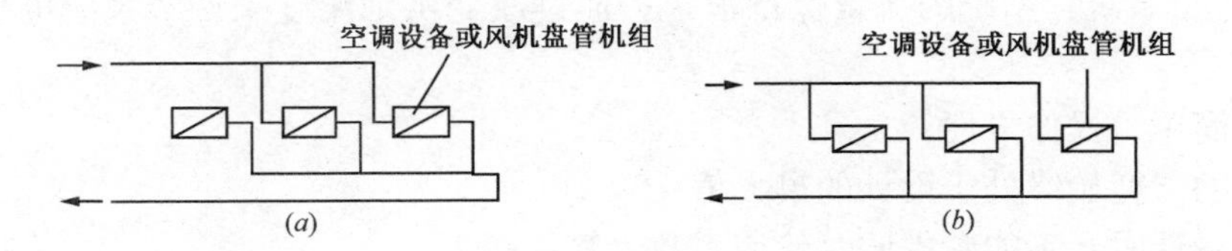

图 10-1　空调水系统按环路长度分类的两种形式

（*a*）同程式系统；（*b*）异程式系统

1）同程式：经过每一环路的管路长度相等。系统特点：

①水量的分配调节方便，易于实现水力平衡；

②需设同程管，管道长度增加，初投资稍高。

2）异程式：每一环路的管路长度不等，其系统特点与同程式相反。

（3）按冷、热水是否合用管路，可以分为（图 10-2）：

1）两管制：冷、热水合用同一管路系统。系统特点：

①管路系统简单，节省初投资；

②无法同时满足供冷和供热的要求。

2）三管制：分别设置冷、热水管路及换热器，但合用回水管路。系统特点：

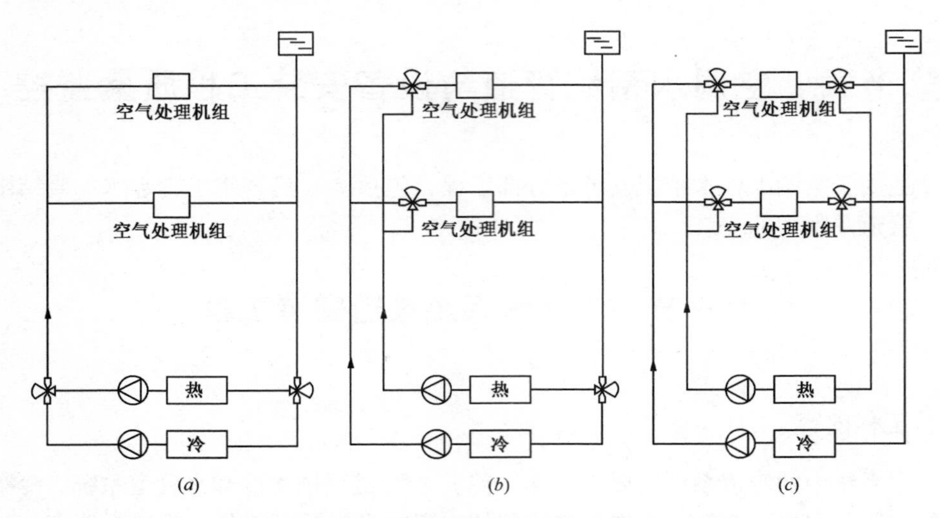

图 10-2 空调水系统按冷热水合用管路分类的三种形式
(a) 两管制；(b) 三管制；(c) 四管制

①可同时满足供冷和供热的要求，系统较四管制简单；

②有冷热混合的损失，系统布置较两管制复杂，投资也较两管制高。

3）四管制：冷热水的供、回水管均单独设置，具有冷热两套独立的系统。系统特点：

①能灵活实现同时的冷热供应，且无混合损失；

②管路系统复杂，初投资高；

③占用建筑空间较多。

（4）按流量的调节方式，可以分为：

1）定流量系统：系统的流量保持恒定，通过改变供水温度来调节系统的变化。系统特点：

①系统简单，操作方便；

②输送的能耗始终处于设计的最大值；

③配管设计时，不能考虑同时使用系数，管径较大。

2）变流量系统：符合改变要求时，通过供水量的变化调节系统。系统特点：

①配管设计时，可以考虑同时使用系数，管径相应减小；

②输送能耗随负荷的下降而减小；

③系统复杂，需配备自控设备。

（5）按水泵的配置，可以分为：

1）单式泵系统：冷、热源侧与负荷侧合用同一组循环水泵。系统特点：

①系统简单，初投资小；

②难以调节水泵流量以减少输送能耗；

③不能适应供水分区压降悬殊的场合。

2）复式泵系统：冷、热源侧与负荷侧分别配置循环水泵，其系统特点与单式泵系统相反。

（二）冷冻水系统（重点介绍按冷热水量合用管路不同可以分为双管系统、三管系统

和四管系统）

1. 双管系统

双管系统是目前用得最为广泛的水系统，特别是在以夏季供冷为主要目的的南方地区。双管系统采用一根供水管和一根回水管，冬季供热水和夏季供冷水都是在同一套管路中进行，在过渡季节的某个室外温度时，进行冷、热水的转换。

双管系统的主要优点是：系统简单、初投资较小。但也有以下缺点：（1）由于冬季供热水和夏季供冷水时，供、回水温差的差别较大，使冬、夏季工况水系统中循环水量的差别较大，有时冬、夏季工况需要分设两种不同水流量的水泵；（2）由于各空调房间热、湿负荷的变化规律不一致，在过渡季节，会出现朝阳面的房间要求供冷，而背阴面有的房间要求供热的现象，难以同时满足所有房间的要求。

2. 三管系统

为了克服双管系统适应热、湿负荷变化能力较差的缺点，发展了三管系统。这种系统是采用冷、热两种供水管，共享一根回水管。三管系统适应负荷变化的能力强，可较好地进行全年的温度调节，满足空调房间的要求。但由于冷、热水同时进入回水管，能量损失较大。此外，由于冷、热水管路互相连通，水力工况复杂，初投资比双管系统高。

3. 四管系统

四管系统设有各自独立的冷、热水系统的供、回水管。优点：克服了三管系统存在的回水管冷、热水混合损失和系统水力工况复杂的缺点，使运行调节更为灵活方便，全年不需要进行工况转换。缺点：初投资大，管道占用建筑空间多。

（三）冷却水系统

1. 冷却水系统分类

在冷水机组中，为了把冷凝器中高温高压的气态制冷剂冷凝为高温高压的液体制冷剂，需要用温度较低的水、空气等物质带走制冷剂冷凝时放出的热量，对于制冷量较大的冷水机组，通常采用水作为冷却剂。用水作冷却剂时，按照冷却水的供水方式分为直流式和循环式冷却水系统。

直流式冷却水系统的冷却水在经过冷凝器升温后，直接排入河道、下水道或小区综合用水系统管道。

为了节约水资源，应重复利用冷却水，通常采用循环式冷却水系统。在循环式冷却水系统中，采用冷却水塔把在冷凝器中升温后的冷却水重新冷却，再送入冷凝器中重复使用，这样，只需补充少量的新鲜水即可。冷却塔按通风方式不同分为自然通风冷却塔和机械通风冷却塔。民用建筑空调系统的冷水机组通常是采用机械通风循环冷却水系统。

2. 机械通风循环冷却水系统

机械通风冷却塔的工作原理：使水和空气上下对流，让温度较高的冷却水通过与空气的温差传热，以及部分冷却水的蒸发吸热，把冷却水的温度降低，其结构及循环冷却水系统如图 10-3 所示。

3. 机械循环式冷却水系统的设备布置与选择

机械循环冷却水系统的主要设备有冷却塔、冷却水泵等。冷却塔一般布置在室外地面或屋面上。对于附设在高层建筑里的制冷机房，冷却塔可布置在裙楼的屋面上。这时，屋面结构的承载能力应当按照冷却塔的运行质量设计。一般，横式冷却塔的质量约 $1t/m^2$，

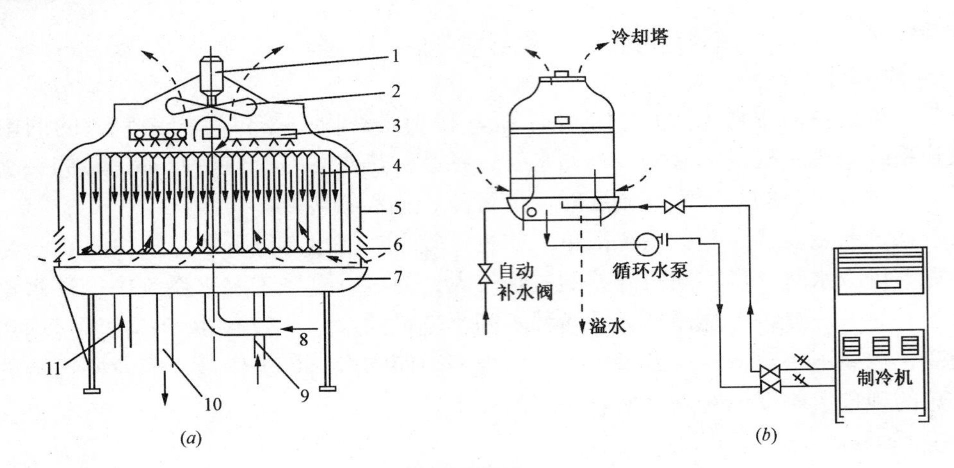

图 10-3 机械通风循环冷却水系统

(a) 冷却塔结构原理 (b) 机械通风循环冷却水系统

1—电机；2—风机；3—布水器；4—填料；5—塔体；6—进风百叶；7—水槽；8—进水管；9—溢水管；10—出水管；11—补水管

立式冷却塔的质量约 2 ~ 3t/m²。当几台冷却塔并联安装时，各台冷却塔之间要设置平衡管，并在各台冷却塔的进、出水管上安装成对动作的控制阀。冷却塔的进、出水立管通常布置在管道井里。

冷却水泵一般布置在制冷机房里冷凝器的前边，进水管应低于冷却塔集水盘的液面标高，以便冷却塔的出水管可以在重力作用下流入冷却水泵。

冷却塔运行时产生的噪声对周围环境有较大的影响，不宜布置在对噪声要求较高的地方。应当尽量选择低噪声和超低噪声型的冷却塔。

冷却塔、冷却水泵的台数和流量应当与冷水机组对应配置，以便于运行管理。

二、设备和材料质量要求

空调水系统的管道主要有金属管道和非金属管道两大类，其中金属管道有钢管和钢塑复合管等；非金属管道有建筑用硬聚氯乙烯（PVC-U）管、聚丙烯（PP-R）管、聚丁烯（PB）管与交联聚乙烯（PEX）管等有机材料管道。常用的钢管材质与使用温度见表 10-1。

常用的钢管材质与使用温度 **表 10-1**

钢管种类	公称直径（mm）	牌　号	使用温度（℃）	备　注
低压流体输送用焊接钢管 GB/T 3091—2008	6 ~ 150	GB/T 700—2006 中的 Q195、Q215A、Q215B、Q235A、Q235B	0 ~ 200	普通 $PN<1.0$MPa
				加厚 $PN<1.6$MPa
输送流体用无缝钢管 GB/T 8163—2008	6 ~ 630	10、20、Q295、Q345、Q390、Q420、Q460		$PN<13$MPa
承压流体输送用螺旋缝埋弧焊管 SY 5036—1983	300 ~ 2200	GB/T 700—2006 中的 3 号乙类钢	-15 ~ 300	$PN<10$MPa
		16Mn	-40 ~ 475	

管材选择首先应根据管内介质的种类、压力及温度确定，并按管道的安装位置、敷设方式等因素进行选择，具体见表10-2。

管材选择的一般标准　　表10-2

<table>
<tr><td colspan="2" rowspan="2">安装方式
介质种类</td><td colspan="3">架空或通行地沟</td><td rowspan="2">不通行地沟
或埋地</td></tr>
<tr><td>$DN<50$（mm）</td><td>$DN\geqslant50$（mm）</td><td>$DN>200$（mm）</td></tr>
<tr><td rowspan="2">蒸汽管道</td><td>$PN>1.0$MPa
$T>200$℃</td><td>无缝钢管</td><td rowspan="4">无缝钢管</td><td rowspan="2">无缝钢管</td><td rowspan="4">无缝钢管</td></tr>
<tr><td>$PN\leqslant1.0$MPa
$T\leqslant200$℃</td><td rowspan="3">焊接钢管</td></tr>
<tr><td colspan="2">热水管道</td><td>无缝或螺旋电焊管</td></tr>
<tr><td colspan="2">凝结水管道</td><td>无缝钢管</td></tr>
</table>

注：蒸汽管道 $PN\leqslant1.0$MPa，$T\leqslant200$℃时，如选用低压流体输送用焊接钢管时，应选用加厚管。

（1）空调水系统管道所使用的原材料、成品、半成品等必须具有中文质量合格证明文件，其规格、型号、性能、连接形式及检测报告等应符合国家技术标准或设计要求。进场时，必须对其验收。经监理工程师确认，并形成相应的质量记录。

（2）所有原材料、成品等进场时，应对其品种、规格、外观等进行验收。包装应完好，表面无划痕及外力冲击破坏。

（3）为了保证管道的防腐效果，镀锌钢管表面的镀锌层以及铜塑复合管内的涂塑层应保持完好，不能破坏。

（4）管材在使用前应进行外观检查，要求其表面无裂纹、缩孔、夹渣、折叠等缺陷，锈蚀式凹陷不超过壁厚负偏差。

（5）空调水系统管道上的阀门，其外观、铭牌以及质量应符合规范的要求。室内空调水系统常用阀门的分类和用途见表10-3，各种阀门外观见图10-4。

常用阀门的分类及用途　　表10-3

阀门类别	主　要　用　途
闸　阀	切断流动介质，全启全闭的场合，允许介质双向流动
截止阀	密封性较闸阀要好，一般用途同闸阀，但不允许介质双向流动；调节参数不严格时可替代节流阀，但此时不再起关断作用
球　阀	一般用途同闸阀，允许做节流用，可用于要求启闭迅速的场合
旋塞阀	一般用途同球阀，三通、四通旋塞阀可用做分配和换向
调节阀	自立式调节阀利用被调介质本身压力变化，直接移动阀门调节压力
疏水器	自动排除蒸汽管路及系统中的凝水并自动阻止蒸汽逸漏
止回阀	自动阻止介质倒流，分为升降式、旋启式及底阀，其中底阀专用于水泵吸入管端部，保证水泵启动
蝶　阀	全开全闭的场合，也可做节流用
安全阀	做超压保护装置，自动泄放设备容器及管路的压力
减压阀	自动将介质压力降低到所需压力

图 10-4 各种阀门外观

三、施工安装过程质量控制内容

空调系统的管道系统就如同人体中的动脉，对于整个空调系统的功能实现起着重要的作用。管道系统的安装可以按照以下的内容进行质量控制。

（一）施工条件

（1）管道安装与土建及其他专业的施工密切配合。对有关的建筑结构、支吊架预埋件、预留孔、沟槽、垫层及土方工程的质量，应按照设计和相应的施工规范进行检查。

（2）埋地管道铺设必须在土方回填夯实或开挖到管底标高，沿管线敷设位置清理干净后进行。管道穿墙处已预留管洞或安装套管，其洞口尺寸和套管规格符合要求。坐标、标高正确。

（3）暗装管道应在地沟未盖盖板或吊顶未封闭前安装，其支架均应安装完毕并符合要求。

（4）明装支、吊架管道的安装须在安装层的结构顶板完工后进行。沿管线安装位置的模板及杂物清理干净，支、吊架已安装牢固，位置正确。

（5）与管道连接的设备找平合格，固定完毕。

（6）管路清洗、内部防腐与衬里等工序已经完毕。

（二）管道安装

（1）管道的坡向、坡度应符合设计要求。可用支座下的金属垫板调整，吊架用吊杆螺栓调整，垫板应与预埋件或钢架焊接。

（2）焊接钢管、镀锌钢管不得采用热煨弯。

（3）管道与设备的连接，应在设备安装完毕后进行，与水泵、制冷机组的接管必须为柔性接口。柔性短管不得强行对口连接，与其连接的管道应设置独立支架。

（4）管道穿越墙体或楼板处应设钢制套管，管道接口不得置于套管内，钢制套管应与墙体饰面或楼板底部平齐，上部应高出楼层地面20～50mm，并不得将套管作为管道支撑。保温管道与套管四周间隙应使用不燃绝热材料填塞紧密。

（5）金属管道的焊接应符合下列规定：

1）管道焊接材料的品种、规格、性能应符合设计要求。管道对接焊口的组对和坡口形式等应符合规范的规定；对口的平直度为1/100，全长不大于10mm。管道的固定焊口应远离设备，且不宜与设备接口中心线相重合。管道对接焊缝与支、吊架的距离应大于50mm。

2）管道焊缝表面应清理干净，并进行外观质量的检查。焊缝外观质量不得低于现行国家标准《现场设备、工业管道焊接工程施工质量验收规范》（GB 50683—2011）中第8.1.2条的Ⅳ级规定（氨管为Ⅲ级）。

（6）螺纹连接的管道，螺纹应清洁、规整，断丝或缺丝不大于螺纹全扣数的10%；连接牢固；接口处根部外露螺纹为2～3扣，无外露填料；镀锌管道的镀锌层应注意保护，对局部的破损处，应做防腐处理。

（7）法兰连接的管道，法兰面应与管道中心线垂直，并同心。法兰对接应平行，其偏差不应大于其外径的1.5/1000，且不得大于2mm；连接螺栓长度应一致、螺母在同侧、均匀拧紧。螺栓紧固后不应低于螺母平面。法兰的衬垫规格、品种与厚度应符合设计的要求。

（8）钢制管道的安装应符合下列规定：

1）管道和管件在安装前，应将其内、外壁的污物和锈蚀清除干净。当管道安装间断时，应及时封闭敞开的管口。

2）管道弯制弯管的弯曲半径，热弯不应小于管道外径的3.5倍、冷弯不应小于4倍；焊接弯管不应小于1.5倍；冲压弯管不应小于1倍。弯管的最大外径与最小外径的差不应大于管道外径的8/100，管壁减薄率不应大于15%。

3）冷凝水排水管坡度，应符合设计文件的规定。当设计无规定时，其坡度宜大于或等于8‰；软管连接的长度，不宜大于150mm。

4）冷、热水管道与支、吊架之间，应有绝热衬垫（承压强度能满足管道质量的不燃、难燃硬质绝热材料或经防腐处理的木衬垫），其厚度不应小于绝热层厚度，宽度应大于支、吊架支承面的宽度。衬垫的表面应平整、衬垫接合面的空隙应填实。

5）管道安装的坐标、标高和纵、横向的弯曲度应符合规范的规定。在吊顶内等暗装管道的位置应正确，无明显偏差。

（9）法兰、焊缝及其他连接件的设置应便于检修，并不得紧贴墙壁、楼板或管架。

（10）埋地管道试压、防腐后，应办理隐蔽工程验收，有监理工程师签字确认、形成相应的质量记录后，及时回填土，并分层夯实。

（11）应对法兰密封面及密封垫片进行外观检查。法兰连接时应保持平行，不得用强紧螺栓的方法消除歪斜，并保持同轴，保证螺栓自由穿入。

（12）法兰连接应使用同一规格的螺栓，安装方向一致。紧固螺栓应对称均匀，松紧适度。紧固后外露长度不大于2倍螺距。螺栓紧固后，应与法兰紧贴，不得有楔缝。需加垫圈时，每个螺栓不应超过一个。

（13）工作温度小于200℃的管道，其螺纹接头密封材料宜用聚四氟乙烯胶带或密封膏。

（14）穿墙及楼板的管道，一般应加套管，但管道焊缝不得置于套管内，管道与套管之间的缝隙应用石棉填塞。

（15）管道安装的允许偏差，应符合施工规范的规定。

（16）对不允许承受附加外力的传动设备，在管道与法兰连接前，应在自由状态下，检查法兰的平行度和同轴度。

（三）管道支、吊架安装

（1）根据设计图纸，先确定出固定支架及补偿器的位置，再按照管道标高确定支架的标高与位置。

（2）支架应牢固地固定在墙、柱或其他结构物上，横梁长度方向应水平，顶面与管中心线平行。

（3）大口径管道上的阀门，应设置专用支架，不得由管道支撑阀门的质量。

（4）从干管接出的较大管径支管为立管敷设时，立管的荷重应设置专用托架来承担，不得由干管与支管的焊口承担。

（5）活动支架不应妨碍管道的热移位。管道在支架横梁或支座滑动时，支架或支座不应出现水平偏斜、倒塌或卡住管道。

（6）补偿器的两侧应按要求安装导向支架，使管道在支架上伸缩时不偏移中心线。

（7）有热移位的管道，其活动支架应安装在位移的相反方向，具体位置可按设计要求或采取位移之半偏斜安装。

（8）导向支架或活动支架的滑动面应洁净平整，不得有歪斜和卡涩现象。

（9）不得在金属屋架上任意焊接支、吊架，确实需要焊接时，应征得设计单位同意。不得在设备上任意焊接支、吊架，如设计方同意焊接时，应在设备上焊接加强板，再焊接支、吊架。

（10）与管道接触的垫板，钢管应用石棉板、软金属或木垫。

（四）管道热补偿器安装

（1）按设计规定进行预拉伸，一般当介质温度低于250℃时，为计算热伸长量的50%，允许偏差±10mm。

（2）水平安装时，平行臂应与管线坡度相同，垂直臂应呈水平。

（3）垂直安装时，应有放水及疏水装置。

（4）补偿器的位置应使管道布置美观、协调。

（五）管道阀门安装

阀门的主要功能是检修或事故时切断介质，管道和设备的安全及停止运行时放空，调节介质的流量和压力。

（1）在工作压力小于1.6MPa的水管道，小于1.0MPa的蒸汽管道及水泵出口管道上，当调节参数不高时，允许使用截止阀作为关断和调节功能。

（2）阀门的安装位置、高度、进出口方向必须符合设计要求，连接应牢固紧密。

（3）阀门安装前必须进行外观检查，阀门的铭牌应符合现行国家标准《通用阀门标志》GB/T 12220—1989的规定。对于工作压力大于1.0MPa及在主干管上起到切断作用的阀门，应进行强度和严密性试验，合格后方准使用。其他阀门可不单独进行试验，待在系统试压中检验。

（4）阀门安装的位置、进出口方向应正确，并便于操作；连接应牢固紧密，启闭灵活；成排阀门的排列应整齐美观，在同一平面上的允许偏差为3mm。

（5）双闸板闸阀宜安装在水平管道上，阀杠垂直向上；单闸板闸阀及截止阀安装位置不受限制。

（6）明杠式闸阀和阀杠不与介质接触，更适合于腐蚀性介质的管道上。

（7）电动、气动等自控阀门在安装前应进行单体的调试，包括开启、关闭等动作试验。

（8）升降式水平瓣止回阀只能安装在水平管道上，阀瓣垂直向上。升降式垂直瓣止回阀及旋启式止回阀安装在垂直管道上时，介质流向必须朝上。

（9）冷冻水和冷却水的除污器（水过滤器）应安装在进机组前的管道上，方向正确且便于清污；与管道连接牢固、严密，其安装位置应便于滤网的拆装和清洗。过滤器滤网的材质、规格和包扎方法应符合设计要求。

（10）减压阀、疏水阀应安装在水平管道上，安全阀则必须垂直向上安放。

（11）经常操作的阀门，安装位置应便于操作，最适宜的安装高度为距离操作面1.2m左右。当阀门的手轮中心高度超过操作面2m时，对于集中布置的阀门或操作频繁的单独阀门应设置平台。对不经常操作的阀门也应采取适度的措施（如活动平台或梯子）。

（12）对于较大的阀门应在其附件设支架。其支架不应设在检修时需要拆卸的短凳上，并考虑取下阀门时不影响对管道的支撑。

（13）平行布置管道上的阀门，其中心应尽量取齐。手轮间的净距不应小于100mm，为了减少管道间距，阀门可错开布置。

（14）阀门应尽量靠近设备和平管安装。

（15）阀门安装时，应尽量不要使阀门承受外加载荷，以免压力过大损坏阀门。

（16）闭式系统管路应在系统最高处及所有可能积聚空气的高点设置排气阀，在管路最低点应设置排水管及排水阀。

（六）管道系统水压试验

管道安装完毕后，应按设计规定对管道系统进行试压，以检查管道系统的施工质量，一般采用水压试验。

（1）管道系统试压应具备下列条件：

1）管道系统施工完毕，并符合设计要求及有关规范。

2）试压用压力表已经校验，精度不低于1.5级，表的满刻度值为最大被测压力的1.5～

2倍，压力表不少于2块。

3）具有完善的试压方案。

（2）试验前应将不能参与试验的系统、设备、仪表及管道附件加以隔离。安全阀应拆卸，加盲板的部位应有明显标志和记录。

（3）试验过程中如遇泄漏，不得带压修理。缺陷消除后，应重新试验。

（4）试验完毕后，应及时拆除所有临时盲板，核对记录，并填写管道系统试验记录。

（七）管道系统冲洗

1. 技术规定

（1）管道系统在试压试验后，应分阶段进行吹扫和清洗。

（2）吹洗方法应根据对管道的使用要求、工作介质及管道内表面的脏污程度确定。吹洗一般按主管、支管、疏排管依次进行。

（3）吹洗前应将系统内的仪表加以保护，并将孔板、喷嘴、滤网、节流阀及止回阀的阀芯拆除，妥善保管，待吹洗后复位。

（4）不允许吹洗的设备及管道应隔离。

（5）管道吹扫应有足够的流量，吹扫压力不得超过设计压力，流速不低于工作流速，仪表不小于20m/s。

（6）吹洗时用锤子敲打管道，对焊缝、死角和管底等部位应重点敲打，但不得损伤管道。

（7）吹洗前应考虑管道支、吊架的牢固程度，必要时应予加固。

2. 水冲洗

（1）空调水系统的管道，一般应进行水冲洗；如不能用水冲洗或不能满足清洁要求时，可用空气进行吹扫，但应采取相应的措施。

（2）水冲洗的排放管应接入可靠的排水井或沟中，并保证排泄畅通和安全，排放管的截面不应小于被冲洗截面的60%。

（3）冲洗用水可根据管道工作介质及材质选用工业用水、澄清水或蒸汽冷凝水。

（4）水冲洗应以管内可能达到的最大流量或不小于1.5m/s的流速进行。

（5）水冲洗应连续进行，当设计无规定时，则以出口的水色和透明度与入口处目测一致为合格。

（6）管道冲洗后应将水排尽，需要时可用压缩空气吹干。

四、监理过程中巡视或旁站

（1）空调水系统的设备与附属设备、管道、管道部件和阀门的材质、型号和规格，必须符合设计的规定。

（2）空调水系统管道有局部埋地或隐蔽铺设时，在为其实施覆土、浇捣混凝土或其他隐蔽工程之前，必须进行水压实验并合格；如有防腐及绝热施工的，则应该完成全部施工，并经过现场监理工程师的认可和签字，办妥手续后，方可进行下道隐蔽工程的施工。

（3）管道与空调设备的连接，应在设备定位和管道冲洗合格后进行。

（4）空调水系统管道水压试验、通水试验、冲洗等必须符合设计和施工规范要求。

（5）空调水系统中的阀门质量，是系统工程验收的一个重要项目。

（6）空调水系统管道安装完成后，必须进行水压试验（凝结水系统除外）。试验压力应符合相关规定。

（7）管道的焊接要符合规范要求。

（8）镀锌铜管表面的镀锌层、钢塑复合管的涂塑层应保持完好，不应有破坏。铜塑管螺纹连接深度及连接配件应符合规范要求。

（9）管道系统支、吊架的间距和要求，应符合规范规定。

（10）热水系统的非金属管道，其强度与温度成反比，故安装时应增加其支、吊架支承面的面积，一般宜加倍。

（11）风机盘管冷冻水供回管及凝结水管不宜采用塑料管。因这些管道主要是水平管，支、吊架太小，安装较困难。

五、工程检测和试验项目

（1）空调水系统管道安装的试验项目主要有：

1）阀门的强度和严密性试验；

2）空调冷冻、冷却水管的水压试验；

3）空调冷凝水管的通水试验。

（2）空调水系统管道安装的检测项目主要有：

1）管道系统的安装，包括变管的弯曲半径，冷凝水管的坡度和长度，安装偏差，支、吊架间距等；

2）金属管道的焊缝质量；

3）钢塑管与管道配件的连接深度和扭矩；

4）沟槽式连接的管道支、吊架间距；

5）管道支、吊架间距和标高。

以上工程检测和试验项目的具体要求详见下文第六项中的有关规定。

六、监理验收

（一）一般规定

（1）《通风与空调工程施工质量验收规范》GB 50243—2002 中关于空调水系统管道与设备的安装，适用于空调工程水系统子分部工程，包括冷（热）水、冷却水、凝结水系统的设备、管道及附件施工质量的检验及验收。

（2）镀锌钢管应采用螺纹连接。当管径大于 *DN*100 时，可采用卡箍式、法兰或焊接连接，但应对焊缝及热影响区的表面进行防腐处理。

镀锌钢管表面的镀锌层，是管道防腐的主要保护层，为不破坏镀锌层，故提倡采用螺纹连接。根据国内工程施工的情况，当管径大于等于 *DN*100 时，螺纹的加工与连接质量不太稳定，不如采用法兰、焊接或其他连接方法更为合适。对于闭式循环运行的冷媒水系统，管道内部的腐蚀性相对较弱，对被破坏的表面进行局部处理可以满足需要。但是，对于开式运行的冷却水系统，则应采取更为有效的防腐措施。

（3）从事金属管道焊接的企业，应具有相应项目的焊接工艺评定，焊工应持有相应类别焊接的焊工合格证书。

空调工程水系统金属管道的焊接，是该工程施工中应具备的一个基本技术条件。企业应具有相应焊接管道材料和条件的合格工艺评定，焊工应具有相应类别焊接考核合格且在有效期内的资格证书。这是保证管道焊接施工质量的前提条件。

（4）空调用蒸汽管道的安装，应按现行国家标准《建筑给水排水及采暖工程施工质量验收规范》GB 50242—2002 中“室内采暖系统安装”的规定执行。

（二）金属管道

（1）根据《建筑给水排水及采暖工程施工质量验收规范》GB 50243—2002 的规定，空调水系统金属管道安装的质量控制内容可以参照表 10-4 ~ 表 10-6 中的规定。

金属管道安装的相关规定 **表 10-4**

类别	序号	检验内容	检验数量	检验方法
主控项目	1	空调工程水系统的设备与附属设备、管道、管配件及阀门的型号、规格、材质及连接形式应符合设计规定	按总数抽查10%，且不得少于5件	观察检查外观质量并检查产品质量证明文件、材料进场验收记录
	2	管道与设备的连接，应在设备安装完毕后进行，与水泵、制冷机组的接管必须为柔性接口。柔性短管不得强行对口连接，与其连接的管道应设置独立支架	系统全数检查。每个系统管道、部件数量抽查10%，且不得少于5件	尺量、观察检查，旁站或查阅试验记录、隐蔽工程记录
	3	固定在建筑结构上的管道支、吊架，不得影响结构的安全。管道穿越墙体或楼板处应设钢制套管，管道接口不得置于套管内，钢制套管应与墙体饰面或楼板底部平齐，上部应高出楼层地面 20 ~ 50mm，并且不得将套管作为管道支撑	系统全数检查。每个系统管道、部件数量抽查10%，且不得少于5件	尺量、观察检查，旁站或查阅试验记录、隐蔽工程记录
	4	补偿器的补偿量和安装位置必须符合设计及产品技术文件的要求，并应根据设计计算的补偿量进行预拉伸或预压缩。设有补偿器（膨胀节）的管道应设置固定支架，其结构形式和固定位置应符合设计要求，并应在补偿器的预拉伸（或预压缩）前固定；导向支架的设置应符合所安装产品技术文件的要求	抽查20%，且不得少于1个	观察检查、旁站或者查阅补偿器的预拉伸或预压缩记录
	5	冷热水及冷却水系统应在系统冲洗、排污合格（目测：以排出口的水色和透明度与入水口对比相近，无可见杂物），再循环试运行2h以上，且水质正常后才能与制冷机组、空调设备相贯通	系统全数检查。每个系统管道、部件数量抽查10%，且不得少于5件	尺量、观察检查，旁站或查阅试验记录、隐蔽工程记录
	6	阀门的安装位置、高度、进出口方向必须符合设计要求，连接应牢固紧密；安装在保温管道上的各类手动阀门，手柄均不得向下	抽查5%，且不得少于1个	按设计图核对、观察检查

续表

类别	序号	检验内容	检验数量	检验方法
主控项目	7	阀门安装前必须进行外观检查，阀门的铭牌应符合现行国家标准《通用阀门标志》GB 12220—1989 的规定。对于工作压力大于1.0MPa及在主干管上起到切断作用的阀门，应进行强度和严密性试验，合格后方准使用。其他阀门可不单独进行试验，待在系统试压中检验。 强度试验时，试验压力为公称压力的1.5倍，持续时间不少于5min，阀门的壳体、填料应无渗漏。严密性试验时，试验压力为公称压力的1.1倍；试验压力在试验持续的时间内应保持不变，时间应符合规定（表10-5），以阀瓣密封面无渗漏为合格	水压试验以每批（同牌号、同规格、同型号）数量中抽查20%，且不得少于1个，对安装在主干管上起切断作用的闭路阀门，全数检查	旁站或查阅试验记录
	8	管道系统安装完毕，外观检查合格后应按设计要求进行水压试验。当设计无规定时，应符合下列规定： （1）冷热水、冷却水系统的试验压力，当工作压力小于等于1.0MPa时，为1.5倍工作压力，但最低不小于0.6MPa；当工作压力大于1.0MPa时，为工作压力加0.5MPa。 （2）对于大型或高层建筑垂直位差较大的冷（热）媒水、冷却水管道系统宜采用分区、分层试压和系统试压相结合的方法。一般建筑可采用系统试压方法。 （3）分区、分层试压：对相对独立的局部区域的管道进行试压。在试验在压力下，稳压10min，压力不得下降，再将系统压力降至工作压力，在60min内压力不得下降、外观检查无渗漏为合格。 （4）系统试压：在各分区管道与系统主、干管全部连通后，对整个系统的管道进行系统的试压。试验压力以最低点的压力为准，但最低点的压力不得超过管道与组成件的承受压力。压力试验升至试验压力后，稳压10min，压力下降不得大于0.02MPa，再将系统压力降至工作压力，外观检查无渗漏为合格。 （5）凝结水系统采用充水试验，应以不渗漏为合格	系统全数检查	旁站观察或查阅试验记录
	9	隐蔽管道在隐蔽前必须经监理工程师验收及认可签证	全数检查	检查隐蔽工程验收纪录
一般项目	1	金属管道的焊接应符合下列规定： （1）管道焊接材料的品种、规格、性能应符合设计要求。管道对接焊口的组对和坡口形式等应符合规定（表10-6）；对口的平直度为1/100，全长不大于10mm。管道的固定焊口应远离设备，且不宜与设备接口中心线相重合。管道的对接焊缝与支、吊架的距离应大于50mm。 （2）管道焊缝表面应清理干净，并进行外观质量的检查，焊缝外观质量不得低于现行国家标准《现场设备、工业管道焊接工程施工质量验收规程》GB 50683—2011中第8.1.2条的Ⅳ级规定（氨管为Ⅲ级）（表10-10）	按总数抽查20%，且不得少于1处	尺量、观察检查

续表

<table>
<tr><th>类别</th><th>序号</th><th colspan="6">检验内容</th><th>检验数量</th><th>检验方法</th></tr>
<tr><td rowspan="12">一般项目</td><td>2</td><td colspan="6">螺纹连接的管道，螺纹应清洁、规整，断丝或缺丝不大于螺纹全扣数的10%；连接牢固；接口处根部外露螺纹为2～3扣，无外露填料；镀锌管道的镀锌层应注意保护，对局部的破损处，应做防腐处理</td><td>按总数抽查5%，且不得少于5处</td><td>尺量、观察检查</td></tr>
<tr><td>3</td><td colspan="6">法兰连接的管道，法兰面应与管道中心线垂直，并同心。管端伸入法兰厚度为2/3，法兰对接应平行，其偏差不应大于其外径的1.5/1000，且不得大于2mm；连接螺栓长度应一致、螺母在同侧、均匀拧紧。螺栓紧固后不应低于螺母平面。法兰的衬垫规格、品种和厚度应符合设计的要求</td><td>按总数抽查5%，且不得少于5处</td><td>尺量、观察检查</td></tr>
<tr><td rowspan="10">4</td><td colspan="6">钢制管道的安装应符合下列规定：
（1）管道和管件在安装前，应将其内、外壁的污物和锈蚀清除干净。当管道安装间断时，应及时封闭敞开的管口。
（2）管道弯制弯管的弯曲半径，热弯不应小于管道外径的3.5倍、冷弯不应小于4倍；焊接弯管不应小于1.5倍；冲压弯管不应小于1倍。弯管的最大外径与最小外径的差不应大于管道外径的8/100，管壁减薄率不应大于15%。
（3）冷凝水排水管坡度，应符合设计文件的规定。当设计无规定时，其坡度宜大于或等于8‰；软管连接的长度，不宜大于150mm。
（4）冷热水管道与支、吊架之间，应有绝热衬垫（承压强度能满足管道质量的不燃、难燃硬质绝热材料或经防腐处理的木衬垫）。其厚度不应小于绝热层厚度，宽度应不大于支、吊架支承面的宽度。衬垫的表面应平整，衬垫接合面的空隙应填实。
（5）在吊顶内等暗装管道的位置应正确，无明显偏差</td><td>按总数抽查10%，且不得少于5处</td><td>尺量、观察检查</td></tr>
<tr><td rowspan="9">管道安装的允许偏差和检验方法</td><td>项次</td><td colspan="3">项目</td><td colspan="2">许偏差（mm）</td><td rowspan="4">按系统检查管道的起点、终点、分支点和变向点及各点之间的直管用经纬仪、水准仪、液体连通器、水平仪、拉线和尺量检查</td></tr>
<tr><td rowspan="3">1</td><td rowspan="3">坐标</td><td rowspan="2">架空及地沟</td><td>室外</td><td colspan="2">25</td></tr>
<tr><td>室内</td><td colspan="2">15</td></tr>
<tr><td colspan="2">埋地</td><td colspan="2">60</td></tr>
<tr><td>2</td><td>标高</td><td>架空及地沟：室外 / 室内；埋地</td><td>±20 / ±15；±25</td><td colspan="2"></td><td></td></tr>
<tr><td>3</td><td>水平管道平直度</td><td colspan="2">$DN \leq 100$mm
$DN > 100$mm</td><td colspan="2">$2L$‰，最大40
$3L$‰，最大60</td><td>用直尺、拉线和尺量检查</td></tr>
<tr><td>4</td><td colspan="3">立管垂直度</td><td colspan="2">$5L$‰，最大25</td><td>用直尺、线锤、拉线和尺量检查</td></tr>
<tr><td>5</td><td colspan="3">成排管段间距</td><td colspan="2">15</td><td>用直尺、尺量检查</td></tr>
<tr><td>6</td><td colspan="3">成排管段或成排阀门在同一平面上</td><td colspan="2">3</td><td>用直尺、拉线和尺量检查</td></tr>
<tr><td colspan="8">注：L——管道的有效长度（mm）</td></tr>
</table>

续表

类别	序号	检验内容	检验数量	检验方法
一般项目	5	钢塑复合管道的安装，当系统工作压力不大于1.0MPa时，可采用涂（衬）塑焊接钢管螺纹连接，与管道配件的连接深度和扭矩应符合规定（表10-7）；当系统工作压力为1.0~2.5MPa时，可采用涂（衬）塑无缝钢管法兰连接或沟槽式连接，管道配件均为无缝钢管涂（衬）塑管件	按总数抽查10%，且不得少于5处	尺量、观察检查、查阅产品合格证明文件
	6	沟槽式连接的管道，其沟槽与橡胶密封圈和卡箍套必须为配套合格产品，支、吊架的间距应符合规定（表10-8）	按总数抽查10%，且不得少于5处	尺量、观察检查、查阅产品合格证明文件
	7	金属管道的支、吊架的形式、位置、间距、标高应符合设计或有关技术标准的要求，设计无规定时，应符合下列规定： （1）支、吊架的安装应平整牢固，与管道接触紧密。管道与设备连接处，应设独立支、吊架。 （2）冷（热）媒水、冷却水系统管道机房内总、干管的支、吊架，应采用承重防晃管架；与设备连接的管道管架宜有减振措施。当水平支管的管架采用单杆吊架时，应在管道起始点、阀门、三通、弯头及长度每隔15m设置承重防晃支、吊架。 （3）无热位移的管道吊架，其吊杆应垂直安装；有热位移的，其吊杆应向热膨胀（或冷收缩）的反方向偏移安装，偏移量按计算确定。 （4）滑动支架的滑动面应清洁、平整，其安装位置应从支承面中心向位移方向偏移1/2位移值或符合设计文件规定。 （5）竖井的立管，每隔2~3层应设导向支架。在建筑结构负重允许的情况下，水平安装管道支、吊架的间距应符合规定（表10-9）。 （6）管道支、吊架的焊接应由持合格证焊工施焊，并不得有漏焊、欠焊或焊接裂纹等缺陷。支架与管道焊接时，管道侧的咬边量，应小于管壁厚的0.1	按系统支架数量抽查5%，且不得少于5个	尺量、观察检查
	8	阀门、集气罐、自动排气装置、除污器（水过滤器）等管道部件的安装应符合设计要求，并应符合下列规定： （1）阀门安装的位置、进出口方向应正确，并便于操作；连接应牢固紧密，启闭灵活；成排阀门的排列应整齐美观，在同一平面上的允许偏差为3mm； （2）电动、气动等自动控制阀门在安装前应进行单体的调试，包括开启、关闭等动作试验； （3）冷冻水和冷却水的除污器（水过滤器）应安装在进机组前的管道上，方向正确且便于清污；与管道连接牢固、严密，其安装位置便于滤网的拆装和清洗。过滤器滤网的材质、规格和包扎方法应符合设计要求	按规格、型号抽查10%，且不得少于2个	对照设计文件尺量、观察和操作检查
	9	闭式系统管路应在系统最高处及所有可能积聚空气的高点设置排气阀，在管路最低点应设置排水管及排水阀	按规格、型号抽查10%，且不得少于2个	对照设计文件尺量、观察和操作检查

阀门压力持续时间 **表 10-5**

公称直径 *DN*（mm）	最短试验持续时间（s）	
	严密性试验	
	金属密封	非金属密封
≤50	15	15
65～200	30	15
250～450	60	30
≥500	120	60

管道焊接坡口形式和尺寸 **表 10-6**

项次	厚度 *T*（mm）	坡口名称	坡口形式	坡口尺寸			备注
				间隙 *C*（mm）	钝边 *P*（mm）	坡口角度 α（°）	
1	1～3	I 型坡口		0～1.5	—	—	内壁错边量≤0.1*T* 且≤2mm；外壁≤3mm
	3～6			1～2.5			
2	6～9	V 形坡口		0～2.0	0～2	65～75	
	9～26			0～3.0	0～3	55～65	
3	2～30	T 形坡口		0～2.0	—	—	

钢塑复合管螺纹连接深度及紧固扭矩 **表 10-7**

公称直径（mm）		15	20	25	32	40	50	65	80	100
螺纹连接	深度（mm）	11	13	15	17	18	20	23	27	33
	牙 数	6.0	6.5	7.0	7.5	8.0	9.0	10.0	11.5	13.5
扭 矩/（N·m）		40	60	100	120	150	200	250	300	400

沟槽式连接管道的沟槽及支、吊架的间距 **表 10-8**

公称直径（mm）	沟槽深度（mm）	允许偏差（mm）	支、吊架的间距（mm）	端面垂直度允许偏差（mm）
65～100	2.20	0～+0.3	3.5	1.0
125～150	2.20	0～+0.3	4.2	1.5
200	2.50	0～+0.3	4.2	
225～250	2.50	0～+0.3	5.0	
300	3.00	0～+0.5	5.0	

注：1. 连接管端面应平整光滑、无毛刺；沟槽过深，应作为废品，不得使用。

2. 支、吊架不得支承在连接头上，水平管的任意两个连接头之间必须有支、吊架。

钢管道支、吊架的最大间距 **表 10-9**

<table>
<tr><td colspan="2">公称直径（mm）</td><td>15</td><td>20</td><td>25</td><td>32</td><td>40</td><td>50</td><td>70</td><td>80</td><td>100</td><td>125</td><td>150</td><td>200</td><td>250</td><td>300</td></tr>
<tr><td rowspan="3">支架的最大间距/m</td><td>L_1</td><td>1.5</td><td>2.0</td><td>2.5</td><td>2.5</td><td>3.0</td><td>3.5</td><td>4.0</td><td>5.0</td><td>5.0</td><td>5.5</td><td>6.5</td><td>7.5</td><td>8.5</td><td>9.5</td></tr>
<tr><td>L_2</td><td>2.5</td><td>3.0</td><td>3.5</td><td>4.0</td><td>4.5</td><td>5.0</td><td>6.0</td><td>6.5</td><td>6.5</td><td>7.5</td><td>7.5</td><td>9.0</td><td>9.5</td><td>10.5</td></tr>
<tr><td colspan="15">对大于300mm的管道可参考300mm管道</td></tr>
</table>

注：1. 适用于工作压力不大于2.0MPa，不保温或保温材料密度不大于200kg/m^{3}的管道系统。

2. L_1 用于保温管道，L_2 用于不保温管道。

（2）《现场设备、工业管道焊接工程施工质量验收规范》GB 50683—2011 第8.1条对焊缝外观质量作下列规定：

1）设计文件规定焊缝系数为1的焊缝或规定进行100%射线照相检验或超声波检验的焊缝，其外观质量不得低于表10-10中的Ⅱ级。

焊缝质量分级标准 **表 10-10**

<table>
<tr><td rowspan="2">检查项目</td><td rowspan="2">缺陷名称</td><td colspan="4">质量分级</td></tr>
<tr><td>Ⅰ</td><td>Ⅱ</td><td>Ⅲ</td><td>Ⅳ</td></tr>
<tr><td rowspan="10">焊缝外观质量</td><td>裂纹</td><td colspan="4">不允许</td></tr>
<tr><td>表面气孔</td><td colspan="2">不允许</td><td>每50mm焊缝长度内允许直径≤0.3δ，且≤2mm的气孔2个；孔间距≥6倍孔径</td><td>每50mm焊缝长度内允许直径≤0.4δ，且≤3mm的气孔2个；孔间距≥6倍孔径</td></tr>
<tr><td>表面夹渣</td><td colspan="2">不允许</td><td>深≤0.1δ；长≤0.3δ，且≤10mm</td><td>深≤0.2δ；长≤0.5δ，且≤20mm</td></tr>
<tr><td>咬边</td><td colspan="2">不允许</td><td>≤0.5δ，且≤0.5mm连续长度≤100mm，且焊缝两侧咬边总长≤10%焊缝全长</td><td>≤0.1δ，且≤1mm，长度不限</td></tr>
<tr><td>未焊透</td><td colspan="2">不允许</td><td>不加垫单面焊允许值≤0.15δ，且≤1.5mm缺陷总长在6δ焊缝长度内不超过δ</td><td>≤0.2δ，且≤2.0mm每100mm焊缝内缺陷总长≤25mm</td></tr>
<tr><td rowspan="2">根部收缩</td><td rowspan="2">不允许</td><td>≤0.2+0.02δ，且≤0.5mm</td><td>≤0.2+0.02δ，且≤1mm</td><td>≤0.2+0.04δ，且≤2mm</td></tr>
<tr><td colspan="3">长度不限</td></tr>
<tr><td>角焊缝厚度不足</td><td colspan="2">不允许</td><td>≤0.3+0.05δ，且≤1mm每100mm焊缝长度内缺陷总长度≤25mm</td><td>≤0.3+0.05δ，且≤2mm每100mm焊缝长度内缺陷总长度≤25mm</td></tr>
<tr><td>角焊缝焊脚不对称</td><td colspan="2">差值≤1+0.1a</td><td>≤2+0.15a</td><td>≤2+0.2a</td></tr>
<tr><td>余高</td><td colspan="2">≤1+0.1b，且最大为3mm</td><td colspan="2">≤1+0.2b，且最大为5mm</td></tr>
</table>

续表

<table>
<tr><th rowspan="2">检查项目</th><th rowspan="2" colspan="2">缺陷名称</th><th colspan="4">质 量 分 级</th></tr>
<tr><th>Ⅰ</th><th>Ⅱ</th><th>Ⅲ</th><th>Ⅳ</th></tr>
<tr><td rowspan="6">对接焊缝内部质量</td><td rowspan="5">射线照相检验</td><td>碳素钢和合金钢</td><td>GB 3323 的Ⅰ级</td><td>GB 3323 的Ⅱ级</td><td>GB 3323 的Ⅲ级</td><td rowspan="3">不要求</td></tr>
<tr><td>铝及铝合金</td><td>附录 E 的Ⅰ级</td><td>附录 E 的Ⅱ级</td><td>附录 E 的Ⅲ级</td></tr>
<tr><td>铜及铜合金</td><td>GB 3323 的Ⅰ级</td><td>GB 3323 的Ⅱ级</td><td>GB 3323 的Ⅲ级</td></tr>
<tr><td>工业纯钛</td><td colspan="2">附录 F 的合格级</td><td colspan="2">不要求</td></tr>
<tr><td>镍及镍合金</td><td>GB 3323 的Ⅰ级</td><td>GB 3323 的Ⅱ级</td><td>GB 3323 的Ⅲ级</td><td>不要求</td></tr>
<tr><td colspan="2">超声波检验</td><td colspan="2">GB 11345 的Ⅰ级</td><td>GB 11345 的Ⅱ级</td><td>不要求</td></tr>
</table>

注：1. 当咬边经磨削修整并平滑过渡时，可按焊缝一侧较薄母材最小允许厚度值评定。
2. 角焊缝焊脚不对称在特定条件下要求平缓过渡时，不受本规定限制（如搭接或不等厚板的对接和角接组合焊缝）。
3. 除注明角焊缝缺陷外，其余均为对接、角接焊缝通用。
4. 表中，a——设计焊缝厚度；b——焊缝宽度；δ——母材厚度。

2）设计文件规定进行局部射线照相检验或超声波检验的焊缝，其外观质量不得低于上表中的Ⅲ级（表10-10）。

3）不要求进行无损检验的焊缝，其外观质量不低于上表中的Ⅳ级（表10-10）。

4）钛及钛合金焊缝表面除应按上述规定进行外观检查外，尚应在焊后清理前进行色泽检查，色泽检查应符合规定（表10-11）。

钛及钛合金焊缝表面色泽检查 **表 10-11**

<table>
<tr><th>焊缝表面颜色</th><th>保 护 效 果</th><th>质 量</th></tr>
<tr><td>银白色（金属光泽）</td><td>优</td><td>合 格</td></tr>
<tr><td>金黄色（金属光泽）</td><td>良</td><td>合 格</td></tr>
<tr><td>紫色（金属光泽）</td><td>低温氧化、焊缝表面有污染</td><td>合 格</td></tr>
<tr><td>蓝色（金属光泽）</td><td>高温氧化、表面污染严重、性能下降</td><td>不合格</td></tr>
<tr><td>灰色（金属光泽）</td><td rowspan="4">保护不好、污染严重</td><td rowspan="4">不合格</td></tr>
<tr><td>暗灰色</td></tr>
<tr><td>灰白色</td></tr>
<tr><td>黄白色</td></tr>
</table>

注：区别低温氧化和高温氧化的方法宜采用酸洗法，经酸洗能除去紫色、蓝色者为低温氧化，除不掉者为高温氧化，酸洗液配方为：2% ~4% HF + 30% ~40% HNO_3 + 余量水（体积比），酸洗液温度不应高于60℃，酸洗时间宜为 2 ~ 3min，酸洗后应立即用清水冲洗干净并晾干。

（三）非金属管道

空调水系统非金属管道安装的质量控制内容可以参照相关规定（表10-12、表10-13）。

非金属管道安装的相关规定　　表10-12

类别	序号	检验内容	检验数量	检验方法
主控项目	1	空调工程水系统的设备与附属设备、管道、管配件及阀门的型号、规格、材质及连接形式应符合设计规定	同金属管道	同金属管道
	2	管道与设备的连接，应在设备安装完毕后进行，与水泵、制冷机组的接管必须为柔性接口。柔性短管不得强行对口连接，与其连接的管道应设置独立支架		
	3	固定在建筑结构上的管道支、吊架，不得影响结构的安全。管道穿越墙体或楼板处应设钢制套管，管道接口不得置于套管内，钢制套管应与墙体饰面或楼板底部平齐，上部应高出楼层地面20~50mm，并不得将套管作为管道支撑		
	4	补偿器的补偿量和安装位置必须符合设计及产品技术文件的要求，并应根据设计计算的补偿量进行预拉伸或预压缩。设有补偿器（膨胀节）的管道应设置固定支架，其结构形式和固定位置应符合设计要求，并应在补偿器的预拉伸（或预压缩）前固定；导向支架的设置应符合所安装产品技术文件的要求		
	5	冷热水及冷却水系统应在系统冲洗、排污合格（目测：以排出口的水色和透明度与入水口对比相近，无可见杂物），再循环试运行2h以上，且水质正常后才能与制冷机组、空调设备相贯通		
	6	阀门的安装位置、高度、进出口方向必须符合设计要求，连接应牢固紧密；安装在保温管道上的各类手动阀门，手柄均不得向下		
	7	阀门安装前必须进行外观检查，阀门的铭牌应符合现行国家标准《通用阀门标志》GB 12220—1989的规定。对于工作压力大于1.0MPa及在主干管上起到切断作用的阀门，应进行强度和严密性试验，合格后方准使用。其他阀门可不单独进行试验，待在系统试压中检验。 强度试验时，试验压力为公称压力的1.5倍，持续时间不少于5min，阀门的壳体、填料应无渗漏。 严密性试验时，试验压力为公称压力的1.1倍；试验压力在试验持续的时间内应保持不变，时间应符合规定，以阀瓣密封面无渗漏为合格（表10-5）		

续表

类别	序号	检验内容	检验数量	检验方法
主控项目	8	管道系统安装完毕，外观检查合格后，应按设计要求进行水压试验。当设计无规定时，应符合下列规定： (1) 冷热水、冷却水系统的试验压力，当工作压力小于等于1.0MPa时，为1.5倍工作压力，但最低不小于0.6MPa；当工作压力大于1.0MPa时，为工作压力加0.5MPa。 (2) 对于大型或高层建筑垂直位差较大的冷（热）媒水、冷却水管道系统宜采用分区、分层试压和系统试压相结合的方法。一般建筑可采用系统试压方法。 分区、分层试压：对相对独立的局部区域的管道进行试压。在试验压力下，稳压10min，压力不得下降，再将系统压力降至工作压力，在60min内压力不得下降，外观检查无渗漏为合格。 系统试压：在各分区管道与系统主、干管全部连通后，对整个系统的管道进行系统的试压。试验压力以最低点的压力为准，但最低点压力不得超过管道与组成件的承受压力。压力试验升至试验压力后，稳压10min，压力下降不得大于0.02MPa，再将系统压力降至工作压力，外观检查无渗漏为合格。 (3) 各种耐压塑料管的强度试验压力为1.5倍工作压力，严密性工作压力为1.15倍的设计工作压力。 (4) 凝结水系统采用充水试验，应以不渗漏为合格	同金属管道	同金属管道
	9	隐蔽管道在隐蔽前必须经监理工程师验收及认可签证		
一般项目	1	硬聚氯乙烯（PVC-U）管道的连接方法应符合设计和产品技术要求的规定	按总数检查20%，且不得少于2处	尺量、观察检查，验证产品合格证书和试验记录
	2	聚丙烯（PP-R）管道的连接方法应符合设计和产品技术要求的规定	按总数检查20%，且不得少于2处	尺量、观察检查，验证产品合格证书和试验记录
	3	聚丁烯（PB）管道与交联聚乙烯（PEX）管道的连接方法应符合设计和产品技术要求的规定	按总数检查20%，且不得少于2处	尺量、观察检查，验证产品合格证书和试验记录
	4	采用建筑用硬聚氯乙烯（PVC-U）、聚丙烯（PP-R）与交联聚乙烯（PEX）等管道时，管道与金属支、吊架之间应有隔绝措施，不可直接接触，当为热水管道时，还应加宽其接触的面积。支、吊架的间距应符合设计和产品技术要求的规定	按系统支架数量抽查5%，且不得少于5个	观察检查

续表

类别	序号	检验内容	检验数量	检验方法
一般项目	5	金属管道的支、吊架的形式、位置、间距、标高应符合设计或有关技术标准的要求。设计无规定时，应符合下列规定： （1）支、吊架的安装应平整牢固，与管道接触紧密。管道与设备连接处，应设独立支、吊架。 （2）冷（热）媒水、冷却水系统管道机房内总、干管的支、吊架，应采用承重防晃管架；与设备连接的管道管架宜有减振措施。当水平支管的管架采用单杆总架时，应在管道起始点、阀门、三通、弯头及长度每隔15m设置承重防晃支、吊架。 （3）无热位移的管道吊架，其吊杆应垂直安装；有热位移的，其吊杆应向热膨胀（或冷收缩）的反方向偏移安装，偏移量按计算确定。 （4）滑动支架的滑动面应清洁、平整，其安装位置应从支承面中心向位移方向偏移1/2位移值或符合设计文件规定。 （5）竖井内的立管，每隔2～3层应设导向支架。在建筑结构负重允许的情况下，水平安装管道支、吊架的间距应符合规定。（表10-9） （6）管道支、吊架的焊接应由持合格证焊工施焊，并不得有漏焊、欠焊或焊接裂纹等缺陷。支架与管道焊接时，管道侧的咬边量，应小于0.1管壁厚	按系统支架数量抽查5%，且不得少于5个	尺量、观察检查
	6	阀门、集气罐、自动排气装置、除污器（水过滤器）等管道部件的安装应符合设计要求，并应符合下列规定： （1）阀门安装的位置、进出口方向应正确，并便于操作；连接应牢固紧密，启闭灵活；成排阀门的排列应整齐美观，在同一平面上的允许偏差为3mm； （2）电动、气动等自控阀门在安装前应进行单体的调试，包括开启、关闭等动作试验； （3）冷冻水和冷却水的除污器（水过滤器）应安装在进机组前的管道上，方向正确且便于清污；与管道连接牢固、严密，其安装位置应便于滤网的拆装和清洗。过滤器滤网的材质、规格和包扎方法应符合设计要求	按型号、规格抽查10%，且不得少于2个	对照设计文件尺量、观察和操作检查
	7	闭式系统管路应在系统最高处及所有可能积聚空气的高点设置排气阀，在管路最低点应设置排水管及排水阀	同上	同上

塑料管支、吊架最大间距 表 10-13

管径（mm）			12	14	16	18	20	25	32	40	50	63	75	90	110
支架的最大间距/m	立管		0.5	0.6	0.7	0.8	0.9	1.0	1.1	1.3	1.6	1.8	2.0	2.2	2.4
	水平管	冷水管	0.4	0.4	0.5	0.5	0.6	0.7	0.8	0.9	1.0	1.1	1.2	1.35	1.55
		热水管	0.2	0.2	0.25	0.3	0.3	0.35	0.4	0.5	0.6	0.7	0.8		

注：1. 摘自《建筑给水排水及采暖工程施工质量验收规范》GB 50242—2002。

2. 冷冻送、回管道水平支、吊架最大间距应选用热水管，冷凝水管道水平支、吊架最大间距应选用冷水管。

第二节 空调水系统设备安装工程

一、工程内容

空调水系统的设备主要包括冷却塔、水泵、膨胀水箱、集水器、分水器、储冷罐等。因此空调水系统设备安装的工程内容主要有冷却塔安装，水泵及附属设备安装，水箱、集水器、分水器等辅助设备的安装，设备的防腐与绝热及系统调试。

二、设备和材料质量要求

（1）空调水系统的设备必须具有中文质量合格证明文件，以及设备说明书等，规格、型号、性能检测报告应符合国家技术标准或设计要求，进场时应做检查验收，经监理工程师核查确认，并应形成相应的质量记录。

（2）所有设备进场时，应对品种、规格、外观等进行验收，包装应完好，表面无划痕及外力冲击破损。

（3）设备运到安装现场后，应进行开箱检查，主要是检查外表，初步了解设备的完整程度，零部件、备品是否齐全；而对设备的性能、参数、运转质量标准的全面检测，则应根据设备类型的不同进行专项检查和测试。

（4）对于水泵，应确保不应有缺件、损坏和锈蚀等情况，管口保护物和堵盖应完好。盘车应灵活，无阻滞、卡住现象，无异常声音。

（5）各类阀门，要检查外观、出厂合格证、制造厂的铭牌、公称压力、公称直径、工作温度、工作介质等。对于合金阀门和高压阀门，应按每批次不少于10%且不少于1个抽检，解体检查其内部零件。阀门还需要做强度试验和严密性试验。

（6）法兰、管箍、卡套、弯头、三通、异径管、吊环、支架等管件，应检查外观质量、尺寸规格，并核对其机械性能和化学成分的检查结果，应符合规范和设计要求。

（7）对于真空表、压力表、温度计、安全阀、流量计等，应确认其规格型号、接口直径、安装位置、使用介质、测定范围、校验证等是否符合要求。

三、施工安装过程质量控制内容

空调水系统的安装是空调安装工程中的重要组成部分，直接关系到空调系统安装的质量和工期。

（一）冷却塔安装质量监控

（1）基础应水平不能倾斜，冷却塔安装应平稳，中心线垂直于水平面，地脚螺栓的固定应牢固。

（2）冷却塔应设置在噪声要求低和允许水滴飞溅的地方，当有一定的噪声、温度要求时，应设有消声及隔音或防止水滴飞溅或集中排水措施。

（3）冷却塔应设置在通风良好的地方，不应设在厨房等有高温空气排出口的地方，并与高温排风口、烟囱等热源处，保持一定的距离。

（4）为防止金属冷却塔、系统管路的腐蚀，以达到净化的使用要求，应保证冷却水和补给水达到要求标准（表10-14），否则应做纯度处理。

水质标准 **表10-14**

项　　目	指　　标	
	冷却水	补给水
pH值（25℃）	0.5~8.0	6.0~8.0
电导率（25℃）（μS/cm）	800以下	200以下
氯化物离子（mgCL/L）	200以下	50以下
硫酸根离子（$mgSO_4/L$）	200以下	50以下
碱度（$mgcaco_3/L$）	100以下	50以下
总硬度（$mgcaco_3/L$）	200以下	50以下

（5）两台以上的冷却塔并用时，应注意塔身间距符合设计要求。

（6）如多台冷却塔并联设置时，应注意并联管路阻力不平衡而造成水量分配不均匀的现象。为防止这一问题，在各进水管上设置控制阀门，用来调节水量。

（7）冷却塔的安装地点，需按设计指定位置进行安装，安装前应校核结构承压强度，必要时应按设计要求加固补强，冷却塔安装应达到平衡牢固。

（8）冷却塔的出水口及喷嘴方向、位置均应正确，且布水均匀。有转动布水器的冷却塔，其转动部分必须灵活，喷水出口宜向下与水平呈30°夹角，且方向一致，不应垂直向下。

（9）循环出入水接驳，宜用避震喉连接。

（10）对玻璃钢冷却塔或用塑料制品作填料的冷却塔安装时，应严格按防火规定进行，一般应采用阻燃材料予以隔离保护。

（二）水泵安装质量监控

参照“室内给水排水工程施工安装质量监控”一章中的相关内容。

四、监理过程中巡视或旁站

（1）空调水系统设备的材质、型号、规格和技术参数必须符合设计的规定。

（2）由于冷却塔的玻璃钢外壳及塑料波纹片或蜂窝片大都是易燃品。因此在安装施工过程中，必须注意严格遵守施工防火安全管理的规定。

(3) 安装冷却塔时，要保证中心喉垂直安装在水槽喉曲上，然后装上中心喉夹，再加装围身支架。散热片与中心喉夹连接，需确保水平垂直，确保各件串好。

(4) 冷却塔喷头、马达、马达架及风扇等的安装，要注意结合生产厂家的技术参数，积水盘及周围缝隙需密封。

(5) 水泵安装位置要满足允许吸上真空高度的要求，同时保证基础的水平与稳固。

(6) 水泵和动力机采用轴连接时，要保证轴心在同一直线上，以防机组运行产生振动及轴承单面磨损；若采用带传动，则应使胶带轮平行，胶带轮对正。

(7) 机房中若装有多台水泵机组，应保证机组之间以及机组与墙壁之间留有足够的距离。

(8) 在水泵、冷却塔等设备进行设备安装验收时，应强调安装的固定质量和连接质量。

(9) 各种设备安装完毕后所进行的水压试验、满水实验、试车及系统调试等必须符合设计和施工规范要求。

五、工程检测和试验项目

(1) 水箱、集水器、分水器、储水罐的满水试验或水压试验。

(2) 水泵、冷却塔、水箱、集水器、分水器、储冷罐等设备安装的检测。

(3) 水泵、冷却塔等设备的试运转。

以上工程检测或试验项目的具体规定详见以下内容。

六、监理验收

根据《通风与空调工程施工质量验收规范》GB 50243—2002 的规定，空调水系统设备施工安装的监理验收应该参照表 10-15 中的内容。

空调水系统设备安装验收规定 **表 10-15**

类别	序号	检验内容	检验数量	检验方法
主控项目	1	空调工程水系统的设备与附属设备、管道、管配件及阀门的型号、规格、材质及连接形式应符合设计规定	按总数抽查10%，且不得少于5件	观察检查外观质量并检查产品质量证明文件、材料进场验收记录
	2	冷却塔的型号、规格、技术参数必须符合设计要求。对含有易燃材料冷却塔的安装，必须严格执行施工防火安全的规定	全数检查	按图纸核对，监督执行防火规定
	3	水泵的规格、型号、技术参数应符合设计要求和产品性能指标。水泵正常连续运行的时间，不应少于2h	全数检查	按图纸核对，实测或查阅水泵试运行记录
	4	水箱、集水器、分水器、储冷罐的满水试验或水压试验必须符合设计要求。储冷罐内壁防腐涂层的材质、涂抹质量、厚度必须符合设计或产品技术文件要求，储冷罐与底座必须进行绝热处理	全数检查	尺量、观察检查，查阅试验记录

续表

类别	序号	检验内容	检验数量	检验方法
一般项目	1	风机盘管机组及其他空调设备与管道的连接，宜采用弹性接管或软接管（金属或非金属软管），其耐压值应大于等于1.5倍工作压力。软管的连接应牢固，不应有强扭和瘪管	按总数抽查10%，且不得少于5处	观察、查阅产品合格证明文件
	2	冷却塔安装应符合下列规定： （1）基础标高应符合设计的规定，允许误差为±20mm。冷却塔地脚螺栓与预埋件的连接或固定应牢固，各连接部件应采用热镀锌或不锈钢螺栓，其紧固力应一致、均匀。 （2）冷却塔安装应水平，单台冷却塔安装水平度和垂直度允许偏差均为2/1000。同一冷却水系统的多台冷却塔安装时，各台冷却塔的水面高度应一致，高差不应大于30mm。 （3）冷却塔的出水口及喷嘴的方向和位置应正确，积水盘应严密无渗漏，分水器布水均匀。带转动布水器的冷却塔，其转动部分应灵活，喷水出口按设计或产品要求，方向应一致。 （4）冷却塔风机叶片端部与塔体四周的径向间隙均匀。对于可调整角度的叶片，角度应一致	全数检查	尺量、观察检查，积水盘做充水试验或查阅试验记录
	3	水泵及附属设备的安装应符合下列规定： （1）水泵的平面位置和标高允许偏差为±10mm，安装的地脚螺栓应垂直、拧紧，且与设备底座接触紧密； （2）垫铁组放置位置正确、平稳、接触紧密，每组不超过3块； （3）整体安装的泵，纵向水平偏差不应大于0.1/1000，横向水平偏差不应大于0.2/1000；解体安装的泵纵、横向安装水平偏差均不应大于0.05/1000； 水泵与电机采用联轴器连接时，联轴器两轴芯的允许偏差，轴向倾斜不应大于0.2/1000，径向位移不应大于0.05mm； 小型整体安装的管道水泵不应有明显偏斜； （4）隔振器与水泵及水泵基础连接牢固、平稳、接触紧密	全数检查	扳手试拧、观察检查，用水平仪和塞尺测量或查阅设备安装记录
	4	水箱、集水器、分水器、储冷罐等设备的安装，支架或底座的尺寸、位置符合设计要求。设备与支架或底座接触紧密，安装平正、牢固。平面位置允许偏差为15mm，标高允许偏差为±5mm，垂直度允许偏差为1/1000 膨胀水箱安装的位置及接管的连接，应符合设计文件的要求	全数检查	尺量、观察检查，旁站或查阅试验记录
	5	冷冻水和冷却水的除污器（水过滤器）应安装在进机组前的管道上，方向正确且便于清污，与管道连接牢固、严密，其安装位置应便于滤网的拆装和清洗。过滤器滤网的材质、规格和包扎方法应符合设计要求	按规格、型号抽查10%，且不得少于2个	对照设计文件尺量、观察和操作检查

第十一章　通风与空调设备和管道的防腐与绝热工程质量监控

第一节　风管和管道的防腐工程

本节适用于通风与空调工程的风管、部件、空气处理设备和制冷管道系统的防腐工程。

一、工程内容

通风与空调的设备、管道、部件及支、吊、托架以及附属钢结构长期与大气、水、土壤接触，容易产生锈蚀或腐蚀，为防止设备过早老化、延长系统使用寿命，在其外部涂刷涂层是防腐蚀的重要措施。在通风与空调工程施工中，应对安装过程中使用的所有支、吊、托架及表面未经处理或在加工前已刷了一道防锈漆由碳素钢板制作的风管及碳素钢管、镀锌层已经泛白的镀锌钢板风管或在加工过程中镀锌层已被破坏的管道、安装在室外的聚氯乙烯板风管以及设计要求或工程有特殊要求的管道采取防腐措施。工程中常用的防腐蚀方法是在金属表面涂刷油漆，以起到保护作用。

二、材料质量要求

通风与空调设备和管道工程所用各类油漆材料，使用前应作质量检验。所用油漆如遇下列质量问题便不得使用。

（1）油漆成胶冻状。

（2）油漆沉淀：

色漆是颜料与漆料经分散研磨制成。在贮存过程中往往有部分颜料沉在下部，因此使用前应预搅拌。若在底部结成硬块，不易调开，甚至所结的块成干硬无油状，则不能在现场使用。

（3）油漆结皮：

油性漆在桶内贮存一段时间后，会在油漆的表面上结一层薄皮，使用时应除去，最好完整取出，不要捣碎，否则混入漆中便成颗粒，影响漆膜质量。如已破碎，使用前必须过滤，否则不得使用。

（4）慢干与返粘的油漆：

慢干与返粘是油漆本身的质量问题，也与贮存和使用有关。慢干是油漆干燥超过规定时间仍未全干，返粘是油漆干燥后仍有粘指现象。凡慢干或返粘的油漆均不得使用。

三、施工过程质量控制内容

（一）喷、涂油漆前准备工作

1. 检查内容

(1) 油漆材料:

1) 薄钢板风管油漆;

2) 空气洁净系统油漆;

3) 制冷剂管道油漆及制冷管道颜色。

(2) 施工环境。

(3) 除锈。

2. 质量控制与监理要点

(1) 油漆材料:

1) 薄钢板风管油漆见表11-1;

2) 空气洁净系统油漆见表11-2;

3) 制冷剂管道油漆见表11-3、表11-4。

薄钢板风管油漆　表11-1

序号	风管所输送的气体介质	油漆类别	油漆遍数
1	不含有灰尘且温度不高于70℃的空气	内表面刷防锈底漆	2
		外表面刷防锈底漆	1
		外表面刷面漆(调和漆等)	2
2	不含有灰尘且温度高于70℃的空气	内、外表面各涂耐热漆	2
3	含有粉尘或粉屑的空气	内表面刷防锈底漆	1
		外表面刷防锈底漆	1
		外表面刷面漆	2
4	含有腐蚀性介质的空气	内表面刷耐酸底漆	≥2
		外表面刷耐酸面漆	≥2

注:需保温的风管外表面不涂粘结剂时,宜刷防锈漆二遍。

空气洁净系统油漆　表11-2

序号	风管部位	油漆类别	油漆遍数	系统部位
1	内表面	醇酸类底漆	2	1. 中效过滤器前的送风管及回风管 2. 中效过滤器后和高效过滤器前的送风管
		醇酸类磁漆	2	
2	外表面(保温)	铁红底漆	2	
3	外表面(非保温)	铁红底漆	1	
		调和漆	2	

制冷剂管道油漆 **表 11-3**

管道类别		油漆种类	油漆遍数
保温管道	保温层以沥青为粘结剂	沥青漆	2
	保温层不以沥青为粘结剂	防锈漆	2
非保温管道		防锈底漆	2
		色漆	2

注：镀锌钢管可免涂底漆。

制冷管道颜色 **表 11-4**

管道名称	颜色	管道名称	颜色
高压排气管	红色	放油管	紫色
制冷剂液体管	黄色	冷冻水供水管	绿色
	氟管可刷银灰色	冷冻水回水管	棕色
低压吸气管	蓝色	冷却水供水管	天蓝色
放空管	黑色		

（2）喷、涂油漆的施工环境：

1）喷、涂油漆的施工场所应清洁，不得在粉尘飞扬的环境里施工。

2）油漆涂料的品种不同，对施工环境的要求也有差异，但一般要求环境温度不低于5℃，相对湿度不大于85%。环境温度过低会使黏度增加、涂刷不均匀、漆膜不易干燥。空气相对湿度大，容易使漆膜泛白或产生气泡。

（3）除锈：

风管、部件、设备及制冷管道在涂刷底漆前应作好表面处理，清除金属表面的氧化物、铁锈、灰尘、污垢等，露出金属光泽。一般用手工或机械除锈，亦可采用化学试剂除锈，不得使用损伤物件表面或使之变形的工具或措施。喷砂除锈时，所用的压缩空气不得含有油脂和水分，空气压缩机出口处，应装设油水分离器；喷砂所用砂粒，应坚硬且有棱角，筛除其中的泥土杂质，并经过干燥处理。除锈应达到设计要求的除锈等级。表面处理后应在规定的时间内喷、涂底漆，以免表面处理失效。清除油污，一般可采用碱性溶剂进行清洗。

（二）喷、涂油漆

1. 检查内容

（1）漆膜。

（2）部件油漆。

（3）明露风管油漆。

（4）支、吊架油漆。

2. 质量控制与监理要点

（1）油漆作业的方法应根据施工要求、涂料性能、施工条件、设备情况进行选择；涂漆施工的环境温度宜在5°C以上，相对湿度在85%以下；涂漆施工时空气中必须无煤烟、灰尘和水汽；室外涂漆遇雨、雾时应停止施工。

（2）涂漆方式分为手工涂刷和机械喷涂两种，手工涂刷应注意涂层均匀不得漏涂，机械喷涂时应注意喷嘴与喷涂面的距离符合平面相距250～350mm、曲面相距400mm的要求，且喷嘴应移动均匀，速度和压力也应在规定范围内。

（3）漆膜附着牢固、表面应光滑均匀，无漏涂、剥落、起泡、透锈等缺陷。

（4）带有调节、关闭和转动要求的风口类及阀门类部件油漆，涂刷油漆后应开启灵活、调节角度准确、关闭严密。

（5）明露于室外的风管、部件及设备的油漆必须颜色一致，最后一道面漆应在该系统安装完毕后喷涂。

用黑铁皮制作咬接风管前，应在板材的表面上喷涂防锈漆，这样咬口缝才不易锈蚀。

（6）支、吊、托架的防腐：

1）暗装风管的支、吊、托架应按规定涂刷防锈漆。

2）明装风管的支、吊、托架除涂刷防锈底漆外，尚应涂刷面漆。面漆的类别及颜色应与风管相一致。

3）不锈钢板、硬聚氯乙烯、玻璃风管的支、吊、托架的防腐或绝缘处理应严格按设计或有关规定执行。

四、监理过程中巡视或旁站

（1）普通碳素钢板在制作风管前，宜预涂防锈漆一遍。

（2）支、吊架的防腐处理应与风管或管道相一致，其明装部分必须涂面漆。

（3）油漆施工时，应采取防火、防冻、防雨等措施，并不应在低温或潮湿环境下作业。明装部分的最后一遍色漆，宜在安装完毕后进行。

（4）防腐涂料和油漆，必须是在有效保质期限内的合格产品。

（5）喷、涂油漆的漆膜，应均匀、无堆积、皱纹、气泡、掺杂、混色与漏涂等缺陷。

（6）各类空调设备、部件的油漆喷、涂，不得遮盖铭牌标志和影响部件的功能使用。

（7）风管和管道喷涂底漆前，应清除表面的灰尘、污垢与锈斑，并保持干燥。

（8）面漆与底漆漆种宜相同。漆种不同时，施涂前应做亲溶性试验。

（9）一般通风、空调系统薄钢板的油漆，在设计无要求时，可按规定执行。（表11-1）

（10）空气净化系统的油漆，在设计无要求时，可按表11-2的规定执行。

（11）空调制冷系统管道的油漆，包括制冷剂、冷冻水（载冷剂）、冷却水及冷凝水管等应符合设计要求，在设计无要求时，制冷系统管道（有色金属管道除外）油漆可按表11-3的规定执行。

（12）空调制冷系统各管道的外表面，应按设计规定作色标。

（13）安装在室外的硬聚氯乙烯板风管，外表面宜涂铝粉漆二遍。

五、常见质量问题

（一）漆膜剥落

1. 现象

漆膜裂碎形成平整的小片从物体表面上浮翘起来，质地松脆一触即落；或是成片卷起。

2. 原因分析

（1）物体表面处理不好，有油污、水分、电焊药、锈及除锈剂残留等。

（2）油漆稀释过度，物体表面太光滑，涂漆后漆膜太薄。

（3）底漆未干透就刷面漆。

（4）漆质不良。

（二）起泡

1. 现象

漆膜干透后，表面出现大小不同突起的气泡，气泡在漆膜与物面之间，或漆膜与底漆之间发生。

2. 原因分析

（1）物体表面处理不好，积聚潮气或包含铁锈。

（2）漆膜太厚，表面已干燥而稀释剂来不及挥发，将漆面顶起。

（3）喷、涂时压缩空气中含有水蒸气，与涂料混在一起。

（4）漆的黏度太大，夹带的空气进入涂层，不能跟随溶剂挥发而产生气泡。

（三）透锈

1. 现象

钢铁基层涂漆后，漆膜表面开始略透黄色，然后逐渐破裂出现锈斑。

2. 原因分析

（1）涂漆出现针孔等弊病或有漏漆空白点，易产生锈斑。

（2）基层表面的铁锈、酸液、盐水、水分等未清除干净。

（3）漆膜太薄，水分或腐蚀性气体透过漆层到达钢铁基层表面，先产生针蚀继而发展到大面积锈蚀。

（四）皱纹

1. 现象

漆膜干燥后，收缩形成许多高低不平的痕迹，影响表面光滑和光亮。

2. 原因分析

（1）刷漆时或刷漆后遇到高温或太阳暴晒或催干剂加得过多，使漆膜内外干燥不均，漆膜表面提早干燥结膜，内部尚未干燥就会形成表面皱纹。

（2）干性快和干性慢的油漆掺和使用也会形成皱纹。

（3）涂刷漆厚薄不均，厚处则形成皱纹。

六、监理验收

（1）防腐油漆工程分项验收应具备的技术资料：

1）油漆、涂料出厂合格证或质量保证书；

2）防腐油漆施工记录；

3）防腐油漆分项工程质量检验评定表。

（2）防腐油漆分项工程完成后，由施工单位填写报验单，由监理单位按防腐与绝热施工检验批质量验收记录（《通风与空调工程施工质量验收规范》GB 50243—2002，表C.2.8-1、表C.2.8-2）进行质量抽检，并签署验收意见；不符合要求的，责令施工单位进行整改。

第二节 设备与管道的绝热工程

本节适用于通风空调系统中的风管、配件、部件、电加热器、防火阀、消声器、通风机的保温和空气处理室的隔热层、防潮层、保护层及制冷剂系统和冷冻水系统管道保温的施工。

一、工程内容

为了防止通风与空调设备和管道的热量损失、外界环境热量的传入以及常温介质管道、设备在低温时被冻裂、高温时温差变化结露等，一般需对管道、设备进行绝热保温施工处理。绝热保温结构一般是由绝热层、保护层等组成，冷保温或地沟内的保温管道在绝热层外面还应有防潮层。

二、材料质量要求

为保证风管及设备的绝热质量和使用功能，其施工用材料、施工技术和质量要求等，必须按设计或国家现行施工规范等标准进行监控。

导热系数小于0.2W/（m·K）和密度小于1000kg/m^2的材料称为隔热材料或保温材料。风管及设备绝热层施工中使用的隔热材料应符合设计要求或国家规定的材料标准。一般选用的隔热材料条件应是：

（1）能适用的冷热状态：对于通风与空调工程来说应是-5～50℃；

（2）保证热损失不超过标准热损失，导热系数越小，绝热层就越薄；在标准的热损失范围内，绝热层越薄越好；

（3）具有一定机械强度，耐腐蚀，耐风化，同时要有良好的保护层；

（4）绝热保温结构要简单，尽量减少材料消耗；

（5）非燃烧材料；

（6）适应现场施工，维护检修方便，价格便宜，容易购到。

三、施工过程质量控制内容

通风和空调设备与管道的绝热工程中，一般先进行绝热层施工后进行保护层施工。绝热保温施工应在管道试压及防腐合格后进行，其绝热保温的主要材料应有制造厂合格证明书。常见的绝热层施工方法有粘贴法和捆扎法等。

（一）绝热层

1. 检查内容（第（1）～（3）为粘贴法施工检查内容，第（4）～（7）为捆扎法施工检查内容）

（1）粘贴保温层；

（2）矩形风管保温；

(3) 设备接口处保温;

(4) 管壳施工;

(5) 玻璃棉毡施工;

(6) 阀门、法兰的隔热层;

(7) 隔热层捆扎。

2. 质量控制与监理要点(第(1)~(3)为粘贴法施工质量控制与监理要点,第(4)~(7)为捆扎法施工质量控制与监理要点)

(1) 粘贴保温层

用胶粘剂粘贴在风管及设备上的保温材料有各类泡沫塑料、玻璃纤维板、软木等。胶粘剂一般用沥青,也可用其他胶粘剂。软制泡沫塑料一般用清漆或用树脂胶粘贴。粘贴前应清除风管及设备表面的浮尘和杂物,胶粘剂应满涂在风管及设备的表面上,绝热材料应在最佳时间铺放,并均匀压紧。粘贴必须牢固,外表面应箍以打包袋。保温材料的接缝处用油膏嵌实。

(2) 矩形风管保温

1) 用卷、散材料施工的绝热层,是指用铝箔玻璃棉、超细玻璃棉、矿渣棉等,一般用保温钉固定(图 11-1)。

风管保温钉必须粘钉牢固,保温钉的布置数量见表 11-5。用卷、散绝热材料施工时,纵、横向拼接缝应错开,拼接缝处的缝隙应用相同的绝热材料填实,并用密封胶带封严。

2) 北方地区常用木龙骨构造矩形保温,如图 11-2 所示。

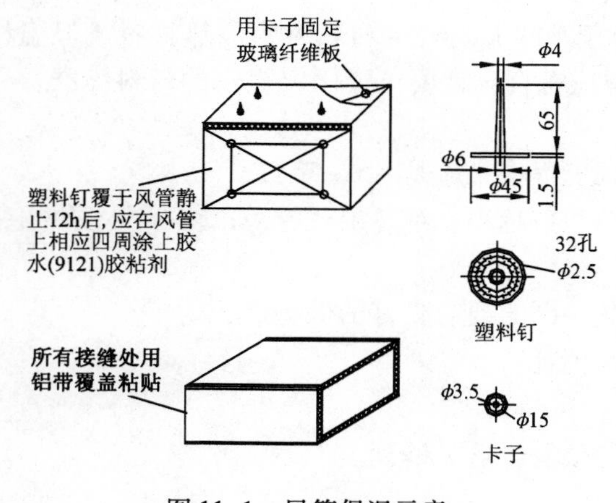

图 11-1 风管保温示意

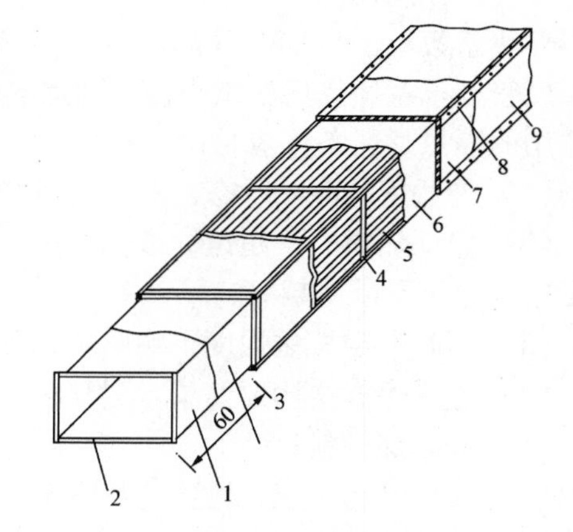

图 11-2 木龙骨构造矩形风管保温

1—风管;2—法兰;3—红丹防锈漆;4—木龙骨;5—保温层;6—塑料薄膜;7—三合板或纤维板;8—镀锌铁皮包角;9—调合漆

保温钉布置数量 **表 11-5**

绝热层材料	风管侧面、底面	风管顶面
岩棉保温板	20	10
玻璃棉(卷材)	10	5

木龙骨构造适用于明装空调风管的绝热，若暗装时可不钉三合板或纤维板。木龙骨的断面高度应与保温层的厚度一致，尺寸规整，不得扭曲。塑料薄膜铺放应完好无损，搭设宽度为50～80mm。外覆三合板或纤维板应平整，缝隙处应用腻子嵌实。

3）电加热器及前后800mm以内风管的绝热层，必须采用非燃性绝热材料，如玻璃纤维板、铝箔、玻璃棉、矿棉等。

（3）设备接口处保温

通风管道、进回水管与空调设备接口处的绝热层必须接触紧密，捆扎牢固，不得有空气渗入的缝隙，以免产生冷凝水。用铝箔玻璃棉或铝箔矿棉做绝热层时，其端部断面应采取封闭措施，不得使玻璃棉、矿棉外露。

（4）管壳施工

硬质管壳隔热层应粘贴牢固，绑扎紧密，无滑动、松弛、断裂。管壳之间的拼缝（长缝及环形缝）应用树脂腻子或沥青胶泥嵌填饱满。检查粘贴是否牢固，用双手卡住保温管壳轻扭转，不转动则符合质量要求。

包扎二合管时，应互相交错二分之一，紧密合拢。

包扎二合管弯头时，弧度应正确，若无成型的管壳时，可作成虾壳弯形状。隔热层厚度必须与两端管壳一致，表面圆整光滑。

（5）用铝箔玻璃棉毡、玻璃棉或矿棉管壳等松软材料包扎时，应松紧适度、表面平整，压缩量要合理，缝隙处应用铝箔胶带封闭，不得张裂。

（6）管道阀门、法兰及可拆卸部件的两端接口隔热层，必须留出螺栓安装的距离，一般为螺栓长度加25～30mm，接缝处应用与前后管道相同的隔热材料填实。

制冷管道的终端、改变口径的大小头、管道检查口等处施工时，应按其形状进行预制，应形状规整、表面贴合、不得出现空隙。

卧式及立式设备端部的隔热层，应根据圆弧尺寸进行加工，弧度要正确，空隙应填实，表面平整或光滑。

（7）隔热层捆扎

1）管道、设备隔热层表面若用镀锌铁丝网包扎时，镀锌铁丝应紧贴隔热层。若设备隔热层用钩子固定时，镀锌铁丝网与钩钉扭结牢固，然后再用镀锌铁丝箍紧。

2）用镀锌铁丝绑扎隔热层时，其间距一般为200mm左右；若绑扎超细玻璃棉管壳或二合管壳时，间距为250mm左右，绑扎应牢固。镀锌铁丝断头必须嵌入隔热层内。

（二）保护层

1. 检查内容

（1）玻璃布、塑料薄膜保护层；

（2）防水卷材保护层；

（3）薄金属板保护壳；

（4）石棉水泥抹面。

2. 质量控制与监理要点

（1）玻璃布、塑料薄膜保护层

玻璃布在保温材料的外表面以防止散材及板材脱落，对松散的隔热层有保护作用。玻璃布长期处在外表面，经风吹及振动等影响其纤维会松散脱线，为增加强度和美观要求应涂刷油漆或涂料，涂层应均匀一致。

玻璃布卷绕要松紧适度，过紧时布被拉松，易断线。过松时布面蓬起形成皱纹。搭接宽度为30～50mm。

塑料薄膜（塑料布）主要起隔绝空气的作用。包扎于开孔性或透气性隔热材料的外表面，搭接宽度为30～50mm。

玻璃布和塑料薄膜保护层不得破损、漏包或捆扎松弛。

（2）防水卷材保护层

防水卷材保护层一般用于室外风管及设备隔热层的防潮，防止雨雪和大气对隔热层的腐蚀，垂直安装的风管防水卷材保护层应由下向上顺序施工，搭接宽度为50mm左右。搭接缝用沥青粘贴，防水卷材外加放木板用双股铅丝每隔300～400mm捆扎一道；水平安装的风管（有坡度要求）应由低处向高处施工，纵向缝应顺水流方向布置，同一风管安装方向应一致。矩形风管的上面保护层不得凹陷，避免积水。其他要求同垂直风管保护层。

防水卷材不得破损，搭接顺水流方向，封口严密，捆扎牢固，间距合理。

（3）薄金属板保护壳

薄金属板保护壳是指镀锌钢板、铝板及铝合金板、不锈钢板等，厚度为0.3～0.6mm，金属板保护层有较好的强度，施工方便。保护壳的做法为咬接或搭接。

搭接应顺水流方向，搭接宽度应一致，凸鼓重合。垂直风管应由下向上施工，水平风管由低处向高处施工。弯头、三通、异径管的保护壳不得有空洞。同一根风管保护层的搭接方向应一致。

咬接成型的保护壳做法应与风管咬接方法相同。

（4）石棉水泥抹面

石棉水泥抹面是将石棉水泥涂抹在隔热层外的钢板网或铅丝网上。钢板网铺放应平整，捆扎牢固，搭接处无明显凸起、毛刺或外翘。石棉水泥层的厚度为10～15mm，要求配料正确，抹层厚度均匀，表面光滑、平整，无明显裂纹。石棉水泥配比可参照表11-6。

石棉水泥抹面配比　　表11-6

材料名称	质量比（%）	材料名称	质量比（%）
水泥>32.5	80～85	防水粉	3
石棉绒（4～6级）	15～20	麻刀	2～3

四、监理过程中巡视或旁站

（1）风管与部件及空调设备绝热工程施工应在被绝热设备、管道系统进行水压试验或严密性检验合格后进行。

（2）风管和管道的绝热，应采用不燃或难燃材料，其材质、密度、规格与厚度应符合设计要求。绝热材料下料要准确，切割端面要平直。如采用难燃材料时，应对其难燃性进行检查，合格后方可使用。

（3）风管和部件的绝热，粘贴保温钉前要将风管壁上的尘土、油污擦净，将胶粘剂分别涂抹在管壁和保温钉粘接面上，稍后再将其粘上。绝热材料铺覆应使纵、横缝错开。小块绝热材料应尽量铺覆在风管上表面。

（4）风管和部件的绝热，内绝热时，绝热材料如采用岩棉类，铺覆后应在法兰处绝热材料断面上涂抹固定胶，防止纤维被吹起来，岩棉内表面应涂有固化涂层；聚苯板类外绝热时，聚苯板铺好后，在四角放上短包角，然后薄钢带作箍，用打包钳卡紧，钢带箍每隔500mm 打一道；岩棉类外绝热，对明管绝热后在四角加长条铁皮包角，用玻璃丝布缠紧。

（5）风管和部件绝热缠玻璃丝布时，应使其互相搭接，使绝热材料外表形成三层玻璃丝布缠绕；玻璃丝布外表要刷两道防火涂料，涂层应严密均匀。

（6）全用铝镁质膏体材料时，将膏体一层一层地直接涂抹于需要保温保冷的设备或管道上。第一层的厚度应在5mm 以下，第一层完全干燥后，再做第二层（第二层的厚度可以10mm 左右），依次类推，直到达到设计要求的厚度，然后再表面收光即可。表面收光层干燥后就可进行特殊要求的处理，如涂刷防水涂料、油漆或包裹玻璃纤维布、复合铝箔等。有铝镁质标准型卷毡材时，先将铝镁质膏体直接涂抹于卷毡材上，厚度为 2 ~ 5mm，将涂有膏体的卷毡材直接粘贴于设备或管道上。如需要做两层以上的卷毡材时，将涂有膏体的卷毡材分层粘贴，直到达到设计要求的保温厚度，表面再用2mm 左右的青体材料收光即可。表面收光层干燥后，就可进行特殊要求的处理，如涂刷防水涂料、油漆或包裹玻璃纤维布、复合铝箔等。

（7）制冷管道保温的绝热层施工应符合下列规定：

1）直管段立管应自下而上顺序进行，水平管应从一侧或弯头直管段处顺序进行。

2）硬质绝热层管壳，可采用 16 ~ 18 号镀锌钢丝双股捆扎，捆扎的间距不应大于400mm，并用粘结材料紧贴在管道上；管壳之间的缝隙不应大于2mm，并用粘结材料勾缝填满；环缝应错开，错开距离不小于 75mm，管壳缝隙设在管道轴线的左右侧；当绝热层大于 80mm 时，绝热层应分层铺设，层间应压缝。

3）半硬质及软质绝热制品的绝热层可采用包装钢带或 14 ~ 16 号镀锌钢丝进行捆扎。其捆扎间距，对半硬质绝热制品不应大于 300mm；对软质绝热制品不大于 200mm。

4）每块绝热制品上捆扎件不得少于两道。

5）不得采用螺旋式缠绕捆扎。

6）弯头处应采用定型的弯头管壳或用直管壳加工成虾米腰块，每个应不少于 3 块，确保管壳与管壁紧密结合，美观平滑。

7）设备管道上的阀门、法兰及其他可拆卸部件保温两侧应留出螺栓长度加 25mm 的空隙。阀门、法兰部位则应单独进行保温。

8）遇到三通处应先做主干管，后做分支管。凡穿过建筑物保温管道的套管，与管道四周间隙应用保温材料堵塞紧密。

9）管道上的温度计插座宜高出所设计的保温厚度。非保温管道不要同保温管道敷设在一起，保温管道应与建筑物保持足够的距离。

此外，防潮层和保护层的施工也要符合相关规定。

（8）在下列场合必须使用不燃绝热材料：

1）电加热器前 800mm 的风管和绝热层；

2）穿越防火隔墙两侧 2m 范围内风管、管道和绝热层。

(9) 输送介质温度低于周围空气露点温度的管道，当采用非闭孔性绝热材料时，隔汽层（防潮层）必须完整，且封闭良好。

(10) 位于洁净室内的风管及管道的绝热，不应采用易产尘的材料（如玻璃纤维、短纤维矿棉等）。

(11) 风管系统部件的绝热，不得影响其操作功能。

(12) 绝热材料层应密实，无裂缝、空隙等缺陷，表面应平整。当采用卷材或板材时，允许偏差为5mm；采用涂抹或其他方式时，允许偏差为10mm。防潮层（包括绝热层的端部）应完整，且封闭良好；其搭接缝应顺水。

(13) 风管绝热层采用粘接方法固定时，施工应符合下列规定：

1) 粘结剂的性能应符合使用温度和环境卫生的要求，并与绝热材料相匹配；

2) 粘结材料宜均匀地涂在风管、部件或设备的外表面上，绝热材料与风管、部件及设备表面应紧密贴合，无空隙；

3) 绝热层纵、横向的接缝，应错开；

4) 绝热层粘贴后，如进行包扎或捆扎，包扎的搭接处应均匀、贴紧；捆扎的应松紧适度，不得损坏绝热层。

(14) 风管绝热层采用保温钉连接固定时，应符合下列规定：

1) 保温钉与风管、部件及设备表面的连接，可采用粘接或焊接，结合应牢固，不得脱落；焊接后应保持风管的平整，并不应影响镀锌钢板的防腐性能；

2) 矩形风管或设备保温钉的分布应均匀，其数量底面每平方米不应少于16个，侧面不应少于10个，顶面不应少于8个；首行保温钉至风管或保温材料边缘的距离应小于120mm；

3) 风管法兰部位的绝热层厚度，不应低于风管绝热层的0.8倍；

4) 带有防潮隔汽层绝热材料的拼缝处，应用粘胶带封严。粘胶带的宽度不应小于50mm。粘胶带应牢固地粘接在防潮面层上，不得有胀裂和脱落。

(15) 绝热涂料作绝热层时，应分层涂抹，厚度均匀，不得有气泡和漏涂等缺陷，表面固化层应光滑，牢固无缝隙。

(16) 当采用玻璃纤维布作绝热保护层时，搭接的宽度应均匀，宜为30~50mm，且松紧适度。

(17) 管道阀门、过滤器及法兰部位的绝热结构应能单独拆卸。

(18) 管道绝热层的施工，应符合下列规定：

1) 绝热产品的材质和规格，应符合设计要求，管壳的粘贴应牢固、铺设应平整；绑扎应紧密，无滑动、松弛与断裂现象。

2) 硬质或半硬质绝热管壳的拼接缝隙，保温时不应大于5mm、保冷时不应大于2mm，并用粘结材料勾缝填满；纵缝应错开，外层的水平接缝应设在侧下方。当绝热层的厚度大于100mm时应分层铺设，层间应压缝。

3) 硬质或半硬质绝热管壳应用金属丝或难腐织带捆扎，其间距为300~350mm，且每节至少捆扎两道。

4) 松散或软质绝热材料应按规定的密度压缩其体积，疏密应均匀。毡类材料在管道上包扎时，搭接处不应有空隙。

（19）管道防潮层的施工应符合下列规定：

1）防潮层应紧密粘贴在绝热层上，封闭良好，不得有虚粘、气泡、褶皱、裂缝等缺陷。

2）立管的防潮层，应由管道的低端向高端敷设，环向搭接的缝口应朝向低端；纵向的搭接缝应位于管道的侧面，并顺水。

3）卷材防潮层采用螺旋形缠绕的方式施工时，卷材的搭接宽度宜为30~50mm。

（20）金属保护壳的施工，应符合下列规定：

1）应紧贴绝热层，不得有脱壳、褶皱、强行接口等现象。接口的搭接应顺水，并有凸筋加强，搭接尺寸为20~25mm。采用自攻螺丝固定时，螺钉间距应匀称，并不得刺破防潮层。

2）户外金属保护壳的纵、横向接缝，应顺水；其纵向接缝应位于管道的侧面。金属保护壳与外墙面或屋顶的交接处应加设泛水。

五、常见质量问题

（一）隔热层胀裂脱落

1. 现象

铝箔玻璃棉隔热层的胶粘带胀裂，保温钉与钢板脱落，造成隔热层脱落。

2. 原因分析

（1）保温钉脱落系风管表面或保温钉的底板上有粉尘、油垢或水汽，或粘结保温钉的胶粘剂失效。

（2）铝箔胶带胀裂系隔热层表面铝箔不清洁或潮湿，胶带质量不好或过期失效。

（二）玻璃布保护层松散

1. 现象

风管隔热层外表面的玻璃布蓬松，边缘有玻璃丝垂挂。

2. 原因分析

（1）玻璃布包扎比较松。

（2）玻璃布在包扎之前未做润湿处理。

（3）玻璃布包扎之后表面未上浆或粉刷涂料。

（三）石棉水泥抹面裂缝

1. 现象

石棉水泥抹面干燥后，表面出现裂缝。

2. 原因分析

（1）钢板网或铅丝网固定不牢固，造成表面不平，粉层厚薄不均，薄处干燥得快，厚处干燥得慢，容易出现裂纹。

（2）抹面材料的配比不准或水泥过期、受潮失效。

（3）抹面应分二次施工。第一层抹面施工后未达到初凝便抹第二层，便容易出现裂纹。

（四）夏季保温管道滴水

1. 现象

夏季制冷管道在保温材料接缝处及管道弯头或部件处出现凝结水。

2. 原因分析

（1）用铝箔玻璃棉或铝箔矿棉管壳保温时，法兰、阀门的保温层高出管道保温层，搭接缝一般用铝箔胶带粘贴，由于受反弹力作用造成铝箔胶带胀裂或脱落，空气渗透与制冷管道接触而产生冷凝水；铝箔胶带质量不好或表面破损也会出现上述情况。

（2）用硬质管壳保温时，法兰、阀门及弯头的隔热层自行预制加工，形状不规则，出现隔热层脱空，如果接缝处嵌填不饱满，也会使空气进入产生冷凝水。

（3）施工过程中保温层受损未及时修复，或修复未达到要求，也会产生冷凝水滴落的现象。

六、监理验收

（1）绝热工程分项验收应具备的技术资料：

1）绝热材料的出厂合格证、质量保证书以及交易凭证等；

2）阻燃保温材料燃烧试验等检测报告；

3）隐蔽工程验收记录；

4）绝热分项工程质量检验评定表。

（2）绝热分项工程完成后，由施工单位填写报验单，由监理单位按防腐与绝热工程检验批质量验收记录（《通风与空调工程施工质量验收规范》GB 50243—2002，表 C. 2. 8-1、表 C. 2. 8-2）进行质量抽检，并签署验收意见；不符合要求的，责令施工单位进行整改。

第三篇　采暖空调节能、竣工验收和LEED认证

第十二章　建筑采暖和空调节能工程质量监控

第一节　采暖节能工程

一、工程内容

温度不超过95℃室内集中热水采暖系统节能工程，包括对散热设备、管道、阀门及仪表等的保温。

以热水或蒸汽做热媒的供暖系统分为热水供暖系统，蒸汽供暖系统。热水供暖系统分为自然物循环（重力循环）热水供暖系统和机械循环热水供暖系统。

二、设备和材料质量要求

（1）采暖系统节能工程采用的散热设备、阀门、仪表、管材、保温材料等产品进场时，应按设计要求对其类型、材质、规格及外观等进行验收，并应经监理工程师（建设单位代表）检查认可，且应形成相应的验收记录。各种产品和设备应具有相关产品合格证书、检测报告、出厂证书及相关技术资料，并应符合国家现行标准和规定及相关专业行业标准。

（2）采暖系统节能工程采用的散热器和保温材料等进场时，应对其下列技术性能参数进行复验，复验应为见证取样送检：

1）散热器的单位散热量、金属热强度；

2）保温材料的导热系数、密度、吸水率。

三、施工安装过程质量控制内容

（1）采暖系统的安装应符合下列规定：

1）采暖系统的制式，应符合设计要求；

2）散热设备、阀门、过滤器、温度计及仪表应按设计要求安装齐全，不得随意增减和更换；

3）室内温度调控装置、热计量装置、水力平衡装置以及热力入口装置的安装位置和方向应符合设计要求，并便于观察、操作和调试；

4）温度调控装置和热计量装置安装后，采暖系统应能实现设计要求的分室（区）温

度调控、分栋热计量和分户或分室（区）热量分摊的功能。

（2）散热器及其安装应符合下列规定：

1）每组散热器的规格、数量及安装方式应符合设计要求；

2）散热器外表面应刷非金属性涂料。

检验方法：观察检查。

检查数量：按散热器组数抽查5%，不得少于5组。

（3）散热器恒温阀及其安装应符合下列规定：

1）恒温阀的规格、数量应符合设计要求；

2）明装散热器的恒温阀不应安装在狭小和封闭空间，其恒温阀阀头应水平安装，且不应被散热器、窗帘或其他障碍物遮挡；

3）暗装散热器的恒温阀应采用外置式温度传感器，并应安装在空气流通且能正确反映房间温度的位置上。

检验方法：观察检查。

检查数量：按总数量抽查5%，不得少于5个。

（4）低温热水地面辐射供暖系统的安装除了应符合前文第（1）项的规定外，还应符合下列规定：

1）防潮层和绝热层的做法及绝热层的厚度应符合设计要求；

2）室内温控装置的传感器应安装在避开阳光直射和有发热设备且距地1.4m处的内墙面上。

检验方法：防潮层和绝热层隐蔽前观察检查，用钢针刺入绝热层、尺量，观察检查、尺量室内温控装置传感器的安装高度。

检查数量：防潮层和绝热层按检验批抽查5处，每处检查不少于5点；温控装置按每个检验批抽查10个。

（5）采暖系统热力入口装置的安装应符合下列规定：

1）热力入口装置中各种部件的规格、数量，应符合设计要求；

2）热计量装置、过滤器、压力表、温度计的安装位置、方向应正确，并便于观察、维护；

3）水力平衡装置及各类阀门的安装位置、方向应正确，并便于操作和调试。安装完毕后，应根据系统水力平衡要求进行调试并做出标志。

检验方法：观察检查，核查进场验收记录和调试报告。

检查数量：全数检查。

（6）采暖管道保温层和防潮层的施工应符合下列规定：

1）保温层应采用不燃或难燃材料，其材质、规格及厚度等应符合设计要求；

2）保温管壳的粘贴应牢固、铺设应平整；硬质或半硬质的保温管壳每节至少应用防腐金属丝或难腐织带或专用胶带进行捆扎或粘贴2道，其间距为300～350mm，且捆扎、粘贴应紧密，无滑动、松弛及断裂现象；

3）硬质或半硬质保温管壳的拼接缝隙不应大于5mm，并用粘结材料勾缝填满；纵缝应错开，外层的水平接缝应设在侧下方；

4）松散或软质保温材料应按规定的密度压缩其体积，疏密应均匀；毡类材料在管道上包扎时，搭接处不应有间隙；

5）防潮层应紧密粘贴在保温层上，封闭良好，不得有虚粘、气泡、褶皱、裂缝等缺陷；

6）防潮层的立管应由管道的低端向高端敷设，环向搭接缝应朝向低端；纵向搭接缝应位于管道的侧面，并顺水；

7）卷材防潮层采用螺旋形缠绕的方式施工时，卷材的搭接宽度宜为30～50mm；

8）阀门及法兰部位的保温层结构应严密，且能单独拆卸并不得影响其操作功能。

检验方法：观察检查，用钢针刺入保温层、尺量。

检查数量：按数量抽查10%，且保温层不得少于10段、防潮层不得少于10m、阀门等配件不得少于5个。

（7）采暖系统应随施工进度对与节能有关的隐蔽部位或内容进行验收，并应有详细的文字记录和必要的图像资料。

检验方法：观察检查，核查隐蔽工程验收资料。

检查数量：全数检查。

（8）采暖系统过滤器等配件的保温层应密实、无空隙，且不得影响其操作功能。

检验方法：观察检查。

检查数量：按类别数量抽查10%，且均不得少于2件。

四、工程检测和试验项目

（1）采暖系统安装完毕后，应在采暖期内与热源进行联合试运转和调试。联合试运转和调试结果应符合设计要求，采暖房间温度相对于设计计算温度不得低于2℃，且不高于1℃。

检验方法：检查室内采暖系统试运转和调试记录。

检查数量：全数检查。

（2）采暖系统节能工程采用的散热器和保温材料等进场时，应对其下列技术性能参数进行复验，复验应为见证取样送检：

1）散热器的单位散热量、金属热强度；

2）保温材料的导热系数、密度、吸水率。

检验方法：现场随机抽样送检，核查复验报告。

检查数量：同一厂家同一规格的散热器按其数量的1%进行见证取样送检，但不得少于2组；同一厂家同材质的保温材料见证取样送检的次数不得少于2次。

（3）阀门及法兰部位的保温层结构应严密，且能单独拆卸并不得影响其操作功能。

检验方法：观察检查，用钢针刺入保温层、尺量。

检查数量：按数量抽查10%，且保温层不得少于10段、防潮层不得少于10m、阀门等配件不得少于5个。

（4）散热器及其安装应符合下列规定：

1）每组散热器的规格、数量及安装方式应符合设计要求；

2）散热器外表面应刷非金属性涂料。

检验方法：观察检查。

检查数量：按散热器组数抽查5%，不得少于5组。

五、常见质量问题

(1) 温控装置不得被遮挡，水力平衡装置安装后应确保留有可供调节的空间；过滤器、阀门、压力表、温度计等装置应安装在易于操作、观察读取的位置。

(2) 散热器的规格、数量及安装方式与设计不符；把散热器全包起来，仅留很少一点点通道，或随意减少散热器的数量，以致每组散热器的散热量不能达到设计要求，从而影响采暖系统的运行效果。

(3) 散热器恒温阀阀头如果垂直安装或被散热器、窗帘或其他障碍物遮挡，恒温阀将不能真实反映出室内温度，也就不能及时调节进入散热器的水流量，从而达不到节能的目的。对于安装在装饰罩内的恒温阀，则必须采用外置式传感器，传感器应设在能正确反映房间温度的位置。

(4) 在低温热水地面辐射供暖系统施工安装时，对无地下室的一层地面应分别设置防潮层和绝热层，绝热层采用符合规范要求的材料，并根据热阻相当的原则确定厚度。室内温控装置的传感器应安装在距地面1.4m的内墙面上（或与室内照明开关并排设置），并应避开阳光直射和发热设备。

(5) 采暖保温管道及附件，被安装于封闭的部位或直接埋地时，均属于隐蔽工程。在隐蔽前，必须对该部分工程施工质量进行验收，否则不得进行隐蔽作业。

六、监理验收

采暖系统节能工程的验收，可按系统、楼层等进行，并符合分项工程和检验批划分的相关规定。

采暖系统可以按每个热力入口作为一个检验批进行验收；对于垂直方向分区供暖的高层建筑采暖系统，可按照采暖系统不同的设计分区分别进行验收；对于系统大且层数多的工程，可以按几个楼层作为一个检验批进行验收。

第二节 通风与空调节能工程

一、工程内容

通风系统节能工程，包括风机、消声器、风口、风管、风阀等部件在内的整个送、排风系统的节能保温。空调系统节能工程包括空调风系统和空调水系统，前者是指包括空调末端设备、消声器、风管、风阀、风口等部件在内的整个空调送、回风系统的节能保温；后者是指除了空调冷热源和其辅助设备与管道及室外管网以外的空调水系统的节能保温。

二、设备和材料质量要求

(1) 通风与空调系统节能工程所使用的设备、管道、阀门、仪表、绝热材料等产品进场时，应按设计要求对其类型、材质、规格及外观等进行验收，并应对下列产品的技术性能参数进行核查。验收与核查的结果应经监理工程师（建设单位代表）检查认可，并应形成相应的验收、核查记录。各种产品和设备应具有相关产品合格证书、检测报告、出厂证书及相关技术资料，并应符合国家现行标准和规定及相关专业行业标准。

1）组合式空调机组、柜式空调机组、新风机组、单元式空调机组、热回收装置等设备的冷量、热量、风量、风压、功率及额定热回收效率；

2）风机的风量、风压、功率及其单位风量耗功率；

3）成品风管的技术性能参数；

4）自控阀门与仪表的技术性能参数。

（2）风机盘管机组和绝热材料进场时，应对其下列技术性能参数进行复验，复验应为见证取样送检：

1）风机盘管机组的供冷量、供热量、风量、出口静压、噪声及功率；

2）绝热材料的导热系数、密度、吸水率。

三、施工安装过程质量控制内容

（1）通风与空调节能工程中的送、排风系统及空调风系统、空调水系统的安装，应符合下列规定：

1）各系统的制式，应符合设计要求；

2）各种设备、自控阀门与仪表应按设计要求安装齐全，不得随意增减和更换；

3）水系统各分支管路水力平衡装置、温控装置与仪表的安装位置、方向应符合设计要求，并便于观察、操作和调试；

4）空调系统应能实现设计要求的分室（区）温度调控功能。对设计要求分栋、分区或分户（室）冷、热计量的建筑物，空调系统应能实现相应的计量功能。

检验方法：观察检查。

检查数量：全数检查。

（2）风管的制作与安装应符合下列规定：

1）风管的材质、断面尺寸及厚度应符合设计要求；

2）风管与部件、风管与土建风道及风管间的连接应严密、牢固；

3）风管的严密性及风管系统的严密性检验和漏风量，应符合设计要求或现行国家标准《通风与空调工程施工质量验收规范》GB 50243—2002 的有关规定；

4）需要绝热的风管与金属支架的接触处、复合风管及需要绝热的非金属风管的连接和内部支撑加固等处，应有防热桥的措施，并应符合设计要求。

检验方法：观察、尺量检查，核查风管及风管系统严密性检验记录。

检查数量：按数量抽查 10%，且不得少于 1 个系统。

（3）组合式空调机组、柜式空调机组、新风机组、单元式空调机组的安装应符合下列规定：

1）各种空调机组的规格、数量应符合设计要求；

2）安装位置和方向应正确，且与风管、送风静压箱、回风箱的连接应严密可靠；

3）现场组装的组合式空调机组各功能段之间的连接应严密，并应做漏风量的检测，其漏风量应符合现行国家标准《组合式空调机组》GB/T 14294 的规定；

4）机组内的空气热交换器翅片和空气过滤器应清洁、完好，且安装位置和方向必须正确，并便于维护和清理。当设计未注明过滤器的阻力时，应满足粗效过滤器的初阻力小于等于 50Pa（粒径大于等于 5.0μm，效率：$80\% > E \geqslant 20\%$）；中效过滤器的初阻力小于等于 80Pa（粒径大于等于 1.0μm，效率：$70\% > E \geqslant 20\%$）的要求。

检验方法：观察检查，核查漏风量测试记录。

检查数量：按同类产品的数量抽查 20%，且不得少于 1 台。

（4）风机盘管机组的安装应符合下列规定：

1）规格、数量应符合设计要求；

2）位置、高度、方向应正确，并便于维护、保养；

3）机组与风管、回风箱及风口的连接应严密、可靠；

4）空气过滤器的安装应便于拆卸和清理。

检验方法：观察检查。

检查数量：按总数量抽查 10%，且不得少于 5 台。

（5）通风与空调系统中风机的安装应符合下列规定：

1）规格、数量应符合设计要求；

2）安装位置及进、出口方向应正确，与风管的连接应严密、可靠。

检验方法：观察检查。

检查数量：全数检查。

（6）带热回收功能的双向换气装置和集中排风系统中的排风热回收装置的安装应符合下列规定：

1）规格、数量及安装位置应符合设计要求；

2）进、排风管的连接应正确、严密、可靠；

3）室外进、排风口的安装位置、高度及水平距离应符合设计要求。

检验方法：观察检查。

检查数量：按总数量抽检 20%，且不得少于 1 台。

（7）空调机组回水管上的电动两通调节阀、风机盘管机组回水管上的电动两通（调节）阀、空调冷热水系统中的水力平衡阀、冷（热）量计量装置等自控阀门与仪表的安装应符合下列规定：

1）规格、数量应符合设计要求；

2）方向应正确，位置应便于操作和观察。

检验方法：观察检查。

检查数量：按类型数量抽查 10%，且均不得少于 1 个。

（8）空调风管系统及部件的绝热层和防潮层施工应符合下列规定：

1）绝热层应采用不燃或难燃材料，其材质、规格及厚度等应符合设计要求；

2）绝热层与风管、部件及设备应紧密贴合，无裂缝、空隙等缺陷，且纵、横向的接缝应错开；

3）绝热层表面应平整，当采用卷材或板材时，其厚度允许偏差为 5mm；采用涂抹或其他方式时，其厚度允许偏差为 10mm；

4）风管法兰部位绝热层的厚度，不应低于风管绝热层厚度的 80%；

5）风管穿楼板和穿墙处的绝热层应连续不间断；

6）防潮层（包括绝热层的端部）应完整，且封闭良好，其搭接缝应顺水；

7）带有防潮层隔汽层绝热材料的拼缝处，应用胶带封严，粘胶带的宽度不应小于50mm；

8）风管系统部件的绝热，不得影响其操作功能。

检验方法：观察检查，用钢针刺入绝热层、尺量检查。

检查数量：管道按轴线长度抽查10%；风管穿楼板和穿墙处及阀门等配件抽查10%，且不得少于2个。

（9）空调水系统管道及配件的绝热层和防潮层施工，应符合下列规定：

1）绝热层应采用不燃或难燃材料，其材质、规格及厚度等应符合设计要求；

2）绝热管壳的粘贴应牢固、铺设应平整；硬质或半硬质的绝热管壳每节至少应用防腐金属丝或难腐织带或专用胶带进行捆扎或粘贴2道，其间距为300~350mm，且捆扎、粘贴应紧密，无滑动、松弛与断裂现象；

3）硬质或半硬质绝热管壳的拼接缝隙，保温时不应大于5mm、保冷时不应大于2mm，并用粘结材料勾缝填满；纵缝应错开，外层的水平接缝应设在侧下方；

4）松散或软质保温材料应按规定的密度压缩其体积，疏密应均匀；毡类材料在管道上包扎时，搭接处不应有空隙；

5）防潮层与绝热层应结合紧密，封闭良好，不得有虚粘、气泡、褶皱、裂缝等缺陷；

6）防潮层的立管应由管道的低端向高端敷设，环向搭接缝应朝向低端；纵向搭接缝应位于管道的侧面，并顺水；

7）卷材防潮层采用螺旋形缠绕方式施工时，卷材的搭接宽度宜为30~50mm；

8）空调冷热水管穿楼板和穿墙处的绝热层应连续不间断，且绝热层与穿楼板和穿墙处的套管之间应用不燃材料填实，不得有空隙，套管两端应进行密封封堵；

9）管道阀门、过滤器及法兰部位的绝热结构应能单独拆卸，且不得影响其操作功能。

检验方法：观察检查，用钢针刺入绝热层、尺量检查。

检查数量：按数量抽查10%，且绝热层不得少于10段、防潮层不得少于10m、阀门等配件不得少于5个。

10）空调水系统的冷热水管道与支、吊架之间应设置绝热衬垫，其厚度不应小于绝热层厚度，宽度应大于支、吊架支承面的宽度。衬垫的表面应平整，衬垫与绝热材料之间应填实无空隙。

检验方法：观察、尺量检查。

检查数量：按数量抽检5%，且不得少于5处。

11）空气风幕机的规格、数量、安装位置和方向应正确，纵向垂直度和横向水平度的偏差均不应大于2/1000。

检验方法：观察检查。

检查数量：按总数量抽查10%，且不得少于1台。

12）变风量末端装置与风管连接前宜做动作试验，确认运行正常后再封口。

检验方法：观察检查。

检查数量：按总数量抽查10%，且不得少于2台。

四、工程检测和试验项目

（1）通风与空调系统安装完毕，应进行通风机和空调机组等设备的单机试运转和调试，并应进行系统的风量平衡调试。单机试运转和调试结果应符合设计要求；系统总风量与设计风量的允许偏差不应大于10%，风口的风量与设计风量的允许偏差不应大于15%。

检验方法：观察检查，核查试运转和调试记录。

检查数量：全数检查。

（2）风机盘管机组和绝热材料进场时，应对其下列技术性能参数进行复验，复验应为见证取样送检：

1）风机盘管机组的供冷量、供热量、风量、出口静压、噪声及功率；

2）绝热材料的导热系数、密度、吸水率。

检验方法：现场随机抽样送检，核查复验报告。

检查数量：同一厂家的风机盘管机组按数量复验2%，但不得少于2台；同一厂家同材质的绝热材料复验次数不得少于2次。

五、常见质量问题

（1）各种节能设备、自控阀门与仪表等不能全部按照设计图纸安装到位，随意增减、更换。水力平衡装置安装位置、方向不正确，不便于操作。

（2）风管未严格按照设计和有关国家现行标准的要求制作、安装，造成风管品质差、横断面积小、厚度薄等不良现象，且安装不严密、缺少防热桥措施，对系统安全可靠运行和节能产生不利影响。

（3）风机的安装位置及出口方向错误。可能造成风系统阻力增大，引起风机性能急剧变坏。

（4）从防火角度出发，绝热材料应尽量使用不燃材料，其材质、密度、导热系数、规格与厚度等应符合设计要求。

（5）主要的隐蔽工程部位检查内容有：地沟和吊顶内部管道、配件的安装及绝热、绝热层附着的基层及其表面处理、绝热材料粘结或固定、绝热板材的板缝及构造节点、热桥部位处理等。

六、监理验收

通风与空调系统节能工程的验收，可按系统、楼层等进行，并符合分项工程和检验批划分的相关规定。通风与空调系统应随施工进度对与节能有关的隐蔽部位或内容进行验收，并应有详细的文字记录和必要的图像资料。

空调冷（热）水系统的验收，一般应按系统分区进行；通风与空调的风系统可按风机或空调机组等所各自负担的风系统，分别进行验收。对于系统大且层数多的空调冷（热）水系统及通风与空调的风系统工程，可分别按几个楼层作为一个检验批进行验收。

检验方法：观察检查，核查隐蔽工程验收记录。

检查数量：全数检查。

第三节 空调与采暖系统冷热源及管网节能工程

一、工程内容

本节适用于空调与采暖系统中冷热源设备、辅助设备及其管道和室外管网系统节能工程施工质量的验收。空调的冷源系统，包括冷源设备及其辅助设备（含冷却塔、水泵等）和管道；采暖的热源系统，包括热源设备及其辅助设备和管道。

二、设备和材料质量要求

（1）空调与采暖系统冷热源设备及其辅助设备、阀门、仪表、绝热材料等产品进场时，应按照设计要求对其类型、规格和外观等进行检查验收，并应对下列产品的技术性能参数进行核查。验收与核查的结果应经监理工程师（建设单位代表）检查认可，并应形成相应的验收、核查记录。各种产品和设备的质量证明文件和相关技术资料应齐全，并应符合国家现行有关标准和规定。

1）锅炉的单台容量及其额定热效率；

2）热交换器的单台换热量；

3）电机驱动压缩机的蒸气压缩循环冷水（热泵）机组的额定制冷量（制热量）、输入功率、性能系数（*COP*）及综合部分负荷性能系数（*IPLV*）；

4）电机驱动压缩机的单元式空气调节机、风管送风式和屋顶式空气调节机组的名义制冷量、输入功率及能效比（*EER*）；

5）蒸汽和热水型溴化锂吸收式机组及直燃型溴化锂吸收式冷（温）水机组的名义制冷量、供热量、输入功率及性能参数；

6）集中采暖系统热水循环水泵的流量、扬程、电机功率及耗电输热比（*EHR*）；

7）空调冷热水系统循环水泵的流量、扬程、电机功率及输送能效比（*ER*）；

8）冷却塔的流量及电机功率；

9）自控阀门与仪表的技术性能参数。

上述设备均应进行复验，复验应为见证取样送检。

（2）空调与采暖系统冷热源及管网节能工程的绝热管道、绝热材料进场时，应对绝热材料的导热系数、密度、吸水率等技术性能参数进行复验，复验应为见证取样送检。

三、施工安装过程质量控制内容

（1）空调与采暖系统冷热源设备和辅助设备及其管网系统的安装，应符合下列规定：

1）管道系统的制式，应符合设计要求；

2）各种设备、自控阀门与仪表应按设计要求安装齐全，不得随意增减和更换；

3）空调冷（热）水系统，应能实现设计要求的变流量或定流量运行；

4）供热系统应能根据热负荷及室外温度变化实现设计要求的集中质调节、量调节或质-量调节相结合的运行。

检验方法：观察检查。

检查数量：全数检查。

（2）空调与采暖系统冷热源和辅助设备及其管道和室外管网系统，应随施工进度对与节能有关的隐蔽部位或内容进行验收，并应有详细的文字记录和必要的图像资料。

检验方法：观察检查，核查隐蔽工程验收记录。

检查数量：全数检查。

（3）冷热源侧的电动两通调节阀、水力平衡阀及冷（热）量计量装置等自控阀门与仪表的安装，应符合下列规定：

1）规格、数量应符合设计要求；

2）方向应正确，位置应便于操作和观察。

检验方法：观察检查。

检查数量：全数检查。

（4）锅炉、热交换器、电机驱动压缩机的蒸气压缩循环冷水（热泵）机组、蒸汽或热水型溴化锂吸收式冷水机组及直燃型溴化锂吸收式冷（温）水机组等设备的安装，应符合下列要求：

1）规格、数量应符合设计要求；

2）安装位置及管道连接应正确。

检验方法：观察检查。

检查数量：全数检查。

（5）冷却塔、水泵等辅助设备的安装应符合下列要求：

1）规格、数量应符合设计要求；

2）冷却塔设置位置应通风良好，并应远离厨房排风等高温气体；

3）管道连接应正确。

检验方法：观察检查。

检查数量：全数检查。

（6）空调冷热源水系统管道及配件绝热层和防潮层的施工要求，可按照第二节第三项第九条执行。

（7）当输送介质温度低于周围空气露点温度的管道，采用非闭孔绝热材料作绝热层时，其防潮层和保护层应完整，且封闭良好。

检验方法：观察检查。

检查数量：全数检查。

（8）冷热源机房、换热站内部空调冷热水管道与支、吊架之间的绝热衬垫的施工可按照第二节第三项第十条执行。

（9）空调与采暖系统的冷热源设备及其辅助设备、配件的绝热，不得影响其操作功能。

检验方法：观察检查。

检查数量：全数检查。

四、工程检测和试验项目

空调与采暖系统冷热源和辅助设备及其管道和管网系统安装完毕后，系统试运转及调试必须符合下列规定：

（1）冷热源和辅助设备必须进行单机试运转及调试；

（2）冷热源和辅助设备必须同建筑物室内空调或采暖系统进行联合试运转及调试；

（3）联合试运转及调试结果应符合设计要求，且允许偏差或规定值应符合表12-1的有关规定。当联合试运转及调试不在制冷期或采暖期时，应先对表中序号2、3、5、6四个项目进行检测，并在第一个制冷期或采暖期内，带冷（热）源补做序号1、4两个项目的检测。

联合试运转及调试检测项目与允许偏差或规定值 **表12-1**

序号	检测项目	允许偏差或规定值
1	室内温度	冬季不得低于设计计算温度2℃，且不应高于1℃；夏季不得高于设计计算温度2℃，且不应低于1℃
2	供热系统室外管网的水力平衡度	0.9～1.2
3	供热系统的补水率	≤0.5%
4	室外管网的热输送效率	≥0.92
5	空调机组的水流量	≤20%
6	空调系统冷热水、冷却水总流量	≤10%

检验方法：观察检查，核查试运转和调试记录。

检验数量：全数检查。

五、常见质量问题

（1）未经设计单位同意，擅自改变系统的制式并去掉一些节能设备和自控阀门与仪表，或将节能设备及自控阀门更换为不节能的设备及手动阀门，导致整个系统无法实现节能运行，耗能及运行费用增加。

（2）地沟及吊顶内部的管道安装及绝热、绝热层附着的基层及其表面处理、绝热材料粘结或固定、绝热板材的板缝及构造节点、热桥部位处理不符合要求。

（3）未经设计单位同意，擅自改变有关设备的规格、台数及安装位置，甚至接错管道。

六、监理验收

不同的冷源或热源系统，应分别进行验收；室外管网应单独验收，不同的系统应分别进行。

第十三章　通风与空调系统综合效能试验质量监控

第一节　设备单机试运转

一、试运转内容

（1）通风机及空调机组的风机；
（2）风机盘管机组；
（3）活塞式制冷机组；
（4）离心式制冷机组；
（5）螺杆式制冷机组；
（6）溴化锂吸收式制冷机组；
（7）水泵；
（8）冷却塔。

二、调试过程质量控制内容

（一）通风机及空调机组的风机
（1）叶轮旋转方向；
（2）轴承温升。
（二）风机盘管机组
（1）三速试运转；
（2）水压试验。
（三）活塞式制冷机组
（1）机体紧固件；
（2）试运转时间；
（3）油位、油温及油压；
（4）气缸冷却水温度、排气温度。
（四）离心式制冷机组
（1）润滑油系统及冷冻机油的规格和数量；
（2）压缩机油位；
（3）电气系统；
（4）冷却水系统；
（5）压缩机运转情况。
（五）螺杆式制冷机组
（1）电机旋转方向；
（2）冷冻机油规格及油位；

（3）检查四通阀位置；

（4）电气系统；

（5）水冷却系统。

（六）溴化锂吸收式制冷机组

（1）外观检查；

（2）气密性试验。

（七）水泵

（1）叶轮转动及密封性；

（2）轴承温升；

（3）试运转时间；

（4）电动机的电流及功率。

（八）冷却塔

（1）冷却塔本体固定及振动；

（2）冷却塔噪声；

（3）试运转时间。

三、试运转过程中巡视或旁站

（一）通风机及空调机组的风机

（1）盘动叶轮，应无卡阻和碰擦现象。

（2）叶轮旋转方向必须正确，运转平稳，无异常振动和声响，电机运行功率应符合设备技术文件的规定。

（3）风机启动达到正常转速后，应首先在调节门开度为0°~5°之间小负荷运转，待轴承温升稳定后连续运转时间不应小于20min。

（4）小负荷运转正常后，应逐渐开大调节门，但电动机电流不得超过额定值，直至规定的负荷为止，连续运转时间不应小于2h。

（5）试运转中，滑动轴承温度不得超过70℃；滚动轴承温度不得超过80℃；轴承部位的振动速度有效值（均方根速度值）不应大于6.3mm/s。

（二）风机盘管机组

（1）风机盘管机组的三速、温控开关的动作应正确，并与机组运行状态一一对应。

（2）风机盘管水压试验的试验压力为系统工作压力的1.5倍，以不漏为合格。

（三）活塞式制冷机组

（1）对使用氟利昂制冷剂的压缩机，启动前应按设备技术文件的要求将曲轴箱中的润滑油加热。

（2）运转中润滑油的油温，开启式机组不应高于70℃；半封闭机组不应高于80℃。

（3）油压调节阀的操作应灵活，油位正常，调节的油压宜比吸气压力高0.15~0.3MPa。

（4）能量调节装置的操作应灵活，正确。

（5）压缩机各部位的允许温升应符合表13-1的规定。

（6）机体紧固件均应拧紧，仪表和电气设备应调试合格。

（7）无负荷试运转不得少于2h，但氨制冷机在0.25MPa的排气压力（表压）下，运转时间不应少于4h。

压缩机各部位的允许温升值 **表13-1**

检查部位	有水冷却（℃）	无水冷却（℃）
主轴承外侧面	≤40	≤60
轴封外侧面		
润滑油	≤40	≤50

（8）油温及各摩擦部位的温升应符合设备技术文件的规定。

（9）封闭式和半封闭式氟利昂制冷机不宜进行无负荷和空气负荷试验。

（10）气缸套的冷却水进口水温不应高于35℃，出口温度不应高于45℃。

（11）运转应平稳，无异常声响和振动。

（12）吸、排气阀的阀片跳动声响应正常。

（13）最高排气温度应符合表13-2的规定。

压缩机的最高排气温度 **表13-2**

制冷剂	最高排气温度（℃）	制冷剂	最高排气温度（℃）
R717	150	R22	145
R12	125	R502	145

（14）开启式压缩机轴封处的渗油量不应大于0.5mL/h。

（四）离心式制冷机组

（1）润滑油系统应冲洗干净，加入冷冻机油的规格及数量应符合随机文件的要求。

（2）电气系统工作正常，保护继电器整定值正确，接通油箱电加热器，将油加热至50～55℃。

（3）抽气回收装置中，压缩机的油位应正常，转向正确，运转无异常。

（4）按设备技术文件的规定启动抽气回收装置，排除系统中的空气。

（5）启动压缩机应逐步开启导向叶片，并应快速通过喘振区，使压缩机正常工作。

（6）机组的声响、振动、轴承部位的温升应正常；当机器发生喘振时，应立即采取措施予以消除故障或停机。

（7）油箱的油温宜为50～65℃，油冷却器出口的油温宜为35～55℃。滤油器和油箱内的油压差，制冷剂为R11的机组应大于0.1MPa，R12机组应大于0.2MPa。

（8）能量调节机构的工作应正常。

（9）机组载冷剂出口处的温度及流量应符合设备技术文件的规定。

（10）冷却水系统应能正常供水。

（11）导向叶片启闭灵活、可靠，开度和仪器指示值应按随机文件的要求调整一致。

（12）瞬间点动压缩机，转动应正常。

（13）水冷却电机机组连续运行不应少于30min，氟利昂冷却电机机组连续运行不应大于10min，油箱的油温、油压、轴承温升及机器声响和振动应符合随机文件要求。

（五）螺杆式制冷机组

（1）检查电机的旋转方向时，应将电机与压缩机断开。

（2）用手盘动压缩机应无阻滞和卡阻。

（3）冷冻机油的规格和油面高度应符合随机文件规定，油泵运转正常，调节油压宜大于排气压力0.15～0.3MPa；精滤油器前后压差不应高于0.1MPa。

（4）调节四通阀应处于减负压或增负压位置，并检查滑阀移动是否灵活正确，并把滑阀处于能量最小位置。

（5）保护继电器安全装置的整定值应符合规定，动作灵敏、可靠。

（6）油冷却装置的水系统应畅通。

（7）制冷剂为R12、R22的机组，启动前应接通电加热器，加热器油温不应低于25℃。

（8）启动运转的程序应符合设备技术文件的规定。

（9）冷却水温不应大于32℃，压缩机的排气温度和冷却后的油温应符合表13-3的规定。

（10）吸气压力不宜低于0.05MPa（表压）；排气压力不应高于1.6MPa（表压）。

（11）运转中应无异常声响和振动，压缩机轴承体处的温升应正常。

（12）轴封处的渗油量不应大于3mL/h。

压缩机的排气温度和冷却后的油温

表13-3

制冷剂	排气温度（℃）	油温（℃）
R12	≤90	30～55
R22，R717	≤105	30～65

（六）溴化锂吸收式制冷机组

（1）在设备技术文件规定期限内，外表无损伤，且气密度符合设备文件规定的机组，凡冲灌溴化锂溶液的，可直接进入试运转；当用惰性气体保护时，应进行真空气密性试验合格后，方能加液进行试运转。

（2）对在设备技术文件规定期限外，且内压不符合设备文件规定的机组，则应先做正压试验，合格后，再进行真空气密性试验，必要时需对设备内部进行清洗。

（3）机组的气密性试验应符合设备技术文件规定，正压试验为0.2MPa（表压）保持24h，压降不大于66.5Pa为合格。真空气密性试验，绝对压力应小于66.5Pa，保持24h，升压不大于26.6Pa为合格。

（4）启动运转应按下列要求进行：

1）应向冷却水系统和冷水系统供水，当冷却水低于20℃时，应调节阀门减少冷却水供水量；

2）启动发生器泵、吸收器泵，应使溶液循环；

3）应慢慢开启蒸汽或热水阀门，向发生器供蒸汽或热水，对以蒸汽为热源的机组，应使机组先在较低的蒸汽压力状态下运转，无异常现象后，再逐渐提高蒸汽压力至设备技术文件的规定值；

4）当蒸发器冷剂水液囊具有足够的积水后，应启动蒸发器泵，并调节制冷机，应使其正常运转；

5）启动运转过程中，应启动真空泵，抽除系统内的残余空气或初期运转产生的不凝性气体。

（5）运转中检查的项目和要求应符合下列规定：

1）稀溶液、浓溶液和混合溶液的浓度，温度应符合设备技术文件的规定；

2）冷却水、冷媒水的水量和进、出口温度应符合设备技术文件的规定；

3）加热蒸汽的压力、温度和凝结水的温度、流量或热水的温度及流量应符合设备技术文件的规定；

4）混有溴化锂的冷剂水的相对密度不应超过 1.04；

5）系统应保持规定的真空度；

6）屏蔽泵的工作应稳定，并无阻塞、过热、异常声响等现象；

7）各安全保护继电器的动作应灵敏、正确，仪表应准确。

（七）水泵

（1）运转中不应有异常振动和声响，各静密封处不得泄漏，固定连接部位不应有松动，轴封的温升应正常。

（2）转子及各运动部位运转应正常，叶轮旋转方向应正确，无异常振动和声响。

（3）水泵连续运转 2h 后，滑动轴承外壳的温度不应大于 70℃；滚动轴承的温度不应大于 80℃；特殊轴承的温度应符合设备技术文件的规定。

（4）轴封填料的温升应正常，在无特殊要求情况下，普通填料泄漏量不得大于 60mL/h，机械密封的泄漏量不得大于 5mL/h。

（5）泵在额定工作点连续运转时间不应小于 2h。

（6）电动机的电流和功率不应超过额定值。

（八）冷却塔

（1）冷却塔本体应稳固，无异常振动，其噪声应符合设备技术文件的规定。

（2）冷却塔风机及冷却水系统循环试运行不少于 2h，运行应无异常情况。

（九）其他设备试运转

（1）空调机组、风冷热泵等设备运行时，产生的噪声不宜超过产品性能说明书的规定值。

（2）风机盘管机组的三速温控开关的动作应正确，并与机组运行状态一一对应。

（3）电控防火、防排烟风阀（口）的手动、电动操作应灵活、可靠，信号输出正确。

四、监理验收

（1）观察。

（2）旁站。

（3）查阅设备单机试运转记录。

（4）查阅工程系统调试检验批质量验收记录（《通风与空调工程施工质量验收规范》GB 50243—2002，表 C.2.9）。

第二节 系统无生产负荷联合试运转及调试

通风与空调工程的系统调试，应由施工单位负责，监理单位监督，设计单位与建设单位参与配合。系统调试的实施可以是施工企业本身或委托给具有调试能力的其他单位。

通风与空调工程系统无生产负荷的联合试运转及调试应在制冷设备和通风与空调设备单机试运转合格后进行。空调系统带冷（热）源的正常联合试运转不应少于8h，当竣工季节与设计条件相差较大时，仅做不带冷（热）源试运转。通风、除尘系统的连续试运转不应少于2h。

一、试运转及调试内容

（1）通风机；

（2）制冷机；

（3）空调机组；

（4）防排烟系统；

（5）空气净化系统。

二、试运转过程质量控制内容

（1）通风机的风量、风压及转速测定；

（2）通风与空调设备及系统的风量、余压与风机转速的测定；

（3）系统与风口的风量测定与调整；

（4）通风机、制冷机、空调机组噪声的测定；

（5）制冷系统运行的压力、温度、流量等各项技术数据；

（6）防排烟系统正压送风前室静压的检测；

（7）高效过滤器的检漏和室内洁净度级别的测定；

（8）空调系统带冷热源的正常联合试运转时间。

三、运转及调试过程中巡视或旁站

（1）空调系统总风量调试结果与设计风量的偏差不应大于10%。

（2）系统经过平衡调整，各风口或吸风罩的风量与设计风量的允许偏差不应大于15%。

（3）空调冷热水、冷却水总流量测试结果与设计流量的偏差不应大于10%。

（4）有压差要求的房间、厅堂与其他相邻房间之间的压差，舒适性空调正压为0～25Pa；工艺性空调应符合设计的规定。

（5）通风与空调工程的控制和监测设备应能正确显示系统的状态参数，设备连锁、自动调节、自动保护应能正确动作。

各种自动计量检测元件和执行机构的工作应正常，满足建筑设备自动化（BAS、FAS等）系统对被测定参数进行检测和控制的要求。

（6）舒适空调的温度、相对湿度应符合设计的要求，恒温、恒湿房间室内空气温度、相对湿度及波动范围应符合设计规定。

(7) 防排烟系统联合试运转与调试结果（风量及正压），必须符合设计与消防的规定。

(8) 净化空调系统

1）净化空调系统的检测和调整，应在系统进行全面清扫，且已运行24h及以上达到稳定后进行。

2）单向流洁净室系统的系统总风量调试结果与设计风量的允许偏差为0～20%，室内各风口风量与设计风量的允许偏差为15%，新风量与设计新风量的允许偏差为10%。

3）单向流洁净室系统的室内截面平均风速的允许偏差为0～20%，且截面风速不均匀度不应大于0.25。

4）相邻不同级别洁净室之间和洁净室与非洁净室之间的静压差不应小于5Pa，洁净室与室外的静压差不应小于10Pa。

5）洁净室洁净度的检测，应在空态或静态下进行，室内洁净度检测时，人员不宜多于3人，均必须穿与洁净室洁净度等级相适应的洁净工作服；室内空气洁净度等级必须符合设计规定的等级或在商定验收状态下的等级要求。

6）高于等于5级的单向流洁净室，在门开启的状态下，测定距离门0.6m室内侧工作高度处空气的含尘浓度，亦不应超过室内洁净度等级上限的规定。

(9) 通风工程

1）系统联合试运转中，设备及主要部件的联动必须符合设计要求，动作协调、正确，无异常现象。

2）各风口或吸风罩的风量与设计风量的允许偏差不应大于15%。

(10) 空调工程

1）水系统应冲洗干净、不含杂物，并排除管道系统中空气；系统连续运行应达到正常、平稳；水泵的压力和水泵电机的电流不应出现大幅波动。系统调整平衡后，各空调机组水流量应符合设计要求，允许偏差为20%。

2）各种自动计量检测元件和执行机构的工作应正常，满足建筑设备自动化（BAS、FAS等）系统对被测定参数进行检测和控制的要求。

3）多台冷却塔并联运行时，各冷却塔的进、出水量应达到均衡一致。

4）空调室内噪声应符合设计规定要求。

5）有压差要求的房间、厅堂与其他相邻房间之间的压差，舒适空调正压为0～25Pa，工艺性空调应符合设计的规定。

6）有环境噪声要求的场所，制冷、空调机组应按现行国家标准进行测定。

(11) 通风与空调工程的控制和监测设备，应能与系统的检测元件和执行机构正常沟通，系统的状态参数应能正确显示，设备连锁、自动调节、自动保护应正确动作。

(12) 空调系统带冷热源的正常联合试运转不应少于8h，通风、除尘系统的连续试运转不应少于2h。

(13) 制冷系统

1）试运转前应首先启动冷却水泵和冷冻水泵。

2）活塞式制冷机的最高排气温度：制冷剂为R717不得超过150℃，R22不得超过

145℃，制冷剂为 R12 与 R134a 不得超过 125℃。

3）离心式制冷机试运转时应首先启动油箱电加热器，将油温加热至 50~55℃，按要求供给冷却水和载冷剂，再启动油泵，调节润滑系统，按照设备技术文件要求启动抽气回收装置，排除系统中的空气。启动压缩机应逐步开启导向叶片，快速通过喘振区；油箱的油温应为 50~65℃；油冷却器出口的油温应为 35~55℃；滤油器和油箱内的油压差，R11 机组应大于 0.1MPa，R12 机组应大于 0.2MPa。

4）螺杆式压缩机启动前应先加热润滑油，油温不得低于 25℃，油压应高于排气压力 0.15~0.3MPa，精滤油器前后压差不得大于 0.1MPa，冷却水入口温度不应高于 32℃，机组吸气压力不得低于 0.05MPa（表压），排气压力不得高于 1.6MPa。

5）系统带制冷剂正常运转不应少于 8h。

6）试运转正常后，必须先停止制冷机、油泵（离心式、螺杆式制冷机待主机停车后尚需继续供油 2min，方可停止油泵），再停冷冻水泵、冷却水泵。

7）溴化锂吸收式制冷机系统试运转应在机组清洗、试压及水、电、汽（或燃油）系统正常后进行。启动冷水泵、冷却泵，再启动发生器泵、吸收器泵，使机组溶液循环；逐步通过预热期后，做机组一次运行并记录（各点温度、水量、耗汽量）。

四、监理验收

（1）观察。

（2）旁站检查。

（3）查阅测试、调试记录。

（4）查阅工程系统调试检验批质量验收记录（《通风与空调工程施工质量验收规范》GB 50243—2002，表 C. 2. 9）。

第三节 综合效能试验

通风与空调工程交工前，并已具备生产试运行的条件下，可由建设单位负责，设计、施工单位配合，进行带生产负荷的综合效能试验测定与调整。

综合效能试验测定与调整的项目，应由建设单位根据工程性质、工艺和设计要求进行确定。

一、试验内容

（1）通风、除尘系统综合效能试验包括下列项目：

1）室内空气中含尘浓度或有害气体浓度与排放浓度的测定；

2）吸气罩罩口气流特性的测定；

3）除尘器阻力和除尘效率的测定；

4）空气油烟、酸雾过滤装置净化效率的测定。

（2）空调系统综合效能试验包括下列项目：

1）送回风口空气状态参数的测定与调整；

2）空气调节机组性能参数的测定与调整；

3）室内噪声的测定；

4）室内空气温度和相对湿度的测定与调整；

5）对气流有特殊要求的空调区域做气流速度的测定。

（3）恒温恒湿空调系统除应包括空调系统综合效能试验项目外，尚应包括下列项目：

1）室内静压的测定和调整；

2）空调机组各功能段性能的测定与调整；

3）室内温度、相对湿度场的测定与调整；

4）室内气流组织的测定。

（4）净化空调系统除应包括恒温恒湿空调系统综合效能试验项目外，尚应包括下列项目：

1）生产负荷状态下室内空气洁净度等级的测定；

2）室内浮游菌和沉降菌的测定；

3）室内自净时间的测定；

4）空气洁净度高于5级的洁净室，除应进行净化空调系统综合效能试验项目外，尚应做设备泄漏控制、防止污染扩散等特定项目的测定；

5）洁净度等级高于等于5级的洁净室，可进行单向气流流线平行度的检测，在工作区内气流流向偏离规定方向的角度不大于15°。

（5）防排烟系统综合效能试验的测定项目，为模拟状态下安全区正压变化测定及烟雾扩散试验等。

二、试验过程质量控制内容及要点

（1）系统总风压、风量及风机转数的测定

1）测定截面应设在气流均匀而稳定的部位，即在按气流方向位于局部阻力之后，大于或等于4倍直径（矩形风管大边）的直管段上。

2）矩形风管测点布置要求各小截面面积不能太大，并尽量形成方形；圆形风管截面测点分布在将圆面积分成等面积的几个圆环上。

3）风机风压、风量的测定一般使用皮托管和微压计，风速小的系统可用热球风速仪测定风速；测定时，系统阀、风口全开，三通调节阀处于中间位置。

4）风机转速的测定可在风机叶轮的皮带盘中心孔位置用转速表测出。

5）实测总风量与设计风量偏差不应大于10%。

（2）风量测定调整一般从风机最远的支干管开始。

（3）各风口风量实测值与设计值偏差不大于15%。

（4）室内温度、相对湿度测定

1）室内空气温度和相对湿度测定之前，净化空调系统应已经连续运行至少24h；对有恒温要求的场所，根据对温度波动范围的要求确定运行时间，恒温精度在±1℃时，应在8～12h；恒温精度在±0.5℃时，应在12～24h；恒温精度在±（0.1～0.2）℃时，应在24～36h。

2）室内测点一般布置在：

①送、回风口处；

②恒温工作区内具有代表性的地点；

③室中心位置；

④敏感元件处。

所有测点宜设在同一高度，离地面0.5～1.5m处，测点距围护结构内表面应大于0.5m。

3）根据温度和相对湿度的波动范围，应选相应的具有足够精度的仪表进行测定，可采用棒状温度计、通风温湿度计等，测量仪器的测头应有支架固定，不得用手持测头。

（5）室内洁净度的检测

1）测定室内洁净度时，每个采样点采样次数不少于3次，各点采样次数可以不同。

2）对于单向流洁净室，采样口应对着气流方向，对于乱流洁净室，采样口应向上，采样速度均应尽可能接近室内气流速度。

3）洁净度测点布置原则：

①多于5点时可分层布置，但每层不少于5点；

②5点或5点以下时，可布置在离地面0.8m高平面的对角线上；或该平面上的两个过滤器之间的地点；也可以设在认为需要布点的其他地方。

（6）室内噪声的检测

1）测噪声仪器为带倍频程分析仪的声级计，一般只测A声级的数值，必要时测倍频程声压级；测量稳态噪声应使用声级计“慢档”时间特性，一次测量应取5s内的平均读数。

2）测点可布置在房间中心离地面高度为1.2m处，较大面积空调房间测定应按设计要求。

（7）室内气流流型的测定宜采用发烟器或悬挂单线的方法逐点观察，并应在测点布置图上标出气流方向。

（8）风管内温度的测定在一般情况下可只测定中心点温度，测温仪器可采用棒状温度计或工业用热电偶、电阻温度计。

（9）自动调节系统应作参数整定，自动调节仪表应达到技术文件规定的精度要求；经调整后，检测元件、调节器、执行机构、调节机构和反馈应能协调一致，准确联动。

（10）通风、除尘系统的综合效能试验

1）除尘器前后的同一参数测定应同时进行；

2）除尘器进、出口管道内的含尘浓度及气体压力的测定，应符合现行国家标准《锅炉烟尘测试方法》GB/T 5468—1991中的有关规定。

三、监理验收

（1）观察。

（2）旁站检查。

（3）查阅试验报告。

第十四章　建筑给水排水及采暖工程竣工验收

第一节　给水排水及采暖工程验收内容和要求

一、建筑给水排水及采暖工程施工质量验收的基本要求

（1）建筑给水排水及采暖工程施工质量应符合《建筑工程施工质量验收统一标准》GB 50300—2001 的规定和《建筑给水排水及采暖工程施工质量验收规范》GB 50242—2002 专业验收规范的规定。

（2）工程施工应符合工程勘察、设计文件的要求。

（3）参加工程施工质量验收的各方人员应具备规定的资格。

（4）工程质量的验收均应在施工单位自行检查评定的基础上进行。

（5）隐蔽工程在隐蔽前应由施工单位通知有关单位进行验收，并应形成验收文件。

（6）涉及结构安全的试块、试件以及有关材料，应按规定进行见证取样检测。

（7）检验批的质量应按主控项目和一般项目验收，主控项目是建筑工程中的对安全、卫生、环境保护和公众利益起决定作用的检验项目；一般项目是除主控项目以外的检验项目。

（8）对涉及结构安全和使用功能的重要分部工程应进行抽样检测。

（9）承担见证取样检测及有关结构安全检测的单位应具有相应资质。

（10）工程的观感质量应由验收人员通过现场检查，并应共同确认。

二、给水排水及采暖工程施工质量验收的分类

根据《建筑工程施工质量验收统一标准》GB 50300—2001 的要求，建筑工程质量验收应划分为单位（子单位）工程、分部（子分部）、分项工程和检验批。

（1）单位工程：具有独立的设计文件，具备独立施工条件并能形成独立使用功能的工程。

单位工程的划分应按照下列原则确定：

1）具备独立施工条件并能够形成独立使用功能的建筑物及构筑物为一个单位工程。

2）建筑规模较大的单位工程，可将其能形成独立使用功能的部分为一个子单位工程。

（2）分部工程：单位工程的组成部分，一般是按单位工程的结构形式、工程部位、构件性质、使用材料、设备种类等的不同而划分的工程项目。

分部工程的划分应按下列原则确定：

1）分部工程的划分应按专业性质、建筑部位确定。

2）当分部工程较大或较复杂时，可按材料种类、施工特点、施工程序、专业系统及类别等划分为若干子分部工程。

（3）分项工程：分部工程的组成部分，是施工图预算中最基本的计算单位。分项工程

的划分应按主要工种、材料、施工工艺、设备类别等进行。

（4）检验批：按同一的生产条件或按规定的方式汇总起来供检验用的，由一定数量样本组成的检验体，是工程验收的最小单位，是分项工程乃至整个建筑工程质量验收的基础。

分项工程可由一个或若干检验批组成，检验批可以根据施工及质量控制和专业验收的需要，按楼层、施工段、变形缝等进行划分。

建筑给水排水与采暖分部工程的子分部工程和分项工程可按表14-1划分。

建筑给水排水与采暖分部工程、分项工程划分 **表14-1**

分部工程	序号	子分部工程	分项工程
建筑给水、排水及采暖工程	1	室内给水系统	给水管道及配件安装，室内消火栓系统安装，给水设备安装，管道防腐，绝热
	2	室内排水系统	排水管道及配件安装，雨水管道及配件安装
	3	室内热水供应系统	管道及配件安装，辅助设备安装，防腐，绝热
	4	卫生器具安装	卫生器具安装，卫生器具给水配件安装，卫生器具排水管道安装
	5	室内采暖系统	管道及配件安装，辅助设备及散热器安装，金属辐射板安装，低温热水地板辐射采暖系统安装，系统水压试验及调试，防腐，绝热
	6	室外给水管网	给水管道安装，消防水泵接合器及室外消火栓安装，管沟及井室
	7	室外排水管网	排水管道安装，排水管沟与井池
	8	室外供热管网	管道及配件安装，系统水压试验及调试，防腐，绝热
	9	建筑中水系统及游泳池系统	建筑中水系统管道及辅助设备安装，游泳池水系统安装
	10	供热锅炉及辅助设备安装	锅炉安装，辅助设备及管道安装，安全附件安装，烘炉、煮炉和试运行，换热站安装，防腐，绝热

三、建筑给水排水及采暖工程验收内容

建筑给水排水及采暖工程的竣工验收分为检验批质量、分项和分部（子分部）工程验收。按验收时间可分为中间验收和竣工验收。

工程的中间验收是指在施工过程中或竣工时将被隐蔽的工程在隐蔽前进行的工程验收。

建筑给水排水及采暖工程的隐蔽工程是指工程竣工时将被直埋在地下或结构中的，暗敷于沟槽、管井、吊顶内的管道或由于装饰工程的需要，暗敷在吊顶、立柱、侧墙和地板夹层内的给水排水及采暖系统。

这些隐蔽工程如果在施工中存在缺陷，在工程验收时也被疏忽，直至建筑物投入使用时才被发现，将会带来难以估量的经济损失和严重后果。

建筑给水排水及采暖工程的竣工验收，是在工程施工质量得到有效监控的前提下，通过对给水排水及采暖系统进行观感质量，管道、设备压力强度试验、严密性试验，系统灌水、通水、通球、满水试验的检查，按规范将质量合格的分部工程移交建设单位的验收过程。

竣工验收应由建设单位负责，组织设计、施工、监理等单位共同进行，合格后即应办理竣工验收手续。

第二节 建筑给水排水及采暖工程验收程序和组织

一、工程验收程序

建筑工程施工质量验收的组织和程序是密不可分的。为方便施工管理和质量控制，建筑工程划分为单位（子单位）工程、分部（子分部）工程、分项工程和检验批；而验收的顺序则与此相反，先验收检验批、分项工程、分部（子分部）工程，而最后完成对单位（子单位）工程的竣工验收，见图14-1所示。

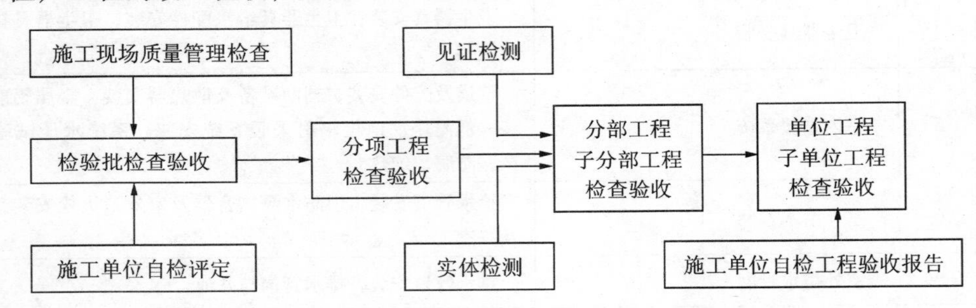

图14-1 建筑工程施工质量验收程序

除上述各层次的检查验收以外，还有三种未列入正式验收，但必须进行检查的内容。

（一）施工现场质量管理的检查

对施工现场质量管理的检查，是工程可以开工的条件。尽管这种检查只是对施工单位在管理方面的要求（软件），而非具体的工程验收（硬件），但对质量控制而言，仍是必要的。

（二）施工单位对检验批的自检评定

施工单位的自检评定虽不属于验收的范畴，但是验收的基础。好的质量是施工操作的结果，是由施工人员确定的，因此，施工单位在质量控制中起着重要作用。

（三）竣工前的工程验收报告

在工程完成施工、进行工程验收之前，施工单位应先自行组织有关人员进行检查评定，并在认为条件具备的情况下，向建设单位提交工程验收报告。在自检基础上进行验收，再次体现了施工单位在质量控制和验收中的重要作用。

二、工程验收组织

建筑工程质量验收组织如表14-2所示。

各项工程质量验收程序和组织关系对照 表14-2

验收表名称	质量自检人员	质量检查评定人员		质量验收人员
		验收组织人	参加验收人员	
检验批质量验收记录表	项目专业质量(技术)负责人	监理工程师(建设单位项目专业技术负责人)	项目专业质量(技术)负责人,分包单位项目专业质量(技术)负责人	监理工程师(建设单位项目专业技术负责人)
分项工程质量验收记录表	项目专业质量(技术)负责人	监理工程师(建设单位项目专业技术负责人)	项目专业质量(技术)负责人,分包单位项目专业质量(技术)负责人	监理工程师(建设单位项目专业技术负责人)
分部(子分部)工程质量验收记录表	项目经理,分包单位项目经理	总监理工程师(建设单位项目负责人)	项目(含分包)经理、技术质量负责人,施工单位技术、质量部门负责人,设计(勘察)单位项目负责人	总监理工程师(建设单位项目负责人)
单位(子单位)工程质量竣工验收记录	项目经理	建设单位项目负责人	项目(含分包)经理,设计单位项目负责人	总监理工程师(建设单位项目负责人)

第三节 建筑给水排水及采暖工程验收过程质量控制内容

一、给水排水及采暖工程隐蔽工程质量检查

直埋于地下或结构中,暗敷设于沟槽、管井、吊顶内的给水、排水、雨水、采暖、消防管道和相关设备,以及有防水要求的套管:检查管材、管件、阀门、设备的材质与型号、安装位置、标高、坡度;防水套管的定位及尺寸;管道连接做法及质量;附件使用,支架固定,以及是否已按照设计要求及施工规范规定完成管道和设备的强度、严密性等试验和管道冲洗。

有保温隔热、防腐要求的给水、排水、采暖、消防、喷淋管道和相关设备:检查绝热方式、绝热材料的材质与规格、绝热管道与支吊架之间的防结露措施、防腐处理材料及做法等。

埋地的采暖、热水管道,在保温层、保护层完成后,所在部位进行回填之前,应进行隐检:检查安装位置、标高、坡度,支架做法,保温层、保护层设置等。

隐蔽工程检查应在工程被隐蔽之前,按设计、规范和标准的要求对将被隐蔽的工程分部位、区、段和分系统全部检查,进行观察、实测或检查试验记录。

隐蔽工程首先应由施工单位项目专业质量(技术)负责人组织工长、班组长和质量检查员自检合格后,由监理工程师(建设单位项目技术负责人)组织施工单位项目专业质量(技术)负责人等,必要时也请设计单位的代表共同进行检查,并会签隐蔽工程检查记录单。

隐蔽工程检查中查出的质量问题必须立即整改,并经监理工程师复查合格,在隐蔽前必须经监理工程师验收及认可签证。

二、给水排水及采暖系统观感质量检查

观感质量验收的质量评价分为“好”、“一般”、“差”，是全面评价一个分部、子分部外观及使用功能质量的检查。它不是单纯的外观检查，而是实地对工程质量的一个全面检查。质量控制材料，分项、分部工程验收的正确性，以及在施工过程中不能检查的项目(如给水系统冲洗消毒等)，都应在观感质量检查中给予核查。

(一) 室内给水工程

各系统试验压力、试压结果符合设计要求，管道及接口无渗漏。管道必须冲洗合格，管道及支架（墩）不在冻土及松软土上。

1. 管道坡度

一般：管道坡度的正负偏差不超过设计要求坡度值的1/3，管道安装横平竖直，距墙尺寸及标高基本符合规定。

好：管道坡度符合设计要求，并均匀一致，距墙尺寸、标高符合规定。

2. 管道螺纹连接

一般：管螺纹加工精度符合国家标准《55°密封管螺纹》GB/T 7306—2000的规定，螺纹清洁、规整，断丝或缺丝不大于螺纹全数的10%，连接牢固，根部有外露螺纹，使用管件正确。

好：在“一般”的基础上，螺纹无断丝；镀锌管道和管件的镀锌层无破坏，外露螺母防腐良好，且无外露油麻等缺陷。

3. 管道法兰连接

一般：对接平行、紧密，与管子中心线垂直，螺杆露出螺母；衬垫材质符合设计要求和施工规范的规定，且无双层；法兰型号符合要求。

好：在“一般”的基础上，螺母在同侧，螺杆露出螺母长度一致，且不大于螺杆直径的1/2。

4. 管道焊接

一般：焊口平直度、焊缝加强面符合施工规范的规定，焊口表面无烧穿、裂纹及明显的结瘤、夹渣和气孔等缺陷。

好：在“一般”的基础上，焊波均匀一致，焊缝表面无结瘤、夹渣和气孔。

5. 管道承插、套箍

一般：接口结构和所用填料符合设计要求和施工规范的规定；灰口密实饱满，填料凹入承口边缘不大于2mm；胶圈接口平直无扭曲，对口间隙准确，使用管件正确。

好：在“一般”的基础上，环缝间隙均匀；灰口平整、光滑、养护良好；胶圈接口回弹间隙符合施工规范的规定。

6. 管道支架

一般：构造正确，埋设平整牢固，位置合理，标高、间距符合规定。油漆种类和涂刷遍数符合设计要求，附着良好，无脱皮、起皮、起泡和漏涂。

好：在“一般”的基础上，排列整齐，支架和管子接触紧密，涂膜厚度均匀，色泽一致，无流淌及污染现象。

(二) 室内排水工程

各系统管道的灌水试验结果符合设计要求，无渗漏。

1. 管道坡度

一般：坡度正确，距墙尺寸、标高基本符合要求，安装顺直。

好：在“一般”的基础上，坡度均匀一致，距墙尺寸、标高符合要求。

2. 管道螺纹连接

一般：管螺纹加工精度符合国家标准《55°密封管螺纹》GB/T 7306—2000的规定，螺纹清洁、规整，断丝或缺丝不大于螺纹全数的10%，连接牢固，根部有外露螺纹，使用管件正确。

好：在“一般”的基础上，螺纹无断丝；镀锌管道和管件的镀锌层无破坏，外露螺母防腐良好，且无外露油麻等缺陷。

3. 管道法兰连接

一般：对接平行、紧密，与管子中心线垂直，螺杆露出螺母；衬垫材质符合设计要求和施工规范的规定，且无双层；法兰型号符合要求。

好：在“一般”的基础上，螺母在同侧，螺杆露出螺母长度一致，且不大于螺杆直径的1/2。

4. 管道焊接

一般：焊口平直度、焊缝加强面符合施工规范的规定，焊口表面无烧穿、裂纹及明显的结瘤、夹渣和气孔等缺陷。

好：在“一般”的基础上，焊波均匀一致，焊缝表面无结瘤、夹渣和气孔。

5. 管道承插、套箍

一般：接口结构和所用填料符合设计要求和施工规范的规定；灰口密实饱满，填料凹入承口边缘不大于2mm；胶圈接口平直无扭曲，对口间隙准确，使用管件正确。排水塑料管必须安装伸缩节，其间距不大于4m。

好：在“一般”的基础上，环缝间隙均匀；灰口平整、光滑、养护良好；胶圈接口回弹间隙符合施工规范的规定。

6. 管道支架

一般：构造正确，埋设平整牢固，位置合理，标高、间距符合规定。油漆种类和涂刷遍数符合设计要求，附着良好，无脱皮、起皮、起泡和漏涂。

好：在“一般”的基础上，排列整齐，支架和管子接触紧密，涂膜厚度均匀，色泽一致，无流淌及污染现象。

（三）卫生器具、支架、阀门、配件安装

1. 卫生器具安装

一般：木砖和支托架防腐良好，埋设平正牢固，器具平稳，排水管径及出口连接牢固，严密不漏，位置、标高基本正确，排水坡度符合要求。

好：在“一般”的基础上，器具洁净，支架与器具接触紧密。位置、标高正确；成排器具排列整齐，标高一致。排水栓低于盆、槽底面2mm，低于地表面5mm。

2. 阀门安装

一般：型号、规格符合设计要求，耐压强度和严密性试验结果符合规范规定，位置、进出口方向正确，连接牢固紧密。

好：在“一般”的基础上，启闭灵活朝向合理，表面清洁。

3. 配件（水表、消火栓、喷头、水嘴和角钢）

一般：安装位置、标高符合规定，进出口方向、朝向正确，镀铬件等成品保护良好，接口紧密，启闭部分灵活；消防箱无磕碰，标志清晰正确。

好：在“一般”的基础上，安装端正，表面清洁，接口无外露油麻，消火栓的水龙带与消火栓快速接头的绑扎紧密，并挂在托盘或支架上。

（四）检查口、地漏安装

1. 检查口

一般：设置数量必须符合规定；高度、朝向基本满足使用功能的要求，封盖严密不渗漏，标高允许偏差 -100 ~ +150mm。

好：在“一般”的基础上，标高、朝向方便使用。

2. 扫除口

一般：设置数量必须符合规定，位置基本符合规定，封堵严密无渗漏。

好：在“一般”的基础上，方便使用，底面扫除口与底面相平。

3. 地漏

一般：平正、牢固，低于排水表面，无渗漏。

好：在“一般”的基础上，地漏低于安装处排水地表面5mm，周边整齐、平整，地漏箅子正对地漏中心。

（五）采暖管道安装

1. 管道坡度

一般：坡度的正负偏差不超过设计要求坡度值的1/3。

好：坡度符合设计要求。

2. 管道螺纹连接

一般：管螺纹加工精度符合国家标准《55°密封管螺纹》GB/T 7306—2000 的规定，螺纹清洁、规整，断丝或缺丝不大于螺纹全数的10%，连接牢固，根部有外露螺纹，使用管件正确。

好：在“一般”的基础上，螺纹无断丝；镀锌管道和管件的镀锌层无破坏，外露螺母防腐良好，且无外露油麻等缺陷。

3. 管道法兰连接

一般：对接平行、紧密，与管子中心线垂直，螺杆露出螺母；衬垫材质符合设计要求和施工规范的规定，且无双层；法兰型号符合要求。

好：在“一般”的基础上，螺母在同侧，螺杆露出螺母长度一致，且不大于螺杆直径的1/2。

4. 管道焊接

一般：焊口平直度、焊缝加强面符合施工规范的规定，焊口表面无烧穿、裂纹及明显的结瘤、夹渣和气孔等缺陷。

好：在“一般”的基础上，焊波均匀一致，焊缝表面无结瘤、夹渣和气孔。

5. 支架

一般：构造正确，埋设牢固平正，间距符合要求。

好：在“一般”的基础上，排列整齐，与管子接触紧密。

6. 弯管

一般：弯曲半径度数正确，椭圆率、折皱不平度符合规定。

好：在“一般”的基础上，弯曲度均匀，部位准确，与管道坡度一致。

（六）散热器安装

1. 散热器安装

一般：水压试验必须符合要求，安装牢固，位置正确，接口严密无渗漏。

好：在“一般”的基础上，距墙距离一致，表面清洁，散热器无损坏，表面防腐无磕碰。

2. 支架

一般：数量和构造符合设计要求及施工规范规定，位置正确，埋设平正牢固，涂漆均匀无脱皮、起泡和漏涂。

好：在“一般”的基础上，排列整齐，与散热器接触紧密。

（七）伸缩器、膨胀水箱

1. 伸缩器

一般：伸缩器和固定支架的安装位置必须符合设计要求，并应按规定进行预拉伸。

好：在“一般”的基础上，方形补偿器弯曲半径对称均匀，与管道坡度一致。

2. 膨胀水箱

一般：水箱、水箱支架或底座尺寸及位置符合设计要求，埋设平正牢固；油漆种类和涂刷遍数符合设计要求，附着良好，无脱皮、起泡和漏涂。

好：在“一般”的基础上，水箱和支架接触紧密；防腐漆涂刷均匀，色泽一致，无流淌及污染现象。

第四节　建筑给水排水及采暖工程竣工验收资料检查内容

建筑给水排水及采暖工程竣工验收时，应检查竣工验收资料，一般包括下列文件及记录：

（1）施工图、图纸会审记录、设计变更通知书（技术核定单）、洽商记录和竣工图；

（2）材料及配件、设备、成品、半成品和仪表的出厂合格证明及进场检（试）验报告；

（3）隐蔽工程验收记录和中间验收记录；

（4）施工记录；

（5）管道、设备强度试验、严密性试验记录；

（6）系统清洗、灌水、通水、通球试验记录；

（7）给水、排水管道通水试验记录；

（8）管道支、吊架安装记录；

（9）管道保温记录；

（10）管道清洗和消毒记录；

（11）钢管伸缩器预拉伸安装记录；

（12）塑料排水管伸缩器安装预留伸缩量记录；

(13) 室内排水管道坡度测量记录；
(14) 室内排水管道渗水量试验记录；
(15) 室内雨水管道及配件安装；
(16) 卫生器具满水、通水试验记录；
(17) 地漏排水试验记录；
(18) 采暖管道、阀门、散热器压力试验记录；
(19) 采暖系统试运行和调试记录；
(20) 消防管道、燃气管道压力试验记录；
(21) 消火栓系统试射试验记录；
(22) 安全阀及报警联动系统动作测试记录；
(23) 楼地面管道四周盛水试验记录；
(24) 室外管道高程及位置的测量记录；
(25) 混凝土、砂浆、防腐、防水及焊接检验记录；
(26) 回填土压实度检验记录；
(27) 锅炉房辅助设备及管道安装的施工组织设计或施工方案；
(28) 锅炉烘炉、煮炉记录；
(29) 送（引）风机、除尘器、烟囱安装记录；
(30) 给水泵或注水器安装记录；
(31) 水处理装置安装检查记录；
(32) 设备基础交接验收记录；
(33) 设备单机试运转检查记录；
(34) 分部工程的检验批质量验收记录；
(35) 分部工程的分项工程质量验收记录；
(36) 分部（子分部）工程的质量验收记录；
(37) 分部工程观感质量综合检查记录；
(38) 安全和功能检验资料的核查记录；
(39) 工程质量事故记录。

第五节 监理验收和质量评估

一、施工单位对工程质量的自检

根据《建筑工程施工质量验收统一标准》GB 50300—2001的规定和《建筑给水排水及采暖工程施工质量验收规范》GB 50242—2002专业验收规范的规定，工程质量的验收均应在施工单位自行检查评定的基础上进行。施工单位应根据工程建设合同、设计图纸（包括修改图、设计变更通知书、技术核定单、设计交底文件）、规范、标准的质量要求对工程质量进行检查，由施工单位项目专业质量（技术）负责人组织工长、班组长和质量检查员完成这项工作，检查后办理工程质量自检记录。

工程自检数量：全数检查。

检查单位：部件、设备以个、台为单位，管道以轴线、楼层、隔墙分段为单位。

建筑给水排水及采暖工程自检项目及内容如下。

（一）室内给水系统安装

（1）室内给水管道水压试验；

（2）埋地给水管道防腐；

（3）水泵基础混凝土强度、坐标、标高、尺寸和地脚螺栓孔；

（4）水泵试运行轴承温度测试；

（5）水箱满水试验；

（6）水平管道安装纵向弯曲；

（7）立管安装垂直度；

（8）室内消火栓距地 1.1m；

（9）水箱支架和底座安装；

（10）立式水泵安装垂直度；

（11）卧式水泵安装水平度。

（二）室内排水系统安装

（1）排水管灌水试验；

（2）排水立管水平管通球试验；

（3）管道安装坡度；

（4）雨水管灌水试验；

（5）支架、吊架安装；

（6）立管安装垂直度；

（7）水平管纵向弯曲度。

（三）室内热水供应系统安装

（1）热水管水压试验；

（2）太阳能热水器水压试验；

（3）水泵安装及试运转；

（4）管道安装坡度；

（5）温度控制器阀门安装；

（6）太阳能热水器标高、固定安装方向；

（7）太阳能热水器中心线距地面最大偏移角。

（四）卫生器具安装

（1）排水栓、地漏安装平整牢固，低于排水表面；

（2）卫生器具给水配件；

（3）卫生器具水平度；

（4）卫生器具垂直度；

（5）大便器高、低水箱角阀及截止阀；

（6）水嘴安装；

（7）淋浴器喷头下沿；

（8）浴盆软管、淋浴器挂钩。

（五）室内采暖系统安装

（1）管道试压；

（2）补偿器安装；

（3）减压阀、安全阀安装；

（4）散热器、辐射板安装试压；

（5）长翼形散热器安装平直度；

（6）铸铁片式、钢制片式平直度。

（六）室外给水管网安装

（1）管网水压试验；

（2）给水管网消毒；

（3）铸铁、钢管及塑料管埋地的坐标和标高；

（4）水平管纵、横向弯曲（铸铁管直线段 25m 以上）；

（5）水平管纵、横向弯曲（钢管、塑料管直线段 25m 以上）。

（七）室外排水管网安装

（1）室外排水管坡度；

（2）排水检查井、化粪池的底板及进、出水管标高；

（3）坐标（埋地管）；

（4）标高（埋地管）；

（5）水平管道纵、横向弯曲。

（八）室外供热管网安装

（1）平衡阀和调节阀安装；

（2）补偿器安装；

（3）支、吊、托架安装；

（4）各种阀件安装；

（5）管道系统调试；

（6）敷设沟槽内、架空、埋地管道；

（7）水平管纵、横方向弯曲。

（九）供热锅炉及辅助设备安装

（1）基础坐标的位置；

（2）基础各不同平面的标高；

（3）基础平面上形尺寸；

（4）凸台上平面尺寸；

（5）凹穴尺寸；

（6）锅炉本体的水压试验；

（7）风机运转试验；

（8）安全阀定压；

（9）烘炉、煮炉和试运行；

（10）各种辅助设备安装；

（11）工艺管道安装；

（12）管道保温的厚度、表面、卷材、平整度及涂抹。

自检结束后，施工单位应完成自检报告，总结工程中存在的质量问题，并落实整改措施。

二、监理单位组织对工程检验批质量验收

工程竣工时，监理单位应组织对工程检验批进行质量验收。由监理工程师（建设单位项目技术负责人）组织施工单位项目专业质量（技术）负责人等参加。

检查工作按建设合同、设计图纸和规范要求进行。

检验批合格质量应符合下列规定：

（1）主控项目和一般项目的质量经抽样检验合格。

（2）具有完整的施工操作依据、质量检查记录。

检验批质量验收是工程质量验收中的重要环节，监理单位和施工单位参加人员在检查工程质量问题时必须认真仔细，不放过一个问题。

验收工作完成后，监理单位应将工程中存在的质量问题整理成整改通知单送交施工单位限期整改，施工单位整改后由监理单位复查。整改与复查的过程可能重复多次，直至存留问题完全解决为止。

整改工作结束后，监理单位在检验批质量验收记录（表14-3）上填写验收结论。

检验批质量验收记录 **表14-3**

<table>
<tr><td colspan="2">工程名称</td><td></td><td>分项工程名称</td><td></td><td>验收部位</td><td></td></tr>
<tr><td colspan="2">施工单位</td><td></td><td></td><td>专业工长</td><td>项目经理</td><td></td></tr>
<tr><td colspan="2">施工执行标准名称及编号</td><td></td><td></td><td></td><td></td><td></td></tr>
<tr><td colspan="2">分包单位</td><td></td><td>分包项目经理</td><td></td><td>施工班组长</td><td></td></tr>
<tr><td rowspan="11">主控项目</td><td colspan="2">质量验收规范的规定</td><td colspan="3">施工单位检查评定记录</td><td>监理（建设）单位验收记录</td></tr>
<tr><td>1</td><td></td><td colspan="3"></td><td rowspan="14"></td></tr>
<tr><td>2</td><td></td><td colspan="3"></td></tr>
<tr><td>3</td><td></td><td colspan="3"></td></tr>
<tr><td>4</td><td></td><td colspan="3"></td></tr>
<tr><td>5</td><td></td><td colspan="3"></td></tr>
<tr><td>6</td><td></td><td colspan="3"></td></tr>
<tr><td>7</td><td></td><td colspan="3"></td></tr>
<tr><td>8</td><td></td><td colspan="3"></td></tr>
<tr><td>9</td><td></td><td colspan="3"></td></tr>
<tr><td>10</td><td></td><td colspan="3"></td></tr>
<tr><td rowspan="4">一般项目</td><td>1</td><td></td><td colspan="3"></td></tr>
<tr><td>2</td><td></td><td colspan="3"></td></tr>
<tr><td>3</td><td></td><td colspan="3"></td></tr>
<tr><td>4</td><td></td><td colspan="3"></td></tr>
<tr><td colspan="2">施工单位检查评定结果</td><td colspan="5">项目专业质量检查员： 年 月 日</td></tr>
<tr><td colspan="2">监理（建设）单位验收结论</td><td colspan="5">监理工程师：
（建设单位项目专业技术负责人） 年 月 日</td></tr>
</table>

三、监理单位组织对分项工程质量验收

检验批质量验收合格后，应组织分项工程质量验收。由监理工程师（建设单位项目技术负责人）组织施工单位项目专业质量（技术）负责人等参加。

验收工作按建设合同、设计图纸和规范要求进行。

验收单位：检验批部位、区、段。

分项工程质量验收合格应符合下列规定：

（1）分项工程所含检验批均应符合合格质量的规定；

（2）分项工程所含的检验批的质量验收记录应完整。

验收工作完成后，监理单位应将验收中发现的工程质量问题整理成整改通知单送交施工单位限期整改。

整改工作结束后，监理单位在分项工程质量验收记录（表14-4）上填写验收结论。

分项工程质量验收记录 表14-4

<table>
<tr><td colspan="2">工程名称</td><td></td><td>结构类型</td><td colspan="2"></td><td>检验批数</td><td></td></tr>
<tr><td colspan="2">施工单位</td><td></td><td>项目经理</td><td colspan="2"></td><td>项目技术负责人</td><td></td></tr>
<tr><td colspan="2">分包单位</td><td></td><td>分包单位负责人</td><td colspan="2"></td><td>分包项目经理</td><td></td></tr>
<tr><td>序号</td><td colspan="2">检验批部位、区段</td><td colspan="3">施工单位检查评定结果</td><td colspan="2">监理（建设）单位验收结论</td></tr>
<tr><td>1</td><td colspan="2"></td><td colspan="3"></td><td colspan="2"></td></tr>
<tr><td>2</td><td colspan="2"></td><td colspan="3"></td><td colspan="2"></td></tr>
<tr><td>3</td><td colspan="2"></td><td colspan="3"></td><td colspan="2"></td></tr>
<tr><td>4</td><td colspan="2"></td><td colspan="3"></td><td colspan="2"></td></tr>
<tr><td>5</td><td colspan="2"></td><td colspan="3"></td><td colspan="2"></td></tr>
<tr><td>6</td><td colspan="2"></td><td colspan="3"></td><td colspan="2"></td></tr>
<tr><td>7</td><td colspan="2"></td><td colspan="3"></td><td colspan="2"></td></tr>
<tr><td>8</td><td colspan="2"></td><td colspan="3"></td><td colspan="2"></td></tr>
<tr><td>9</td><td colspan="2"></td><td colspan="3"></td><td colspan="2"></td></tr>
<tr><td>10</td><td colspan="2"></td><td colspan="3"></td><td colspan="2"></td></tr>
<tr><td>11</td><td colspan="2"></td><td colspan="3"></td><td colspan="2"></td></tr>
<tr><td>12</td><td colspan="2"></td><td colspan="3"></td><td colspan="2"></td></tr>
<tr><td>13</td><td colspan="2"></td><td colspan="3"></td><td colspan="2"></td></tr>
<tr><td>14</td><td colspan="2"></td><td colspan="3"></td><td colspan="2"></td></tr>
<tr><td>15</td><td colspan="2"></td><td colspan="3"></td><td colspan="2"></td></tr>
<tr><td>16</td><td colspan="2"></td><td colspan="3"></td><td colspan="2"></td></tr>
<tr><td>17</td><td colspan="2"></td><td colspan="3"></td><td colspan="2"></td></tr>
<tr><td>检查结论</td><td colspan="4">项目专业技术负责人：
年 月 日</td><td>验收结论</td><td colspan="2">监理工程师：
（建设单位项目专业技术负责人）
年 月 日</td></tr>
</table>

四、监理单位组织对分部（子分部）工程质量验收

分项工程质量验收合格后，应组织分部（子分部）工程质量验收。由总监理工程师（建设单位项目负责人）组织施工单位项目负责人和技术、质量负责人等进行验收；勘察、设计单位工程项目负责人和施工单位技术、质量部门负责人也应参加相关分部工程验收。

验收工作按建设合同、设计图纸和规范要求进行。

分部（子分部）工程质量验收合格应符合下列规定：

（1）分部（子分部）工程所含分项工程的质量均应验收合格；

（2）质量控制资料应完整；

（3）地基与基础、主体结构和设备安装等分部工程有关安全及功能的检验和抽样检测结果应符合有关规定。

（4）观感质量验收应符合要求。

验收中再次发现的工程质量问题仍由监理单位整理和发出整改通知单，由施工单位整改。

验收整改工作完成后，施工单位应在分部（子分部）工程质量验收记录（表14-5）填写检查评定意见；总监理工程师（建设单位项目负责人）将综合参加验收单位（建设单位、监理单位、设计单位、勘察单位、施工单位、分包单位）的意见在分部（子分部）工程质量验收记录中填写验收意见。

分部（子分部）工程验收记录 **表14-5**

工程名称		结构类型		层数	
施工单位		技术部门负责人		质量部门负责人	
分包单位		分包单位负责人		分包技术负责人	
序号	分项工程名称	检验批数	施工单位检查评定	验收意见	
1					
2					
3					
4					
5					
6					
质量控制资料					
安全和功能检验（检测）报告					
观感质量验收					
验收单位	分包单位	项目经理： 年 月 日			
	施工单位	项目经理： 年 月 日			
	勘察单位	项目负责人： 年 月 日			
	设计单位	项目负责人： 年 月 日			
	监理（建设）单位	总监理工程师：（建设单位项目专业负责人） 年 月 日			

五、建设单位组织对单位（子单位）工程质量验收

分部工程质量验收和单位工程完工后，施工单位应自行组织有关人员进行检查评定，并向建设单位提交工程验收报告。建设单位收到工程报告后，应由建设单位（项目）负责人组织施工（含分包单位）、设计、监理等单位（项目）负责人进行单位（子单位）工程验收，单位工程质量验收也称质量竣工验收，是建筑工程投入使用前的最后一次验收，也是最重要的一次验收。

验收工作按建设合同、设计图纸和规范要求进行。

单位（子单位）工程质量验收合格应符合下列规定：

（1）单位（子单位）工程所含分部（子分部）工程的质量均应验收合格；

（2）质量控制资料应完整；

（3）单位（子单位）工程所含分部工程有关安全和功能的检测资料应完整；

（4）主要功能项目的抽查结果应符合相关专业质量验收规范的规定；

（5）观感质量验收应符合要求。

验收中发现的工程质量问题仍由监理单位整理和发出整改通知单，由施工单位整改。

验收整改工作完成后，参加验收的单位（建设单位、监理单位、设计单位、施工单位）在单位（子单位）工程质量竣工验收记录（表14-6）上填写验收意见。

单位（子单位）工程质量竣工验收记录 **表14-6**

<table>
<tr><td colspan="2">工程名称</td><td></td><td>结构类型</td><td></td><td>层数/建筑面积</td><td></td></tr>
<tr><td colspan="2">施工单位</td><td></td><td>技术负责人</td><td></td><td>开工日期</td><td></td></tr>
<tr><td colspan="2">项目经理</td><td></td><td>项目技术负责人</td><td></td><td>竣工日期</td><td></td></tr>
<tr><td>序号</td><td>项目</td><td colspan="3">验收记录</td><td colspan="2">验收结论</td></tr>
<tr><td>1</td><td>分部工程</td><td colspan="3">共__分部，经查__分部符合标准及设计要求__分部</td><td colspan="2"></td></tr>
<tr><td>2</td><td>质量控制资料核查</td><td colspan="3">共__项，经审查符合要求__项，经核定符合规范要求__项</td><td colspan="2"></td></tr>
<tr><td>3</td><td>安全和主要使用功能核查及抽查结果</td><td colspan="3">共核查__项，符合要求__项，共抽查__项，符合要求__项，经返工处理符合要求__项</td><td colspan="2"></td></tr>
<tr><td>4</td><td>观感质量验收</td><td colspan="3">共抽查__项，符合要求__项， 不符合要求__项</td><td colspan="2"></td></tr>
<tr><td>5</td><td>综合验收结论</td><td colspan="3"></td><td colspan="2"></td></tr>
<tr><td rowspan="2">参加验收单位</td><td>建设单位</td><td>监理单位</td><td colspan="2">施工单位</td><td colspan="2">设计单位</td></tr>
<tr><td>（公章）
单位（项目）负责人：
年 月 日</td><td>（公章）
总监理工程师：
年 月 日</td><td colspan="2">（公章）
单位负责人：
年 月 日</td><td colspan="2">（公章）
单位（项目）负责人：
年 月 日</td></tr>
</table>

单位工程质量验收合格后，建设单位应在规定时间内将工程竣工验收报告和有关文件，报建设行政管理部门备案。

六、非正常工程质量验收

当建筑工程质量不符合要求时，应按下列规定进行处理：

（1）经返工重做或更换器具、设备的检验批，应重新进行验收；

（2）经有资质的检测单位检测鉴定能够达到设计要求的检验批，应予以验收；

（3）经有资质的检测单位检测鉴定达不到设计要求、但经原设计单位核算认可能够满足结构安全和使用功能的检验批，可予以验收；

（4）经返修或加固处理的分项、分部工程，虽然改变外形尺寸但仍能满足安全使用要求，可按技术处理方案和协商文件进行验收；

（5）通过返修或加固处理仍不能满足安全使用要求的分部工程、单位（子单位）工程，严禁验收。

七、监理单位对分部工程的质量评估

竣工验收后，施工单位应根据自检和验收结果完成分部工程质量的自评报告，供监理单位审查。

监理单位应根据监理检查和验收结果完成分部工程质量的评估报告，为单位工程质量评估（竣工验收报告）提供依据。

监理单位的分部工程质量评估报告内容如下：

（1）工程概况；

（2）评估依据；

（3）监理单位执行建设工程监理规范情况；

（4）执行国家有关法律、法规、强制性标准、条文和设计文件、承包合同的情况；

（5）施工中签发的通知单等的整改、落实、复查情况；

（6）执行旁站、巡视、平行检验监理形式的情况；

（7）对工程遗留质量缺陷的处理意见；

（8）评估意见。

第十五章　通风与空调工程竣工验收

第一节　通风与空调工程验收内容和要求

一、通风与空调工程施工质量验收的基本要求

（1）通风与空调工程施工质量应符合《建筑工程施工质量验收统一标准》GB 50300—2001 和《通风与空调工程施工质量验收规范》GB 50243—2002 专业验收规范的规定。

（2）工程施工应符合工程勘察、设计文件的要求。

（3）参加工程施工质量验收的各方人员应具备规定的资格。

（4）工程质量的验收均应在施工单位自行检查评定的基础上进行。

（5）隐蔽工程在隐蔽前应由施工单位通知有关单位进行验收，并应形成验收文件。

（6）涉及结构安全的试块、试件以及有关材料，应按规定进行见证取样检测。

（7）检验批的质量应按主控项目和一般项目验收，主控项目是建筑工程中的对安全、卫生、环境保护和公众利益起决定作用的检验项目；一般项目是除主控项目以外的检验项目。

（8）对涉及结构安全和使用功能的重要分部工程应进行抽样检测。

（9）承担见证取样检测及有关结构安全检测的单位应具有相应资质。

（10）工程的观感质量应由验收人员通过现场检查，并应共同确认。

二、通风与空调工程施工质量验收的分类

根据《建筑工程施工质量验收统一标准》GB 50300—2001 的要求，建筑工程质量验收应划分为单位（子单位）工程、分部（子分部）、分项工程和检验批。

（1）单位工程：具有独立的设计文件，具备独立施工条件并能形成独立使用功能的工程。

单位工程的划分应按照下列原则确定：

1）具备独立施工条件并能够形成独立使用功能的建筑物及构筑物为一个单位工程。

2）建筑规模较大的单位工程，可将其能形成独立使用功能的部分为一个子单位工程。

（2）分部工程：单位工程的组成部分，一般是按单位工程的结构形式、工程部位、构件性质、使用材料、设备种类等的不同而划分的工程项目。

分部工程的划分应按下列原则确定：

1）分部工程的划分应按专业性质、建筑部位确定。

2）当分部工程较大或较复杂时，可按材料种类、施工特点、施工程序、专业系统及类别等划分为若干子分部工程。

（3）分项工程：分部工程的组成部分，是施工图预算中最基本的计算单位。分项工程的划分应按主要工种、材料、施工工艺、设备类别等进行。

(4) 检验批：按同一的生产条件或按规定的方式汇总起来供检验用的，由一定数量样本组成的检验体，是工程验收的最小单位，是分项工程乃至整个建筑工程质量验收的基础。

分项工程可由一个或若干检验批组成，检验批可以根据施工及质量控制和专业验收的需要，按楼层、施工段、变形缝等进行划分。

通风与空调分部工程的子分部工程和分项工程可按表15-1划分。

通风与空调分部工程、分项工程划分 **表15-1**

分部工程	序号	子分部工程	分项工程
通风与空调	1	送排风系统	风管与配件制作，部件制作，风管系统安装，空气处理设备安装，消声设备制作与安装，风管与设备防腐，风机安装，系统调试
	2	防排烟系统	风管与配件制作，部件制作，风管系统安装，防排烟风口、常闭正压风口与设备安装，风管与设备防腐，风机安装，系统调试
	3	除尘系统	风管与配件制作，部件制作，风管系统安装，除尘器与排污设备安装，风管与设备防腐，风机安装，系统调试
	4	空调风系统	风管与配件制作，部件制作，风管系统安装，空气处理设备安装，消声设备制作与安装，风管与设备防腐，风机安装，风管与设备绝热，系统调试
	5	净化空调系统	风管与配件制作，部件制作，风管系统安装，空气处理设备安装，消声设备制作与安装，风管与设备防腐，风机安装，风管与设备绝热，高效过滤器安装，系统调试
	6	制冷设备系统	制冷机组安装，制冷剂管道及配件安装，制冷附属设备安装，管道及设备的防腐与绝热，系统调试
	7	空调水系统	管道冷热（媒）水系统安装，冷却水系统安装，冷凝水系统安装，阀门及部件安装，冷却塔安装，水泵及附属设备安装，管道与设备的防腐与绝热，系统调试

三、通风与空调工程验收内容

通风与空调工程的竣工验收分为检验批质量、分项和分部（子分部）工程验收。按验收时间可分为中间验收和竣工验收。

工程的中间验收是指在施工过程中或竣工时将被隐蔽的工程在隐蔽前进行的工程验收。

通风与空调工程的隐蔽工程是指工程竣工时将被直埋在地下或结构中的，暗敷于沟槽、管井、吊顶内的管道或由于装饰工程的需要，暗敷在吊顶、立柱、侧墙和地板夹层内的各类通风管道和空调水系统管道。

这些隐蔽工程如果在施工中存在缺陷，在工程验收时也被疏忽，直至建筑物投入使用时才被发现，将会带来难以估量的经济损失和严重后果。

通风与空调工程的竣工验收，是在工程施工质量得到有效监控的前提下，通过对通风与空调系统进行观感质量、设备单机试运转和无生产负荷联合试运转检查，按规范将质量合格的分部工程移交建设单位的验收过程。

竣工验收应由建设单位负责，组织设计、施工、监理等单位共同进行，合格后即应办理竣工验收手续。

第二节　通风与空调工程验收程序和组织

一、工程验收程序

建筑工程施工质量验收的组织和程序是密不可分的。为方便施工管理和质量控制，建筑工程划分为单位（子单位）工程、分部（子分部）工程、分项工程和检验批；而验收的顺序则与此相反，先验收检验批、分项工程、分部（子分部）工程，而最后完成对单位（子单位）工程的竣工验收，见图 15-1 所示。

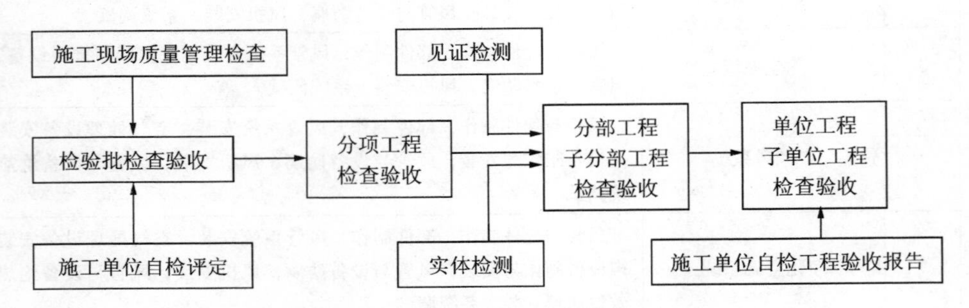

图 15-1　建筑工程施工质量验收程序

除上述各层次的检查验收以外，还有三种未列入正式验收，但必须进行检查的内容。

（一）施工现场质量管理的检查

对施工现场质量管理的检查，是工程可以开工的条件。尽管这种检查只是对施工单位在管理方面的要求（软件），而非具体的工程验收（硬件），但对质量控制而言，仍是必要的。

（二）施工单位对检验批的自检评定

施工单位的自检评定虽不属于验收的范畴，但是验收的基础。好的质量是施工操作的结果，是由施工人员确定的，因此，施工单位在质量控制中起着重要作用。

（三）竣工前的工程验收报告

在工程完成施工、进行工程验收之前，施工单位应先自行组织有关人员进行检查评定，并在认为条件具备的情况下，向建设单位提交工程验收报告。在自检基础上进行验收，再次体现了施工单位在质量控制和验收中的重要作用。

二、工程验收组织

建筑工程质量验收组织如表 15-2 所示。

各项工程质量验收程序和组织关系对照　　表 15-2

验收表名称	质量自检人员	质量检查评定人员		质量验收人员
		验收组织人	参加验收人员	
检验批质量验收记录表	项目专业质量（技术）负责人	监理工程师（建设单位项目专业技术负责人）	项目专业质量（技术）负责人，分包单位项目专业质量（技术）负责人	监理工程师（建设单位项目专业技术负责人）
分项工程质量验收记录表	项目专业质量（技术）负责人	监理工程师（建设单位项目专业技术负责人）	项目专业质量（技术）负责人，分包单位项目专业质量（技术）负责人	监理工程师（建设单位项目专业技术负责人）
分部（子分部）工程质量验收记录表	项目经理，分包单位项目经理	总监理工程师（建设单位项目负责人）	项目（含分包）经理、技术质量负责人，施工单位技术、质量部门负责人，设计（勘察）单位项目负责人	总监理工程师（建设单位项目负责人）
单位（子单位）工程质量竣工验收记录	项目经理	建设单位项目负责人	项目（含分包）经理，设计单位项目负责人	总监理工程师（建设单位项目负责人）

第三节　通风与空调工程验收过程质量控制内容

一、通风与空调隐蔽工程质量检查

（1）通风管道和空调水系统管道的材料、部件、管道附件、填料、垫片及保温材料的选用。

（2）通风管道和空调水系统管道的尺寸、管道之间以及管道与部件之间的连接。

（3）通风管道和空调水系统管道的管径、变径位置、变径方式与做法，管道接头方式和做法。

（4）通风管道和空调水系统管道的阀门、补偿器、减压孔板、法兰及螺栓等部件，附件的安装位置、连接方法、安装方法和牢固程度等。

（5）通风管道和空调水系统管道的安装位置、标高，管道的坡度，空调水管与其他管道、电缆的水平和垂直距离。

（6）通风管道和空调水系统管道支、吊架的形式、规格、位置、基底做法与牢固程度，螺栓连接防松动措施等。

（7）通风管道和空调水系统管道及附件、支架的防腐做法和质量情况。

（8）通风管道和空调水系统管道及设备的保温层做法和厚度，保护层做法，表面平整程度；空调冷冻水管和制冷设备支、吊架处隔热处理。

（9）风管漏光和漏风试验，管道试压和严密性试验等及其结果。

（10）设备安装位置、方向、水平度、垂直度；吊架或支座的牢固程度，与管道连接方式和减振措施等。

(11) 设备试运转结果及记录等。

隐蔽工程检查应在工程被隐蔽之前，按设计、规范和标准的要求对全部将被隐蔽的工程分部位、区、段和分系统全部检查，进行观察、实测或检查试验记录。

隐蔽工程首先应由施工单位项目专业质量（技术）负责人组织工长、班组长和质量检查员自检合格后，由监理工程师（建设单位项目技术负责人）组织施工单位项目专业质量（技术）负责人等，必要时也请设计单位的代表共同进行检查，并会签隐蔽工程检查记录单。

隐蔽工程检查中查出的质量问题必须立即整改，并经监理工程师复查合格，在隐蔽前必须经监理工程师验收及认可签证。

二、通风与空调系统观感质量检查

(一) 通风与舒适性空调系统观感质量检查

(1) 风管的规格、尺寸必须符合设计要求；风管表面应平整、无损坏；风管接管合理，包括风管的连接以及风管与设备或消声装置的连接。

(2) 风口表面应平整，颜色一致；风口安装位置应正确，使室内气流组织合理；风口可调节部位应能正常动作；风口处不应产生气流噪声。

(3) 各类调节装置的制作和安装应正确牢固，调节灵活，操作方便；防火阀及排烟阀等关闭严密，动作可靠，安装方向正确，检查孔的位置必须设在便于操作的部位。

(4) 制冷及空调水系统的管道、阀门、仪表及工作压力，管道系统的工艺流向、坡度、标高、位置必须符合设计要求，安装位置应正确；系统无渗漏。

(5) 风管、部件及管道的支、吊架形式、规格、位置、间距及固定必须符合设计和规范要求，严禁设在风口、阀门及检视门处。

(6) 风管、管道的软性接管位置应符合设计要求，接管正确，牢固，自然无强扭；防排烟系统柔性短管的制作材料必须为不燃材料。

(7) 通风机、制冷机、水泵、风机盘管机组的安装应正确牢固，底座应有隔振措施，地脚螺栓必须拧紧，垫铁不超过3块。

(8) 组合式空调机组外表平整光滑，接缝严密，组装顺序正确，喷水室外表面无渗漏；与风口及回风室的连接必须严密；与进、出水管的连接严禁渗漏；凝结水管的坡度必须符合排水要求。

(9) 除尘器的规格和尺寸必须符合设计要求；除尘器、积尘室安装应牢固，接口严密。

(10) 消声器的型号、尺寸及制作所用的材质、规格必须符合设计要求，并标明气流方向。

(11) 风管、部件、管道及支架的油漆应附着牢固，漆膜厚度均匀；油漆品种、漆层遍数、油漆颜色与标志符合设计要求。

(12) 绝热层的材质、规格、厚度及防火性能应符合设计要求；表面平整，无断裂和脱落；室外防潮层或保护壳应顺水搭接，无渗漏；风管、水管与空调设备接头处以及产生凝结水部位必须保温良好，严密无缝隙。

(二) 净化空调系统观感质量检查

(1) 空调机组、风机、净化空调机组、风机过滤器单元和空气吹淋室等安装位置应正确，固定牢固，连接严密，其偏差应符合规范要求。

（2）风管、配件、部件和静压箱的所有接缝都必须严密不漏。

（3）高效过滤器与风管、风管与设备的连接处应有可靠密封。

（4）净化空调系统柔性短管所采用的材料必须不产尘，不漏气，内壁光滑；柔性短管与风管、设备的连接必须严密不漏。

（5）净化空调机组、静压箱、风管及送回风口清洁无积尘。

（6）装配式洁净室的内墙面、吊顶和地面应光滑，平整，色泽均匀，不起灰尘；地板静电值应低于设计规定。

（7）送回风口、各类末端装置以及各类管道等与洁净室内表面的连接处密封处理应可靠，严密。

第四节　通风与空调工程竣工验收资料检查内容

通风与空调工程竣工验收时，应检查竣工验收资料，一般包括下列文件及记录：

（1）图纸会审记录、设计变更通知书（技术核定单）、洽商记录和竣工图；

（2）材料及配件、设备、成品、半成品和仪表的出厂合格证明及进场检（试）验报告；

（3）隐蔽工程验收记录；

（4）通风与空调系统漏光和漏风试验记录；

（5）现场组装的空调机组和装配式洁净室的漏风试验记录；

（6）除尘器漏风试验记录；

（7）氨制冷剂管道和天然气管道焊接无损伤检验记录，系统清洗记录和强度试验记录；

（8）制冷、空调水系统清洗、强度和严密性试验记录；

（9）凝结水管通水试验记录；

（10）通风机试运转记录；

（11）制冷机组试运转记录；

（12）水泵试运转记录；

（13）风机盘管通电试验记录；

（14）制冷系统试验记录；

（15）空调系统无生产负荷联合试运转与调试记录；

（16）风量温度测试记录；

（17）洁净室洁净度测试记录；

（18）分部工程的检验批质量验收记录；

（19）分部工程的分项工程质量验收记录；

（20）分部（子分部）工程的质量验收记录；

（21）分部工程观感质量综合检查记录；

（22）安全和功能检验资料的核查记录；

（23）工程质量事故记录。

第五节 监理验收和质量评估

一、施工单位对工程质量的自检

根据《建筑工程施工质量验收统一标准》GB 50300—2001 的规定和《通风与空调工程施工质量验收规范》GB 50243—2002 专业验收规范的规定，工程质量的验收均应在施工单位自行检查评定的基础上进行。施工单位应根据工程建设合同、设计图纸（包括修改图、设计变更通知书、技术核定单、设计交底文件）、规范、标准的质量要求对工程质量进行检查，由施工单位项目专业质量（技术）负责人组织工长、班组长和质量检查员完成这项工作，检查后办理工程质量自检记录。

工程自检数量：全数检查。

检查单位：部件、设备以个、台为单位，管道以轴线、楼层、隔墙分段为单位。

通风与空调工程自检项目及内容如下。

(1) 风管、风管部件、消声器、风道等制作：材料规格、制作尺寸、形状、平整度，风管加固和法兰制作，风管强度及严密性工艺性检测等。

(2) 风管系统安装：风管接口、螺栓长度和方向，风管的平整度与垂直度，风管和部件的支、吊架材料、形式、位置及间距，风管穿越防火、防爆墙措施，风管部件安装、消声器和防火阀的安装方向等。

(3) 通风、空调、制冷设备及附属设备安装：坐标、标高、垂直度、平整度，基础与支架受力情况，基础隔振措施、设备安全措施和制冷设备的严密性试验等。

(4) 制冷和空调水系统管道安装；管道焊接、法兰连接、螺纹连接和沟槽式连接，氨管道和天然气管道焊缝的无损检测，管道的规格尺寸和零部件使用，管道坐标、标高、坡度、垂直度和预留口位置，管道的支、吊架形式、位置、间距及受力情况，管道系统和阀门调试，试压、严密性试验，制冷系统的吹扫，燃油管道系统接地等。

(5) 风管、管道及支架的防腐与绝热：底漆和面漆的遍数；木托的防腐处理；保温层厚度，保温层作法，表面平整程度，冷冻水管及制冷设备的支、吊架处隔热处理等。

(6) 设备单机试运转：按规范的要求对所有机动设备如风机、水泵、制冷机、热交换器、空调箱、带动力的除尘和空气过滤设备等进行单机试运转，并办理试运转及会签手续。

(7) 通风、空调工程的无生产负荷的联合试运转：按规范的要求对通风、空调系统进行测定和调整，并办理联合试运转及会签手续。

自检结束后，施工单位应完成自检报告，总结工程中存在的质量问题，并落实整改措施。

二、监理单位组织对工程检验批质量验收

同第十四章第五节。

三、监理单位组织对分项工程质量验收

同第十四章第五节。

四、监理单位组织对分部（子分部）工程质量验收

同第十四章第五节。

五、建设单位组织对单位（子单位）工程质量验收

同第十四章第五节。

六、非正常工程质量验收

同第十四章第五节。

七、监理单位对分部工程的质量评估

同第十四章第五节。

第十六章　保修阶段工程质量监控

一、保修阶段监理控制方法及措施

（1）定期组织回访：投标人定期组织安排责任单位回访（台风、暴雨等特殊季节及时进行）。

（2）及时调查缺陷：得到业主通知后，投标人2天内及时组织承包单位、设计单位调查缺陷情况和产生原因（必要时建议业主邀请质监机构和具相应资质部门参加）。

（3）分清缺陷责任：对保修期内的投诉，公司监理部2天内组织承包单位查明投诉原因，根据施工合同等确定质量缺陷责任归属，要求责任方提出缺陷解决方案，督促尽快实施。

（4）整改限时监控：若合同中无保修期质量缺陷整改时限，一般约定为7d，复杂或工作量较大的不超过14d。

（5）建议转第三方处理：当合同内缺陷责任方超过整改时限不进行修复时，建议业主另委托第三方完成缺陷修复工作，其修复费用从原承包单位的保修金中扣除。

（6）确认缺陷修复质量：对承包单位（或另委托第三方）按保修合同规定进行的缺陷修复，其修复质量由监理部与业主单位（必要时邀请设计单位参与）共同检查签认。

（7）保修期的延长处理：经处理的工程局部，保修期应作相应延长，其延长时间应为上述局部工程因缺陷（损坏）而未能使用的时间。

（8）解除保修责任证书：保修期到期，签发解除保修责任证书，并签发退还剩余保修金或保函证明文件。

二、保修阶段监理程序（图16-1）

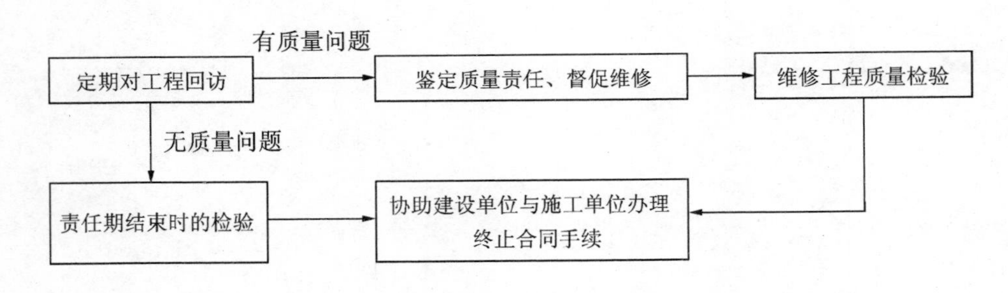

图16-1　保修阶段的监理程序

三、保修期规定

根据《房屋建筑工程质量保修办法》（建设部令第80号）规定：

在正常使用下，房屋建筑工程的最低保修期限为：

（1）地基基础和主体结构工程，为设计文件规定的该工程的合理使用年限；

（2）屋面防水工程、有防水要求的卫生间、房间和外墙面的防渗漏，为5年；
（3）供热与供冷系统，为2个采暖期、供冷期；
（4）电气管线、给排水管道、设备安装为2年；
（5）装修工程为2年。
其他项目的保修期限由建设单位和施工单位约定。
房屋建筑工程保修期从工程竣工验收合格之日起计算。

第十七章 建筑水暖与通风空调工程领域 LEED 认证

一、背景资料

能源与环境设计先导计划 LEED（Leadership in Energy and Environmental Design）是一个评价绿色建筑的认证标准。目前，国际上比较成熟的绿色建筑认证体系主要有：LEED™（美国）、BREEAM（英国）、CASBE（日本）、Blue Ange（德国、北欧）等。鉴于 LEED™的国际影响力、商业运作的成功性以及相似的气候带，我国同类项目中，更多地采用 LEED 作为认证标准。

LEED 的宗旨是在设计中有效地减少环境和住户的负面影响。目的是规范一个完整、准确的绿色建筑概念，防止建筑的滥绿色化。由美国绿色建筑委员会（USGBC）建立并颁发的 LEED™绿色建筑认证是目前国际上最具先进性和实践性的绿色建筑评分体系。该体系将帮助项目小组明确绿色建筑的目标，制订切实可行的设计策略，使项目在能源消耗、室内空气质量、生态、环保等方面达到国际认证体系 LEED™的指标和标准，为项目今后的用户提供高质量、低维护、健康舒适的办公和生活环境，从而增强项目在市场上的竞争力，使投资商获得丰厚的经济效益和社会效益。

二、LEED 认证特点

（1）是一种商业行为，收取一定的佣金。

（2）第三方认证，既不属于设计方也不属于使用方，在技术和管理上保持高度的权威性。

（3）企业采取自愿认证的方式。

三、LEED 认证级别（表 17-1）

LEED 认证级别　　表 17-1

认证级别	标准要求
认证级	满足至少 40% 的评估要点要求
银　级	满足至少 50% 的评估要点要求
金　级	满足至少 60% 的评估要点要求
白金级	满足至少 80% 的评估要点要求

四、LEED 作用

LEED 针对的是愿意领先于市场、相对较早地采用绿色建筑技术应用的项目群体。LEED 认证作为一个权威的第三方评估和认证结果，对于提高这些绿色建筑在当地市场的声誉，以及取得优质的物业估值非常有帮助。尽管那些极端热衷绿色建筑应用创新的先行者并非 LEED 评估标准的目标群体，但是在 LEED 当中仍然提供了一个机制来鼓励使用创新的绿色建筑技术。这些创新的技术为 LEED 未来鼓励采用的措施提供了参考，同样地，随着 LEED 不断地把绿色建筑应用推入建筑市场的主流，整个行业逐渐进步提高，要取得 LEED 认证的建筑物的性能表现水平要求也将相应提升，以满足 LEED 所针对的市场群体，即绿色建筑技术的早期应用者。要使得“市场转型”策略取得成功，非常重要的一点就是理解什么因素可以推动市场的改变。实际上，我们可以从现实中与普通大众息息相关的各种经济、社会和环境的变化和影响来进行分析，很多机构的研究报告没有注意到，研究成果要经过媒体的宣传才能最终成为大众的观点。只有当人们感觉到各种研究报告的成果是与其日常生活息息相关，并且媒体也在研究成果的报道方面推波助澜时，这些研究报告才可以真正地对市场产生影响和改变。一般而言，人们往往在以下四个方面有与众不同的做法：

（1）改变所购买的商品；

（2）选择银行储蓄的投资目标；

（3）投票选举出支持他们利益目标的行政机构；

（4）选择理想的工作场所。

因此，LEED 评估体系除了宣传绿色建筑各种潜在好处，更重要的是告诉消费者：购买绿色建筑将更加物有所值，更能获得相对于其他产品更高的投资回报。消费者的购买决策使得绿色建筑的实际价值得以提升，从而与其他产品区别开来。这样就构成了一个良性循环，从而推动市场转型。

随着市场的形成，企业可以选择购买绿色建筑，从而在企业的员工、客户和投资者面前表现出企业的关怀和社会责任。而且，绿色建筑也将为企业带来营运成本的节约、员工工作效率的提高、因病缺勤率的降低，并有助于留住优秀的员工，因为人们总是倾向于在绿色建筑中工作。总体而言，对于环保和可持续发展的投资总是一个明智而且获利的投资方向。

对于美国的各级政府机构而言，投资绿色建筑，并且推出各种可以促进绿色建筑市场发展的政策工具，将可以在选民心目中树立其关注环境和生态的良好形象。LEED 则提供了一个非常好的政策工具。事实上，从 LEED 推出至今，政府机构一直都大力推行并采用 LEED 认证标准，并为之配套了各种税收优惠政策。

五、LEED 绿色建筑评价体系在水暖通风空调工程施工中的应用

冷水机组的能效指标、水泵电机的性能指标、空调（新风）机组风机的性能指标等应分别符合相关要求。

尽量使用含有最少量氢氯氟烃（HCFC）的设备，所有冷水机组与大型冰柜等必须符合 LEED 能源与大气项目中关于加强制冷剂管理的规定。

尽量选用节水型产品，并采取最佳措施减少在施工过程中对水资源的浪费，提高水的利用率。

施工过程中，要求空调（HVAC）管道必须满足 ANSI/ASHRAE Standard90. 1—2010 的最低要求，包括水管保温层厚度、空调送风管及回风管的保温层和管道的密封水平等方面的要求。

施工中所使用的胶水满足 LEED 室内环境质量的要求，包括：

（1）产品最好不含任何致癌物质，目前已发现的致癌物含量不超过产品质量的 0. 1%；

（2）产品最好不含任何有毒物质，目前已发现的毒素含量不超过产品质量的 0. 1%；

（3）产品最好不含任何持久、易聚集的有毒物质，目前已发现的这些物质的含量不超

过产品质量的 0.1%；

(4) 产品最好不含任何消耗臭氧的物质，目前已发现的这些物质的含量不超过产品质量的 0.1%；

(5) 除一次性使用包装外，包装材料可以回收再利用，外包装至少含有 30% 的用户可以再利用的物质；

(6) 挥发性物质含量满足美国“南海岸空气质量管理区”法规 1168 号规定和美国绿色标志组织《商业胶》(GS—36)、《再精炼发动机油》(GS—03)、《油漆和涂料》(GS—11) 等标准。

六、建筑水暖通风空调工程 LEED 认证的实施方法

(1) 设计用料选用无污染、可回收利用的材料，合理解决机电安装无污染问题。

(2) 制定并实施施工过程中室内空气质量管理方案，保护暖通空调系统、控制污染、阻断污染途径。按合理顺序安排施工，防止如保温材料、过滤设备装置等易吸收性材料受到污染。

(3) 空调系统保护。具体措施有：保护空调设备免受灰尘和异味的污染，理想状态是尽量避免交叉作业，在灰尘较大的施工过程中不拆封、不使用空调设备；密封空调设备或用毯子、多层塑料布盖住开封的设备；不得把设备室当作储藏室或仓库使用；用户入住前更换所有过滤介质，并达到相关标准的要求。

(4) 污染物的控制。具体措施有：施工过程中实施室内空气质量管理；油漆、地毯、胶粘密封剂等尽量使用低毒或无毒的材料；监测、控制室内挥发性有毒物的浓度；施工过程中，施工区域与工作区域要分开并有效隔离，防止交叉感染；根据天气情况，安装 VOC 材料时，100% 利用自然通风来排除污染物到室外，并保持工作区域为负压，不使灰尘和气味发生外溢。

1) 用户入住前，进行通风及污染物水平检测。

2) 建筑材料和废弃物的管理。按要求制定并实施建筑材料和废弃物管理计划，明确回收材料的机会，推荐材料回收的方法，有针对性地制定减少材料使用的方案。

参 考 文 献

［1］张国棕，白素洁．建筑安装工程质量控制与检验评定手册［M］．北京：中国建筑工业出版社，1993.

［2］赵培森，笠士文，赵炳文．建筑给水排水．暖通空调设备安装手册［M］．北京：中国建筑工业出版社，1997.

［3］朱成．建筑给水排水及采暖工程施工质量验收规范应用图解［M］．北京：机械工业出版社，2009.

［4］史新华．怎样创水暖优质工程［M］．北京：中国市场出版社，2004.

［5］李联友．建筑水暖工程识图与安装工艺［M］．北京：中国电力出版社，2006.

［6］梁允．水暖工程常见质量问题及处理200例［M］．天津：天津大学出版社，2010.

［7］宋波．给水排水及采暖工程施工与验收手册［M］．北京：中国建筑工业出版社，2007.

［8］龙恩深．冷热源工程［M］．重庆：重庆大学出版社，2008.